大学物理概念
简明教程
（第2版）

朱鋐雄　王向晖　朱广天　主编

清华大学出版社
北京

本书封面贴有清华大学出版社防伪标签，无标签者不得销售。
版权所有，侵权必究。举报：010-62782989，beiqinquan@tup.tsinghua.edu.cn。

图书在版编目(CIP)数据

大学物理概念简明教程/朱鋐雄，王向晖，朱广天主编．—2版．—北京：清华大学出版社，2024.4
ISBN 978-7-302-66145-0

Ⅰ．①大⋯ Ⅱ．①朱⋯ ②王⋯ ③朱⋯ Ⅲ．①物理学－高等学校－教材 Ⅳ．①O4

中国国家版本馆 CIP 数据核字(2024)第 085674 号

责任编辑：佟丽霞　鲁永芳
封面设计：常雪影
责任校对：欧　洋
责任印制：杨　艳

出版发行：清华大学出版社
　　　　　网　　址：https://www.tup.com.cn, https://www.wqxuetang.com
　　　　　地　　址：北京清华大学学研大厦 A 座　　邮　编：100084
　　　　　社 总 机：010-83470000　　邮　购：010-62786544
　　　　　投稿与读者服务：010-62776969, c-service@tup.tsinghua.edu.cn
　　　　　质量反馈：010-62772015, zhiliang@tup.tsinghua.edu.cn
印 装 者：小森印刷霸州有限公司
经　　销：全国新华书店
开　　本：185mm×260mm　　印　张：21.75　　字　数：525 千字
版　　次：2019 年 1 月第 1 版　2024 年 5 月第 2 版　印　次：2024 年 5 月第 1 次印刷
定　　价：66.00 元

产品编号：097686-01

第2版 前言
FOREWORD

本教材第1版自2019年1月出版以后,三年多来我们一直在本校的理工科专业本科"大学物理"课程的教学中使用。在使用过程中,任课教师和学生从内容上、文字上、符号上、印刷上发现了教材中一些错误和不妥之处,对该教材提出了许多宝贵的修改意见。对此,我们首先向这些教师和学生表示诚恳的感谢。

我们抱着"边使用,边修改,边提高"的态度认真分析了这些反馈意见,反思了我们对教材在教学中的作用和地位的认识,同时开始了对教材的修订和打磨。

大学物理教材是体现大学物理课程内容和学科价值的一个重要载体,也是大学物理课程文化的一种体现。我们对第1版教材进行修改的基本思路是,在保持教材知识体系原有完整性的基础上注重体现和渗透大学物理课程所体现的科学思想和科学方法,构建和展开大学物理课程的学科知识结构体系,着重挖掘大学物理的学科文化元素。为此,我们适当调整某些章节的次序,纠正和改进在内容上、文字上和字母上表述不当的错误和不妥,删除了少许不合适的文字表述,并适当增加和更换了部分内容。

"本章引入和导读"是本教材为每一章设置的重要组成栏目。第2版对该栏目作了修改和补充,适当增加了物理学思想方法和物理学知识体系的内容,力图把物理学发展史和物理学思想方法结合在一起。既引导学习者经历一个"动态"的学习历程,也引导学习者构建一个认知的"心智地图"。这样的"动态历程"和"心智地图"既注意到与中学物理的衔接,更体现了对中学物理的提升,从而更有效地构建大学物理的学科知识体系,有助于提升学习者的物理学科核心素养。

具体修改的主要内容有,在力学的第1章增加了"参考系和坐标系"一节,调整了1.2节和1.3节的次序,以更好地体现力学的逻辑体系;在第2章增加了非惯性系和惯性力的内容,以加深学生对惯性运动的认识;在第4章增加了4.1.1节,提出动能的定义,这个问题的提出避免了从动能定理定义动能的不妥,以增强学生对动能物理意义的认识;在第6章多普勒效应一节中增加了"频率的相对性";考虑到内容的完整性,把第6章和第7章两章合并为第5章"刚体力学"。在热学中,除了突出处于热学平衡态下的热力学系统所呈现的速度分布和能量均分的统计思想,补充了在非平衡态下气体内部的输运过程。为此,第8章专门引入了分子碰撞频率和平均自由程两个概念来描述扩散现象。第9章在卡诺热机后增加了制冷机和热泵,这样就在理解卡诺正循环和逆循环上更能完整地体现热力学的学科知识体系。熵的概念一直是热学教学中的一个重点和难点。由于熵的概念比内能更重要,更难理解,在第10章的导读部分我们专门对熵和内能的区别和联系作了分析和比较。在电磁学中,我们在第11章增加了对电磁场研究的"从头开始"的思想和方法的分析,而这样的"从头开始"的思想正是从静电场的描述开始的。我们还对调了第1版中11.5节和11.6节的次序,这样就在静电场的物理描述方式以后紧接着就并列地提出几何描述方式(11.5节);在对典型的带电体求电场强度和电势的"从部分到整体"的方法(11.6节)后面紧接着就并列地提出对具有对称性电荷分布的带电体求电场强度和电势的"从整体到部分"的方法(11.7节)。

作为20世纪物理学里程碑的相对论(包括狭义相对论和广义相对论)和量子论是20世纪物理学的革命性成就,在近代物理学中有着重要的地位和作用,不仅对当代科学技术的发展起着巨大的推动作用,而且在科学思维方式上显示了对经典物理学思想和方法的超越。我们在第15章和第16章的导读中增加了这方面的简要阐述。作为对爱因斯坦光量子理论的有力证实,康普顿效应为光的波粒二象性提供了更完全的证据。为此,在第2版的16.2节增加了"康普顿效应"一节。

此外,为了有利于学生从学习中学物理到大学物理的过渡和衔接,我们在部分章节尤其是力学部分增加了一些有助于学生理解的习题。

在对第1版进行修订的过程中,李亚巍、李欣、刘金梅、邓莉等老师提出了非常有价值的具体修改意见,我们尽可能地采纳了他们的建议。此外,在修订过程中佟丽霞和鲁永芳两位编辑给予了很大的支持和帮助,在此向他们一并致以诚挚的感谢。

尽管我们对第1版作了修改和补充,在编写中还是可能存在不足之处,我们欢迎广大读者批评纠正。

编著者

2023年6月

第1版 前言
FOREWORD

教育部高等学校大学物理课程教学指导委员会制定的《高等学校理工科类大学物理课程教学基本要求》和《高等学校理工科类大学物理实验课程教学基本要求》两个文件分别在各自文本的第一页都写下了相同的一段话:"在人类追求真理、探索未知世界的过程中,物理学展现了一系列科学的世界观和方法论,深刻影响着人类对物质世界的基本认识、人类的思维方式和社会生活,是人类文明发展的基石,在人才的科学素质培养中具有重要的地位。"两个"基本要求"开宗明义地给出的这段论述,明确地指出了物理学在人类文明发展和人才科学核心素养培养中的重要性,规定了"大学物理"课程必须达到的总目标,凸显了"大学物理"课程对于人才核心素养培养的地位和作用。

学科核心素养是学生知识、能力、情感、态度和价值观等各方面素养的整合,而"大学物理"课程正是高等师范类和理工类院校相关专业培育和提高学生学科核心素养的一门重要的基础课程。目前,很多院校相关专业的"大学物理"课程的课时数是每学期72学时左右或每学年108学时左右。本教材依据两个"基本要求",把"大学物理"定位于一门基础课程,在总结我们多年教学经验并学习和吸取国内外同类优秀教材的基础上,注重大学物理与中学物理在学生学科核心素养的培养上的衔接和提升,意在为这些专业的任课教师和学生提供一本合适的大学物理简明教材,同时也为中学物理教师提供一本用于进修提高的物理教材。

(1) 以物理学科核心问题为基础,从有利于物理学科知识整体生成取向、有利于增强物理观念、提高学科核心素养发展的目标上看,大学物理需要与中学物理有一定的衔接,更需要在中学物理基础上的提升,这样的提升既是学科知识内容深度和广度的提升,更是学科知识体系整体性的提升。

本书注重把每一章的物理概念和内容从物理现象中引入,引导学生在中学物理知识的基础上学会提出问题,把中学物理内容中的"特殊"上升到"一般",从知识的深度和广度上提高认知能力。例如,中学物理只讨论物体匀加速运动的规律,使用的数学工具是初等数学的代数方法,而大学物理描述的是一般变速运动的规律,使用的数学工具是高等数学的微积分方法。本教材还注重把每一章的概念和内容从物理学科体系的发展进程中引入,引导学生在学习和理解每一个物理概念的基础上学会构建学科知识体系,把中学物理学习的物理概念、定理和定律的"树木"扩展到大学物理学科体系的"森林",从知识的逻辑性和整体性上提高认知能力。例如,中学物理讨论了牛顿三大定律的具体内容和解题方法,而大学物理提出了牛顿三大定律的公理性和体系的完整性。中学物理引入了库仑定律以及电场强度和电势等物理量,而大学物理把"场"作为主线贯穿于电磁学始终,并强调了法拉第、麦克斯韦和爱因斯坦等物理学家提出的"电磁力"不同于"万有引力",必须"从头开始",第一次建立新的基本概念的思想。

(2) 以物理学科核心问题为基础,从把握知识的产生和发展过程、感悟物理学科的方法和思想、有利于提高学科核心素养发展的目标上看,大学物理需要与中学物理有一定的衔接,更需要在中学物理基础上的提升,这样的提升既是从学习物理学的知识的过程和方法到体验物理学知识形成过程和方法的提升,更是从物理学具体方法到物理学家提出问题和解决问题的过程和方法的提升。这样的提升以显性和隐性两种方式呈现。例如,在力学部分介绍了牛顿倡导的以"实验—演绎—归纳"为特点的物理学方法论;在静电学部分介绍了在库仑提出两个点电荷之间相互作用力的定律所采用的"类比方法";在相对论部分介绍了爱因斯坦提出的以"反反复复批判基本概念"为特点的概念方法论。隐性的方式是在把物理学形成发展过程的历史以及物理学的思想方法渗透到教材内容展开的过程中,例如,以类比方法在力学中把角动量和动量作了比较,得出了相应的角动量变化定理的表述;在计算连续带电体产生的电场强度和电势时,采用了从"部分"到"整体"的方法(这是一种"归纳"方法)和从"整体"到"部分"的方法(这是一种"演绎"方法);在静电学中用归纳方法相应得出了静电场的高斯定理和磁场的安培环路定理的表述等。

(3) 以物理学科核心问题为基础,从把握知识的作用和价值、树立科学态度、增强社会责任感、有利于提高学科核心素养发展的目标上看,大学物理需要与中学物理有一定的衔接,更需要在中学物理基础上的提升。这样的提升表现为大学物理课程应该比中学物理更多地实现学习物理学对学生终身发展的重要价值。本书在每一章开头设置了"本章引入和导读"栏目,通过"引入"和"导读"两个方面,旨在从自然现象和学科体系上提出问题"引入"本章内容,给学生提供学习方法的"导读";本书对每一个例题的求解都列出了名为"解题思路"和"解题过程"的栏目,旨在把解题看作一种从解决已有答案的问题的训练开始的思维方式的训练;本书还设置了微信公众号"大学物理学习扩展",列入了"物理史料""拓展阅读""演示实验""数学推导""网络链接"等栏目,旨在利用信息化手段丰富大学物理的教学资源库,重组学生的学习材料,拓展学生的学习视野。本书在每一节都提出一个"问题"作为副标题,在每一章最后都设置了"思考题"和"习题",并且在部分章中"思考题"的数量多于"习题"的数量。每一章的"习题解答"也不再附在书中,而是放在本书的微信公众号中。以上这些栏目和思考题以及习题设置的目的在于引导学生从物理学的概念本身引发思考和讨论,这既是对学生学习大学物理的引导,更是注重学生在学习的过程中学会主动学习,善于学习,提高全面核心素养的情感态度和价值观的提升。

大学物理学习扩展

本书编委会的成员多年来一直担任"大学物理"课程的教学任务,都是具有丰富教学和科研经验的教授和副教授。本书共17章,编写分工如下:第1~4章由朱鋐雄编写,第5章由黄燕萍编写,第6~11章由朱鋐雄编写,第12章由朱鋐雄和朱晶编写,第13章由王向晖编写,第14章由王向晖和李欣编写,第15章由尹亚玲编写,第16章由王向晖编写,第17章由朱广天编写。全书的核对、审阅和通稿修改工作由朱鋐雄、王向晖和朱广天完成。在本书编写过程中,还得到了华东师范大学物理实验中心物理教学演示实验室的热情协助。景培书、尹亚玲、邓莉等老师和黄雨寒、杨凯超等研究生参与策划并进行了演示实验录像的拍摄制作工作,黄雨寒绘制了部分插图。

在本书编写出版前,我们已编写出版了《大学物理学习导引——导读,导思,导解》一书(清华大学出版社,2010年),另外还拟编写出版配合本书的《大学物理简明教程习题解答》

一书供教师和学生在教学中参考使用。

虽然在编写过程中我们对本书经过了仔细的核对和反复检查,但是由于编写水平有限,书中一定存在不妥之处,恳请广大读者批评指正。

朱鋐雄　王向晖　朱广天
2018 年 2 月修订于华东师范大学

目 录
CONTENTS

第 1 章　质点运动学 ··· 1
　本章引入和导读 ··· 1
　1.1　质点——描述物体机械运动的一个理想模型
　　　　——什么是质点？为什么要引入质点模型？ ····················· 2
　1.2　描述物体机械运动状态的物理量
　　　　——什么是位移、速度和加速度？ ··································· 3
　　　1.2.1　参考系和坐标系 ·· 3
　　　1.2.2　标量和矢量 ·· 3
　　　1.2.3　位置矢量和位移 ·· 4
　　　1.2.4　平均速度和瞬时速度 ·· 5
　　　1.2.5　平均加速度和瞬时加速度 ·· 6
　1.3　物体机械运动的分类
　　　　——物体的机械运动有哪几种分类？ ······························· 7
　　　1.3.1　直线运动和曲线运动 ·· 7
　　　1.3.2　匀速运动和变速运动 ·· 10
　1.4　物体机械运动的相对性
　　　　——在不同参考系中描述同一个物体的运动结果相同吗？ ······· 13
　1.5　中学物理和大学物理运动学的几点比较
　　　　——中学物理与大学物理运动学有哪些不同？ ············· 15
　思考题 ·· 16
　习题 ·· 17

第 2 章　质点动力学 ··· 20
　本章引入和导读 ··· 20
　2.1　牛顿提出的绝对时间和绝对空间
　　　　——什么是牛顿提出的经典时空观？ ····························· 21
　2.2　牛顿三大运动定律
　　　　——什么是牛顿三大运动定律的整体性和公理性？ ····· 22
　　　2.2.1　牛顿第一定律：惯性以及力和运动状态变化的定性关系 ···· 22
　　　2.2.2　牛顿第二定律：动量以及力和运动状态变化的定量关系 ···· 23

2.2.3　牛顿第三定律：两个物体之间真实相互作用力的对称关系 …………… 24
　　　2.2.4　牛顿三大运动定律的整体性及其相互关系 ……………………………… 24
　　　2.2.5　牛顿三大运动定律是一个完整的逻辑化公理体系 ……………………… 25
　　　2.2.6　经典力学体现的运动因果观 ……………………………………………… 26
　2.3　从行星运动三大定律到万有引力定律
　　　——牛顿是怎样提出万有引力定律的？ ……………………………………… 29
　　　2.3.1　开普勒和行星运动三大定律 ……………………………………………… 29
　　　2.3.2　牛顿提出的万有引力定律 ………………………………………………… 30
　2.4　牛顿三大运动定律的提出是经典力学的伟大成就
　　　——什么是科学史上第一次大统一？ ………………………………………… 31
　2.5　非惯性系和惯性力
　　　——在非惯性系中牛顿三大运动定律成立吗？ ……………………………… 32
　思考题 ……………………………………………………………………………………… 34
　习题 ………………………………………………………………………………………… 35

第3章　动量、角动量及其守恒定律 ……………………………………………………… 39

　本章引入和导读 ………………………………………………………………………… 39
　3.1　动量、动量定理和动量守恒定律
　　　——为什么说，动量是物体机械运动的矢量量度？ ………………………… 40
　　　3.1.1　动量和动量定理——力的时间累积效应 ………………………………… 40
　　　3.1.2　碰撞现象和质点系的动量守恒定律 ……………………………………… 41
　　　3.1.3　动量守恒定律和牛顿三大运动定律的关系 ……………………………… 44
　3.2　角动量、角动量定理和角动量守恒定律
　　　——为什么说，角动量是物体相对于定点运动的矢量量度？ ……………… 45
　　　3.2.1　角动量和角动量定理——力矩的时间累积效应 ………………………… 45
　　　3.2.2　角动量守恒定律和有心力 ………………………………………………… 47
　3.3　动量和角动量的几点比较
　　　——动量与动量定理和角动量与角动量定理有哪些相似点和区别？ ……… 49
　思考题 ……………………………………………………………………………………… 50
　习题 ………………………………………………………………………………………… 51

第4章　功和机械能 ………………………………………………………………………… 52

　本章引入和导读 ………………………………………………………………………… 52
　4.1　外力的功、动能定理和机械能守恒定律
　　　——为什么说，动能是物体机械运动的标量量度？ ………………………… 53
　　　4.1.1　动能定义的提出 …………………………………………………………… 53
　　　4.1.2　功的一般定义和动能定理 ………………………………………………… 54
　　　4.1.3　保守力的功和质点的势能 ………………………………………………… 55
　　　4.1.4　系统的功能原理和机械能守恒定律 ……………………………………… 60

4.2 普遍的能量守恒定律
——为什么说,能量守恒定律是自然界的一条普遍的定律? …… 62

思考题 …… 64

习题 …… 65

第5章 刚体力学 …… 67

本章引入和导读 …… 67

5.1 刚体运动及其分类
——什么是刚体?怎样对刚体运动进行分类? …… 68
- 5.1.1 刚体——描述固态物体机械运动的一个理想模型 …… 68
- 5.1.2 刚体运动的分类——平动和转动 …… 68

5.2 刚体平动和定轴转动的运动学
——什么是刚体定轴转动的角量和线量? …… 69
- 5.2.1 刚体平动的运动学 …… 69
- 5.2.2 刚体的转动角位移及其运动方程 …… 69
- 5.2.3 刚体的转动角速度和角加速度 …… 70

5.3 刚体平动和定轴转动的动力学
——怎样建立刚体运动定理与质点运动定理之间的类比? …… 71
- 5.3.1 刚体的质心和质心运动定理 …… 71
- 5.3.2 刚体的转动惯性和转动惯量 …… 72

5.4 刚体定轴转动的角动量和角动量守恒定律
——怎样建立刚体的转动动力学与质点动力学之间的对比? …… 75
- 5.4.1 刚体定轴转动的角动量和角动量定理 …… 75
- 5.4.2 刚体定轴转动的角动量守恒定律 …… 76

5.5 刚体定轴转动的动能和动能定理
——怎样建立刚体转动动能定理与质点动能定理之间的类比? …… 77

思考题 …… 82

习题 …… 83

第6章 简谐振动和简谐波 …… 86

本章引入和导读 …… 86

6.1 简谐振动的运动学
——什么是描述简谐振动的三个特征量? …… 87
- 6.1.1 简谐振动的运动学描述及其三个特征量 …… 87
- 6.1.2 简谐振动的旋转矢量图示法 …… 90
- 6.1.3 简谐振动的初始条件 …… 91
- 6.1.4 单摆的运动 …… 91

6.2 简谐振动的机械能
——什么是简谐振动的动能和势能? …… 92

6.3 两个简谐振动的合成
　　——相位差在振动合成中有着怎样的重要作用？ ……………………………… 94
　　6.3.1 两个位移方向相同、频率相同的简谐振动的合成 …………………… 94
　　6.3.2 两个位移方向相同、频率不同的简谐振动的合成 …………………… 95
　　6.3.3 两个位移方向相互垂直、频率相同的简谐振动的合成 ……………… 96
6.4 受阻力和外力驱动作用时的实际振动
　　——阻力和外力怎样影响简谐振动？ …………………………………………… 97
　　6.4.1 阻尼振动 ……………………………………………………………… 98
　　6.4.2 受迫振动和共振 ……………………………………………………… 99
6.5 简谐波
　　——振动的信息和能量是怎样传播的？ ………………………………………… 99
　　6.5.1 机械波是机械振动的传播 …………………………………………… 99
　　6.5.2 简谐波的分类：横波和纵波 ………………………………………… 100
　　6.5.3 平面简谐波的运动方程 ……………………………………………… 101
6.6 简谐波的能量和能量的传播
　　——波的能量和振动的能量有什么区别？ …………………………………… 104
　　6.6.1 简谐波的动能和势能 ………………………………………………… 104
　　6.6.2 简谐波的能量流 ……………………………………………………… 105
6.7 两个简谐波的合成
　　——什么是波的相长干涉和相消干涉？ ……………………………………… 106
　　6.7.1 两列简谐波的相长干涉和相消干涉 ………………………………… 106
　　6.7.2 驻波——波的干涉的一个特例 ……………………………………… 107
6.8 多普勒效应和波的频率的相对性
　　——什么是频率红移现象？ …………………………………………………… 110
　　6.8.1 机械波的多普勒效应 ………………………………………………… 110
　　6.8.2 波的频率的相对性 …………………………………………………… 111
思考题 ……………………………………………………………………………… 112
习题 ………………………………………………………………………………… 114

第 7 章 热力学平衡态和准静态过程 ……………………………………………… 116

本章引入和导读 …………………………………………………………………… 116
7.1 热学研究的对象、内容和热力学系统的分类
　　——什么是热力学系统及其分类？ …………………………………………… 117
　　7.1.1 热学研究的对象和内容 ……………………………………………… 117
　　7.1.2 热力学系统的分类 …………………………………………………… 118
7.2 热力学平衡态
　　——什么是静中有动的统计平衡态？ ………………………………………… 118
7.3 热平衡定律和温度
　　——什么是温度的科学定义？ ………………………………………………… 119

目录

  7.3.1 对物体的冷热程度的感觉判断ᅟᅟᅟᅟᅟᅟᅟᅟᅟ119

  7.3.2 热平衡定律和温度的科学定义ᅟᅟᅟᅟᅟᅟᅟᅟᅟ120

 7.4 温标和温度计

  ——什么是温度的定量表示方式？ᅟᅟᅟᅟᅟᅟᅟᅟᅟ121

 7.5 气体的状态方程

  ——什么是热力学系统的静态描述？ᅟᅟᅟᅟᅟᅟᅟᅟᅟ123

 7.6 准静态过程

  ——什么是热力学过程的动态描述？ᅟᅟᅟᅟᅟᅟᅟᅟᅟ124

  7.6.1 从静态描述到动态描述ᅟᅟᅟᅟᅟᅟᅟᅟᅟ124

  7.6.2 引起系统状态变化的两种方式ᅟᅟᅟᅟᅟᅟᅟᅟᅟ124

  7.6.3 动中有静的准静态过程ᅟᅟᅟᅟᅟᅟᅟᅟᅟ125

 思考题ᅟᅟᅟᅟᅟᅟᅟᅟᅟ126

第8章 气体动理论ᅟᅟᅟᅟᅟᅟᅟᅟᅟ127

 本章引入和导读ᅟᅟᅟᅟᅟᅟᅟᅟᅟ127

 8.1 关于分子个体行为和集体行为的基本假设

  ——什么是气体动理论的基本假设？ᅟᅟᅟᅟᅟᅟᅟᅟᅟ128

 8.2 气体的压强和温度的微观解释

  ——什么是压强和温度的统计意义？ᅟᅟᅟᅟᅟᅟᅟᅟᅟ128

  8.2.1 气体压强的微观解释ᅟᅟᅟᅟᅟᅟᅟᅟᅟ128

  8.2.2 气体温度的微观解释ᅟᅟᅟᅟᅟᅟᅟᅟᅟ129

 8.3 分子无规则运动的速率分布函数

  ——什么是大量分子无规则运动速率呈现的统计规律？ᅟᅟᅟᅟᅟᅟᅟᅟᅟ130

  8.3.1 麦克斯韦速率分布函数ᅟᅟᅟᅟᅟᅟᅟᅟᅟ130

  8.3.2 三个特征速率ᅟᅟᅟᅟᅟᅟᅟᅟᅟ132

 8.4 能量按自由度均分定理

  ——什么是大量分子无规则运动能量呈现的统计规律？ᅟᅟᅟᅟᅟᅟᅟᅟᅟ133

  8.4.1 能量按自由度均分定理ᅟᅟᅟᅟᅟᅟᅟᅟᅟ133

  8.4.2 理想气体的内能ᅟᅟᅟᅟᅟᅟᅟᅟᅟ135

 8.5 气体内部的运输过程

  ——什么是气体分子平均碰撞频率和分子平均自由程？ᅟᅟᅟᅟᅟᅟᅟᅟᅟ136

 思考题ᅟᅟᅟᅟᅟᅟᅟᅟᅟ138

 习题ᅟᅟᅟᅟᅟᅟᅟᅟᅟ139

第9章 热力学第一定律ᅟᅟᅟᅟᅟᅟᅟᅟᅟ141

 本章引入和导读ᅟᅟᅟᅟᅟᅟᅟᅟᅟ141

 9.1 内能和热力学第一定律

  ——什么是热力学系统的内能？ᅟᅟᅟᅟᅟᅟᅟᅟᅟ142

9.2 热力学第一定律对理想气体的应用
　　——怎样得出准静态过程的功、热量和内能？ ················· 144
　　9.2.1 准静态单一过程的功 ································· 145
　　9.2.2 准静态单一过程的热容和热量 ························· 146
　　9.2.3 准静态单一过程的内能改变 ··························· 147
9.3 准静态单一过程的过程方程
　　——什么是单一过程的过程方程？ ························· 148
9.4 准静态循环过程及其效率
　　——什么是准静态循环过程的效率？ ······················· 149
9.5 卡诺循环——一个理想化的循环过程
　　——什么是卡诺循环及其效率？ ··························· 150
9.6 制冷机和热泵
　　——什么是卡诺循环的逆循环？ ··························· 153
9.7 能量守恒和转换的思想是物理学的重要思想
　　——什么是做功和传热的量的等当性和质的可转换性？ ········· 155
思考题 ··· 156
习题 ··· 157

第10章 热力学第二定律和热力学第三定律 ···························· 160

本章引入和导读 ··· 160
10.1 不可逆过程和可逆过程
　　——什么是自然界实际过程的方向性？ ····················· 161
10.2 热力学第二定律的两种典型表述
　　——为什么热力学第二定律的地位高于热力学第一定律？ ····· 162
10.3 不可逆过程是能量品质不断降低的过程
　　——为什么热能不如其他形式的能量更有用？ ··············· 163
10.4 熵和熵增加原理
　　——在热力学中熵的地位为什么比内能更重要？ ············· 164
　　10.4.1 一个比内能更重要的状态函数——熵 ················· 164
　　10.4.2 熵增加原理：宇宙的熵增加 ························· 166
10.5 热力学第二定律的微观解释和熵的微观意义
　　——为什么系统越无序它的熵就越大？ ····················· 168
10.6 热力学第三定律和零熵
　　——为什么绝对零度是不可能达到的？ ····················· 169
10.7 人类对大自然的尊重和敬畏
　　——热力学定律否定性表述的重要意义是什么？ ············· 170
思考题 ··· 171
习题 ··· 173

第11章 静电力和静电场 ... 174

本章引入和导读 ... 174

11.1 对场的认识的深化是电磁学中的一条思想主线
　　——对电磁力的研究为什么需要从头开始？ ... 175

11.2 电荷的分类和电荷守恒定律
　　——物体带电现象的产生或消失的实质是什么？ ... 176
　　11.2.1 电荷和起电 ... 176
　　11.2.2 电荷守恒定律 ... 177

11.3 静电力的库仑定律
　　——什么是库仑定律的完整表述？ ... 177

11.4 静电场的物理描述方式
　　——什么是电场强度和电势？ ... 179
　　11.4.1 静电场状态的物理描述方式 ... 179
　　11.4.2 电场力、电场强度和电场强度叠加原理 ... 180
　　11.4.3 电势能、电势和电势叠加原理 ... 181
　　11.4.4 电场强度和电势的关系 ... 184

11.5 静电场的几何描述方式
　　——什么是电场线和电通量？ ... 185
　　11.5.1 电场线 ... 185
　　11.5.2 电通量 ... 185
　　11.5.3 等势面 ... 186

11.6 典型的带电体产生的电场强度和电势
　　——求电场强度和电势从部分到整体的方法是什么？ ... 187

11.7 静电场的高斯定理
　　——求电场强度和电势从整体到部分的方法是什么？ ... 194
　　11.7.1 静电场的高斯定理 ... 194
　　11.7.2 高斯定理提供了计算电场强度从整体到部分的方法 ... 196

11.8 静电场与导体和电介质的相互作用
　　——什么是静电场与物质的相互作用？ ... 199
　　11.8.1 物质导电性能的分类 ... 199
　　11.8.2 静电场与导体的相互作用 ... 200
　　11.8.3 静电场与电介质的相互作用 ... 202
　　11.8.4 真空中的电容器及其电容 ... 203
　　11.8.5 充满电介质的电容器及其电容 ... 206
　　11.8.6 电介质存在时的高斯定理 ... 208

11.9 电容器的能量和静电场的能量
　　——什么是静电场的能量？ ... 209

思考题 ... 210

习题 ·· 211

第12章 恒定电流和磁场 ·· 214

本章引入和导读 ·· 214
12.1 电流、电流密度和欧姆定律的微观形式
　　——怎样更细致地描述电流的大小？ ·· 215
　　12.1.1 电流和电流密度及其相互关系 ··· 215
　　12.1.2 欧姆定律的微观形式 ··· 216
12.2 磁场的物理描述方式和几何描述方式
　　——什么是磁感应强度、磁感应线和磁通量？ ······························· 217
　　12.2.1 磁感应强度 ··· 217
　　12.2.2 磁感应线和磁通量 ·· 218
12.3 从电流元的磁场到恒定电流产生的磁场
　　——求磁场从部分到整体的方法是什么？ ····································· 219
　　12.3.1 电流元产生的磁场：毕奥-萨伐尔定律 ······························· 219
　　12.3.2 毕奥-萨伐尔定律的应用举例 ··· 220
12.4 磁场的两大重要定理
　　——什么是磁场中的高斯定理和安培环路定理？ ························· 222
　　12.4.1 磁场中的高斯定理 ·· 222
　　12.4.2 磁场中的安培环路定理 ··· 223
　　12.4.3 安培环路定理的应用举例 ·· 223
12.5 磁场对运动电荷和对电流的作用
　　——什么是磁场对运动电荷和对载流导线的作用？ ···················· 225
　　12.5.1 磁场对运动电荷的作用 ··· 225
　　12.5.2 霍尔效应 ··· 226
　　12.5.3 磁场对载流导线的作用 ··· 227
　　12.5.4 磁场对载流线圈的作用 ··· 228
12.6 磁场与磁介质的相互作用
　　——磁介质是怎样被磁化，又是怎样影响外磁场的？ ················· 229
　　12.6.1 磁介质的磁化及其分类 ··· 230
　　12.6.2 磁介质磁化对磁场的影响 ·· 232
思考题 ·· 233
习题 ··· 235

第13章 电磁感应和麦克斯韦方程组 ··· 237

本章引入和导读 ·· 237
13.1 磁生电
　　——感应电动势是怎样产生和判定的？ ··· 238
　　13.1.1 磁场的变化产生电场 ··· 238

  13.1.2 动生电动势和感生电动势 ········· 240
  13.1.3 自感现象、互感现象和磁场的能量 ········· 242
 13.2 电场和磁场的统一性
  ——什么是电场和磁场的内在联系？ ········· 246
  13.2.1 位移电流假说的提出 ········· 246
  13.2.2 电场和磁场的内在联系 ········· 247
  13.2.3 电磁波的产生和传播 ········· 248
  13.2.4 电磁波频率的"家谱"及其分类 ········· 249
 13.3 麦克斯韦方程组的重要地位和作用
  ——什么是科学史上第二次大统一？ ········· 250
 思考题 ········· 251
 习题 ········· 251

第 14 章 光学基础 ········· 254

 本章引入和导读 ········· 254
 14.1 光的微粒说和光的直线传播现象
  ——什么是光的微粒说？ ········· 255
  14.1.1 从光的微粒说的萌芽到光的粒子流假设 ········· 255
  14.1.2 光的直线传播和反射、折射现象 ········· 256
 14.2 光的波动说和光的干涉现象
  ——什么是光的波动说？ ········· 257
  14.2.1 从笛卡儿的波动思想到惠更斯的波动说 ········· 257
  14.2.2 托马斯·杨的波动说和双缝干涉实验 ········· 257
  14.2.3 光程 光程差 ········· 260
  14.2.4 光的薄膜干涉现象——等倾干涉和等厚干涉 ········· 261
 14.3 光的波动说和光的衍射现象
  ——什么是惠更斯-菲涅耳原理？ ········· 266
  14.3.1 光的衍射现象 ········· 266
  14.3.2 惠更斯-菲涅耳原理 ········· 267
  14.3.3 夫琅禾费单缝衍射 ········· 267
  14.3.4 光栅衍射 ········· 271
 14.4 光的波动说和光的偏振现象
  ——什么是马吕斯定律和布儒斯特定律？ ········· 274
  14.4.1 光的偏振性 ········· 274
  14.4.2 自然光、偏振光和偏振光的分类 ········· 274
  14.4.3 起偏、检偏和马吕斯定律 ········· 276
  14.4.4 反射光、折射光的偏振和布儒斯特定律 ········· 277
 14.5 光的量子说和光电效应现象
  ——什么是光的量子说？ ········· 278

14.5.1　黑体辐射和能量的量子说假设 ………………………………… 278
　　14.5.2　光电效应现象和光量子假设 …………………………………… 278
思考题 ……………………………………………………………………………… 279
习题 ………………………………………………………………………………… 280

第15章　相对论基础 …………………………………………………………… 282

本章引入和导读 …………………………………………………………………… 282
15.1　从伽利略的相对性原理到爱因斯坦的相对性原理
　　——两种时空观对两个问题分别给出两种怎样不同的回答？ ………… 283
15.2　一个理想的追光实验和两条基本原理的提出
　　——经典的时空观是怎样失效的？ …………………………………… 286
　　15.2.1　一个理想的追光实验 …………………………………………… 286
　　15.2.2　两条基本原理的提出 …………………………………………… 287
15.3　时间测量的相对性
　　——动钟是怎样变慢的？ ………………………………………………… 288
　　15.3.1　同时是相对的 …………………………………………………… 288
　　15.3.2　动钟变慢 ………………………………………………………… 289
15.4　长度测量的相对性
　　——长度是怎样收缩的？ ………………………………………………… 291
15.5　洛伦兹变换
　　——洛伦兹变换怎样取代了伽利略变换？ ……………………………… 292
　　15.5.1　洛伦兹变换 ……………………………………………………… 292
　　15.5.2　洛伦兹速度变换 ………………………………………………… 293
15.6　质量和能量本是"一家人"
　　——质量会改变吗？ ……………………………………………………… 294
　　15.6.1　问题的提出 ……………………………………………………… 294
　　15.6.2　质量与速度的关系 ……………………………………………… 295
　　15.6.3　能量与质量的关系 ……………………………………………… 296
15.7　广义相对论简介
　　——什么是广义相对论的基本原理？ …………………………………… 297
　　15.7.1　等效原理 ………………………………………………………… 297
　　15.7.2　等价原理 ………………………………………………………… 298
思考题 ……………………………………………………………………………… 299
习题 ………………………………………………………………………………… 300

第16章　量子物理基础 ………………………………………………………… 302

本章引入和导读 …………………………………………………………………… 302
16.1　黑体辐射的普朗克公式和能量子假设
　　——能量子的假设是怎样提出来的？ …………………………………… 303

  16.1.1 一定温度下物体辐射的电磁波能量与波长的关系 ·················· 303

  16.1.2 黑体辐射公式和能量子假设 ····································· 305

16.2 光电效应和光量子假设

  ——爱因斯坦对光电效应作出什么样的理论解释？ ························ 307

  16.2.1 光电效应 ·· 307

  16.2.2 康普顿散射 ··· 309

  16.2.3 光子的能量、动量和波粒二象性 ····································· 312

16.3 德布罗意假设和物质波

  ——物质波、机械波和电磁波有什么不同？ ······························ 313

  16.3.1 物质波假设的提出 ··· 313

  16.3.2 物质波的实验验证 ··· 314

16.4 微观粒子的波动性是非经典的波动

  ——什么是描述微观粒子波动性的基本方程？ ··························· 314

16.5 一维无限深方势阱中的粒子波函数及能量

  ——一维无限深方势阱里的粒子能量为什么是离散的？ ··················· 316

16.6 氢原子的波函数及其能级分布

  ——确定氢原子的定态为什么需要三个量子数？ ························· 317

16.7 海森伯不确定关系

  ——同时精确测量微观粒子的位置和动量为什么是不可能的？ ············· 319

  16.7.1 经典力学的确定性和不确定性 ······································· 319

  16.7.2 海森伯不确定关系 ··· 320

16.8 波函数和量子态

  ——什么是薛定谔猫？ ··· 322

思考题 ·· 324

习题 ·· 324

第 1 章

质点运动学

本章引入和导读

仰望天空,晴空蓝天白云飘浮,大型客机划破长空;

俯视大地,高速公路四通八达,各种车辆穿梭往来;

步入地下,地铁轨道交叉纵横,双向隧道越江而过。

自然界的万事万物都在运动,物体的运动是绝对的。各类运动的形式丰富多彩,机械运动是自然界中最简单的一种宏观运动形式,只涉及物体之间或其内部各部分之间的相对位置及其随时间的变化。从天上到地面再到地下,各种物体作机械运动的情景始终与我们相伴。

在物理学中研究宏观物体作机械运动规律的分支学科称为经典力学。经典力学首先从确定物体的位置开始,然后通过引入物体的位移、速度、加速度等物理量来描述和研究物体位置随时间的变化规律,这是对物体机械运动状态"从静到动"的一个逐步深入的认识过程。如果只对物体机械运动状态及其变化作出描述,不涉及引起物体运动状态变化的原因,那么这部分内容在经典力学中称为"运动学"。

中学物理课程中已经讨论过"运动学"的内容,大学物理既注意到与中学物理的衔接,又对中学物理进行了提升,在内容和方法上建立了更加明确、更加科学的运动学理论,能够解决的问题也更加普遍。

例如,中学物理分别给出了物体速度和加速度的定义,但是实际上它们都仅仅是一段时间内物体的平均速度和平均加速度的定义,并不能确切地描述物体在某时刻的瞬时运动状态;中学物理只限于讨论物体作匀速运动和匀加速运动的路程公式、速度公式和加速度公式,不涉及变加速运动的路程和速度。大学物理不仅提出了物体运动在某时刻瞬时速度和瞬时加速度的定义,而且建立了物体位移、速度和加速度之间的一般数学演绎关系。当把物体的运动看作质点的运动时,只要已知质点的运动方程,即可通过高等数学的演绎推理方法得出质点速度和加速度的表达式;反之,对质点的一般运动,只要知道质点的加速度,就可以通过高等数学的方法得到质点速度和位移的表达式,而匀速运动和匀加速运动的路程公式和速度公式仅仅是这些表达式中的特例。

在运动学知识的整体概念上,大学物理比中学物理在描述方法上更明确、更科学。在得到运动学的定理和公式的过程和方法上,中学物理是通过实验方法归纳得出这些公式的,大学物理体现的是物理学中的归纳和数学演绎推理相结合的方法。与前者相比,后者更显示了力学理论的系统性和逻辑性。

从中学物理到大学物理,需要做好知识上的衔接,更需要从物理内容、数学工具和物理学方法上实施提升。对此,本章的最后一节专门对中学物理和大学物理的运动学作了比较。

1.1 质点——描述物体机械运动的一个理想模型

——什么是质点?为什么要引入质点模型?

自然界作机械运动的物体形状和大小各异,运动形式纷繁多样。以一辆行驶的汽车为例,汽车在前进过程中有车身的移动,也有车轮的转动,更有很多其他机械部件的复杂运动,因此,要完整、不遗漏地描述一辆汽车上所有部件的机械运动几乎是不可能的。但是如果仅仅为了描述汽车运动的快慢和在一定时间内行驶的路程,只需要考虑汽车作为一个整体的运动就足够了,车轮和方向盘转动以及其他部件运动的细节都可以略去不计。

在力学中,为了能在整体上更有效地把握一个物体的运动,并且便于对运动进行分类,以得出机械运动的基本规律,在合适的条件下,可以对物体的运动做出一定的简化。这样的简化不涉及物体的形状和体积大小,忽略物体各部分不同的运动细节,把一个物体的运动近似地看作具有质量的一个"点"的运动,这样的"点"就称为质点。质点,顾名思义就是有质量但没有大小、不计形状的"点"。显然,在自然界中没有这样的"点"。这种研究问题的方法在物理学上称为构建理想模型。构建理想模型的方法是物理学的一个重要方法。质点是力学中引入的第一个理想模型。

在什么条件下可以把物体看作质点呢?当一个人观察从他面前驶过的一辆载重汽车时,在他看来,汽车显然是一个有确定形状和一定体积的庞大的运动物体,要完整地描述汽车车身和车轮及各个部件的运动是十分困难的,但是,如果这个人从几百米的高塔顶上瞭望这辆汽车,他根本无法看清楚汽车的形状和大小,更无法看清楚汽车上各个组成部分和机械部件的运动细节。在这种情况下,由于汽车的尺度大小远远小于观察者与汽车之间的距离,在观察者看来,这辆汽车的运动就如同一个特殊的"点"在运动,于是,这辆汽车就可以看作一个质点,就可以从整体上对汽车的位置和运动的快慢做出描述。

在位于地球表面的人类看来,太阳、地球和月亮都是宇宙空间中有着巨大体积和质量的天体。由于它们的体积十分庞大,各自具有不同的形状和自转的方式,要确定这三个天体所处的位置和运行的轨道是十分困难的。但是从这三个天体组成的整体上看,由于这些天体的尺度大小与它们之间的距离相比显得很小,如果只需要讨论这三个天体的整体运动状态,可以不必涉及它们的体积和形状以及它们自身的自转运动,把它们都看作质点,把它们之间的距离看作点与点之间的距离,这样就可以预测它们的位置,确定它们的运动轨道和运动周期等。

在后续章节中,如果对物体的形状和大小没有做出特别说明,也没有提及物体各部分的不同运动,只在整体上讨论物体的状态和状态变化,这个物体就可以看作质点。

【扩展阅读】 太阳、地球和月亮的直径及它们之间距离的有关数据。

1.2 描述物体机械运动状态的物理量

——什么是位移、速度和加速度？

1.2.1 参考系和坐标系

相对于不同的参考物，同一物体的同一运动会表现为不同的形式，例如从行驶的车辆上掉落一个汽水瓶，以行驶的车辆作为参照物，汽水瓶作的是自由落体（直线）运动；以地面上静止的人作为参考物，汽水瓶作的是平抛（曲线）运动。可见，物体运动的形式随参考物的不同而不同，这叫作运动的相对性。由于运动的相对性，我们在描述物体运动时就必须指明相对于什么参考物来说。

确定了参考物之后，为了定量的说明一个质点相对于此参考物的空间位置，需在此参考物上建立固定的坐标系。坐标系有笛卡儿直角坐标系、平面自然坐标系、极坐标系等。

质点的运动就是它的位置随时间的变化，质点到达坐标系某一位置时的时刻 t 由该处配置的钟给出。该坐标系中各位置处的钟都是同步的。

一个固定在参考物上的坐标系和相应的一套同步的钟，组成了一个参考系。常用的参考系有地面参考系、地球参考系、太阳参考系等。在不同的参考系中描述同一物体的运动时，其表达形式是不同的。

1.2.2 标量和矢量

按照"国际单位制"的规定，在力学中描述物体机械运动状态的基本物理量有三个：长度、时间和质量，它们的国际单位分别是米(m)、秒(s)和千克(kg)，并规定为基本单位，对应的物理量称为基本量。从基本量的单位可以得到其他物理量的单位，如速度、加速度、动量、功和能量等，这些物理量称为导出量。物理量可以分为标量和矢量两大类。

标量是只有数值大小，没有方向的物理量。力学中的三个基本量——长度、时间和质量都是标量。标量一般用字母表示，例如，长度常用字母 L 或 l 表示；时间常用字母 T 或 t 表示；质量常用字母 M 或 m 表示等。在力学中常见的标量还有功，常用字母 A 或 W 表示，常用单位是焦耳(J)；能量（如动能或势能），常用字母 E 表示，常用单位也是焦耳(J)；等等。

矢量是既有数值大小，又有方向的物理量。例如，物体所在位置方位、物体的速度和加速度就是矢量。为了完整准确地描述物体的运动状态及其随时间的变化，确定一个物体在给定坐标系中的位置、速度或加速度时，必须既给定这个物体相对于坐标系原点的位置、速度或加速度的数值大小，同时也标明这个物体的位置方位、速度或加速度沿什么方向。显然，用标量描述这样的运动状态是不完整的，必须改为矢量。例如，位置用字母 R 或 r 表示，速度常用字母 V 或 v 表示。加速度常用字母 a 表示。在力学中常见的矢量还有力，常用字母 F 或 T 表示；动量常用字母 p 表示；力矩常用字母 M 表示；等等。书写时，矢量一般用带箭头的字母表示。

1.2.3 位置矢量和位移

位置矢量 在力学中,描述物体的空间位置及其方位的物理量是位置矢量,常用字母 r 表示(简称位矢)。为了确定位置矢量的大小和方向,就必须确定一定的参考系和相应的坐标系,它们是确定物体位置的依据。

假设地面上的观察者需要确定空间某物体(如空中一架飞机)在某时刻相对于观察者的位置和方位,则观察者首先需要把自身的位置作为一个参考物,建立一个参考系。把他在地面上的位置定为坐标原点 O,架设一个三维空间的直角坐标系,它的三个坐标轴分别是 x、y、z。

设该物体在某时刻 t 所处在的空间位置为 P 点,则从坐标原点 O 指向 P 点的矢量就是该物体在这个参考系中的**位置矢量** r。当物体运动时,P 点也随之运动,位置矢量的长度和方向都会相应地随时间改变,这一改变一般可以用函数 $r=r(t)$ 表示。这个函数就是物体运动函数的矢量表示式。在三维直角坐标系下可以表示为(图 1.1(a))

$$r(t)=x(t)\boldsymbol{i}+y(t)\boldsymbol{j}+z(t)\boldsymbol{k} \tag{1.1}$$

其中,$\boldsymbol{i}$、$\boldsymbol{j}$、$\boldsymbol{k}$ 分别是 x、y、z 三个空间坐标轴上的单位矢量,$x(t)$、$y(t)$、$z(t)$ 分别是这个位置矢量在三个坐标轴上的投影分量,它们也是时间 t 的函数:

$$x=x(t),\quad y=y(t),\quad z=z(t) \tag{1.2}$$

式(1.1)和式(1.2)这样一组时间的函数称为物体的运动方程或运动函数。

对不同的参考系,一个物体的位置矢量是不同的,也就是说,物体的位置与参考系的选择有关,因此在机械运动中物体的位置是相对的。

位移 随着物体在空间的运动,物体的位置矢量也相应发生变化。物体将在不同的时刻到达不同的位置,而在各个位置上的时刻是由在这些位置上配置的许多同步的钟给出的。

设在时刻 t,物体处于空间 P 点的位置矢量是 r,在时刻 t',物体到达空间另一个位置 P'点(不管沿着什么空间途径)的位置矢量是 r'。于是,两个位置矢量之差就定义为物体的位移 $\Delta r=r'-r$,方向是从 P 指向 P',位移的大小就是 $|\Delta r|$(图 1.1(b))。

图 1.1 位置矢量和位移

(a) 物体处于空间 P 点的位置矢量 $r(t)$;(b) 物体处于空间 P'点的位置矢量 $r'(t)$、位移 Δr 和路程 ΔS

位移只指明了从 P 到达 P'的位置变化情况,没有指明物体沿什么路径从 P 点到达 P'点。实际上,物体可以沿许多不同的空间路径从 P 到达 P',每一条空间路径均称为物体经

过的一个路程,用 ΔS 表示(图 1.1(b))。在一般情况下,路程 ΔS 的长度不等于位移的大小,即 $\Delta S \neq |\Delta \boldsymbol{r}|$。

1.2.4 平均速度和瞬时速度

速度 随着时间的流逝,物体位置矢量也相应发生变化。为了描述物体位置矢量随时间改变的快慢,就需要引入一个新的物理量——速度,用 $\boldsymbol{v}$ 表示。

物理上把物体在 Δt 一段时间内的位移 $\Delta \boldsymbol{r}$ 与时间的比值定义为物体的平均速度,用 $\bar{\boldsymbol{v}}$ 表示:

$$\bar{\boldsymbol{v}} = \frac{\Delta \boldsymbol{r}}{\Delta t} \tag{1.3}$$

平均速度 $\bar{\boldsymbol{v}}$ 的方向就是位移 $\Delta \boldsymbol{r}$ 的方向,平均速度的大小称为平均速率,它与选取的位移 $\Delta \boldsymbol{r}$ 和时间间隔 Δt 有关。平均速度是矢量,其国际单位是米每秒(m/s)。

平均速度虽然反映了对运动测量得到的真实结果,但是,任何平均速度都只是对物体在某段时间(或某段位移)内运动快慢程度的描述,不是对物体在空间某时刻(或某位置处)运动快慢的描述。在具体测量时,取不同的时间(或不同的位移)所得到的物体的平均速度是不同的。

为了更精确地测定一个作机械运动的物体在某时刻(或空间某位置)运动的快慢程度,一个可取的办法是,尽可能地把测量的时间缩短。例如,把测量 1h 内的平均速度改为测量 30min 内的平均速度;也可以从测量 30min 内的平均速度相继改为测量 20min 内、10min 内、5min 内或更短时间内的平均速度等。这样的测量结果看起来一次比一次更加精确地反映了物体运动的快慢程度。但是,由于测量仪器精密度的限制,对位移和对时间的实验测量在精确度上一定存在某个下限,因此,这样得出的结果始终只是在不同时间内(或不同位移内)的平均速度而已,这些平均速度不仅数值大小可能不相同,而且方向也可能不相同。

由此可见,作为表征物体运动快慢的物理量——平均速度实际上是与实验测量条件有关的一个物理量,是一种在经验层次上对物体运动的"平均化"描述,并不能确切地表示出物体在某时刻或某位置处的运动快慢程度。

如何建立对物体运动快慢程度的一种普遍性的确切的本质描述,以便使这样的描述可以不依赖于实验测量呢?牛顿针对测量与时间的选择有关以及存在的测量下限的局限性提出了以下假定。

当一段时间极短而变得无限小时,物体经过的位移和发生这段位移的时间的比值就趋近于一个极限,这个极限就是物体的瞬时速度,简称速度。

$$\boldsymbol{v} = \lim_{\Delta t \to 0} \frac{\Delta \boldsymbol{r}}{\Delta t} = \frac{\mathrm{d}\boldsymbol{r}}{\mathrm{d}t} \tag{1.4}$$

从数学上看,速度是位置矢量对时间的一阶导数。只要给出了物体的位置矢量函数(亦称运动方程)$\boldsymbol{r} = \boldsymbol{r}(t)$,通过微分运算就可以得到物体的速度方程 $\boldsymbol{v} = \boldsymbol{v}(t)$。在三维直角坐标系中,可以写成如下的分量形式:

$$v_x = \frac{\mathrm{d}x}{\mathrm{d}t}, \quad v_y = \frac{\mathrm{d}y}{\mathrm{d}t}, \quad v_z = \frac{\mathrm{d}z}{\mathrm{d}t}$$

$$\boldsymbol{v} = v_x \boldsymbol{i} + v_y \boldsymbol{j} + v_z \boldsymbol{k}$$

当没有特殊说明时,速度通常指的都是瞬时速度。

物体在某时刻速度的方向与该时刻 dr 的方向一致。在直线运动中,速度方向平均速度的极限方向一致;在曲线运动中,速度的方向与该时刻物体在运动轨道上所在位置处的切线方向一致。

速率 平均速率 $\bar{v}=\dfrac{\Delta s}{\Delta t}$,式中 Δs 是路程,是物体在一段时间内沿轨道运动经过的距离,是标量。曲线运动时 $\Delta s \neq |\Delta \boldsymbol{r}|$,因此平均速率与平均速度的大小并不相等。例如,绕周长为 400m 的操场匀速跑一圈回到起跑点所花的时长为 500s,则在这一段时间的平均速率为 $\bar{v}=\dfrac{\Delta s}{\Delta t}=\dfrac{400}{500}\text{m/s}=0.8\text{m/s}$,而平均速度为 $\bar{\boldsymbol{v}}=\dfrac{\Delta \boldsymbol{r}}{\Delta t}=0\text{m/s}$。

瞬时速率 $v=\lim\limits_{\Delta t \to 0}\dfrac{\Delta s}{\Delta t}=\dfrac{\mathrm{d}s}{\mathrm{d}t}$,简称速率。在没有特殊说明的情况下,速率通常指的都是瞬时速率,是个标量。因取极限时 $\mathrm{d}s=|\mathrm{d}\boldsymbol{r}|$,故 $v=|\boldsymbol{v}|$,即速度的大小与速率相等,所以也称速度的大小为速率。

在三维直角坐标系中, $v=\sqrt{v_x^2+v_y^2+v_z^2}$。

只要知道了物体的运动方程 $\boldsymbol{r}=\boldsymbol{r}(t)$,通过微分运算就可以得到物体的速度方程 $\boldsymbol{v}=\boldsymbol{v}(t)$。反之,只要知道了物体的速度方程 $\boldsymbol{v}=\boldsymbol{v}(t)$,通过积分运算就可以得到物体的运动方程 $\boldsymbol{r}=\boldsymbol{r}(t)$。

1.2.5 平均加速度和瞬时加速度

加速度 位移描述的是物体空间位置矢量随时间发生的改变,速度描述的是物体的位移随时间发生改变的快慢和方向。为了描述物体速度随时间改变的快慢和方向,就需要引入一个新的物理量——**加速度**,用 $\boldsymbol{a}$ 表示。

与建立平均速度的方法相似,物理上把在 Δt 一段时间内物体速度的改变 $\Delta \boldsymbol{v}$ 与时间的比值定义为物体的平均加速度(用 $\bar{\boldsymbol{a}}$ 表示):

$$\bar{\boldsymbol{a}}=\dfrac{\Delta \boldsymbol{v}}{\Delta t} \tag{1.5}$$

平均加速度是矢量,其方向是速度改变 $\Delta \boldsymbol{v}$ 的方向,其大小与选取的速度改变 $\Delta \boldsymbol{v}$ 的大小和时间 Δt 有关。平均加速度的国际单位是米每二次方秒(m/s²)。

与以上引入瞬时速度的原因类似,为了建立对物体速度改变的一种确切的普遍性的本质描述,以使这样的描述完全不依赖于实验测量,牛顿提出了这样的假定:

当一段时间极短而变得无限小时,物体速度的改变和时间的比值就趋近于一个极限,这个极限就是物体的瞬时加速度,简称加速度。

$$\boldsymbol{a}=\lim\limits_{\Delta t \to 0}\dfrac{\Delta \boldsymbol{v}}{\Delta t}=\dfrac{\mathrm{d}\boldsymbol{v}}{\mathrm{d}t}=\dfrac{\mathrm{d}^2\boldsymbol{r}}{\mathrm{d}t^2} \tag{1.6}$$

加速度是速度对时间的一阶导数,是位置矢量对时间的二阶导数。在三维直角坐标系中,可以写成如下的分量形式:

$$a_x=\dfrac{\mathrm{d}v_x}{\mathrm{d}t}=\dfrac{\mathrm{d}^2x}{\mathrm{d}t^2}, \quad a_y=\dfrac{\mathrm{d}v_y}{\mathrm{d}t}=\dfrac{\mathrm{d}^2y}{\mathrm{d}t^2}, \quad a_z=\dfrac{\mathrm{d}v_z}{\mathrm{d}t}=\dfrac{\mathrm{d}^2z}{\mathrm{d}t^2}$$

$$a = a_x\boldsymbol{i} + a_y\boldsymbol{j} + a_z\boldsymbol{k}$$

只要知道物体的运动方程 $\boldsymbol{r}=\boldsymbol{r}(t)$ 或速度方程 $\boldsymbol{v}=\boldsymbol{v}(t)$，就可以通过微分运算获得加速度方程 $\boldsymbol{a}=\boldsymbol{a}(t)$；反之，只要知道物体运动的加速度方程，就可以通过积分运算获得物体的速度方程和运动方程。

1.3 物体机械运动的分类

——物体的机械运动有哪几种分类？

自然界中物体的运动是复杂多样的，分类方法是人们认识自然界运动的一种科学方法，它往往是认识和描述各种运动的第一步。物理学按照从简单到复杂的认识层次把自然界的运动分为机械运动、热运动、电磁运动等。同样，自然界的机械运动本身也是复杂多样的，对它们进行分类也是认识物体机械运动的第一步。物体的机械运动可以按照运动方程分类，分为直线运动和曲线运动；也可以按照运动速度分类，分为匀速运动和变速运动；还可以按照加速度分类，分为匀加速运动和变加速运动；等等。

1.3.1 直线运动和曲线运动

按照运动方程分类，物体的运动可分为直线运动和曲线运动两大类，这样的划分是相对于一定的参考系而言的。

直线运动 如果不计空气阻力，以地面为参考系，物体从地面上某高度位置自由下落的运动就是发生在一维方向上的匀加速直线运动。通常以这个高度位置为坐标原点，取竖直向下方向为正方向建立坐标系。物体在下落过程中，速度不断增大，在不计任何其他阻力时，自由下落的加速度就是重力加速度 g，方向竖直向下。

假设物体的初始位置为 r_0（若初始位置为坐标原点，则 $r_0=0$），自由下落的初速度为 v_0，由此得到的位移方向也竖直向下。因此，在 $g=\dfrac{d\boldsymbol{v}}{dt}$ 和 $\boldsymbol{v}=\dfrac{d\boldsymbol{r}}{dt}$ 表达式中可以不再标记矢量符号，直接按照数值关系计算。通过这两式分别对时间积分，可以相应得到物体作自由下落运动的速度和位移的表达式：

$$v = v_0 + gt \tag{1.7}$$

$$r = r_0 + v_0 t + \frac{1}{2} g t^2 \tag{1.8}$$

由以上两式消去时间 t，可以得到位移和速度的数值关系为

$$v^2 - v_0^2 = 2gr \tag{1.9}$$

式(1.7)和式(1.8)分别是物体自由下落运动的速度公式和位移公式。以上由加速度和速度通过积分相应得到速度和位移的方法不仅适用于匀加速运动，也适用于非匀加速运动。

曲线运动 如果不计空气阻力，抛体运动就是在重力作用下相对于地面上某高度位置发生在二维平面内的匀加速曲线运动，加速度就是重力加速度 g。

图1.2 物体平抛运动路程的轨迹图

以平抛运动为例。以地面为参考系建立二维坐标系。把从某高度抛出的起始位置设为坐标原点 O，取自坐标系原点向右方的水平方向为 x 轴正方向，取从坐标系原点竖直向下的方向为 y 轴的正方向。如图1.2所示，物体从地面上沿水平方向抛出以后的运动，是竖直方向初速度为零的匀加速直线运动（加速度为重力加速度 g）和水平方向匀速直线运动（速度大小为 v_0）等两个分运动的合成运动。因此，物体被抛出以后，竖直方向分运动的速度不断增加，而水平方向分运动的速度保持不变。

假设从物体被抛出时开始计时，则在任意时刻 t，物体处于任意位置 $P(x,y)$ 点时在水平方向和竖直方向的两个分运动的速度分量分别是

$$v_x = v_0, \quad v_y = gt \tag{1.10}$$

于是，合成以后物体的速度是

$$\boldsymbol{v} = v_0 \boldsymbol{i} + gt \boldsymbol{j} \tag{1.11}$$

物体在水平方向和竖直方向的两个分运动的位置分别是

$$x = v_0 t, \quad y = \frac{1}{2} g t^2$$

于是，合成以后物体的位置矢量是

$$\boldsymbol{r} = v_0 t \boldsymbol{i} + \frac{1}{2} g t^2 \boldsymbol{j} \tag{1.12}$$

从两个分运动的位置分量 x, y 的表达式中消去时间 t，得出平抛运动的轨迹函数为

$$y = \frac{1}{2} \frac{g}{v_0^2} x^2 \tag{1.13}$$

如果不计物体受到的阻力而只在重力作用下，物体在水平方向作匀速运动，在竖直方向作匀加速运动——水平方向的运动速度大小（速率）保持不变，但总的速度方向随时间改变；物体的加速度大小保持不变，加速度方向竖直向下。物体作匀加速曲线运动。

在研究二维的曲线运动时，除了直角坐标系外，另一种比较方便的方法是采用自然坐标系。在曲线上选取任意一点作为这种坐标系的原点，物体的位置可以用从原点开始计算的弧长 S 表示，S 是一个可正可负的代数量。设置曲线上每一点的切向和法向作为两个坐标分量，由此构成了自然坐标系，如图1.3所示。在自然坐标系中，物体的速度矢量和加速度矢量可以分解成切向分量和法向分量。

图1.3 曲线运动的切向和法向

以圆周运动为例。设圆周的半径为 R，选取圆周轨道上任意一点作为自然坐标系的原点，物体从起始位置开始作圆周运动时，圆周的半径 R 转过的角度为 θ。随着物体的运动，θ 也在随时间改变，$\theta = \theta(t)$。于是，物体的位置可以用从起始点开始计算的弧长 S 表示，$S = S(t) = R\theta(t)$。物体所在位置的切向分量沿该点圆周的切线方向，单位矢量用 $\boldsymbol{\tau}$ 表示，法向分量指向该点圆周轨道的法线方向，且指向圆周轨道内侧（指向圆心），单位矢量用 $\boldsymbol{n}$ 表示，如图1.4所示。由于物体位置不断改变，每一个位置的切向和法向也在不断改变，$\boldsymbol{\tau}$ 和 $\boldsymbol{n}$ 都是时间的函数，但是，无论在什么位置上，$\boldsymbol{\tau}$ 和 $\boldsymbol{n}$ 始终保持互相正交。因此，与直角坐标方向

恒定的单位矢量 i,j,k 不同,在自然坐标系中,切向 τ 和法向 n 都不是方向恒定的单位矢量。

在自然坐标系下,由于物体在轨道上的运动速度始终沿切线方向,因此,速度的法向分量为零,于是,物体圆周运动的速度矢量可以表示为

$$v = \frac{ds}{dt} = v_\tau \tau = v\tau$$

图1.4 圆周运动的切向和法向

把 v 对时间 t 求导,由于圆周运动的速率 v 和切向的单位矢量 τ 都是与时间有关的变量,可以得到物体的加速度:

$$a = \frac{d(v\tau)}{dt} = \frac{dv}{dt}\tau + v\frac{d\tau}{dt} = a_\tau \tau + a_n n \tag{1.14}$$

式(1.14)最后一个等号右边第1项是切向加速度 a_τ,第2项是法向加速度 a_n。

式(1.14)表明,加速度 a 是两个分加速度的合成。式中最后一个等号右边第一项是切向加速度 $a_\tau = a_\tau \tau$,切向加速度的大小 $a_\tau = \frac{dv}{dt} = \frac{d^2s}{dt^2}$。它表示速度大小发生的变化,而速度的方向不变。在匀速率圆周运动中,速度大小不变,因此,切向加速度 $a_\tau = 0$。等式右边第二项是法向加速度 $a_n = v\frac{d\tau}{dt} = a_n n$,它表示速度方向发生的变化,而速度的大小不变。

设物体作匀速率圆周运动的半径为 R,t_1 时刻在 A 点的速度为 $v_A \tau_{t1}$,t_2 时刻在 B 点的速度为 $v_B \tau_{t2}$,如图1.5(a)所示。速度大小没有改变,但 τ 的方向发生了变化。如图1.5(b)所示。由于 τ 是切向单位矢量,

$$|\Delta \tau| = \Delta\theta \times 1 = \Delta\theta = \frac{\Delta S}{R}（\Delta S \text{ 为圆周上与 } \Delta\theta \text{ 对应的弧长}）$$

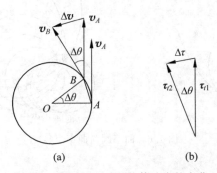

图1.5 作圆周运动的物体速度的变化

(a) 作圆周运动物体速度大小不变;(b) 作圆周运动的物体速度方向发生变化

在 $\Delta t \to 0$ 的极限条件下,$\Delta \tau$ 与 τ 的方向垂直,即趋于与速度方向垂直的法向。于是

$$\lim_{\Delta t \to 0} \frac{\Delta \tau}{\Delta t} = \frac{d\tau}{dt} = \frac{1}{R}\frac{dS}{dt}n = \frac{v}{R}n$$

这里 v 是物体作圆周运动的速度,n 是与 τ 垂直的法向单位矢量。于是法向加速度

$$a_n = v\frac{d\tau}{dt} = \frac{v}{R}\frac{dS}{dt}n = \frac{v^2}{R}n$$

法向加速度 a_n 的方向始终与速度 v 的方向垂直,指向圆心。

因此，在自然坐标系中，物体作圆周运动的加速度：

$$a = a_\tau \tau + a_n n = \frac{d^2 v}{dt^2}\tau + \frac{v^2}{R}n \qquad (1.15)$$

加速度的大小表示为 $a = |a| = \sqrt{a_\tau^2 + a_n^2} = \sqrt{\left(\dfrac{dv}{dt}\right)^2 + \left(\dfrac{v^2}{R}\right)^2}$

加速度的方向用它与法向 n 的夹角 α 来表示：$\alpha = \arctan\dfrac{a_\tau}{a_n}$

曲线运动有两个特例。一个特例是，如果物体作匀速率圆周运动，物体沿切向的速度 v 是常数，物体的速度始终只有切向分量，没有法向分量；又由于 $a_\tau = \dfrac{dv}{dt} = 0$，因此，物体的加速度始终只有法向分量，没有切向分量。

另一个特例是，如果物体作匀加速直线运动，且物体速度的方向不变，这种情况可以看作物体沿着无限大半径的圆周运动，$R \to \infty$，于是 $a_n = 0$，物体的加速度始终只有切向分量，就是沿直线方向运动的加速度，没有法向分量。

对于任意的曲线运动，其运动轨道总是可以是由一个个曲率半径不同的曲率圆上的一小段弧 ds 所组成的（图 1.6），因此，物体在运动轨道上任意一点处的加速度也可以表示为

$$a = a_\tau \tau + a_n n = \frac{dv}{dt}\tau + \frac{v^2}{\rho}n$$

式中，ρ 是运动轨道在该点处的曲率半径。

图 1.6 曲率圆与曲率半径

1.3.2 匀速运动和变速运动

按照运动速度分类，物体的运动可以分为匀速运动、匀速率运动、变速运动和变速率运动，这样的划分也是相对于一定的参考系而言的。

匀速运动 如果在运动过程中，物体的速度矢量始终保持大小和方向不变，这样的运动就称为匀速运动。匀速运动一定是直线运动，因此也称为匀速直线运动。

匀速运动的速度表示式：

$$v = \frac{dr}{dt} \quad (v \text{ 是常矢量}) \tag{1.16}$$

设初始时刻位移为 r_0，匀速运动的位移表达式：

$$r = \int v dt = r_0 + vt \tag{1.17}$$

如果物体在运动过程中，速度的大小保持不变，而方向却在发生改变，这样的运动就称为匀速率运动。匀速率运动是曲线运动。

变速运动 如果物体的运动速度大小和方向都发生改变，这样的运动就称为变速运动。变速运动是曲线运动。

如果物体的运动速度大小发生改变，而方向保持不变，这样的运动就称为变速率运动。变速率运动是直线运动。

物体作变速运动时，一定具有加速度。按照加速度分类，物体的变速运动还可以分成匀加速运动、变加速运动。这样的划分也是相对于一定的参考系而言的。

如果在运动过程中物体的加速度大小和方向保持不变，这样的运动就是匀加速运动。按照加速度方向和速度方向是否相同又可以分为三类。

第一类是匀加速直线运动。在这类运动中，加速度方向与物体的速度方向相同，例如，在重力作用下物体的自由下落运动，此时可取向下加速度为正。第二类是减速运动。在这类运动中，加速度方向与物体的速度方向相反，例如，在重力作用下物体的竖直上抛运动，此时可取向下加速度为负。第三类是匀加速曲线运动。在这类运动中，加速度的大小和方向保持不变，但是加速度的方向与物体的速度方向不相同。例如，物体的平抛运动。

如果在运动过程中，物体的加速度的大小保持不变，但方向不断改变，从而引起速度方向的不断改变，这样的运动就是匀加速率运动，匀加速率运动一定是曲线运动，例如，物体的匀速率圆周运动。

如果在运动过程中，物体的加速度的大小和方向均不断改变，这样的运动就是变加速运动。变加速运动一定是曲线运动。例如，物体在与地面竖直的平面内作的变速圆周运动。

如果在运动过程中，物体加速度的方向保持不变，但大小不断改变，从而引起速度的大小不断改变，这样的运动就是变加速率运动。变加速率运动一定是直线运动，例如，弹簧振子从平衡位置分别向正负最大位移方向的运动。

例题 1.1 一质点沿 x 轴运动，其运动方程是 $x = 4t - 2t^3$ (SI)，试计算：

(1) 在最初 2s 内质点的平均速度，2s 末的瞬时速度；

(2) 从 1s 末到 3s 末的位移、平均速度；

(3) 从 1s 末到 3s 末的平均加速度，3s 末的瞬时加速度。

【解题思路】

给出运动方程求速度和加速度，这是运动学的第一类问题。基本的思路是从运动方程着手通过求微分的方法得出速度和加速度。由于运动方程中只有 x 分量，因此，质点作一维直线运动。

本题要求瞬时速度和平均速度、瞬时加速度和平均加速度。在数学工具上，求瞬时量用的是微分方法，而求平均量用的是代数方法，前一个结果是后一种相应结果的极限；前一个结果与时段无关，而后一种结果在不同的时段下可能有不同的结果。因此，微分的方法虽然是抽象的,但是它得到的是描述每一个位置或每一个时刻的物理量,而代数平均的方法虽然在实验上是可以实现的,但是它得到的物理量视时间段不同而不同。

【解题过程】

(1) 由运动方程得到质点的速度大小：$v = \dfrac{\mathrm{d}x}{\mathrm{d}t} = 4 - 6t^2$

速度是时间的函数,因此,质点的运动不是匀速直线运动。在 $0 \sim \sqrt{\dfrac{2}{3}}$ s 时段内质点的速度大小取值为正,方向沿 x 轴正方向；此后,质点的速度大小取值为负,方向沿 x 轴负方向。

质点的加速度大小：

$$a = \dfrac{\mathrm{d}v}{\mathrm{d}t} = -12t$$

加速度也是时间的函数,因此,质点的运动不是匀加速直线运动。加速度方向沿 x 轴的负方向,质点作的是变加速直线运动。

在最初 2s 内的平均速度：

$$\bar{v} = \dfrac{x_2 - x_0}{\Delta t} = -4 \text{m/s}$$

在 2s 末的瞬时速度：

$$v = 4 - 6t^2 = -20 \text{m/s}$$

这里"—"号表示质点的速度方向沿 x 轴的负方向。

(2) 质点在 3s 末和 1s 末的位移大小：$\Delta x = x_3 - x_1$

把 $t = 3$s 和 $t = 1$s 代入运动方程,由此得出：

$$\Delta x = -44 \text{m}$$

这里"—"号表示质点的位移方向沿 x 轴的负方向。

质点从 1s 末到 3s 末的平均速度：

$$\bar{v} = \dfrac{x_3 - x_1}{\Delta t} = -22 \text{m/s}$$

这里"—"号表示质点的平均速度方向沿 x 轴的负方向。

(3) 质点的平均加速度是

$$\bar{a} = \dfrac{v_3 - v_1}{\Delta t} = -24 \text{m/s}^2$$

这里"—"号表示质点的平均加速度方向沿 x 轴的负方向。

(4) 质点在 3s 末的瞬时加速度是

$$a = -12t = -36 \text{m/s}^2$$

这里"—"号表示质点的瞬时加速度方向沿 x 轴的负方向。

【拓展思考】

在解题过程的(2)中最初 2s 内的平均速度能不能用 $\bar{v} = \dfrac{v_0 + v_2}{2}$ 计算？在(3)中质点的平均加速度能不能用 $\bar{a} = \dfrac{a_1 + a_3}{2}$ 计算？为什么？

例题 1.2 一辆汽车沿 x 轴正方向作直线运动,加速度与时间的关系为 $a=2t$。

(1) 当汽车在 $t=0$ 时刻从静止开始从原点 $x=0$ 出发后,在 $t=6\text{s}$ 时刻,汽车的位置位于何处? 在这段时间内,汽车走过的位移和路程分别是多少?

(2) 当汽车在 $t=0$ 时刻以初速度 $\boldsymbol{v}_0=-9\boldsymbol{i}$ 开始从原点 $x=0$ 出发后,在 $t=6\text{s}$ 时刻,汽车的位置位于何处? 在这段时间内,汽车走过的位移和路程分别是多少?

【解题思路】

从加速度求位移和路程,这是运动学的第二类问题。从加速度的表达式可知,汽车作的不是匀加速运动,当然不能套用匀加速的路程公式。基本思路是通过加速度对时间的积分依次得到速度和位移的表达式。由于汽车作直线运动,加速度是时间函数,通过依次积分得到的速度和路程都与时间有关。

【解题过程】

(1) 由加速度对时间积分即可以得到速度:

$$v=\int_0^t 2t\,\mathrm{d}t=t^2 \quad (\text{初始条件}:t_0=0,v_0=0)$$

由速度对时间积分即可以得到汽车离开原点的位置:

$$x=\int_0^t t^2\,\mathrm{d}t=\frac{t^3}{3} \quad (\text{初始条件}:t_0=0,x_0=0)$$

由于加速度沿 x 轴正方向,而汽车从静止开始从原点 $x=0$ 出发,汽车的初速度 $v_0=0$,因此,汽车沿 x 轴的正方向作直线运动。

当 $t=6\text{s}$,汽车的位置在 $x=72\text{m}$ 处,在 $\Delta t=6\text{s}$ 时间内汽车走过的位移大小 $\Delta x=72\text{m}$,路程 $l=72\text{m}$。

(2) 由于加速度沿 x 轴正方向,而汽车从原点 $x=0$ 出发,只有沿 x 轴负方向的分量,因此,汽车从原点开始沿 x 轴负方向作减速直线运动。由加速度对时间积分可以得到速度:

$$v=v_0+\int_0^t a\,\mathrm{d}t=-9+\int_0^t 2t\,\mathrm{d}t=t^2-9 \quad (t=0,v_0=-9\boldsymbol{i})$$

由速度表达式可以看出,在 $0 \to 3\text{s}$ 内,汽车沿 x 轴的负方向前进。当 $t=3\text{s},v=0$ 时,在 $t>3\text{s}$ 以后汽车沿 x 轴的正方向作加速运动。由速度对时间积分可以得到汽车离开原点的位置:

$$x=\int_0^t (t^2-9)\,\mathrm{d}t=\frac{t^3}{3}-9t$$

因此,当 $t=3\text{s}$ 时,汽车的位置在 $x=-18\text{m}$ 处,当 $t=6\text{s}$ 时,汽车的位置在 $x=18\text{m}$ 处,即汽车走过的位移 $x=18\text{m}$。而汽车经过的路程是 $l=(18+18+18)\text{m}=54\text{m}$。

1.4 物体机械运动的相对性

——在不同参考系中描述同一个物体的运动结果相同吗?

物体的运动是绝对的,但是对运动的描述是相对的。

为了确定物体的位置、运动的速度和加速度,必须首先确定所选的参考系。在描述地面上物体的机械运动时,通常选取地球为参考系,也可以选取相对于地面作匀速直线运动的其他物体作为参考系。

经验表明,在两个不同参考系中的两个观测者对同一个物体运动状态的描述是不同的,例如,有两个观测者,一个站在地面上,另一个坐在沿地面匀速向前行驶的汽车里,显然,他们观测道路两旁的树木所得到的结论是完全不同的。

站在地面上的观测者以地面为参考系,很自然地认为,道路两旁的树木相对于他有一段确定的距离,而且树木是"静止的"。这一视为静止的参考系称为基本参考系而坐在汽车上的观测者以汽车为参考系看到的是树木相对于他的距离一直在变,而且急速地"向后退"。

图 1.7 物体 P 相对于两个参考系中的位置矢量

假设在地面上架设一个基本参考系 S,它的坐标原点设为 O,在行驶的汽车上架设另一个参考系 S',它的坐标原点设为 O',O' 在 S 系中的位置矢量是 $\boldsymbol{R}$。O' 相对 S 系可以做任意的直线运动或曲线运动,但是 S 系和 S' 系的相应坐标轴始终保持互相平行。设某物体 P 相对于地面上的参考系 S 的位置矢量是 $\boldsymbol{r}$,相对于汽车上的参考系 S' 的位置矢量是 $\boldsymbol{r}'$,如图 1.7 所示。

从图中可见

$$\boldsymbol{r} = \boldsymbol{r}' + \boldsymbol{R} \tag{1.18}$$

因此,同一个物体在两个参考系中的位置矢量是不同的,式(1.18)就是同一个物体在两个参考系中的位置变换关系。

设该物体 P 相对于地面的 S 系和汽车上的 S' 系都是运动的,把式(1.18)对时间求导,得出

$$\frac{\mathrm{d}\boldsymbol{r}}{\mathrm{d}t} = \frac{\mathrm{d}\boldsymbol{r}'}{\mathrm{d}t} + \frac{\mathrm{d}\boldsymbol{R}}{\mathrm{d}t}$$

$$\boldsymbol{v} = \boldsymbol{v}' + \boldsymbol{u} \tag{1.19}$$

这里 $\boldsymbol{v}$ 和 $\boldsymbol{v}'$ 分别是物体相对于地面的参考系 S 和相对于汽车上的参考系 S' 的速度,$\boldsymbol{v}$ 通常称为物体相对于地面的绝对速度,$\boldsymbol{v}'$ 称为物体相对于汽车的相对速度。$\boldsymbol{u}$ 是 S' 系(汽车)相对于 S 系(地面)的速度,称为牵连速度。在实际应用中,可以把上述变换关系加以一般化地表示。

设两个参考系分别为如同上述的 S 和 S',运动物体为 C,把物体 C 相对于参考系 S 和 S' 的运动速度分别记作 $\boldsymbol{v}_{C对S}$ 和 $\boldsymbol{v}_{C对S'}$,S' 相对于参考系 S 的运动速度记作 $\boldsymbol{v}_{S'对S}$,则式(1.19)可以一般化表示为

$$\boldsymbol{v}_{C对S} = \boldsymbol{v}_{C对S'} + \boldsymbol{v}_{S'对S} \tag{1.20}$$

因此,同一个物体 C 在两个参考系 S 和 S' 中的速度一般是不同的。式(1.20)就是同一个物体 C 在两个参考系 S 和 S' 中的速度变换关系。

式(1.20)对时间求导得

$$\boldsymbol{a}_{C对S} = \boldsymbol{a}_{C对S'} + \boldsymbol{a}_{S'对S} \tag{1.21}$$

因此,同一个物体 C 在两个参考系 S 和 S' 中的加速度一般也是不同的,式(1.21)就是同一个物体在两个参考系中的加速度变换关系。

特例:如果参考系 S' 相对于参考系 S 作匀速直线运动,$\boldsymbol{a}_{S'对S} = 0$,则

$$\boldsymbol{a}_{C对S} = \boldsymbol{a}_{C对S'} \tag{1.22}$$

因此，同一个物体 C 在两个相对作匀速直线运动的参考系 S 和 S' 中的加速度是相同的。

例题 1.3 一条小河有南北两个河岸，在河水平静时，一小船从南岸 A 点可以沿正北方向以相对于地面的速度为 4m/s 到达北岸 B 点。设小船出发时，河水正以相对于地面的流速 3m/s 从东向西急速地从上游流动到下游。问：为了到达 B 点，小船应该沿什么方向行驶？此时，小船相对于河水的速度是多少？

【解题思路】

这是对同一个物体（小船）讨论在两个坐标系中的速度变换关系。从日常经验来看，如果河水在流动，小船从 A 出发，试图沿正北方向到达北岸 B 点，那么在行驶过程中河水会使小船偏离正北方向，冲向下游。为了到达正北方向的目的地 B，小船应该向上游方向以某一个角度偏离正北方向行驶。

在本题中，需要设立两个参考系，一个是以地面作为参考系，另一个是以河水作为参考系，根据式(1.20)，可以写出小船速度的变换关系：

$$\boldsymbol{v}_{船对水} = \boldsymbol{v}_{船对地} + \boldsymbol{v}_{地对水}$$

题目已经给出了小船相对于地面的速度大小为 4m/s，方向正北，河水相对于地面的流速为 3m/s，方向从东向西，因此，由变换关系就能得出小船相对于河水的速度。注意到速度是矢量，因此，在变换过程中必须运用矢量相加的法则。通常用图示的方式会使变换显得更加直观一些。如图 1.8 所示。

图 1.8 例题 1.3 图

【解题过程】

本题可以设置两个参考系，一个是以地面为参考系，另一个是以河水为参考系，利用速度变换关系式(1.20)，可以得到

$$\boldsymbol{v}_{船对水} = \boldsymbol{v}_{船对地} + \boldsymbol{v}_{地对水}$$

注意到，$\boldsymbol{v}_{地对水} = -\boldsymbol{v}_{水对地}$，于是根据矢量合成关系，由图 1.7 可以得到

$$|\boldsymbol{v}_{船对水}| = \sqrt{3^2 + 4^2}\ \text{m/s} = 5\ \text{m/s}$$

小船行驶方向向东偏离正北的角度为 $\theta = \arctan\dfrac{3}{4} = 36.86°$。

【拓展阅读】 北斗导航的原理

1.5 中学物理和大学物理运动学的几点比较

——中学物理与大学物理运动学有哪些不同？

在讨论物体机械运动时，从描述方式上看，中学物理已经引入了质点的理想模型，大学物理更明确地提出了质点模型，从整体上建立了对机械运动的描述。后面几章将在质点模型基础上进一步由点到体描述质点系组成的刚体运动，不仅给出对刚体定轴转动的运动状态的描述，而且给出对刚体定轴转动的运动状态变化原因的描述。

从物理内容上看，中学物理在空间上只涉及物体在一段路程或一段时间内位移和速度的平均改变，由此定义平均速度和平均加速度；而大学物理则把一段位移区间和一段速度

区间上的运动变化描述上升为在空间位置上逐点的瞬时变化和在时间意义上逐时的瞬时变化,这种逐点和逐时瞬时变化的实质就是时空的连续变化。平均速度和平均加速度与时间段有关,而瞬时速度和瞬时加速度与时间段无关。中学物理在一个空间路程或在一个时段上定义的平均速度和平均加速度在实验上是可以测量的,但是,瞬时速度和瞬时加速度是无法通过实验进行测量的,它们作为平均速度、平均加速度的极限是由牛顿作为假设提出来的。

从数学工具上看,为了构建经典力学的理论体系,牛顿(Isaac Newton,1642—1727)提出了他发明的流数方法,这就是后来的微积分。大学物理使用的主要数学工具就是微积分。正是由于使用了微积分,大学物理无论在数学思想上和物理思想上都比中学物理深刻得多。大学物理从建立运动方程开始,运用微分方法,从位置矢量可以得到任何时刻的速度和加速度的大小和方向,体现的是物理量的瞬时性和矢量性。从平均到瞬时,从标量到矢量,这是一种对运动认识上的深化和描述运动手段上的精确化,是大学物理课程与中学物理的一个重要区别。

中学物理只是分别给出了物体作匀速运动和匀加速运动的路程公式和速度公式。而大学物理能够在已知位置矢量(又称运动方程)的表达式后通过微分的方法得出速度和加速度的一般表达式。这里数学上是取微分,体现位移和速度对时间比值的极限性,物理上体现运动状态变化的瞬时性;反之,大学物理能够在已知加速度矢量的表达式后通过积分可以依次得出速度和位移的一般表达式,这里数学上是取积分,体现速度和加速度对时间求和的极限性;物理上体现运动状态变化的累积性。

从物理学方法上看,对于匀加速直线运动,中学物理中的匀加速运动的公式是从实验结果中用推理归纳出来的,只适用于匀加速运动。然而,大学物理是通过加速度对时间的依次积分得出速度和位置的表达式的,这是一种演绎推理的方法。这样的方法无论是对于匀加速运动还是变加速运动都是完全适用的。

因此,大学物理对运动学的讨论比中学物理更普遍,更深刻。中学物理讨论的匀速运动和匀加速运动仅是大学物理运动学中的一个特例。

思 考 题

1.1 在物理实验室里,分子和原子都是肉眼看不见的微粒,它们总是可以被看作质点吗?

1.2 路程是一个与长度相关的物理量,位移的大小也是一个这样的物理量。路程和位移有什么区别?为什么说,一般情况下,路程不等于位移的大小?在什么情况下,路程等于位移的大小?一个物体从起始点开始作半径为 R 的匀速圆周运动一周后回到起始点,这个物体经过的路程是多少?它的位移的大小是多少?

1.3 在 1500m 标准田径项目比赛中,两名运动员同时从在不同的跑道上的起点开始起跑,如果两人同时到达同一个终点,问:他们两人跑过的路程相同吗?他们的位移相同吗?他们的平均速度相同吗?

1.4 平均速度和平均速率有什么区别?在什么情况下,平均速度的大小和平均速率相等吗?

1.5 一辆行驶缓慢的汽车其加速度一定很小吗?一辆高速行驶的汽车其加速度一定很大吗?试举例说明。

1.6 两列火车在某车站处的直线轨道上交会而过,一辆向东行驶进入火车站准点停车,另一辆向西行驶离开火车站准点发车,问:它们的速度相同吗?它们的平均速率相同吗?它们的加速度相同吗?

1.7 两辆汽车 A,B 在公路上沿直线同向而行,汽车 A 以 15m/s 匀速行进,汽车 B 从静止开始逐渐提速运行,在 1h 内行进了 36km,问,哪一辆汽车的平均速度较大?哪一辆汽车的平均加速度较大?

1.8 匀加速运动一定是直线运动吗?变加速运动一定是曲线运动吗?试举例说明。

1.9 在地面上行驶的一辆汽车以一定的速率从一座小山坡的脚下沿直线上山,越过顶峰后仍以此速率沿直线下山,试判断以下哪种说法是正确的,为什么?

(1) 这辆汽车从上山到下山的整个过程是一个匀速直线运动;
(2) 这辆汽车从上山到下山的整个过程是一个有加速度的匀速率直线运动;
(3) 这辆汽车从上山到下山的整个过程是一个没有加速度的匀速率曲线运动;
(4) 这辆汽车从上山到下山的整个过程是一个有加速度的匀速率曲线运动。

1.10 甲学生说,质点的平均速率是它的平均速度的大小,乙学生说,质点的平均速率是在一段时间内质点的路程除以该时间间隔。问:甲学生和乙学生所得到的平均速率是不是总是一致的?你更愿意接受哪一个平均速率的定义,为什么?

1.11 如果一物体做加速运动,但分别保持①恒定的速率;②恒定的速度;③直线方向。以上这三种运动有可能出现吗?请说明你的理由。

1.12 一石子以与水平方向成 40°的夹角斜抛向空中,则:
① 在运动过程中,是否可能在某一个时刻石子的速度与它的加速度平行?请说明你的理由。
② 在运动过程中,是否可能在某一个时刻石子的速度与它的加速度垂直?请说明你的理由。

1.13 假设两名观察者彼此保持相对恒定的速度运动。当他们测量某一个物体的运动速度时,他们得到的结果会不会相同?请说明你的理由。

1.14 一个位于车厢内的观察者 A 面向火车匀速直线行进的方向站立,在火车车厢内竖直向上抛出一个小球,如果地面上恰好有一观察者B,他看到的小球上抛的运动轨迹也是竖直向上的吗?为什么?

1.15 一列火车在雨中沿直线轨道匀速从西向东行驶,当雨滴相对于地面竖直下落时,雨滴在车窗上却形成了偏离竖直方向某一个角度的直线痕迹,为什么?

1.16 物理上位置矢量对时间的一阶导数是速度,对时间的二阶导数是加速度,对时间的三阶导数是加速度的变化率,这个导数可以称为加加速度或急动度。在什么条件下物体才会有加加速度?在自由落体运动过程中,物体有没有加加速度?在抛体运动中物体有没有加加速度?在匀速率圆周运动中物体有没有加加速度?

习 题

1.1 已知一质点在平面上作曲线运动。从初始位置 r_1 运动到 r_2,速度从 v_1 变为 v_2,质点的位移 Δr 与质点的路程 ΔS 是否相同?$|\Delta r|$ 与 Δr 是否相同?$|\Delta v|$ 与 Δv 是否相同?$\dfrac{\mathrm{d}r}{\mathrm{d}t}$

与 $\dfrac{\mathrm{d}r}{\mathrm{d}t}$ 有何区别？$\dfrac{\mathrm{d}\boldsymbol{v}}{\mathrm{d}t}$ 与 $\dfrac{\mathrm{d}v}{\mathrm{d}t}$ 有何区别？举例加以说明。

1.2　已知一质点的位置矢量的大小是 $|\boldsymbol{r}|=\sqrt{x^2+y^2}$，是否能够由此求得该质点的速度和加速度的大小？为什么？

1.3　一质点的位置矢量表示式是 $\boldsymbol{r}=2t^3\boldsymbol{i}+4t^3\boldsymbol{j}$，问：它是对下列哪一种运动的描述？①匀速直线运动；②匀加速直线运动；③匀速率圆周运动；④变速直线运动。

1.4　一汽车在 x 轴上作变加速直线运动，该汽车 $t=0$ 时刻从初始位置为 x_0，初始速度为 v_0 加速，加速度表达式是 $a=10kt^3$（其中 k 为常量），求汽车的速度表达式和位移表达式。

1.5　已知一质点的运动方程是 $x=8t-2t^2$（SI），求：从起始时刻 $t=0$ 到 $t=3\mathrm{s}$ 的时间内，该质点的位移大小是多少？该质点走过的路程是多少？

1.6　一个在平面上运动的汽车的运动方程是 $\boldsymbol{r}=2t\boldsymbol{i}+(19-2t^2)\boldsymbol{j}$，其中 t 以 s 计，r 以 m 计。求：

(1) 该汽车在 $t=1\mathrm{s}\sim t=2\mathrm{s}$ 内的平均速度；

(2) 该汽车在 $t=1\mathrm{s}$ 末和 $t=2\mathrm{s}$ 末的瞬时速度；

(3) 在 $t=1\mathrm{s}$ 附近取 $\Delta t=0.02\mathrm{s}、0.01\mathrm{s}、0.001\mathrm{s}$ 时间内汽车的平均速度。

1.7　一列火车在 x 轴上作加速运动，在起始时刻 $x=x_0,v=v_0$

(1) 当加速度为 $a=kt$，求任意时刻火车的速度和位置。

(2) 当加速度为 $a=-kv$ 时，求任意时刻火车的速度和位置。

(3) 当加速度为 $a=kx$ 时，求任意位置火车的速度（其中 k 为常量）。

1.8　在高度为 h 的平台上，放置着一辆小车，小车的质量是 m。小车跨过滑轮，由地面上的人以匀速度 v_0 沿水平方向拉动小车。当这个人从平台底面开始向右拉动并走了 x 距离时（图 1.9）。求小车在高台上运动的速度和加速度。

图 1.9　习题 1.8 图

1.9　一跳伞运动员从 1200m 高空跳下，开始他不打开降落伞，身体加速下落，设下降的平均加速度是 $\dfrac{g}{2}$（g 为重力加速度）。由于空气阻力的作用，他下降到一个"终极速率"（200km/h）后以匀速继续下降。当他距地面 50m 时打开降落伞，很快速率达到 18km/h，之后匀速下降落地。问该跳伞运动员在空中经历了多少时间？

1.10　在地球表面某处铅垂平面内以一定的初速度 v_0 抛出一物体，初速度方向与水平夹角为 α。如果完全不计空气阻力、风力和地球自转的影响，物体只受到重力作用。设以抛出点为原点 O，在铅垂平面内设置 xOy 坐标系（图 1.10）。于是，$a_x=0,a_y=-g$。在初始时刻 $t=0$，

图 1.10　习题 1.10 图

$x_0=0, y_0=0, v_{0x}=v_0\cos\alpha, v_{0y}=v_0\sin\alpha$。求质点速度在 x,y 轴的投影和质点的运动方程。

1.11 一射手在地面上用步枪瞄准挂在射程之内的一棵树上的靶射击,当子弹刚射离枪口时,靶恰好自由下落。试证明子弹一定能够击中下落的靶。

1.12 在相对于地面为参考系的观测者看到有两条小船都以 2m/s 匀速航行,但是 A 船沿 x 轴正向,B 船沿 y 轴正向。问:在 A 船上的观测者看 B 船的速度是多少?(设在 A 船和 B 船上设置的坐标系与地面上的坐标系平行。)

1.13 一架飞机 A 在空中某高度以 $v_A=1000$km/h 的速率(相对于地面)向南作水平飞行,另一架飞机 B 以 $v_B=800$km/h 的速率(相对于地面)向东偏南 30°方向飞行(图1.11)。求在 A 机中观测到 B 机的速度和在 B 机中观测到 A 机的速度。

1.14 有一架飞机从 A 处向东飞到 B 处,然后又向西飞回到 A 处。已知气流相对于地面的速度为 u,AB 之间的距离为 l,飞机相对于空气的速率 v 保持不变。

图 1.11 习题 1.13 图

(1) 如果 $u=0$(空气静止),证明来回飞行的时间为 $t_0=\dfrac{2l}{v}$;

(2) 如果气流的速度向东,证明来回飞行的总时间为 $t_1=\dfrac{t_0}{1-\dfrac{u^2}{v^2}}$;

(3) 如果气流的速度向北,证明来回飞行的总时间为 $t_2=\dfrac{t_0}{\sqrt{1-\dfrac{u^2}{v^2}}}$。

第 2 章

质点动力学

本章引入和导读

【拓展阅读】 航天员太空授课

【物理史料】 从亚里士多德到伽利略

人们认识事物的运动总是先确定物体的状态,然后才有对物体状态变化的描述,对机械运动的描述形成了物理上的运动学,这就是第 1 章的主要内容。然后人们需要进一步描述物体状态发生改变的原因,对机械运动这样的描述就形成了物理上的动力学,这就是本章的主要内容。从运动学到动力学是一个从描述物体运动"是什么"到描述物体运动"为什么"的认识的提高过程。

从运动学到动力学,还体现了人们对客观世界的认识从量的描述到质的描述的思维发展的提高过程。

在运动学中,引入了描述物体状态的位置矢量这个物理量,然后从位置矢量得出速度,从速度得出加速度。整个运动学建立的就是在各类运动过程中物体的这三个物理量之间量的关系,不涉及物体本身的任何的质。

继运动学之后,动力学开始从运动的质和量两个方面描述物体的运动。牛顿首先把物体的质用密度体积给予了数量的量度,进而用质量和速度的定义给出了运动的量(动量)。牛顿第一定律给出了与物体本身属性有关的质——惯性,并且用质量作为对这个质的大小的量度。牛顿第二定律建立的力、质量和加速度的关系,实际上就是在惯性参考系中物体运动的量和质的关系。

中学物理课程中已经讨论过牛顿三大运动定律的有关内容,大学物理在得出牛顿三大运动定律的过程和方法上比中学物理在逻辑体系和表述方式上更加明确、更加科学,能够解决的问题也更加普遍。例如,大学物理强调牛顿运动定律只能在惯性参考系中成立,而惯性参考系的存在是以牛顿提出的"绝对空间"和"绝对时间"的"经典时空观"为核心的;大学物理既说明牛顿三大运动定律的各自地位和作用,又强调了牛顿三大运动定律是一个完整的公理化的逻辑体系,这个公理体系是一个没有具体物理意义的数学系统,描述的是作为理想模型的质点在绝对时空中的运动。这个公理系统本身是抽象的,它们不是直接来自实验的归纳,也无法用实验进行直接验证。但与只有数学抽象,没有具体意义的欧几里得几何的公理体系相比,运用在具体领域时牛顿的公理体系可以被赋予具体的物理意义,从这个公理体系出发可以得出很多结论,这些结论是可以通过实验进行验证的,因此,牛顿的公理系统具有比欧几里得几何的公理体系更为强大的逻辑力量,因而成为经典物理学发展的基础。

在非惯性系中通过引入惯性力,可以从形式上应用牛顿第二定律来描述运动状态的变化原因。这里需要强调的是,惯性力不是一个物体对另一个物体的真实的相互作用力,惯性力没有相应的反作用力。

【物理史料】 物理学家牛顿——经典力学的创立者

2.1 牛顿提出的绝对时间和绝对空间

——什么是牛顿提出的经典时空观?

经验表明,虽然在不同的参考系中观测同一个物体的位置和运动速度是不同的,但是无论对于什么参考系,观测得出的同一个物体的空间长度大小和物体运动经历的时间间隔都是相同的。

例如,如果在 S 系中测得一辆行驶着的汽车的车身长度是 3m,在 S' 中测得的这辆汽车长度仍然是 3m;当测得这辆汽车在 S 中行驶一段路程需要的时间是 10min,在 S' 系中测得这辆汽车行驶这段路程的时间也是 10min。

物体的位置、长度和运动的路程都是与空间有关的,而物体的运动速度和时间间隔都是与时间有关的。在这样的描述方式下,空间就是一个"大容器",物体的运动被看作是在这个"容器"中的运动,时间只不过是物体在这个"容器"内运动的过程中某些属性"流逝"的表现而已。

然而,对于这样的时空看法,牛顿却认为,这是一种偏见。他指出:"我们必须看到,普通大众不是基于别的观念,而是从这些量与可感知事物的关系中来理解它们,这样就产生了某些偏见。"① 为了消除这样的"偏见",牛顿提出了他的绝对时间和绝对空间理论——绝对时空观。

牛顿指出,时间和空间是"与外界事物无关的独立存在的不动的绝对物",其中绝对空间是绝对不动的,而绝对时间是在均匀地流动着的。绝对空间和绝对时间都是不能被观察到的,与物质无关的;绝对空间和绝对时间是互相独立的,绝对的空间延伸和绝对的时间延续是相对于绝对坐标系而言的,与物体的运动无关。

人们在生活和生产实践中,实际测量物体的位置、速度、运动经历的时间和物体的长度,实际上都是相对于某个特定的坐标系而言,因此,从生活经验中获得的空间和时间的观念只不过是相对于特定坐标系的空间和时间观念而已。

绝对空间和绝对时间是不能被观测到的,但是,它们却是牛顿运动定律得以建立的核心和基础。

正是以绝对时空观为核心,牛顿提出了"三大运动定律"作为动力学的主体内容,用关于质量、动量、惯性等力学基本概念的八个定义作为初始定义,运用数学推导得到了数十条可以作为定理的普遍命题,由此就构成了牛顿经典力学的公理体系,为物理学的发展提供了逻辑基础。

由于牛顿公理体系本身是无法证明的,况且在牛顿定律中还包含着"力"和"质量"这样

---

① 埃德温·阿瑟·伯特.近代物理科学的形而上学基础[M].张卜天,译.长沙:湖南科学技术出版社,2012:208.

两个没有定义的物理量,因此,这样的公理体系既不是从实验中归纳总结得到的,也是不能通过实验进行验证的。三百多年来,人们之所以接受和相信牛顿定律是正确的,是因为从牛顿三大运动定律得出的预言与通过反复实验或观察得到的结果是相符的。

【物理史料】 牛顿提出的绝对空间和绝对时间

2.2　牛顿三大运动定律

——什么是牛顿三大运动定律的整体性和公理性?

2.2.1　牛顿第一定律:惯性以及力和运动状态变化的定性关系

惯性是物体的固有属性,如同体积、化学组成等都是物体的基本属性一样,一切物体都具有惯性。

【物理史料】 伽利略提出的惯性运动理论

牛顿吸取了开普勒、伽利略和笛卡儿等前人的思想,更完整地揭示了惯性表现出的两个属性。

一是惯性表现为运动物体将具有维持原有的运动状态或者是静止,或者是匀速直线运动的属性。

二是如果外力一旦要改变这样的运动状态,惯性表现为物体具有一种对改变原有运动状态的"惰性"。

把以上两个表现结合起来,牛顿提出了牛顿第一定律,以此作为他创建的经典力学体系的第一条公理。

牛顿第一定律是这样表述的:

"每个物体继续保持其静止或匀速直线的状态,除非有外力作用于它迫使它改变那个状态。"[①]

在这个定律中,牛顿改变了伽利略提出的"物体会沿着水平方向永不停止地一直运动下去"的惯性运动的表述,明确提出,惯性的运动是匀速直线运动而不是水平运动。在小尺度上,物体沿水平方向维持原有状态的惯性运动可以看作平直的,但是在大尺度上,物体所谓的"水平运动"实际上是沿地球表面的圆弧形运动,不是直线运动。

由于在不同参考系中观察到的物体运动状态是不同的,因此,"每个物体继续保持其静止或匀速直线的状态"一定是相对于某个特定的参考系而言的,这个参考系是一个特殊的参考系——惯性参考系(以下简称惯性系)。如果一个物体相对于惯性系的运动方向偏离了直线,该物体一定作加速运动,一定是受到了外力的作用。因此,牛顿第一定律隐含了对惯性系的确认。

在惯性系中,牛顿第一定律正确地描述了不受任何外力作用的物体的运动。牛顿给出了外力的"因"与物体运动状态改变的"果"之间的因果关系的定性表述,但没有给出这个"力"的具体大小和来源,以及"力"的大小与运动状态改变之间定量的因果关系。

【物理史料】 牛顿第一定律和惯性参考系

---

① 伊萨克·牛顿.自然哲学的数学原理[M].王克迪,译.武汉:武汉出版社,1992:13-14.

2.2.2 牛顿第二定律：动量以及力和运动状态变化的定量关系

经验表明，当一辆空载的面包车和另一辆满载货物的重型卡车行驶速度相同时，如果要在某一个相同的短暂时间内迅速地使它们停止运动，使面包车停止运动所用的力要比使卡车停止运动所需要的力小很多；如果对面包车和对卡车施加的力相等，使面包车停止所需要的时间要比使卡车停止所需的时间短得多。

经验表明，如果空载的面包车速度很快，而满载货物的重型卡车速度很慢，要使它们在某一个短时间内停止运动所施加的力可能是几乎相同的。

由此可以得出，物体运动状态的改变是由外力持续一段时间（无论多么短暂）作用在物体上所引起的。在这段时间内，物体运动状态改变的难易程度除了与物体本身运动速度的大小有关外，还与物体质量的大小有关。

通过比较同样的力使两个质量不同但速度相同的物体达到某一个运动状态（例如，达到停止的状态）所需时间的长短，和比较在同样的时间内使两个质量和速度都不同的物体达到某一个状态（例如，达到停止的状态）所需要施加的力的大小可以发现，仅用速度这个物理量的变化来描述物体运动状态改变的难易程度是不够的，而定义物体的质量和速度的乘积作为物理量就能够提供关于物体运动的更多信息，这个物理量就是"运动的量"，也就是通常所称的动量。

笛卡儿最早把动量定义为质量和速率的乘积（这是标量），后来惠更斯等人根据碰撞的结果把动量定义为质量和速度的乘积（这是矢量）。

牛顿第二定律是这样表述的：

"运动的变化正比于外力，变化的方向沿外力作用的直线方向。"[①]

这里牛顿把运动定义为"运动的量是用它的速度和质量一起量度的"，这就是动量 $m\boldsymbol{v}$，用 $\boldsymbol{p}$ 表示。把"运动的量"即"动量"的改变记作 $\Delta \boldsymbol{p}$，它与外力 $\boldsymbol{F}$ 的关系就是

$$\Delta \boldsymbol{p} \propto \boldsymbol{F} \tag{2.1}$$

牛顿不仅明确地提出了力是物体运动变化的"因"，而且进一步揭示了"因"——"力"和"果"——"运动的改变"之间的定量关系。

牛顿第二定律的原始表述式(2.1)仅仅指出了动量发生变化与外力的关系。1750年，瑞士数学家欧拉（Leonhard Euler, 1707—1783）指出，牛顿第二定律的上述表述是不完全的，应该修改为"动量的时间变化率与外力成正比"。

$$\boldsymbol{F} = \frac{\mathrm{d}\boldsymbol{p}}{\mathrm{d}t} = \frac{\mathrm{d}}{\mathrm{d}t}(m\boldsymbol{v}) \tag{2.2}$$

牛顿第二定律涉及的主要物理量是动量和力，并没有加速度。动量中有质量，质量是物体惯性大小的量度，因此，在牛顿第二定律中出现的质量称为**惯性质量**。

牛顿把力表述为物体运动状态改变的原因，这是对亚里士多德把力定义为维持物体运动的原因的否定，但牛顿这样的表述仍然停留在表明力所产生的效果的层面上，并没有回答"究竟什么是力"的问题。

[①] 伊萨克·牛顿. 自然哲学的数学原理[M]. 王克迪, 译. 武汉：武汉出版社, 1992, 13-14.

2.2.3 牛顿第三定律：两个物体之间真实相互作用力的对称关系

牛顿第一定律指出了惯性是物体的固有属性，这是物体能够保持运动状态不变的内部原因；牛顿第二定律指出了力对物体作用产生的后果，这是物体运动状态发生变化的外部原因。然而，一个物体本身既不能对自己施加力也不能从自身产生力，物体受到力的作用一定来自其他物体，物体之间的作用力是相互的，施加在物体上的单独的力是不存在的。

牛顿提出的第三定律是这样表述的：

"每一个作用都有一个相等的反作用，或者，两个物体间的相互作用大小总是相等的，但是方向相反。"①

设两个物体分别标记为物体 1 和物体 2，用 F_{12} 和 F_{21} 分别表示物体 2 对物体 1 和物体 1 对物体 2 的作用力，牛顿第三定律就可以写成：

$$F_{12} = -F_{21} \tag{2.3}$$

牛顿指出，力的作用是物体对物体的相互作用，每一个物体对另一个物体的真实作用力都有一个大小相同、方向相反的另一个物体作用在该物体上的反作用力。这种相互作用是对称的：作用力和反作用力没有任何本质的区别；两个力中的任何一个力都可以看作作用力，另一个力相对于它就是反作用力；这种相互作用也是共存的：作用力和反作用力是同时存在，同时消失的。

牛顿这里指的相互作用只发生在两个物体之间，是一个物体与另一个物体直接接触的相互作用。虽然牛顿后来也发现了两个物体之间虽然没有直接接触但仍存在引力相互作用，但是他认为这样的作用是无需媒介传播的、瞬时的，是一种"超距作用"。

2.2.4 牛顿三大运动定律的整体性及其相互关系

牛顿第一定律揭示了物体具有的固有属性——惯性，并隐含着对惯性参考系的确认。正是在第一定律得以成立的惯性参考系中，一个不受任何外力作用或受到的净外力为零的物体将处于静止或作匀速直线运动，而一旦受到外力，它将作加速运动。

但是，也可以找到这样的参考系，在这个参考系中物体虽然受到的净外力为零，物体却并不静止也不作匀速直线运动。例如，在一个相对于地面作匀速率旋转的、表面光滑的水平圆盘上轻轻地放置一个小木块，初始时，小木块相对地面的速度为零，然后对小木块施加一个冲击力，使它以一定的初速度相对于地面沿着圆盘的半径方向运动。在圆盘表面上，木块受到的净力是零。在以地面作为参考系的观察者看来，这个木块相对于地面作的是匀速直线运动。但是，在以圆盘作为参考系的观察者看来，这个木块并不作匀速直线运动，而是在作曲线运动，具有一定的加速度。这里的地面一般被看作惯性参考系，而转动的圆盘相对于地面不是一个惯性参考系。因此，判定物体是否受力并相应是否作加速运动，也必须是相对于惯性参考系而言的。

由于在不同参考系中观察到的同一个物体的动量变化是不同的，因此，牛顿第二定律只

---

① 伊萨克·牛顿.自然哲学的数学原理[M].王克迪，译.武汉：武汉出版社，1992，13-14.

能在惯性系中才能成立。在研究地面上物体的运动时,通常把地面近似地看作惯性系,凡是相对于惯性系作匀速直线运动的参考系也都可以近似地看作惯性系,而相对于惯性系作加速运动的参考系就不是惯性系,称为非惯性系。

在因果关系上,牛顿第一定律仅指出了"因"和"果"的定性关系,牛顿第二定律进一步明确了"因"和"果"的定量关系。因此,牛顿第一定律为牛顿第二定律的成立提供了成立的条件,牛顿第一定律不是从牛顿第二定律中导出的所谓"特例"。

牛顿第三定律与牛顿第一定律和牛顿第二定律一样,都是牛顿在前人已经取得的成果的基础上加以总结,发展起来的。牛顿第三定律与牛顿第一定律和牛顿第二定律一样,没有对任何力提供特殊的说明。如果没有提供附加的信息,从牛顿第三定律中无法计算任何力的具体数值。对于牛顿第三定律的重要性,德国物理学家索末菲(A. J. W. Sommerfeld,1868—1951)指出,只有牛顿第三定律才使我们从研究单个质点作为受力对象走向了研究相互作用的复合系统。

牛顿三大运动定律从确立物体的惯性到需要建立惯性参考系来描述运动变化、从描述力与运动变化的定性和定量关系到确立经典因果观、从单一物体受力引起运动状态的变化到建立物体之间的相互作用,都表明了牛顿三大运动定律在认识和逻辑上是一个整体,其中每一个定律既各自具有独立的地位又互相联系,无论在认识论和逻辑上它们都是构成这个整体不可或缺的组成部分,既不能缺少一个定律,也不能从一个定律导出另一个定律。

2.2.5 牛顿三大运动定律是一个完整的逻辑化公理体系

牛顿三大运动定律作为经典物理学的起点,就定律的本意而言,它的实质只是公理而不是定律;如同欧几里得公理不能从实验导出和不能被证明一样,作为经典物理学的公理——牛顿三大运动定律也是不可能由实验导出或证明的。

在牛顿的《自然哲学的数学原理》一书中,牛顿以三大运动定律作为公理,用关于质量、动量、惯性、力等基本概念的八个定义作初始定义,运用数学推导得到了数十条可作为定理的普遍命题。公理、定义和定理构成了牛顿力学的公理体系。

牛顿公理体系是在伽利略等前人的成果基础上创立的,它只有在"绝对时空"中才能成立。这个公理体系的特征是:它是一个没有具体物理意义的数学系统。它给出的是没有具体物理意义的质点在"绝对空间"和"绝对时间"中的运动。

牛顿公理体系只适用于惯性参考系,但惯性参考系又是无法通过任何实验测量到的。在实际应用中,人们常常把太阳系或地球作为惯性系,从而近似地认为牛顿公理体系是可以成立的。

牛顿三大运动定律是一个完整的公理化逻辑体系,一旦赋予这个系统以具体的物理内容,就可以把公理系统的数学关系运用于各个物理领域,从而发展起各个领域的具体物理理论。正是从这样的公理体系出发,牛顿演绎出了大量的关于具体物理理论的定律,它们已超出了原来作为基础的公理,从而成为经典物理学发展的基础。

2.2.6 经典力学体现的运动因果观

从物理观念上看,运动学体现了经典的时空观和运动的相对性思想,动力学则体现了运动的因果观思想。

古希腊的亚里士多德把物体的运动划分为自然运动和强迫运动两类,并探讨了运动的起因。亚里士多德认为,自然运动是竖直向上或向下的运动。地球上构成每一个物体的元素是有重有轻的——土是"自然地"重,火是"自然地"轻,水和气则介于土和火之间。物体的向上或向下运动完全取决于这些元素在物体中占有的比例。对自然重的元素占优势的物体,它的自然运动向下;反之,对自然轻的元素占优势的物体,它的自然运动向上,这是物体的本性决定的,是自然发生的。他认为,除了自然运动外,其他的运动都是强迫运动,当某种外力作用在物体上,使物体违背本性时,就能产生强迫运动。当外力消失时,强迫运动就停止。例如,一块包含"自然重"的土元素占优势的石头的自然运动应该竖直向下,但是如果用手把石头向上提起来,外力就使石头向上作强迫运动。如果松开手,石头就开始下落,按照本性作向下的自然运动。因此,在亚里士多德看来,外力是保持物体作强迫运动的原因。

伽利略把物体为什么会保持运动的问题改提为物体为什么会停止运动(即物体的运动状态为什么会发生变化)的问题,他得出的一个结论:外力不是物体运动的原因,而是引起物体运动状态改变的原因。

牛顿站在前人的肩上,继承并超越了伽利略等人提出的理论,并总结整理了他多年的研究成果,于1684年在英国剑桥大学作了一系列动力学讲演。在此基础上,牛顿在1687年出版了《自然哲学的数学原理》(以下简称《原理》)一书,从而建立了牛顿力学体系。其主要内容就是"精确地提出问题并加以演示的科学,旨在研究某种力所产生的运动,以及某种运动所需要的力",其任务是"由运动现象去研究自然力,再由这些力去推演其他运动现象"。《原理》体现的科学方法为以后三百多年的物理理论的建立和发展提供了一个典范。

正是在《自然哲学的数学原理》一书的第一卷中,牛顿以"绝对时空观"为核心,提出了牛顿三大运动定律。对牛顿第一定律,在牛顿之前,已有不少人提到过惯性和惯性运动,牛顿作了更加明确的表述,而牛顿第二定律和牛顿第三定律则完全是牛顿独立发现的。牛顿三大运动定律是动力学的主体,在力学中有着重要的地位和作用,它们描述的是物体运动状态变化的因果关系,体现了经典力学的"因果观"思想。

【物理史料】 牛顿公理体系的弱点——"神学归宿"

例题 2.1 设摩托快艇的质量为 M,当摩托快艇以速率 v_0 行驶时,它受到的摩擦阻力 F 与行驶的速度平方成正比。比例系数为常量 k,摩擦力的表达式可以写成 $F=-kv^2$,当摩托快艇关闭发动机以后,求:

(1) 快艇速度 v 随时间的变化规律,快艇行驶的路程 x 随时间的变化规律;

(2) 证明速度 v 与路程 x 之间有如下的关系:$v=v_0 e^{-k'x}$,其中 $k'=\dfrac{k}{M}$;

(3) 如果 $v_0=20\text{m/s}$,经过 15s 以后,速度降为 $v=10\text{m/s}$,试求 k。

【解题思路】

这是在已知力(摩擦力)的情况下,求速度和路程的动力学第一类典型问题——由"因"

求"果"。

求解这类问题的方法是先对物体(摩托快艇)作受力分析,列出动力学方程,然后解方程。根据快艇关闭发动机以后的受力情况,容易得出快艇满足的动力学方程是:$F=-kv^2=M\dfrac{\mathrm{d}v}{\mathrm{d}t}$,由这个方程可以得出速度的表达式,然后,再对速度积分,就可以得到路程的表达式。

【解题过程】

(1) 先列出快艇满足的动力学方程 $F=-kv^2=M\dfrac{\mathrm{d}v}{\mathrm{d}t}$,由此可得

$$\frac{\mathrm{d}v}{\mathrm{d}t}=-\frac{k}{M}v^2=-k'v^2, \quad \left(k'=\frac{k}{M}\right)$$

根据题意,需要得出快艇速度 v 随时间的变化规律,因此,需要从积分中得到速度 v 的表达式。对上式分离变量并积分,注意确定上下限:在时间从 0 到 t 的间隔内,速度从 v_0 减为 v,即

$$\int_{v_0}^{v}\frac{\mathrm{d}v}{v^2}=-\int_{0}^{t}k'\mathrm{d}t$$

由此得

$$v=\frac{v_0}{1+v_0k't}=\frac{v_0}{1+\dfrac{v_0kt}{M}}$$

(2) 为了从速度求出路程的表达式,先把速度 v 写成如下表达式:

$$v=\frac{\mathrm{d}x}{\mathrm{d}t}=\frac{v_0}{1+\dfrac{v_0kt}{M}}$$

仍分离变量并确定上下限后完成积分:在时间从 0 到 t 的间隔内,路程从 0 到 x,

$$\int_{0}^{x}\mathrm{d}x=\int_{0}^{t}\frac{v_0}{1+v_0k't}\mathrm{d}t$$

于是

$$x=\frac{1}{k'}\ln(1+v_0k't), \quad k'x=\ln(1+v_0k't)=\ln\frac{v_0}{v}$$

由此得出

$$v=v_0\mathrm{e}^{-k'x} \quad \left(k'=\frac{k}{M}\right)$$

(3) 当经过 15s 后快艇从 $v_0=20\mathrm{m/s}$ 减少到 $v=10\mathrm{m/s}$ 时,从(1)的结果容易得到

$$k=\frac{M}{300}$$

例题 2.2 一辆内燃机车挂上 14 节车厢,在水平面上作匀加速运动。机车的牵引力是 $14\times10^5\mathrm{N}$,每节车厢的平均重力是 $3\times10^5\mathrm{N}$,摩擦力是车厢重力的 0.003,试求:

(1) 列车的加速度;
(2) 第 7 节与第 8 节车厢之间连接钩中的张力;
(3) 第 13 节与第 14 节车厢之间连接钩中的张力。

【解题思路】

这也是动力学的典型问题。本题包括两类问题：先由力（牵引力和摩擦力）求得整辆列车的加速度（这是动力学的第一类问题——由"因"求"果"）以后，再从整辆列车的加速度求部分列车之间的相互作用（这是动力学的第二类问题——由"果"求"因"）。

首先需要对整辆列车作受力分析。选定整辆列车作为一个整体对象，作用在列车上的外力有两个：牵引力和整辆列车受到的摩擦力，它们的合力是使列车产生加速度的原因。各节车厢之间连接钩上的张力都是内力，不会对列车的加速度产生影响。

在已经求得整辆列车的加速度后，选定前 7 节车厢作为一个整体（通常称为"隔离法"）。这个整体在受到三个外力的作用下产生加速度。最后选定第 14 节车厢作为一个整体（仍然采用"隔离法"），这个整体在受到两个外力作用下产生加速度。

【解题过程】

(1) 设列车前进方向为正方向，此时所有 14 节车厢作为一个整体受到两个外力：机车的牵引力（向前）和所有 14 节车厢受到的全部摩擦力（向后），就此列出动力学方程，求出加速度。（取重力加速度为 9.8m/s^2）

设牵引力为 F，全部摩擦力为 f，加速度为 a，动力学方程是

$$F - f = \frac{\mathrm{d}p}{\mathrm{d}t} = M\frac{\mathrm{d}v}{\mathrm{d}t} = Ma$$

其中

$$F = 14 \times 10^5 \text{N}$$

$$f = 3 \times 10^5 \times 14 \times 0.003 \text{N} = 126 \times 10^2 \text{N}$$

$$M = \frac{3 \times 10^5 \times 14}{9.8} \text{kg} \approx 4.29 \times 10^5 \text{kg}$$

由此得到

$$a \approx 3.24 \text{m/s}^2$$

(2) 前 7 节车厢作为一个整体受到三个外力：机车的牵引力 F（向前），前 7 节车厢受到的摩擦力 $f_{1\text{-}7}$（向后），第 8 节车厢通过连接钩作用于第 7 节车厢的张力 $F_{7\text{-}8}$（向后），这个整体的质量是 $M_{1\text{-}7}$，于是，动力学方程是

$$F - f_{1\text{-}7} - F_{7\text{-}8} = \frac{\mathrm{d}p}{\mathrm{d}t} = M_{1\text{-}7}\frac{\mathrm{d}v}{\mathrm{d}t} = M_{1\text{-}7}a$$

其中

$$f_{1\text{-}7} = 3 \times 10^5 \times 7 \times 0.003 \text{N} = 6.3 \times 10^3 \text{N}$$

$$M_{1\text{-}7} = \frac{3 \times 10^5 \times 7}{9.8} \text{kg} \approx 2.14 \times 10^5 \text{kg}$$

$$a \approx 3.24 \text{m/s}^2$$

于是

$$F_{7\text{-}8} \approx 7 \times 10^5 \text{N}$$

(3) 仍然设列车前进方向为正方向，此时第 14 节车厢作为一个整体受到两个外力：第 13 节车厢通过连接钩作用于第 14 节车厢的张力（向前），第 14 节车厢受到的摩擦力（向后），就此列出动力学方程

$$F_{13\text{-}14} - f_{14} = \frac{\mathrm{d}p}{\mathrm{d}t} = M_{14}\frac{\mathrm{d}v}{\mathrm{d}t} = M_{14}a$$

其中

$$f_{14} = 3 \times 10^5 \times 0.003\,\mathrm{N} = 9 \times 10^2\,\mathrm{N}$$

$$M_{14} = \frac{3 \times 10^5}{9.8}\,\mathrm{kg} = 0.31 \times 10^5\,\mathrm{kg}$$

$$a \approx 3.24\,\mathrm{m/s^2}$$

于是

$$F_{13\text{-}14} \approx 1 \times 10^5\,\mathrm{N}$$

【拓展阅读】 牛顿创立的"分析-综合"科学方法

2.3 从行星运动三大定律到万有引力定律

——牛顿是怎样提出万有引力定律的？

【物理史料】 从第谷到开普勒

2.3.1 开普勒和行星运动三大定律

开普勒行星运动三大定律是指行星在宇宙空间围绕太阳公转所遵循的定律。它是由德国天文学家开普勒(Johannes Kepler, 1571—1630)根据丹麦天文学家第谷·布拉赫(Tycho Brahe, 1546—1601)多年来对于行星轨道的精确观测数据，并通过他本人的摸索和计算于1605—1618年先后归纳得出的，如图2.1所示。

开普勒第一定律（也称椭圆轨道定律）：每一个行星都在围绕太阳的椭圆轨道上运行，太阳处在椭圆轨道的一个焦点上；

开普勒第二定律（也称面积定律）：在相等时间内，太阳和运动中的行星的连线（矢径）所扫过的面积都是相等的。

图2.1 开普勒运动定律

基于宇宙是一个和谐整体的理念，开普勒并不满足于已有的发现。为了从行星运动的速度与离开太阳的远近的关系中找到行星运动周期与离开太阳的距离的关系，开普勒分析考察了大量的观察数据，终于在1618年发现了它们之间的奇妙规律，这就是开普勒第三定律。

开普勒第三定律（也称周期定律，调和定律）：绕以太阳为焦点的椭圆轨道运行的所有行星，其椭圆轨道半长轴的立方与行星运动周期的平方之比是一个常量。

开普勒经过了长达10余年的艰苦工作，利用第谷提供的大量观测数据，只用了7个椭圆就解释了哥白尼需要用48个圆，托勒密需要用80多个圆才能解释的全部现象，并且达到了更高的精确度。

开普勒把第谷观测到的大量数据最后归纳为三大定律，用相应的三个简洁的数学关系加以表达,并与以后的观测数据在一定的误差范围内相符。这不仅在天文研究中开辟了新的纪元,而且在物理学方法上开创了从实验观测得出数学定律的先例。

开普勒三大定律的发现揭示了天体运动的内在逻辑,有力地证明了哥白尼的日心说的合理性,为牛顿提出万有引力定律提供了重要的实验基础。

【物理史料】 开普勒行星运动三大定律

2.3.2 牛顿提出的万有引力定律

万有引力指的是两个物体之间由于具有质量而产生的相互吸引力。它是影响我们日常生活和解释许多天文现象产生的重要原因。例如,潮汐就是由月亮、太阳同地球之间的引力所引起的;地面上物体所受到的重力来自地球与物体之间的相互吸引力;地球和其他行星之所以能够围绕太阳运行,月亮能够围绕地球运行也都与它们之间存在的这种引力有关。天文学家正是利用以万有引力定律为基础的摄动理论,预见并发现了海王星和冥王星。

牛顿于1665—1666年开始在开普勒三大定律的基础上对万有引力进行研究,但是约20年以后牛顿才公开发表了他提出的万有引力定律:

"任意两个物体通过连心线方向上的力相互吸引。当两物体被看作质点时,该引力的大小与它们的质量乘积成正比,与它们距离的平方成反比,与两物体的化学本质、物理状态以及介质无关。"

相距为 r 的两个物体 m_1 与 m_2 之间的万有引力的大小和方向的数学表达式为

$$F_{12} = -G \frac{m_1 m_2}{r^2} r^0_{12}$$

或

$$F_{21} = -G \frac{m_1 m_2}{r^2} r^0_{21} \qquad (2.4)$$

这里,r 是这两个物体 m_1 与 m_2 之间的距离大小。F_{12} 是物体1受到的来自物体2的引力,其方向是从物体1指向物体2,r^0_{12} 是物体1相对于物体2的位置的单位矢量,其方向从物

图2.2 两物体 m_1 与 m_2 之间的万有引力

体2指向物体1,负号表示引力 F_{12} 方向与单位矢量 r^0_{12} 的方向相反;F_{21} 是物体2受到的来自物体1的引力,其方向从物体2指向物体1,r^0_{21} 是物体2相对于物体1的位置的单位矢量,其方向从物体1指向物体2,负号表示引力 F_{21} 方向与单位矢量 r^0_{21} 的方向相反(图2.2)。式(2.4)中 G 是万有引力常数,$G = 6.67429 \times 10^{-11} \, \text{m}^3/(\text{kg} \cdot \text{s}^2)$。

容易看出

$$F_{12} = -F_{21} \qquad (2.5)$$

提到万有引力定律,就会联想到牛顿看到苹果落地的故事。

实际上,任何科学的发现在一定程度上都是时代的产物。如果说,笛卡儿和伽利略的惯性思想很自然地使牛顿得到了第一定律,那么,在万有引力定律被发现之前,人们对重物落向地球表面的原因就有过各种猜测和思考,而开普勒三大定律又为万有引力定律提供了实

验基础。没有行星运动三大定律，牛顿不可能得出万有引力定律。牛顿在 1666 年说："我开始想到把重力推广到月球的轨道上……因而把维持月球在它轨道上所需要的力和地球表面的重力作了比较。"他还思考了这样的问题："重力为什么不能到达月球呢？如果是这样，月球的运动肯定受重力的影响，或许它因此有可能保持在它的轨道上。"①正是在 1665—1666 年牛顿从地球吸引苹果的力和地球保持在轨道上运行受到的力的思考中开始了对万有引力的研究，但是，直到约 20 年后，牛顿才公开发表了他的万有引力定律。

【物理史料】 牛顿和万有引力定律

2.4　牛顿三大运动定律的提出是经典力学的伟大成就

——什么是科学史上第一次大统一？

　　面对丰富多彩而又支离破碎的自然现象，牛顿仅以几条定律(公理)和万有引力定律对从天上星体到地上物体的运动作出了简单而明确的解释，建立了一个自然界按照自身规律运行的、从物体的初始状态可以预言物体未来状态的一幅巨大"时钟"式的确定性因果关系的图像。牛顿三大运动定律的提出是经典力学的伟大成就。

　　几百年来，经典力学中体现的这种确定性因果关系的世界观一直广泛流传：利用牛顿运动定律，只要给出关于一个物体在起始时刻的运动状态(位置、速度和加速度)和受力情况，就能预言出它在以后任一时刻的运动状态。在这样一个严格的因果确定性的自然界中，每一个事物都是另一个事物存在和发展的必要和充分条件，没有任何事物和运动是偶然出现的，即使一个"错误"事件或一个"失败"事件的出现也必然是"事出有因"的，只要这个"因"存在，出现这样的"果"是无法避免的。如果出现了确实难以找到原因而又无法预料的偶然事件，人们只得归结为自己目前的无知。

　　不同时期的物理学呈现给人们的是不同的物理图像。作为经典力学的集大成者，从天上的运动到地上的运动，牛顿实现了科学史上的第一次大统一。牛顿在物理学的发展史上首次为人们呈现了一幅"确定性"的时钟式因果关系的物理世界图像。这幅图像具有以下特点。

　　(1) 物理世界独立于人类之外，如同"时钟"那样自行运转，自行其是，不受人类的影响。

　　(2) 物理世界如同"时钟"那样，一旦上了"发条"，就会按部就班地遵循既定的原理一直向前走下去，不需要任何外界干涉。

　　(3) 物理世界如同"时钟"那样，由大量"零件"构成，构成"时钟"的"零件"是每一个物体，而组成每一个物体的"零件"就是大量的分子和原子。

　　(4) 物理世界如同"时钟"的分针和秒针那样，严格按时运行，物理世界中每一个物体"今天"的运动状态完全由它的"昨天"确定，而"明天"的运动状态完全可以通过"今天"的运动状态来预测。

　　牛顿勾勒的确定性因果关系的物理世界图像是牛顿经典物理学的重要组成部分。实际上，牛顿在经典物理学中提出的确定性因果关系的物理图像只是对真实自然界的一种描述方式，物理学中对自然界的另外一种描述方式是基于概率性因果关系的物理图像。而以量

---

① 弗·卡约里.物理学史[M].戴念祖,译.北京：中国人民大学出版社,2010：50.

子力学的发展为标志的20世纪物理学的发展正是引发了物理学中对于微观客体确定性描述和概率性描述的关系的重新思考。

【拓展阅读】 "确定性"和"非确定性"

【拓展阅读】 混沌理论

2.5 非惯性系和惯性力

——在非惯性系中牛顿三大运动定律成立吗？

在应用牛顿第二定律时，必须先有确定的惯性系。如果把地球近似看作惯性系，那么相对于地面作匀速直线运动的参考系也是惯性系，而相对于地面作加速运动的参考系则是非惯性系，在非惯性系中牛顿运动定律是不成立的。

然而，在实际生活中，很多物体相对于地面做加速运动（例如，刚刚启动或正在准备靠站停止的汽车、游乐园里正在转动的大转盘等），它们相对于地面都不是惯性系，在这样的非惯性系中如何对物体做出运动的描述？

图 2.3 惯性力

设想在一辆相对于地面做匀加速直线运动的列车车厢内，在光滑的水平桌面上放置一个弹簧，弹簧一头系着一个小球，另一头连接在车厢向前行进的前端的面壁上，如图 2.3 所示。地面上的观察者很自然地认为，小球受到弹簧的拉力随同车厢向前作匀加速直线运动，但在车厢内的观察者看到的小球却是"静止"不动的。然而在弹簧上显示出了某个读数，这就意味着小球受到了一个水平方向的作用力。小球受到了一个不为零的力，但却处于静止状态，于是车厢内的观察者认为，这个现象显然是不符合牛顿运动定律的。

为了在形式上仍然可以应用牛顿运动定律来解释这个现象，该观察者就会作出这样的设想：在车厢参考系内，小球除了受到弹簧的作用力以外，还受到一个额外的力，其与弹簧作用于小球的力大小相等、方向相反，于是小球就处于力平衡状态下，按照牛顿运动定律，它理所当然应该静止不动，该额外的力就称为惯性力。

类似地，如果在一个水平放置并相对于地面作匀速率转动的光滑转盘上放置一个物体，它通过弹簧沿转盘的半径方向与转盘中心相连接，如图 2.4 所示。在地面观察者看来，该物体显然受到弹簧的拉力随同转盘一起转动，但转盘上的观察者看到的现象是，物体处于静止状态，但弹簧上却显示了某个读数，这个现象显然也是不符合牛顿运动定律的。于是为了能够应用牛顿运动定律解释物体的静止状态，转盘上的观察者可以设想，物体除了受到弹簧的作用力外，该物体还受到一个额外的力，这个力与弹簧作用于物体的力大小相等、方向相反，于是物体就处于力的平衡状态下，这个额外的力就是惯性力又称为惯性离心力。

图 2.4 惯性离心力

为了得出惯性力的大小，我们先以上述相对于地面做匀加速直线运动的列车车厢为例。第1章指出，同一个物体在两个坐标系中的加速度是不同的，从式(1.21)可以写出同一个物

体 C 相对于两个坐标系 A 和 B 的加速度变换关系。

$$\bm{a}_{CA} = \bm{a}_{CB} + \bm{a}_{BA} \tag{2.6}$$

这个变换关系式对任何坐标系都是适用的。

假设把地面看作惯性系,设为坐标系 A;在坐标系 A 中,牛顿定律是成立的。列车设为坐标系 B,它相对于坐标系 A 作匀加速直线运动,坐标系 B 是非惯性系。

设物体 C 受到的合外力是 $\sum \bm{F}$,物体质量是 m,于是对式(2.6)可以列出下式

$$\sum \bm{F} = m\bm{a}_{CA} = m\bm{a}_{CB} + m\bm{a}_{BA}$$

在上式中,$\bm{a}_{CA}$ 是在惯性坐标系 A(地面)中测得车厢内物体 C(小球)的加速度,$\bm{a}_{CB}$ 是在非惯性系 B 中测得的物体 C 的加速度,$\bm{a}_{BA}$ 是在惯性系 A(地面)中测得坐标系 B(列车)的加速度。显然,由于 $m\bm{a}_{BA}$ 的存在,$\sum \bm{F} \neq m\bm{a}_{CB}$。即在非惯性系 B 中,牛顿运动定律是不成立的。但是,对上式作一个移项,可以得到

$$\sum \bm{F} - m\bm{a}_{BA} = m\bm{a}_{CB}$$

如果把 $(-m\bm{a}_{BA})$ 看作一种假想的力,记作 $\bm{F}^*$,$\bm{F}^* = -m\bm{a}_{BA}$ 称为惯性力,方向与列车前进方向相反,则在非惯性系 B 中,上式在形式上可以与牛顿第二定律保持一致

$$\sum \bm{F} + \bm{F}^* = m\bm{a}_{CB} \tag{2.7}$$

式(2.7)表明,在非惯性系 B(列车)中,质点受到的实际作用力和惯性力的合力等于物体 C 的质量 m 与物体 C 相对于非惯性系 B 的加速度 $\bm{a}_{CB}$ 的乘积。

从上述两个例子可以看出,惯性力的表达式形式上虽然依然是"质量与加速度的乘积",但需要注意的是:表达式中的加速度并不是在非惯性系中观察到的物体自身的加速度,而是非惯性系相对于惯性系的加速度,而惯性力是由于非惯性系相对于惯性系的加速运动而得到的。若某个参考系相对于惯性系的加速度为零,该参考系自身也是惯性系,所谓的惯性力也必然为零。其次,惯性力和物体的惯性质量 m 有关,因此,从本质上讲,惯性力只是物体惯性的体现,而不是物体之间的相互作用,它并不是真实的力。

惯性力是假想的、虚拟的力,它没有反作用力,也不是其他任何一个实在的力的反作用力。在列车例子中,物体 C 受到弹簧的拉力,其反作用力是物体对弹簧的拉力,虽然这个拉力方向与惯性力方向相同,都与列车前进方向相反,但是这个拉力是实在的力,不是惯性力。

在转盘例子中,也可以做出类似分析,设物体质量是 m,物体离开转盘中心距离是 r,转盘转动的角速度是 ω,则惯性力 $\bm{F}^* = -m r \omega^2 \bm{e}_r$($\bm{e}_r$ 是径向单位矢量,方向沿径向向外)。物体 C 受到弹簧的拉力(向心力),沿径向指向圆心,其反作用力是物体对弹簧的拉力,它作用在弹簧上,方向沿径向向外。虽然该拉力的方向与惯性离心力方向相同,但这个拉力是实在的力,不是惯性离心力。

引入惯性力的物理意义在于使牛顿第二定律对非惯性系在形式上仍然"成立",因而可以用来描述物体在非惯性系中的运动状态。(例如,"超重"和"失重")

例题 2.3 一个人站在位于电梯内的磅秤上,当磅秤相对于地面静止时,显示的读数是 50kg,当磅秤以 1.5m/s^2 的加速度相对于地面上升时,磅秤显示的读数是多少?(取重力加速度为 9.8m/s^2)

【解题思路】

这是关于在非惯性系中求解物体运动的典型问题。这里首先要区分两个参考系,一是地面,这是惯性系 A;二是相对于地面加速上升的电梯,这是非惯性系 B。在电梯相对于地

面静止时,站立在磅秤上显示的重力是在惯性系中获得的实际重力 mg。当电梯相对于地面加速上升时,磅秤上显示的重力是在非惯性系中人的重力,称为"表观重力"。由于电梯加速上升或加速下降,"表观重力"大于或小于实际重力(图 2.5)。

图 2.5 电梯内部称重

【解题过程】

先分析人的受力情况。设定坐标系向上方向为正向,如图 2.5 所示。当人站在磅秤上,且电梯以加速度 a 上升时,人受到两个实际作用力:一是重力 $G = -mg = 50 \times 9.8\text{N} = 490\text{N}$,方向向下;二是磅秤对人的支持力 W,方向向上。另外,由于电梯相对于地面是非惯性系,引入惯性力 $F^* = -ma$,方向向下。由于人站立在磅秤上,没有相对于磅秤的加速度,于是在电梯中形式上可以列出牛顿运动方程是

$$-mg + W - ma = 0$$

由此得出

$$W = mg + ma \quad (方向向上)$$

根据牛顿第三定律可知,磅秤对人的支持力 W 是人对磅秤施加的,即在磅秤上显示的表观重力 W' 的反作用力。由此得到人的表观重力是

$$W' = -W = -(mg + ma) = -(50 \times 9.8 + 50 \times 1.5)\text{N} = 565\text{N} \quad (方向向下)$$

在数值上,在上升电梯(非惯性系)中显示的人的"表观重力"大于人在地面上(惯性系)的实际重力 mg。这就是所谓的"超重"。可以想象,在下降电梯中显示的人的"表观重力"小于人的实际重力,这就是所谓的"失重"。

思 考 题

2.1 下列的说法能不能看作是力的定义?为什么?
(1) 力是物体与物体之间的相互作用;
(2) 力是引起物体运动的原因;
(3) 力是引起物体运动状态变化的原因;
(4) 力是引起物体运动状态变化和引起物体发生形变的原因。

2.2 下列的说法能不能看作是质量的定义?为什么?
(1) 一个物体的质量是这个物体所包含的物质的量;

(2) 一个物体的质量是这个物体惯性的量度；

(3) 一个物体的质量是这个物体所受外力与物体的加速度之比；

(4) 一个物体的质量就是这个物体的重量。

2.3 有不少学生认为，在牛顿三大运动定律中，牛顿第二定律最重要最有用，因为利用牛顿第二定律可以求解很多题目，牛顿第一定律仅仅是牛顿第二定律的特例而已，而牛顿第三定律仅仅在对物体受力分析时有用。对这样的说法，你的看法是什么？

2.4 既然牛顿三大运动定律是一个公理化体系，既不是从实验归纳得到的，也是无法通过实验可以加以证明的，那么，学习物理学的人们怎样相信牛顿运动定律的正确性？

2.5 自牛顿在1687年提出三大运动定律至今三百多年来，学习物理学一直是中学和理工科大学的一门必修课程。其中学习力学和牛顿三大运动定律是不可缺少的重要内容。你认为，究竟为什么要学习牛顿三大运动定律？从学习牛顿三大运动定律中，我们除了学会解题外，还可以得到什么？

2.6 对牛顿三大运动定律的一个较为常见的看法是，牛顿第一定律不过是牛顿第二定律的一种特例而已，牛顿第一定律已包含在牛顿第二定律中。因此有人提出，牛顿提出的牛顿第一定律是多余的。你同意这个说法吗？说说你的理由。

2.7 牛顿提出了牛顿第一定律和牛顿第二定律，为什么还需要提出牛顿第三定律？牛顿第三定律是日常生活经验的简单总结吗？有人说，牛顿第三定律不过是给出了作用力和反作用力相等的结论，它的作用只是有助于在解题过程中对物体进行正确的受力分析而已。你同意这样的看法吗？说说你的理由。

2.8 假设在一列相对于地面沿直线轨道加速前进的列车中，一位乘客坐在面向列车前进方向的座位上。在乘客看来，车厢的座位相对于他是完全静止的。虽然，他明显感到座位靠背在向他施加一个力，但是他却没有产生相对于座位的加速度，于是，他认为牛顿第二定律在这个车厢参考系中完全失效。你如何看待整个现象？你同意这个乘客的看法吗？说说你的理由。是否可以设计一个简单的方案，使得形式上仍然可以应用牛顿第二定律？

2.9 在物理学史上，人们常常用"牛顿实现了科学发展史上第一次大综合"来评价牛顿对物理学发展的贡献。你怎样理解这个评价？

2.10 万有引力定律在力学中的地位十分重要，于是曾经有人认为，可以把万有引力定律归入牛顿三大运动定律的体系中使之成为"牛顿第四定律"，你如何看待这种观点？

习 题

2.1 三个质量相同（都是 m）的木块 A,B,C 依次叠放在粗糙的地面上（图2.6）。物体与物体之间的摩擦力较大，以至于当外力 F 沿水平方向作用于物体 A 时，三个木块以同一个加速度 a 在地面上运动。设物体 C 与地面之间的滑动摩擦系数是 μ，于是在物体加速运动的过程中，物体 B 对物体 C 的作用力（摩擦力）的大小和方向分别是（　　）。

图 2.6 习题 2.1 图

(A) $\frac{1}{3}F - 2\mu mg$，方向向左　　　　(B) $\frac{1}{3}F + 2\mu mg$，方向向右

(C) $\frac{2}{3}F - 2\mu mg$,方向向左 (D) $\frac{2}{3}F + 2\mu mg$,方向向右

2.2 在一段水平公路上的某处有一个弯道,弯道的半径是 R。汽车的轮胎与路面之间的摩擦系数为 μ。如果要使汽车在弯道上转弯时,不发生侧向打滑,则汽车在弯道处的行驶速率必须是( )。

(A) 等于 $\sqrt{\mu g R}$ (B) 小于 $\sqrt{\mu g R}$
(C) 大于 $\sqrt{\mu g R}$ (D) 根据汽车的质量大小来决定

2.3 把一物体放置在一个粗糙的斜面上,起初处于静止状态。当斜面的倾斜角逐渐增大到一定角度时,物体就开始沿斜面下滑。如果倾斜角不再增加,则物体沿斜面下滑的运动应该是( )。

(A) 以一定的速度匀速下滑
(B) 以一定的加速度加速下滑,越滑越快
(C) 以一定的减速度下滑,越滑越慢
(D) 无法判断

图 2.7 习题 2.4 图

2.4 两个质量相同的物体 A、B 如图 2.7 所示方式放置。物体 B 放在水平的光滑桌面上,物体 A 用细绳与物体 B 相连,悬挂在桌子左侧。如果不计滑轮质量,不计任何摩擦力和空气阻力。当整个系统无初速自由释放后,物体 A 下落的加速度 a 多大?

2.5 桌上有一质量 $M=1$kg 的平板,板上放一质量 $m=2$kg 的物体,设物体与板、板与桌面之间的动摩擦系数均是 $\mu_k=0.25$,静摩擦系数 $\mu_s=0.30$。求:

(1) 如果以水平力 F 拉板,使两者一起以 $a=1$m/s^2 的加速度运动,试计算物体与板、板与桌面间的相互作用力;

(2) 如果要将板从物体下面抽出,至少需要多大的力?

2.6 在一辆货车的底板上放置一只质量为 40kg 的箱子,箱子与底板之间的静摩擦力系数是 0.40。求:

(1) 如果在货车运动过程中箱子与底板不发生相对滑动,箱子可能达到的最大加速度是多少?

(2) 如果货车沿直线前进的加速度是 2m/s^2,作用在箱子上的摩擦力的大小是多少?方向如何?

(3) 如果货车沿直线以 3.5m/s^2 的加速度减速行驶,作用在箱子上的摩擦力的大小是多少?方向如何?

2.7 一质量为 m 的小球以速率 v_0 从地面开始竖直向上运动。在运动过程中,小球所受空气阻力大小与速率成正比,比例系数为 k。求:

(1) 小球速率随时间的变化关系 $v(t)$;
(2) 小球上升到最大高度所花的时间 T;
(3) 小球位置随时间的变化关系 $x(t)$;
(4) 如果小球以 v_0 的初速度向下作直线运动,重复(1)的讨论。

2.8 一颗质量为 m 的子弹以速率 v_0 水平射入一堆沙土中,由于受到阻力,最后子弹

停止在一定的深度中。设阻力的大小与速度大小成正比，不计子弹受到的重力。求：子弹进入沙土的最大深度是多少？

2.9 两根弹簧的倔强系数分别为 k_1 和 k_2。试证明：

(1) 如果把两个弹簧串联起来时，如图 2.8(a)所示，组合弹簧的总倔强系数 k 与 k_1 和 k_2 之间满足下列关系式 $\frac{1}{k}=\frac{1}{k_1}+\frac{1}{k_2}$；

(2) 如果把两个弹簧并联起来时，如图 2.8(b)所示，组合弹簧的总倔强系数 k 与 k_1 和 k_2 之间满足下列关系式 $k=k_1+k_2$。

图 2.8 习题 2.9 图

2.10 一满载货物的质量为 $m=1600\text{kg}$ 的卡车，以恒定的速率 $v=20\text{m/s}$ 沿一水平圆形轨道行驶，圆形轨道的半径是 $R=200\text{m}$。当货车即将滑出道路时，车轮与道路之间的摩擦系数 μ_s 应该多大？

图 2.9 习题 2.11 图

2.11 一质量为 $m=0.10\text{kg}$ 的小球，拴在轻绳子的一端，构成一个摆。摆的长度 $l=0.5\text{m}$。先把小球拉至与竖直方向的夹角为 $\theta=60°$，然后释放，如图 2.9 所示。求：

(1) 小球通过竖直位置时的速度为多少？此时绳的张力多大？

(2) 在 $\theta<60°$ 的任一位置，小球速度 v 与 θ 的关系式是什么？这时小球的加速度为多大？绳中的张力多大？

(3) 在 $\theta=60°$ 时，小球的加速度多大？绳的张力多大？

2.12 一水桶内盛满水，系于细绳的一端，并绕 O 点以角速度 ω 在竖直平面内匀速转动，如图 2.10 所示。设水的质量是 m，桶的质量是 M，圆周半径是 R。问：

(1) 当角速度 ω 至少为多大时，才能使水不从桶内流出？

(2) 桶处于最高点和最低点时，细绳中的张力多大？

2.13 有一匀质细长的绳盘旋地放在水平桌面上（忽略细绳占有的体积），如图 2.11 所示。

图 2.10 习题 2.12 图

图 2.11 习题 2.13 图

(1) 现以一恒定的加速度 a 在竖直方向上把细绳一端提起。当细绳这一端被提到离地面的高度为 y 时，细绳这一端受到的作用力是多少？

(2) 如果以一定的速度 v 在竖直方向上把细绳一端提起。当细绳这一端被提到离地面的高度为 y 时，细绳这一端上受到作用力又是多少？（设细绳单位长度的质量，即质量线密度为 λ）

2.14 有一质量为 m 的小球系在细绳的一端，另一端固定在 O 点，细绳的长度为 l，如

图 2.12 所示。现把小球拉至使细绳处于水平位置且细绳中张力为零的静止初始状态,然后释放,小球开始下落。当小球下落到细绳与水平位置成 θ 角时,小球的速率多大?细绳对小球的拉力多大?

图 2.12 习题 2.14 图

第 3 章

动量、角动量及其守恒定律

本章引入和导读

【物理史料】 动量——一个早在 14 世纪就提出的重要概念

在中学物理课程中，牛顿第二定律是以 $F=ma$ 的形式表述的，动量这个物理量是在讨论碰撞问题时被引入的，动量守恒定律是从牛顿第二定律推导出来的，因此，动量常常被看作一个附属于牛顿第二定律的辅助物理量，用动量守恒定律求解碰撞问题被看作对牛顿第二定律难以求解问题的一个不得已而为之的补充手段。

实际上，在物理学发展史上，"动量"是一个早在 14 世纪就被提出的重要的物理概念，是物理学中描述物体运动（大至宇宙天体，小至微观粒子）的一个非常重要的物理量。17 世纪中叶，笛卡儿首先提出了运动量这个词。他认为，从上帝创造物质并启动整个物理宇宙运转以后，这架"宇宙机器"就不会停止下来，因为上帝在这些物质中保持着相同的运动量。笛卡儿提出，这样的运动量必然取决于物体运动速率以外的某个量，他把这个运动量定义为质量和速率的乘积 mv。到了 1669 年，惠更斯等人以矢量的形式更完整地把任何物体的动量定义为物体的质量与其瞬时速度的乘积，记作 $\boldsymbol{p}=m\boldsymbol{v}$（这就是后来的动量），并提出多个物体组成的一个系统的总动量是守恒的，从而为牛顿运动定律的提出作了重要的概念准备，这是物理学研究思想上的一个重大进步。

我们知道，在应用牛顿运动定律解题时，必须对作用力或质量和加速度有一个确切的描述。但是有很多物理现象在极短时间内变化非常迅速，以至于无法得到确切的力和其他物理量。特别是在最基本的碰撞问题中，当两个物体发生碰撞时，它们之间的相互作用力和加速度往往在极短时间内发生十分复杂的变化，使得定量准确测定作用力应用牛顿运动定律变得极其困难，然而，应用动量守恒定律却能简便地给出解答。在讨论亚原子粒子的相互作用时，粒子的瞬时速度和瞬时加速度已经完全失去意义，根本无法应用牛顿运动定律，然而动量守恒定律却依然适用。这就表明，与牛顿运动定律相比，动量守恒定律比牛顿运动定律有着更广泛的应用。鉴于动量在物理学上的重要作用，本章将更详细地讨论质点的动量和动量守恒定律。

如同位置和速度一样，质点的动量也是相对于一定的惯性系而言的。本章从给出动量的定义入手，强调了牛顿第二定律的动量表述方式，把动量定理和动量守恒定律放在重要的位置上。动量定理描述的是力的时间累积效应，体现了力与动量变化的因果关系。

从牛顿运动定律中可以推导出动量守恒定律,但是,从动量守恒定律却不能推导出牛顿第二定律和牛顿第三定律,这是因为动量守恒定律没有提供任何关于力的概念。

在讨论动量以后本章进一步引入了一个描述质点运动状态的新的物理量——质点的角动量。质点的动量是相对于惯性系而言的,而角动量不仅相对于惯性系,还相对于某一个固定点;质点的动量定理描述的是力的时间累积效应,体现了力与动量变化之间的因果关系。在物体系统没有受到任何外力作用或所受外力的矢量和为零的情况下质点的总动量守恒或保持不变,这就是动量守恒定律。角动量定理描述的是力矩的时间累积效应,体现了力矩与角动量变化之间的因果关系。在物体系统没有受到任何外力矩作用或外力矩之和为零的情况下,质点的角动量守恒,这就是角动量守恒定律。

物理学中有着多个守恒定律,在力学中动量守恒定律和角动量守恒定律具有比牛顿运动定律更大的普遍性,在物理学中有着重要的地位和作用。

3.1 动量、动量定理和动量守恒定律

——为什么说,动量是物体机械运动的矢量量度?

3.1.1 动量和动量定理——力的时间累积效应

质点运动状态的改变除了与质点的速度有关外,还与质点的质量有关。用质点的动量来描述质点的运动状态,比用速度更合理、更全面,能提供更多的运动信息。

一个质量为 m 的质点,当它的速度为 $\boldsymbol{v}$ 时,这个质点的**动量**就定义为

$$\boldsymbol{p} = m\boldsymbol{v} \tag{3.1}$$

动量 $\boldsymbol{p}$ 是一个矢量,它的大小是质点的质量与运动速度大小的乘积,它的方向与质点的运动速度方向相同。

对于由质量分别为 m_1 和 m_2 的两个质点组成的系统,设它们在某一个时刻的速度分别为 $\boldsymbol{v}_1$ 和 $\boldsymbol{v}_2$,它们的动量分别是 $m_1\boldsymbol{v}_1$ 和 $m_2\boldsymbol{v}_2$,于是这个系统的总动量定义为这两个分动量的矢量和:

$$\boldsymbol{p} = \boldsymbol{p}_1 + \boldsymbol{p}_2 = m_1\boldsymbol{v}_1 + m_2\boldsymbol{v}_2 \tag{3.2}$$

上述结果可以推广到由若干个质点组成的质点系。对于由 n 个质点构成的质点系,在某一个时刻质点系的总动量定义为 n 个质点分动量的矢量和:

$$\boldsymbol{p} = \sum \boldsymbol{p}_i = \boldsymbol{p}_1 + \boldsymbol{p}_2 + \boldsymbol{p}_3 + \cdots \tag{3.3}$$

按照牛顿第二定律,如果动量 $\boldsymbol{p}$ 是时间 t 的函数,当一个质点受到外力 $\boldsymbol{F}$ 时,其动量的变化率等于物体受到的外力,即

$$\boldsymbol{F} = \frac{d\boldsymbol{p}}{dt} \tag{3.4}$$

在 $t \to t+dt$ 内质点的动量增量为 $d\boldsymbol{p} = \boldsymbol{F}dt$,这里 $\boldsymbol{F}dt$ 称为外力 $\boldsymbol{F}$ 在 $t \to t+dt$ 内产生的冲量,它等于在 dt 内质点动量的增量。

于是,在有限时间内质点的动量增量就是对 $\boldsymbol{F}dt$ 的积分

$$\int \boldsymbol{F} \mathrm{d}t = \int \mathrm{d}\boldsymbol{p} = \Delta \boldsymbol{p} \tag{3.5}$$

这里 $\int \boldsymbol{F}\mathrm{d}t$ 称为外力 $\boldsymbol{F}$ 在有限时间内产生的冲量。式(3.5)表明,外力 $\boldsymbol{F}$ 在有限时间内产生的冲量 $\int \boldsymbol{F}\mathrm{d}t$ 等于质点动量增量 $\Delta \boldsymbol{p}$,这就是质点的**动量定理**。由于动量是矢量,因此,外力作用于质点而引起动量的变化反映了质点机械运动状态变化的规律。

从动量定理可以看到,影响动量改变的因素除了力的大小以外,还有力的作用时间。牛顿第二定律描述的是力的瞬时效应,两个大小相等方向相同的力作用分别作用在同一个质点上产生的瞬时加速度是相同的,质点运动状态的变化是相同的;而动量定理描述的是力的时间累积效应,两个大小相等方向相同的力分别作用在同一个质点上的时间不同,所产生的动量变化是不同的,质点的运动状态的变化也是不同的。

利用动量定理,在预计物体短时间内可能获得很大冲量的情况下,为了减少可能由此引起的巨大作用力,人们常用的一个方法就是延长该作用力的作用时间。一个跳高运动员跃过横杆落地时往往会产生很大的冲量。作为一种保护措施,常常需要在地面上放上很厚的软垫,其目的是增加身体与地面的接触面积,延长身体与地面的接触时间,从而大大减少运动员身体与地面碰撞产生的巨大作用力。反之,为了产生更大的动量变化,常用的方法是尽可能减少力的作用时间。一个网球运动员为了迫使对方发过来的网球改变运动方向,就需要先挥动他的网拍,以很大的作用力给迎面飞来的网球以急促地重重一击。由于网球接触网拍的作用时间极为短促,从而使网球产生很大的动量变化。

3.1.2 碰撞现象和质点系的动量守恒定律

如果考虑的对象不是一个而是几个物体,那这几个物体总体上常被称作一个物体系统,简称**系统**。系统以外的其他物体称为外界。系统内各物体间的相互作用力称为**内力**,内力总是成对出现,大小相等、方向相反。外界物体对系统内任意一个物体的作用力称为**外力**。

碰撞现象是一种常见的物理现象。大至星球,小至分子、原子甚至更小的粒子都会发生碰撞。由于两个物体碰撞时接触的时间很短,而碰撞产生的相互作用力又复杂多变,应用牛顿运动定律求解此类物体运动状态的变化显然会遇到很大的困难,而用动量守恒定律来描述碰撞现象就会更简洁、更方便。

如图3.1所示,设两个小球A和B组成一个孤立系统,它们的质量分别为 m_1 和 m_2,以地面为参考系,它们的初始速度分别为 $\boldsymbol{v}_1$ 和 $\boldsymbol{v}_2$。假设两个小球发生互相碰撞时,各自只受到碰撞产生的相互作用力 $\boldsymbol{F}_{12}$ 和 $\boldsymbol{F}_{21}$(对一个系统而言,这是系统的内力)的作用,不受到任何其他外力的作用。经过 Δt 时间以后,两个小球的动量增量分别是

$$\Delta \boldsymbol{p}_1 = \int \boldsymbol{F}_{12} \mathrm{d}t = \Delta(m_1 \boldsymbol{v}_1)$$

$$\Delta \boldsymbol{p}_2 = \int \boldsymbol{F}_{21} \mathrm{d}t = \Delta(m_2 \boldsymbol{v}_2)$$

按照牛顿第三定律,$\boldsymbol{F}_{12} = -\boldsymbol{F}_{21}$,可以得出

$$\Delta(m_1 \boldsymbol{v}_1) = -\Delta(m_2 \boldsymbol{v}_2) \tag{3.6}$$

图 3.1 台球的碰撞

设两个小球 A 和 B 碰撞以后的速度分别为 $\boldsymbol{v}'_1$ 和 $\boldsymbol{v}'_2$，并且小球的质量都保持不变，则从式(3.6)可以得到

$$m_1\boldsymbol{v}'_1 - m_1\boldsymbol{v}_1 = -(m_2\boldsymbol{v}'_2 - m_2\boldsymbol{v}_2)$$

由此得到

$$m_1\boldsymbol{v}_1 + m_2\boldsymbol{v}_2 = m_1\boldsymbol{v}'_1 + m_2\boldsymbol{v}'_2$$

即

$$\boldsymbol{p}_1 + \boldsymbol{p}_2 = \boldsymbol{p}'_1 + \boldsymbol{p}'_2 \tag{3.7}$$

式(3.7)等号左边是碰撞前两个小球的动量之和，右边是碰撞后两个小球的动量之和。

式(3.7)表明，对于由两个小球组成的系统而言，当两个小球发生碰撞以后，虽然它们之间发生了相互作用力（内力）和运动的传递，每一个小球的速度发生了变化，但是在没有任何其他外力作用的情况下，两个小球在碰撞前的总动量等于碰撞后的总动量，即系统的总动量保持不变（"变中有不变"）当一个质点系所受的合外力为零时，这一质点系的总动量将保持不变。这个结论叫作**动量守恒定律**。

两个小球的碰撞过程表明，物体运动状态的变化不是孤立发生的，两个物体之间的动量传递是相互的。两个小球的碰撞过程是一个物体与其他物体发生运动传递的相互作用导致物体运动状态发生变化的过程。

图 3.2 两个质点碰撞前后的动量守恒

由于动量是矢量，动量守恒定律中每一项动量都是以矢量的方式列入的，因此，对两个质点组成的质点系，动量守恒指的是矢量和的守恒，即在碰撞前状态下两个质点的动量的矢量和等于在碰撞后状态下两个质点的动量的矢量和（图 3.2）。

对于由 n 个质点组成的质点系，动量守恒定律的表达式是

$$\boldsymbol{p}_1 + \boldsymbol{p}_2 + \boldsymbol{p}_3 + \cdots = \boldsymbol{p}'_1 + \boldsymbol{p}'_2 + \boldsymbol{p}'_3 + \cdots = 恒量$$

即

$$\sum \boldsymbol{p}_i = \sum \boldsymbol{p}'_i = 恒量 \tag{3.8}$$

在三维直角坐标系中，质点的每一个动量都有三个分量，因此，动量守恒定律在 x、y、z 三个坐标分量上的表达式分别是

$$\begin{cases} \sum p_{ix} = \sum p'_{ix} = 恒量 \\ \sum p_{iy} = \sum p'_{iy} = 恒量 \\ \sum p_{iz} = \sum p'_{iz} = 恒量 \end{cases} \tag{3.9}$$

在多数情况下,对于由 n 个质点组成的质点系,在受到外力作用时,总动量并不守恒,但是,如果外力在某一个坐标方向(例如,x 方向)上分量为零,在其他方向分量不为零,则整个系统在该坐标方向(例如,x 方向)上的分动量守恒,在其他方向上分动量不守恒。例如,节日期间,人们往往从地面向上发射大量焰火弹以示庆祝,很多焰火弹在空中到达飞行的最高点处爆炸。在爆炸前后,由于焰火弹一直受到竖直方向的重力的作用,它在竖直方向的动量分量是不守恒的。如果不计空气的阻力作用,焰火弹在水平方向没有受到外力的作用,因此,焰火弹在水平方向上的动量分量是守恒的。由于焰火弹爆炸前在最高点处水平动量为零,因此,无论焰火弹爆炸后分裂成多少碎片向四周散开,这些碎片之间存在多大的相互作用的内力,它们在所有水平动量之和仍然为零。如果这些碎片的质量几乎相同,每一个焰火弹在刚爆炸的时候,碎片向空间四周散开所呈现的基本形状是伞形的,且近似中心对称(图 3.3)。

图 3.3 焰火弹在空中爆炸

例题 3.1 一个质量为 m 的人站在质量为 M、长度为 L 的平板小车上,小车放在完全光滑的地面上。开始时,人站在小车的一端,小车和人相对于地面都是静止不动的。后来人以相对于地面的速度 v 从小车一端走到另一端。问:在此过程中,人和小车相对于地面各自移动了多少距离?

【解题思路】

从题意来看,人和小车组成一个系统。初始时刻人和小车相对于地面都是静止不动的,后来由于人在小车上的走动引起小车的运动。本题虽然给出人的运动速度,但没有给出小车的运动速度,更没有给出人和小车的运动时间,因此,无法直接套用运动学公式求距离。

小车和人组成的系统所受外力为零,可以利用动量定律求解此题。设地面为惯性参考系,x 轴沿水平方向。在 x 方向上,人和小车的初始动量为零,在没有任何外力作用下,虽然人在走动时,人和小车之间存在相互作用力,但是这是系统的内力。不管人或小车相对于地面运动速度分别是多少,它们两者的总动量始终为零,只要给定人的走动速度,由此就可以求出小车的速度。有了人的速度和小车的速度,在相同时间内,人走过的距离加上小车运动的距离就是小车的长度,由此可以求得时间。有了速度和时间,最后就能分别求出人和小车各自运动的距离。

【解题过程】

把人和小车看作一个系统,在 x 轴方向上,人和小车的初始动量都为零,设地面为惯性参考系,人走动速度的大小是 v,人的走动方向为 x 轴的正方向,人的走动产生的作用力引起小车的运动速度为 v',其方向沿 x 轴的负方向。于是,依据动量守恒定律有

$$mv - Mv' = 0$$

由此得出,小车的速度大小是 $v' = \dfrac{mv}{M}$,方向与人的走动方向相反,沿 x 轴的负方向。

设小车和人的运动时间为 t,则小车运动的距离 $L_{车} = v't$,人的运动距离 $L_{人} = vt$,而且 $L_{车} + L_{人} = L$。

即

$$vt + \frac{mv}{M}t = L$$

$$t = \frac{ML}{(M+m)v}$$

于是得出小车和人的运动距离分别是

$$L_车 = v't = \frac{mL}{M+m}, \quad L_人 = vt = \frac{ML}{M+m}$$

例题 3.2 如图 3.4 所示，一门大炮水平放置在地面上，大炮的质量为 M，设该大炮从静止状态开始以仰角 60°发射一炮弹，炮弹的质量是 m，炮弹相对于炮口离开的速度是 v_1，求大炮炮身的反冲速度 v_2（不计炮车与地面的摩擦力）。

【解题思路】

这里涉及大炮和炮弹两个物体的运动。由于一开始大炮和炮弹静止，在水平方向没有受到外界作用力，在竖直方向虽然受到重力，但与地面的支持力达到平衡，合力为零，因此，如果把大炮和炮弹看作一个系统，整个系统的初动量为零。在发射过程中，虽然大炮与炮弹之间存在相互作用力，但这是系统的内力，不影响系统的总动量。从受到的外力来看，在水平方向上，由于不计炮车与地面的摩擦力，在水平方向上系统没有受到外力作用，因此，系统在水平方向的分动量守恒。在竖直方向上，由于在发射过程中大炮对地面产生了一个额外的作用力，以至于地面对大炮的支持力(向上)大于大炮受到的重力(向下)，于是整个系统在竖直方向上受到额外的作用力，在竖直方向上分动量不守恒。因此，本题可以列出水平方向的动量表达式求解。

图 3.4 大炮的反冲

本题以地面为惯性系，所有的速度和动量都必须是相对于地面这个惯性系而言的。题目中给出的是炮弹相对于炮口离开的速度，这个速度仅仅是炮弹相对于大炮炮身的相对速度，不是相对于地面的速度。由于在炮弹发射过程中，大炮炮身相对于地面会产生向后的移动，因此，应用动量守恒定律时，必须首先把这个相对于炮口的速度变换为炮弹相对于地面的速度。

【解题过程】

设炮弹相对于地面的速度是 u，炮弹相对于大炮炮口的相对速度是 v_1，大炮炮身相对于地面的反冲的速度为 v_2。在水平方向上，炮弹相对于炮口速度的水平方向分量与炮身反冲速度的水平方向相反。按照速度变换关系有

$$-v_2 = -v_1\cos60° + u$$

根据分动量守恒，发射前炮弹和炮身的总动量为零，发射后，炮弹相对于地面的水平动量是 $m_1 u = m_1(v_1\cos60° - v_2)$，炮身相对于地面的水平动量是 $(-m_2 v_2)$，它们的合动量也是零。于是

$$m_1 u + (-m_2 v_2) = m_1(v_1\cos60° - v_2) + (-m_2 v_2) = 0$$

由此得出

$$v_2 = \frac{m_1}{2(m_1 + m_2)}v_1$$

3.1.3 动量守恒定律和牛顿三大运动定律的关系

牛顿三大运动定律是牛顿作为整个经典力学体系的公理而提出的。在牛顿看来，对于

从实际和观察中总结归纳得到的结论或定律而言,必须通过更高的原理或公理把它演绎推导出来,才能构成理论的体系。动量守恒定律不仅是通过大量实验和观察而归纳得出的结论,并且可以从作为公理的牛顿运动定律中通过演绎推理得出,这就体现了牛顿提出的"先归纳,后演绎"的一种科学推理思想。

虽然动量守恒定律是把牛顿运动定律应用于碰撞现象而导出的,同样只适用于惯性系,但是动量守恒定律有着比牛顿运动定律更大的适用范围。动量守恒定律是自然界的一条具有普遍意义的基本定律,无论什么物体,大到星系、天体,小到原子、微观粒子,也不管物体受到的什么样的相互作用,只要系统所受的合外力为零,系统的总动量就守恒。

迄今为止,人们已经知道在高速和微观领域内,牛顿定律是不适用的,但至今尚未发现物理过程有任何不符合动量守恒定理的情况。

3.2 角动量、角动量定理和角动量守恒定律

——为什么说,角动量是物体相对于定点运动的矢量量度?

3.2.1 角动量和角动量定理——力矩的时间累积效应

在很多情况下,运动物体相对于指定惯性参考系的动量并不守恒,用一条细绳系着一个质量为 m 的小球在光滑水平面上绕固定点作匀速率圆周运动就是这样的一个例子。在这样的运动过程中,小球除了受到细绳的拉力外没有受到其他外力作用,小球的速度大小不变,但方向始终在变化,因此,相对于地面惯性系,小球的动量不守恒。但是,分析小球的运动仍然可以找到其他的守恒量,为描述这类运动带来方便。

选取圆心 O 作为定点,设小球在水平面上沿逆时针方向作匀速率圆周运动。小球离开圆心 O 的位置矢量为 r,位置矢量的大小就是圆的半径 r。由于小球的速率大小 v 不变,位置矢量的大小 r 也不变,当小球在水平面上运动时,小球的速度方向又始终与位置矢量方向垂直,由此可以得到,相对于圆心这个固定点而言,与小球运动相关的一个物理量 rmv 在运动过程中也保持守恒。由这个特例可以提出这样的问题:如果小球沿顺时针方向作匀速率圆周运动,相对于圆心,这样的守恒量还存在吗?这个守恒量与作逆时针圆周运动时的守恒量有什么区别?如果小球作直线运动,相对于某一个固定点,小球的速度与位置矢量不垂直,除了可能存在动量守恒的量以外,是否还存在这样的守恒量?为了回答这些问题,以及更恰当地描述此类定点转动的状态,物理上就需要引入一个新的物理量——**角动量**。

设一个质量为 m 的质点,它的速度为 v,动量为 p,质点相对于某一个固定点的位置矢量是 r,于是将这个质点相对于这个固定点的角动量 L 定义为

$$L = r \times p = r \times mv \tag{3.10}$$

角动量 L 是两个矢量的矢积,因此,角动量 L 是一个矢量,它的大小是 $rmv\sin\theta$,θ 是位置矢量 r 和动量 p 之间小于 180° 的夹角(图 3.5)。在物体作圆周运动的情况下,角动量的方向既垂直于位置矢量 r,也垂直于速度 v,也就是垂直于物体作圆周运动所在的平面,具体指向按矢积的右手螺旋法则确定:当质点沿逆时针方向(用右手四指弯曲的方向表征)相对于 O 点作圆周运动时,角动量 L 的方向垂直于质点运动所在平面,方向向上(用大拇指指向

上的方向表征);当质点沿顺时针方向相对于 O 点作圆周运动时,角动量 L 的方向垂直于质点运动所在平面,方向向下(图 3.6)。

为了确定质点的动量,需要确定一个惯性系,测得物体的质量和物体相对于这个惯性系的速度;而为了确定质点的角动量,不仅需要确定惯性系,从而测得物体的动量,还必须指定某一个固定点,测得质点相对于这个固定点的位移。

图 3.5　质点相对于某一个定点的角动量　　图 3.6　质点作圆周运动的角动量

与质点的动量在受到外力作用下会发生变化一样,质点的角动量在受到外力矩的作用下也会发生变化。

设质点受到外力 F,选择的某一个定点为 O,力的作用点离开 O 点的位置矢量是 r,定义作用力 F 对 O 点的外力矩 M 为

$$M = r \times F \tag{3.11}$$

力矩 M 是两个矢量的矢积,因此,力矩也是矢量,它的大小是 $rF\sin\theta$,这里 θ 是位置矢量 r 与外力 F 的夹角,它的方向也是按照右手螺旋法则确定(图 3.7 和图 3.8)。

图 3.7　力矩 M 的定义　　图 3.8　确定力矩 M 方向的右手螺旋法则

动量定理表明,质点在受到外力作用时,它的动量增量等于外力的冲量。如果建立动量与角动量的对应和外力与外力矩的对应,就可以类比地从动量定理得出角动量定理。

根据牛顿第二定律,该质点的动量变化率 $\dfrac{\mathrm{d}p}{\mathrm{d}t}$ 等于外力 F,由此可以类比地建立该质点的角动量变化率 $\dfrac{\mathrm{d}L}{\mathrm{d}t}$ 与外力矩 M 的关系,即

$$M = \frac{\mathrm{d}L}{\mathrm{d}t} \tag{3.12}$$

式(3.12)表明,作用在质点上的合外力的力矩等于质点的角动量(也称动量矩)随时间的变化率,这就是质点的**角动量定理**。$\Delta L = \int M \mathrm{d}t$ 是质点绕固定点在有限时间内的角动量的增量,$\int M \mathrm{d}t$ 称作对该点在同一时间内力矩 M 所产生的冲量矩。它表明,外力矩在有限时间内

作用于质点上的冲量矩 $\int M dt$ 等于角动量的增量 ΔL,这就是角动量定理。由于角动量是矢量,因此,外力矩作用于质点而引起质点相对于固定点的角动量的增加是对质点相对于固定点的机械运动状态变化的一种矢量量度。

动量定理反映了力对时间累积效应,角动量定理反映了力矩对时间累积效应。

3.2.2 角动量守恒定律和有心力

如果作用在质点上的力相对于某一个定点的外力矩为零,这个质点对这个定点的角动量大小和方向就保持不变,这个结论就称为质点的**角动量守恒定律**。

质点受到的外力矩为零有两种情况:一是外力为零,二是在 $M = r \times F$ 的表达式中,质点相对于定点的位置矢量 r 与外力 F 平行。在第一种情况下,质点不受任何外力作用,质点的运动是完全自由的;在第二种情况下,质点受到外力,但外力的方向始终通过固定点,这一类力称为有心力。只要质点受到的是有心力,那么该质点的动量就不守恒,但是质点的角动量是守恒的。在自然界中,许多物体受到的都是有心力,例如,按照太阳系的行星模型,地球是在受到地球与太阳之间的万有引力作用下围绕太阳运动的,万有引力是有心力,地球的动量不守恒,但是地球相对于太阳的角动量是守恒的;按照简化的原子结构模型,在原子中,电子是在受到与原子核之间的有心力作用下围绕原子核运动的,因此,电子的动量不守恒,但是电子相对于原子核的角动量是守恒的。

由以上的讨论可以得出,一个小球作匀速率圆周运动时,小球的动量不守恒。但是,可以相对于圆心定义小球的角动量。在小球不受外力矩作用时,小球作逆时针圆周运动的角动量与作顺时针圆周运动的角动量都守恒,但它们大小相等、方向相反。当一个小球不受任何外力作用时,小球作匀速直线运动,如果在直线外确定一个固定点,小球的速度方向与小球相对于该固定点的位置矢量不垂直,那么,小球除了具有动量且动量守恒以外,还具有相对于该固定点的角动量,且角动量守恒。

例题 3.3 一个具有单位质量的质点受到一个变化的力场 $F(t)$ 的作用
$$F(t) = (4t^2 - 5t)i + (10t - 6)j$$
其中 t 是时间。设该质点在 $t = 0$ 时位于原点,且初速度为零。求在 $F(t)$ 的作用下,当 $t = 2s$ 时该质点对原点的力矩和角动量。

【解题思路】

这是一个求质点在随时间变化的力的作用下相对于原点的力矩和角动量的问题。根据力矩的定义 $M = r \times F$,本题给出了 $F(t)$,为了求得力矩,还需要求出位置矢量 r 的表达式。在求得 r 的表达式后还需要求得速度 v 的表达式,才能根据角动量的定义 $L = r \times mv$ 求出角动量。但是,在本题中 r 的表达式和速度 v 的表达式都是未知待求的。

由于位置矢量 r 的表达式、速度 v 的表达式和加速度 a 的表达式是互相联系的,如果能先求得 r 的表达式,通过微分运算可以得到速度 v 和加速度 a 的表达式;反之,如果能先求得 a 的表达式,就可以通过积分得到 v 和 r 的表达式。

本题已知的是 $F(t)$ 的表达式,因为质点具有单位质量,因此,根据牛顿第二定律可知,$F(t)$ 在数值上就是加速度 $a(t)$,由此得到解题思路:先从 $a(t)$ 通过积分得到 $v(t)$,再从

$v(t)$ 得到 $r(t)$，最后得到力矩和角动量的表达式。

【解题过程】

先求 $v(t)$：由于 $F(t)$ 的表达式就是加速度 $a(t)$ 的表达式，因此，

$$v(t) = \int_0^t a \, dt = \int_0^t [(4t^2 - 5t)\boldsymbol{i} + (10t - 6)\boldsymbol{j}] dt$$

$$= \left(\frac{4}{3}t^3 - \frac{5}{2}t^2\right)\boldsymbol{i} + (5t^2 - 6t)\boldsymbol{j}$$

再求 $r(t)$：

$$r(t) = \int_0^t v \, dt = \int_0^t \left[\left(\frac{4}{3}t^3 - \frac{5}{2}t^2\right)\boldsymbol{i} + (5t^2 - 6t)\boldsymbol{j}\right] dt$$

$$= \left(\frac{1}{3}t^4 - \frac{5}{6}t^3\right)\boldsymbol{i} + \left(\frac{5}{3}t^3 - 3t^2\right)\boldsymbol{j}$$

当 $t = 2$s 时，有

$$\boldsymbol{F} = 6\boldsymbol{i} + 14\boldsymbol{j}$$

$$\boldsymbol{v} = \frac{2}{3}\boldsymbol{i} + 8\boldsymbol{j}$$

$$\boldsymbol{r} = -\frac{4}{3}\boldsymbol{i} + \frac{4}{3}\boldsymbol{j}$$

于是，相对于原点的力矩

$$\boldsymbol{M} = \boldsymbol{r} \times \boldsymbol{F} = \left(-\frac{4}{3}\boldsymbol{i} + \frac{4}{3}\boldsymbol{j}\right) \times (6\boldsymbol{i} + 14\boldsymbol{j}) = -\frac{80}{3}\boldsymbol{k} \ (\text{N} \cdot \text{m})$$

相对于原点的角动量

$$\boldsymbol{L} = \boldsymbol{r} \times \boldsymbol{v} = \left(-\frac{4}{3}\boldsymbol{i} + \frac{4}{3}\boldsymbol{j}\right) \times \left(\frac{2}{3}\boldsymbol{i} + 8\boldsymbol{j}\right) = -\frac{104}{9}\boldsymbol{k} \ (\text{kg} \cdot \text{m}^2/\text{s})$$

图 3.9 圆锥摆模型

例题 3.4 质量为 m 的小球用长度为 l 的细线悬挂于天花板的 O 点上，当小球被推动后在水平面内做匀速圆周运动。圆心是 O' 点，小球的角速度是 ω，细绳与竖直方向的夹角是 α（图 3.9）。求分别相对于 O 点和 O' 点，小球受到的合力矩和小球的角动量。

【解题思路】

小球作圆周运动的半径 $r = l\sin\alpha$。首先分析小球运动过程中的受力情况。在运动过程中受到绳子张力 F 和重力 mg 作用，这两个力的合力设为 $F_合$，这个合力在水平面内且始终沿半径指向圆心 O'，为小球作圆周运动提供了向心力，其大小为 $F_合 = m\omega r = m\omega l\sin\alpha$。小球作匀速圆周运动的线速度为 $v = \omega r = \omega l\sin\alpha$。

以 O' 点作为参考点时，由于 $F_合$ 的方向始终沿半径指向圆心，与径矢 r 反平行，因此所受力矩为

$$\boldsymbol{M} = \boldsymbol{r} \times \boldsymbol{F}_合 = 0$$

r 和 v 始终垂直，对 O' 的角动量 $\boldsymbol{L} = \boldsymbol{r} \times m\boldsymbol{v}$ 的大小为 $L = mvr = m\omega l^2\sin^2\alpha$，角动量 $\boldsymbol{L}$ 的方向可以用左手定则判断：右手四指由 r 的方向沿小于 π 的角度转向 v 的方向，大拇指的方向即 $\boldsymbol{L}$ 的方向。为了标明该角动量是相对于哪个参考点的，我们通常将其画在参考点上，如

图 3.10 所示。

以 O 点作为参考点时,力矩 $M=r\times F_合$ 的大小为 $M=lF_合\sin\left(\dfrac{\pi}{2}+\alpha\right)=-m\omega l^2\sin\alpha\cos\alpha$。角动量 L 大小为 $L=lmv\sin0=m\omega l^2\sin\alpha$($r$ 的方向与 v 的方向空间垂直),M 和 L 的方向均由右手螺旋定则判定。式中的负号表示与大拇指的方向相反,如图 3.11 所示。

图 3.10

图 3.11

可见,相对于不同的参考点,力矩和角动量不同。对于 O' 点,物体受到的合外力矩为零,角动量守恒,是个常矢量。对于 O 点,物体受到的合外力矩不为零,角动量的大小不变,但其方向在不断变化,始终垂直于小球所处位置的圆锥棱边,角动量不守恒。

3.3 动量和角动量的几点比较

——动量与动量定理和角动量与角动量定理有哪些相似点和区别?

把质点的动量和角动量作类比可以看出,动量与动量定理和角动量与角动量定理之间存在如下的相似点。

质点动量 $p=mv$ 和角动量 $L=r\times mv$ 分别是描述质点运动状态和转动状态的物理量,而且都是矢量。速度 v 和位矢 r 都与参考系的选择有关。

动量定理表明了力对时间累积效应(外力产生的冲量等于动量的增量),动量矩定理表明了力矩对时间累积效应(外力矩产生的冲量矩等于动量矩的增量)。因此,它们建立的都是某种作用的时间累积效应与所引起的质点初始状态与终结状态的物理量增量之间的关系。

然而,动量与动量定理和角动量与角动量定理毕竟是描述两类不同运动性质的物理量,因此,它们之间还存在以下区别点。

动量和角动量分别是从两个不同的角度描述质点运动状态的两种矢量量度方式。它们的变化分别表示了力和力矩对质点运动所产生的时间累积效应。质点的动量总是相对于一定的惯性参考系而言的,而质点的角动量不仅相对于一定的惯性参考系,而且还相对于某一个固定点而言(只有在确定了固定点以后才有确定的位置矢量)。

动量定理表示质点的动量改变与外力的关系,体现了质点所受的外力的时间累积效应,在一段时间内动量的增量称为外力的冲量;角动量定理表示质点角动量的改变与外力矩的关系,体现了质点所受的外力矩的时间累积效应,在一段时间内角动量的增量称为外力的冲量矩。

从因果关系看,与牛顿运动定律揭示的力的瞬时效应相比,动量定律体现了力与动量变化的因果关系;而角动量定理体现了力矩与角动量变化的因果关系。

从守恒条件看,无论什么物体,大到星系、天体,小到原子、微观粒子,无论质点受到什么样的相互作用,只要质点所受合外力为零,质点的动量就将保持守恒。只要质点受到的对某一固定点的合外力矩为零,质点对该固定点的角动量就将保持守恒。

对多个质点组成的质点系而言,两个质点之间的内力总是成对出现,大小相等方向相反,作用在同一直线上,因此,内力的矢量和及内力对某一固定点的力矩的矢量和始终为零,因此,内力不改变系统的总动量,内力矩也不改变系统的角动量。

在守恒关系上,动量守恒对于作匀速直线运动的质点是成立的,对在有心力场中作匀速圆周运动的质点不成立。而角动量守恒不仅对以固定点为圆心作匀速圆周的质点成立,对作匀速直线运动的质点相对于直线外任意点也成立。

思 考 题

3.1 在两个不同的惯性系 S 和 S' 中,观测同一个质点的动量得到的结论相同吗?当质点的动量发生变化时,动量定理的形式相同吗?

3.2 两个质量分别为 m_A 和 $m_B(m_A > m_B)$ 的小球 A 和 B 沿同一条直线运动,速度分别为 v_A 和 $v_B(v_A > v_B)$。当它们受到相同的冲量作用时,以下说法正确的是(   )。

(A) A 的动量增量绝对值大于 B 的动量增量的绝对值

(B) B 的动量增量绝对值大于 A 的动量增量的绝对值

(C) A 的动量增量绝对值等于 B 的动量增量的绝对值

(D) A 的速度增量绝对值等于 B 的速度增量的绝对值

3.3 一辆质量为 2t 的卡车以 100km/h 的速度向北匀速直线行驶,另一辆质量为 4t 的卡车以 50km/h 的速度向北匀速直线行驶。

(1) 下列说法正确的是(   )。

① 第一辆卡车具有比第二辆卡车更多的动量;

② 第一辆卡车具有比第二辆卡车更大的冲量。

(2) 如果在十字交叉路口,两辆卡车都由向北匀速行驶改变为向西匀速行驶,但各自保持速度大小不变。那么,两辆卡车的动量相等吗?在转弯的短暂时间内,两辆卡车的冲量相等吗?

3.4 在光滑的水平面上,一辆作匀速直线运动的炮车在前进中以某一个角度向上方发射炮弹。在发射过程中,如果不计任何摩擦力和阻力,对于炮车和炮弹构成的系统,它的总动量守恒吗?它的总动量在水平方向和竖直方向上的分动量分别守恒吗?为什么?

3.5 下列说法正确吗?为什么?

① 多个物体组成的系统的总动量为零,总角动量一定为零;

② 一物体作匀速直线运动,物体的角动量一定为零;

③ 一物体作匀速直线运动,物体的角动量一定不变;

④ 一物体作匀速圆周运动,物体的动量方向不断改变,其物体的角动量方向也随之不断改变。

3.6 质点的角动量总是相对于某个定点而言的,当质点作匀速圆周运动时相对于圆心有角动量,而且角动量守恒。问:这个质点相对于其他固定点(如圆周外面某一点)有没有角动量?这样的角动量守恒吗?为什么?

3.7 当质点相对于地面作匀速直线运动时,它具有确定的动量,而且动量守恒。问:

这个质点相对于直线外面某一点可以定义角动量吗？在什么情况这个质点的角动量不为零？在什么情况下角动量为零？如果质点的角动量不为零，它的角动量守恒吗？为什么？

3.8 如果质点系对某一固定点的力矩矢量和为零，质点系所受合外力一定为零吗？质点系角动量守恒时，动量一定守恒吗？试举例说明。

3.9 如果质点系所受合外力为零时，合外力矩不一定为零吗？质点系动量守恒时，角动量一定守恒吗？试举例说明。

习 题

3.1 一个小球质量 $m=50\text{g}$，以速率的 $v=20\text{m/s}$ 作匀速圆周运动，试求在 1/4 周期内向心力给予小球的冲量。

3.2 一质量为 m 的人站在质量为 M 的平板小车上，一开始人和小车一起沿光滑的水平轨道以速度 $\boldsymbol{v}$ 运动，然后人在小车上以相对于小车的速度 $\boldsymbol{u}$ 走动，于是小车速度变为 $\boldsymbol{v}'$。根据对水平方向动量的分析，下列哪一个表达式正确地表达了动量守恒定律？

(1) $M\boldsymbol{v}=m\boldsymbol{u}$；

(2) $M\boldsymbol{v}=M\boldsymbol{v}'+m\boldsymbol{u}$；

(3) $(M+m)\boldsymbol{v}=M\boldsymbol{v}'+m(\boldsymbol{u}+\boldsymbol{v})$；

(4) $M(\boldsymbol{v}'-\boldsymbol{v})=m\boldsymbol{u}$。

如果上述表达式有错，试分析错在哪里。

3.3 一运动质点的质量为 $m=1\text{kg}$，它的位置矢量可以表示为

$$\boldsymbol{r}=-\frac{6}{\pi}\left[\sin\left(\frac{\pi}{2}t\right)\boldsymbol{i}+\cos\left(\frac{\pi}{2}t\right)\boldsymbol{j}\right]$$

求：(1) 在 $t=4\text{s}$ 时，该质点的动量；

(2) 在 $t=0\sim t=4\text{s}$ 这段时间间隔内，该质点受到的外力的冲量；

(3) 根据(2)得出的结果，是否可以就此得出在前 4s 时间内该质点的动量守恒的结论？

3.4 在一辆停止在光滑道路上的平板车上站着两个人，平板车的质量为 M，两个人的质量均为 m。当这两个人同时以相对于车的水平分速度 u 跳下时，平板车将获得多大的速度？如果两个人依次相对于平板车以水平分速度 u 分别跳下平板车，平板车将获得多大的速度？

3.5 一个质量为 M 的人，手中拿着一个质量为 m 的小球，从与地面成 α 角的速度 v_0 向前跳去。在他达到最高点时，把手中的小球以相对速度 u 向后平抛出去。试问：由于抛出小球，该人向前跳的距离增加了多少？不计空气阻力。

3.6 一高空走钢丝演员的质量为 50kg，为安全起见演员腰上系一根 5m 长的弹性安全带，弹性缓冲时间为 1s，当演员不慎跌下时，在缓冲时间内安全带给演员的平均作用力有多大？

3.7 一个具有单位质量的质点在一个随时间变化的力场 $\boldsymbol{F}=(3t^2-4t)\boldsymbol{i}+(12t-6)\boldsymbol{j}$ 中运动。在 $t=0$ 时，质点位于原点，初始速度为零。求 $t=2\text{s}$ 时该质点受到的对原点的力矩和角动量。

3.8 一颗人造地球卫星的近地点离开地面的距离是 439km，远地点离开地面的距离是 2384km。假设地球是球形的，其平均半径是 6370km。求该卫星在近地点和远地点的速度之比。

第 4 章

功和机械能

本章引入和导读

　　自牛顿提出三大运动定律和万有引力定律并建立了"天上的运动和地上的运动"相统一的物理图像以后很长一段时间,人们相信,原则上只要依据这些定律,关于物体作机械运动的任何问题都是可以解决的。

　　但是,由于牛顿理论体系本身只适用于宏观运动领域,理论上存在着不完善性,解决不了物体高速运动和微观粒子运动的问题;即使对于宏观运动,当时也已经出现了一些牛顿三大运动定律难以解决的复杂问题(如碰撞问题),于是,人们开始不断地寻找着解决力学问题的新的理论途径,其中一条途径就是引入运动量(这就是后来定义的"动量"),并得到动量守恒原理,以及引入活力(这就是后来定义的"动能"),并得到机械能守恒原理。

　　第 3 章已经讨论了动量、角动量及其相应的守恒定律,其中动量守恒定律体现的是外力作用的时间累积效应,角动量守恒定律体现的是外力矩作用的时间累积效应,这两种效应都是外力作用的时间累积效应。但是,任何一个物体的运动都离不开"时空",物体运动变化经历的时间往往与物体运动空间位置的改变是相伴而行的。在一个力对物体持续作用一段时间的同时,常常伴随着物体空间位置的变化,也就是说,力对物体的作用同时存在着时间和空间的两种累积效应。

　　为了研究问题方便,对力和力矩的累积效应的讨论暂时作了"分离"。第 3 章只研究了时间累积效应,不涉及空间位置的改变。力的时间累积效应引起物体运动状态的变化,对这样的变化是用动量这个物理量的增量来量度的。本章将只讨论外力的空间累积效应而不涉及时间的演化。外力的空间累积效应引起物体运动状态的变化,这样的变化是通过外力对物体做功的形式实现的,是用动能这个物理量的增量来量度的。在外力的作用很复杂时,可以不必知道外力的作用细节而直接由外力作用的空间累积效应求出物体动能的变化,这就是动能定理。

　　在中学物理课程中,功定义为物体受到的一个恒力与物体在这个力的作用方向上(或作用力的分量方向上)所移动的距离的乘积。如果力的大小和方向是变化的,物体运动的位移方向也在不断改变,怎样计算外力做功的大小?对此,大学物理将首先给出"元功"的定义,然后给出功的一般计算方法,而恒力做功仅是其中的一个特例而已。

　　在中学物理课程中这样描述动能定理:恒力对物体做的功等于物体动能的增加量。在没有外力作用的保守系统中,保守力对物体做的功等于物体势能的减少量。那么,如果讨论多个物体组成的系统,既有外力对系统做功,在物体之间又有保守力做功和非保守力做功,外力做的功仍然等于系统动能的增量吗?对此,大学物理将给出普遍的动能定理,而中学物理中提到的恒力对一个物体做功的动能定理仅是其中的一个特例而已。

在力学中,由动能定理和势能的定义可以得到动能定理和机械能守恒定律。机械能守恒定律是在机械运动范围内适用的基本定律。在涉及自然界各种运动能量(包括机械能、内能、电磁能等在内)的守恒和互相转换时,能量守恒定律将是更加普遍的一条基本定律,机械能守恒定律只是普遍的能量守恒定律的一个特例而已。

功和能的概念在物理学发展进程中具有重要的地位和作用,利用有关的定义和定理提出问题和讨论问题形成的物理思想方法始终贯穿在大学物理课程的各个分支领域中。因此,学习本章既是对中学物理中功和机械能概念的提升和深化,也为以后在其他领域中讨论功和能的概念奠定了基础。

4.1 外力的功、动能定理和机械能守恒定律

——为什么说,动能是物体机械运动的标量量度?

4.1.1 动能定义的提出

在物理学史上,早在17世纪和18世纪,围绕"运动的量度"的问题曾经在笛卡儿学派和莱布尼茨学派之间发生过一场争论。在这场争论中,两个学派分别提出了"动量"和"动能"的概念。笛卡儿认为,"运动的量是运动的度量,可由速度和物质的量共同求出",功效与速度成正比,由此可以导出物体的运动量(最初称为"死力",即动量)mv,而且使力的观念成为原始的概念,并导致了 $ft=mv$ 成为基本方程。而莱布尼茨认为,功效随速度平方而变化,由此可以导出物体的运动量(最初称为"活力",即动能)mv^2,而后由科里奥利提出以 $\frac{1}{2}mv^2$ 代替 mv^2,并导出了基本方程 $fs=\frac{1}{2}mv^2$。

1743年,法国科学家达朗贝尔提出,对运动用"动量"或"动能"进行量度都是有效的,问题是用在什么地方。在物体平衡时,"运动物体的力"用 mv 量度,而在物体的运动受到障碍而停止时,必须用物体克服障碍能力来表示,这就需要用 mv^2 来量度。[①]

恩格斯在1880年或1881年指出,在不发生机械运动和其他形式的运动的转换的情况下,运动的传递和变化的情况可以用动量去量度,但在发生了机械运动和其他形式的运动的转换的情况下,应以动能(或活力)去量度。他说:"mv 是在机械运动中量度的机械运动;mv^2 是在机械运动转换为一定量的其他运动形式的运动的能力方面来量度的机械运动。"[②]

---

① 郭奕玲,沈慧君.物理学史[M].2版.北京:清华大学出版社,2005,33.
② 恩格斯.自然辩证法[M].于光远,译.北京:人民出版社,1984,184.

从以上的表述可见,在 17 世纪中期人们对动量 mv 做出定义的同时,对另一个关于运动的量 mv^2 也做出了定义。如同动量的定义不是从动量定理中得到的,动能的定义也不是从动能定理中得出的。动量和动能的区别在于从运动形式之间有没有发生转换的物理意义上,它们分别对物体的运动做出了矢量量度和标量的量度。

4.1.2 功的一般定义和动能定理

如果力的大小和方向是变化的,物体的位移与力的作用方向的夹角也在不断改变,在这样的位移过程中,力对物体做的功的大小是多少?

先讨论一个物体的情况。如果一个物体在力 $\boldsymbol{F}$ 的作用下,沿某一个确定路径 L 从 a 点运动到 b 点。

首先可以把路径 L 分割成许多的无穷小位移 $d\boldsymbol{r}$(元位移),于是在每一个无穷小位移上作用力 $\boldsymbol{F}$ 对这个物体所做的功为

$$dA = \boldsymbol{F} \cdot d\boldsymbol{r} = |\boldsymbol{F}||d\boldsymbol{r}|\cos\alpha = F_t ds \tag{4.1}$$

这里 dA 称为作用力 $\boldsymbol{F}$ 对这个物体所做的元功,α 是 $\boldsymbol{F}$ 和 $d\boldsymbol{r}$ 的夹角,F_t 是力 $\boldsymbol{F}$ 的切向分量(图 4.1),ds 是与位移 $d\boldsymbol{r}$ 对应的路程。

然后,沿确定路径 L 把所有元功相加,在数学上就是完成力对空间路径的线积分,于是,力 $\boldsymbol{F}$ 沿路径 L 对物体做的功就是

$$A = {}_{(L)}\!\!\int_a^b \boldsymbol{F} \cdot d\boldsymbol{r} = {}_{(L)}\!\!\int_a^b |\boldsymbol{F}||d\boldsymbol{r}|\cos\alpha = {}_{(L)}\!\!\int_a^b F_t ds \tag{4.2}$$

这里 L 就是确定的路径,a,b 分别为路径的起点和终点(图 4.2)。

图 4.1　力沿无穷小位移做的元功

图 4.2　力在确定路径 L 上从 $a \rightarrow b$ 对质点做的功

这样定义的功在数学上是把曲线先分割(微分)成无限多的小段,计算小段上的元功,然后把无限多小段的元功再相加(积分),而在物理上则体现了力作用的空间累积效应。

按照牛顿第二定律,当一个质量为 m 的质点在外力 $\boldsymbol{F}$ 作用下沿任意曲线从 a 运动到 b 时,则在曲线的切向方向上,外力 $\boldsymbol{F}$ 沿曲线的切向分量 F_t 等于质点动量的切向分量的变化率,当质点的质量 m 不变时,外力的切向分量 F_t 与质点切向加速度 $\dfrac{dv}{dt}$ 之间的关系是

$$F_t = m\frac{dv}{dt}$$

又 $v = \dfrac{ds}{dt}$,$ds = v\,dt$,于是

$$A = {}_{(L)}\!\!\int_a^b F_t ds = {}_{(L)}\!\!\int_a^b m\frac{dv}{dt}ds = {}_{(L)}\!\!\int_a^b mv\,dv = \frac{1}{2}mv_b^2 - \frac{1}{2}mv_a^2$$

根据质点动能 E_k 的定义式

$$E_k = \frac{1}{2}mv^2$$

于是

$$A = E_{kb} - E_{ka} = \frac{1}{2}mv_b^2 - \frac{1}{2}mv_a^2 \tag{4.3}$$

式(4.3)表明,外力对一个质点做的功等于该质点动能的增加,这个结论称为质点的动能定理。外力对质点做正功,质点的动能增加;反之,外力对质点做负功,即质点对外做正功,质点的动能减小。在国际单位制中,功和动能的常用单位是焦[耳],符号为J,1J(焦耳)=1N·m(牛顿米)。能量的其他非国际单位的,还有电子伏特,符号为eV。

$$1\text{eV} = 1.6 \times 10^{-19} \text{J}$$

在质点的动能定理中,功是一个描述运动过程的物理量(过程量),功的大小与质点运动的具体路程有关,而动能是一个描述运动状态的物理量(状态量),在质量不变的情况下,它的大小与质点的速度有关。外力做功的过程是质点动能增加的过程,质点增加的动能是从其他运动形式的能量转换而来的;反之,运动的质点对外做功的过程是质点动能减少的过程,质点减少的动能一定会转换为其他形式的能量。动能定理实际上揭示了做功的过程就是能量从一种运动形式向另一种运动形式发生传递或转换的过程。外力对质点做功而引起质点动能增加是对质点机械运动状态变化的一种标量的量度。

把以上对一个质点的讨论扩展到由 n 个质点构成的质点系。质点系中每一个质点受到的作用力分为两种:一种是来自质点系里其他质点对它的作用力,称为内力。内力总是成对出现的,大小相等,方向相反,但作用在不同质点上,质点系中所有内力的矢量和等于零。另一种是来自质点系以外的其他作用力,称为外力。于是,可以把以上对一个质点的动能定理推广到对质点系的动能定理。

所有外力做的功和所有内力做的功的代数和等于质点系动能的增量:

$$\sum A_{外} + \sum A_{内} = \sum E_{kb} - \sum E_{ka} = \sum_i \frac{1}{2}m_i v_{ib}^2 - \sum_i \frac{1}{2}m_i v_{ia}^2 \tag{4.4}$$

这里, $\sum E_{kb}$ 是质点系的终态动能, $\frac{1}{2}m_i v_{ib}^2$ 是第 i 个质点的终态动能, $\sum E_{ka}$ 是质点系的初始动能, $\frac{1}{2}m_i v_{ia}^2$ 是第 i 个质点的初始动能。

【物理史料】 从"活力"到"动能"

4.1.3 保守力的功和质点的势能

如果内力是万有引力、重力、弹力等,则它们属于保守内力;如果内力是各种摩擦力,则它们属于非保守内力。保守内力做功与非保守内力做功的一个区别是:凡保守内力做功的大小只与初始位置和终态位置有关而与做功的路径无关,这是保守内力做功的一个特点。

(1) 万有引力做功和引力势能。按照万有引力定律,处于一定距离的两个物体之间存在万有引力。设一质量为 m 的质点受到质量为 M 的质点的引力作用,并从空间位置 r_a 沿任意路径运动到位置 r_b ,设 $M \gg m$,则质点 m 对质点 M 的引力作用对 M 的运动状态影响很小,可以近似认为 M 始终保持静止不动(图4.3)。

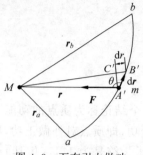

图 4.3 万有引力做功

以 M 为坐标原点,设在任一时刻质点 m 离开质点 M 的位移是 r,方向从 M 指向 m,于是质点 m 受到的来自质点 M 的万有引力是

$$F = -G\frac{Mm}{r^3}r \tag{4.5}$$

当质点 m 在运动的路径上从 r 开始产生位移 dr 时,引力 F 对质点 m 做的元功是

$$dA = -G\frac{Mm}{r^3}r \cdot dr \tag{4.6}$$

由于 $r \cdot r = r^2$, $d(r \cdot r) = dr^2 = 2rdr$,因此有 $r \cdot dr = rdr$,从而得到

$$dA = -G\frac{Mm}{r^2}dr \tag{4.7}$$

设质点 m 从空间初始位置 r_a 沿任意路径运动到终态位置 r_b,万有引力 F 对质点 m 做的功是

$$A = \int dA = \int_{r_a}^{r_b} -G\frac{Mm}{r^2}dr = GMm\left(\frac{1}{r_b} - \frac{1}{r_a}\right) = \left(-\frac{GMm}{r_a}\right) - \left(-\frac{GMm}{r_b}\right) \tag{4.8}$$

从式(4.8)可以看出,万有引力做的功只与质点的初始位置 r_a 和终态位置 r_b 有关,在两个质点质量确定的情况下,这个功可以表示为某个与位置有关的函数 E_p 之间的差值而与实际经过的路径无关。该函数 E_p 称为引力势能函数。

式(4.8)表明,万有引力 F 对物体 m 所做的功等于该质点引力势能函数的减少。

$$A = E_{pa} - E_{pb} = \left(-\frac{GMm}{r_a}\right) - \left(-\frac{GMm}{r_b}\right) \tag{4.9}$$

注意到,式(4.9)仅表明了质点 m 分别处于两个位置时,由质点 M 和质点 m 这两个质点组成的系统的引力势能函数 E_p 的差,在差值表达式中,每一项引力势能函数本身只具有相对的数值。

为了确定质点 m 处于某位置的引力势能函数的确定数值,必须选择引力势能函数的零点。通常取质点 m 处于无穷远处为引力势能函数的零点,也就是当 $r_b \to \infty$ 时,$E_{pb} = 0$,于是,当两个质点 M 和 m 的距离为 r 时,质点 m 的引力势能就定义为

$$E_p = -\frac{GMm}{r} \tag{4.10}$$

对两个质点构成的质点系而言,万有引力存在于两个质点之间,是保守内力,因此,引力势能是属于质点 M 和 m 这两个质点组成的系统的。通常所说的"质点 m 的引力势能"应该完整地称为"质点 M 和质点 m 所构成质点系的引力势能"。

(2) 重力做功和重力势能。在地球表面附近的重力是物体在地球表面受到的地球引力的一个特例,重力势能也就是在地球表面的物体和地球组成的系统的引力势能。

设 M 和 R 分别是地球的质量和半径,物体的质量是 m,物体放在离开地面的高度为 h 的桌子上。于是物体从桌面落到地面的过程中重力做的正功等于物体处于该高度的引力势能物体与处于地面上的引力势能的差值,也就是引力势能的减少为

$$A = E_{pa} - E_{pb} = \left(-\frac{GMm}{R+h}\right) - \left(-\frac{GMm}{R}\right) \tag{4.11}$$

根据引力势能的定义,引力势能 E_{pa} 和 E_{pb} 的表达式(4.11)都是以无穷远为势能零点的。实际上,不管选取何处为势能零点,它们的这个差值都是确定的。

与为了确定引力势能的具体大小需要选择无穷远为势能零点类似,确定在地球表面的物体和地球组成的系统的引力势能,即重力势能的大小也必须选择零点或零势能面,在具体问题中,一般可以确定任意一个零势能点或零势能面的高度来计算物体的重力势能。

当物体放在离地面的高度为 h 的桌面上时,一个常见的选择就是选择地面为零势能点(图 4.4),即在式(4.9)中,设 $r_b = R$ 时,$E_{pb} = 0$,于是

$$A = E_p = \left(-\frac{GMm}{R+h}\right) - \left(-\frac{GMm}{R}\right) = GMm \frac{h}{R(R+h)}$$

由于 $h \ll R$,$R(R+h) \approx R^2$,而物体处于地球表面受到的重力 $mg = \frac{GMm}{R^2}$,因此有

$$A = E_p = mgh \tag{4.12}$$

$E_p = mgh$ 就定义为物体处于离开地面高度为 h 时的重力势能,重力是地球和物体整个系统的内力,物体的重力势能应该完整地称为"地球和物体组成系统的重力势能"。当物体从桌面落到地面,如图 4.4 所示,重力做正功的大小就等于物体重力势能的减少

$$A = E_{p桌} - E_{p地} = mgh - 0 = mgh$$

如果物体仍然放在离地面的高度为 h 的桌面上,但选取桌面为零势能面,则在低于桌面的位置上物体的重力势能就是负值。当物体从桌面落到地面上时,重力做正功,其大小就等于物体的重力势能的减少,即重力做的功依然是

$$A = E_{p桌} - E_{p地} = 0 - (-mgh) = mgh$$

(3)弹力做功和弹性势能。把水平放置的弹簧一端固定在桌面上,在另一端系上一个质量为 m 的小球。先用手把小球从平衡位置处沿水平方向拉开一段位移,然后放手,小球在弹力作用下发生往返运动,在这个运动过程中弹力做了功(图 4.5)。弹力是弹簧与小球之间的相互作用力。

图 4.4 重力做的功

图 4.5 弹性力做的功

设弹簧的劲度系数为 k,以小球在平衡位置 O 为坐标原点,初始时弹簧处于自然长度,没有受到弹力的作用;当小球偏离平衡位置的位移是 x 时,小球所受到的弹力的大小为 $f = -kx$(负号表示弹性力方向与小球离开平衡位置的位移方向相反)。这就是胡克定律。

当小球从初始位置 a(离开平衡位置的位移为 x_a)运动到终态位置 b(离开平衡位置的位移为 x_b)的过程中,弹力做的功是

$$A = \int_{x_a}^{x_b} f \, dx = \int_{x_a}^{x_b} (-kx) \, dx = \frac{1}{2} k x_a^2 - \frac{1}{2} k x_b^2 \tag{4.13}$$

式(4.13)表明,与引力和重力做的功类似,弹力做的功只与小球的初始位置 a 和与终态位置 b 势能函数的差值有关,而与实际经过的路径无关。弹力也是系统的保守内力,该势能函数称为弹性势能函数。

由于 x_a 和 x_b 分别是小球偏离平衡位置的位移,选择小球处于平衡位置时为小球的零势能点,定义 $E = \frac{1}{2} k x^2$ 为小球在偏离平衡位置为 x 处的弹性势能,于是式(4.13)中 $E_{pa} = \frac{1}{2} k x_a^2$ 和 $E_{pb} = \frac{1}{2} k x_b^2$ 就分别是小球在位置 a 和位置 b 的弹性势能。弹性势能是属于小球和弹簧组成的系统的,通常也把系统弹性势能称为小球的弹性势能。弹力做的功等于小球弹性势能的减少。

把以上对于一个小球的讨论归纳并推广到多个小球构成的系统,可以得出,保守力内力做功的大小不仅只与初始位置和终态位置有关而与做功的路径无关,而且系统所有保守内力做的功等于系统的相应势能的减少。

$$A_{\text{内保}} = -\left(\sum E_{pb} - \sum E_{pa}\right) \tag{4.14}$$

图 4.6 雪橇受力示意图

例题 4.1 一匹马拉着雪橇沿着冰雪覆盖的凹陷的弧形路面极缓慢地匀速移动,这圆弧路面的半径为 R。设这匹马对雪橇的拉力始终与路面平行。雪橇的质量为 M,它与路面的滑动摩擦因数为 μ_k。问:当马由弧形的底端向上拉动雪橇达 45°圆弧时(图 4.6),马的拉力对雪橇做了多少功?重力和摩擦力各做了多少功?

【解题思路】

本题中,雪橇受到马的拉力 F、重力 mg、摩擦力 f 和路面对雪橇的支持力 N 等 4 个力,其中马的拉力 F、重力 mg、摩擦力 f 都对雪橇做了功,地面支持力 N 对雪橇做功为零。4 个力中只有重力是保守力,其他力都是非保守力,除了重力是恒力外,马的拉力、摩擦力和支持力都不是恒力,因此,本题显然不能直接套用功的计算公式来求得各个力做的功,而是必须从求元功入手。

【解题过程】

雪橇受到马的拉力 F、重力 mg、摩擦力 f 和路面对雪橇的支持力 N 等 4 个力,先从计算每一个力做的元功入手。

取弧长增加的方向为正方向,元位移 $d\bm{s}$ 的大小为

$$ds = R \, d\theta$$

重力 $\bm{G}$ 的大小为 $G = mg$,方向竖直向下,与元位移的夹角为 $\theta + \frac{\pi}{2}$,重力 mg 做的元功为

$$dA_1 = \bm{G} \cdot d\bm{s} = G \cos\left(\theta + \frac{\pi}{2}\right) ds = -mgR \sin\theta \, d\theta$$

于是当马由弧形的底端向上拉动雪橇达 45°圆弧时,重力 mg 所做的功为

$$A_1 = \int_{0°}^{45°} (-mgR \sin\theta) \, d\theta = mgR \cos\theta \Big|_{0°}^{45°} = -\left(1 - \frac{\sqrt{2}}{2}\right) mgR$$

摩擦力 f 的大小为：$f=\mu_k N=\mu_k mg\cos\theta$，方向始终与元位移 $d\boldsymbol{s}$ 的方向相反，摩擦力所做的元功为

$$dA_2 = \boldsymbol{f}\cdot d\boldsymbol{s} = f\cos\pi ds = -\mu_k mg\cos\theta R\,d\theta$$

于是摩擦力 f 所做的功为

$$A_2 = \int_{0°}^{45°}(-\mu_k mg\cos\theta R)d\theta = \mu_k mgR\sin\theta\Big|_{0°}^{45°} = -\frac{\sqrt{2}}{2}\mu_k mgR$$

由于雪橇受到的地面支持力 N 方向始终与元位移 $d\boldsymbol{s}$ 垂直，于是 $dA_3=\boldsymbol{N}\cdot d\boldsymbol{s}=0$，于是地面支持力所做的功

$$A_3 = 0$$

当雪橇缓慢地匀速移动时，雪橇受的重力 $\boldsymbol{G}$、摩擦力 $\boldsymbol{f}$、马的拉力 $\boldsymbol{F}$ 和路面对雪橇的支持力 $\boldsymbol{N}$ 的合力为零，即

$$\boldsymbol{F}+\boldsymbol{G}+\boldsymbol{f}+\boldsymbol{N}=0 \quad \text{或者} \quad \boldsymbol{F}=-(\boldsymbol{G}+\boldsymbol{f}+\boldsymbol{N})$$

拉力 $\boldsymbol{F}$ 的元功为：$dA=-\boldsymbol{F}\cdot d\boldsymbol{s}=-(\boldsymbol{G}+\boldsymbol{f}+\boldsymbol{N})\cdot d\boldsymbol{s}=-(dA_1+dA_2+dA_3)$

于是拉力所做的功为

$$A=-(A_1+A_2+A_3)=(1-\frac{\sqrt{2}}{2}+\frac{\sqrt{2}}{2}\mu_k)mgR$$

由以上结果可见，重力和摩擦力都做负功，拉力做正功，支持力不做功。

例题 4.2 在与水平面成 $30°$ 角的光滑斜面上，放置一个劲度系数为 k 的轻弹簧，弹簧的一端固定在斜面最上端，另一端沿斜面系着一个质量为 m 的物体(图 4.7(a))。设一开始物体静止，然后使物体获得沿斜面向下的速度 v_0，于是，物体随之下滑，并带动弹簧伸长。试求物体在弹簧伸长到离初始位置为 x 处的动能。

图 4.7 物体下滑示意图

【解题思路】

本题讨论的是物体在弹力和重力做功的条件下沿斜面运动的过程，最后要求得到物体在弹簧伸长到离初始位置为 x 处终态位置的动能。

本题的研究对象是物体，物体受到的弹力和重力都是外力，这些力对物体做功，使物体的动能发生改变；因此，利用动能定理，只要写出做功的表达式和初动能的表达式，就可以得到终态位置的动能。

由于本题涉及弹簧的伸长，因此，必须确定弹性势能的零点；又由于题中物体沿斜面作下滑运动，会涉及物体的重力势能变化，于是还必须确定物体重力势能的零点。

【解题过程】

用动能定理求解。设弹簧的原长为 L，把弹簧放置在斜面上时，弹簧的最上端为 O 点，

以此作为坐标原点,则弹簧下端所处的 P 点就是弹性势能的零点,$OP=L$。

设弹簧挂上物体以后,伸长量为 x_0,物体处于 P' 点,则 P' 点就是物体的平衡位置,取 P' 点为重力势能的零点(图 4.7(b))。

设物体到达的终态位置是 P'' 点,按照题意,此时弹簧从 P 点开始的伸长量为 x,由这个伸长量可得弹力做功的大小,而从 P' 点到 P'' 点物体下降的高度是 $(x-x_0)\sin\alpha = \frac{1}{2}(x-x_0)$,由这个高度可得重力做功的大小。

以物体为研究对象。在物体从平衡位置 P' 运动到终态位置 P'' 的过程中,弹力对物体做的功

$$A_1 = -\int_{x_0}^{x} kx\,\mathrm{d}x = \frac{1}{2}kx_0^2 - \frac{1}{2}kx^2$$

重力对物体做的功

$$A_2 = \int_{P'}^{P''} mg\,\mathrm{d}h = mg(x-x_0)\sin30° = \frac{1}{2}mg(x-x_0)$$

又当物体处于 P' 点平衡位置时,$mg\sin30°=kx_0$,由此得到

$$x_0 = \frac{mg}{2k}$$

根据动能定理,弹力和重力对物体做功引起物体动能增加,即

$$A_1 + A_2 = \frac{1}{2}mv^2 - \frac{1}{2}mv_0^2$$

于是,物体的终态动能是

$$\frac{1}{2}mv^2 = \frac{1}{2}mv_0^2 + A_1 + A_2 = \frac{1}{2}mv_0^2 + \frac{1}{2}mgx - \frac{1}{2}kx^2 - \frac{(mg)^2}{8k}$$

4.1.4 系统的功能原理和机械能守恒定律

根据动能定理的表达式,并注意到内力的功包括保守内力的功和非保守内力的功

$$\sum A_{内} = \sum A_{内保} + \sum A_{非内保} \tag{4.15}$$

于是有

$$\sum A_{外} + \sum A_{非内保} = \sum E_b - \sum E_a \tag{4.16}$$

这里 $\sum E_b = \sum (E_{kb} + E_{pb})$ 是多个质点组成的系统终态的动能和势能之和,称为系统终态的机械能,$\sum E_a = \sum (E_{ka} + E_{pa})$ 是系统初态的动能和势能之和,称为系统初态的机械能。式(4.16)表明,外力对系统做的功和非保守内力对系统做的功的代数和等于系统机械能的增量,这就是系统的**功能原理**。

如果系统既没有受到任何外力做的功,也不存在任何非保守内力做的功,或者外力功与非保守内力做的功的代数和为零,那么

$$\sum E_b - \sum E_a = 0 \tag{4.17}$$

由于系统的初态和末态是任意选定的,因此

$$\sum E_a = \sum E_b = 恒量 \tag{4.18}$$

式(4.18)表明,如果系统不受到任何外力功和非保守内力功,系统的机械能是守恒的,这个结论称为机械能守恒定律。

由机械能守恒定律可以得出,系统在只有保守力做功的条件下,机械能是守恒的。保守力做功的结果不会改变系统的机械能,但是可以引起系统内部动能和势能的互相转换。

作为一个应用例子,下面从机械能守恒定律分别导出第一宇宙速度和第二宇宙速度(图 4.8)。

第一宇宙速度指的是从地球上发射人造地球卫星和航天器,使之能够环绕地球作匀速圆周运动需要的最小发射速度(又称环绕速度)。

设地球质量是 M,航天器质量是 m,离开地球的地心距离是 r,在这个高度上环绕地球作匀速圆周运动的速度是 v。航天器与地球之间的引力提供了物体作圆周运动的向心力,因此物体的速度 v 必须满足下列条件:

$$G\frac{Mm}{r^2} = \frac{mv^2}{r}$$

由此得出

$$v = \sqrt{\frac{GM}{r}}$$

于是航天器的动能是

$$E_k = \frac{1}{2}mv^2 = \frac{GMm}{2r}$$

航天器运行时,不仅具有动能,还具有引力势能,即

$$E_p = -G\frac{Mm}{r}$$

设从地面上发射航天器的速度是 v,则根据机械能守恒定律,发射航天器时的初态机械能等于航天器在运行时的机械能,为

$$\frac{1}{2}mv^2 + \left(-\frac{GMm}{R}\right) = \left(\frac{GMm}{2r}\right) + \left(-G\frac{Mm}{r}\right)$$

容易看出,r 越大,v 就越大。当 $r=R$ 时,从地面上相应的发射速度最小。于是

$$v = \sqrt{\frac{GM}{R}} = 7.9 \times 10^3 \text{ m/s} \tag{4.19}$$

这就是第一宇宙速度。

第二宇宙速度指的是为了使航天器挣脱地球引力在地面上需要的最小发射速度(又称挣脱速度)。

如果不计其他星球的作用,航天器在飞离地球的过程中只有地球引力做功,航天器的机械能守恒。

设在地面上发射航天器的最小速度为 v,航天器具有动能和引力势能,当航天器恰好挣脱引力进入太空时,离开地心的距离 $r \to \infty$,航天器的引力势能为零。如果此时航天器的动能也为零,根据机械能守恒定律,因此有

$$\frac{1}{2}mv^2 + \left(-\frac{GMm}{R}\right) = 0$$

由此得出

$$v = \sqrt{\frac{2GM}{R}} = \sqrt{2RG} = 11.2 \times 10^3 \, \text{m/s} \tag{4.20}$$

这里的 v 就对应于地面上发射的最小速度，这就是第二宇宙速度。

每一个星体都存在这样的挣脱速度，它的大小与星体的质量和半径有关。如果星体的质量很大，半径很小，以至于挣脱速度达到甚至超过光速，那么，这个星体放出的光不可能挣脱引力而向外发射，在远处的观察者当然也就根本不可能接收到这个星体发出的任何信息，这样的星体就是宇宙中的黑洞。

设 $v = \sqrt{\dfrac{2GM}{R}} = c$（光速），可以得出

$$R_c = \frac{2GM}{c^2} \tag{4.21}$$

这就是一个星体变成黑洞的临界半径。对地球而言，这个临界半径 $R_c = \dfrac{2GM}{c^2} \approx 1\text{cm}$，即只有当地球压缩成一个半径约为 1cm 的小球时，它才会变成一个黑洞。

从地球表面发射航天器，使物体挣脱太阳引力的束缚并飞出太阳系，进入浩瀚的银河系中漫游所需要的最小速度就是第三宇宙速度（又称逃逸速度）。第三宇宙速度 $v_3 = 16.7\text{km/s}$。

【拓展阅读】 第三宇宙速度

图 4.8　第一、第二和第三宇宙速度

4.2　普遍的能量守恒定律

——为什么说，能量守恒定律是自然界的一条普遍的定律？

在系统的功能原理中可以看出，即使不存在外力功，但只要存在非保守力的功，那么，系统的机械能依然不再守恒

$$\sum A_{\text{非内保}} = \sum E_b - \sum E_a \tag{4.22}$$

一般情况下，非保守力往往是摩擦阻力或其他阻力，因此，系统需要克服非保守力做功，于是系统的机械能就会减少。这些减少的机械能将转换为其他形式的能量。

以单摆的运动为例。悬挂在细绳上的小球在摆动时，在理想情况下，不计悬挂点上的阻

力和空气阻力,小球只受到重力的作用。由于重力是保守力,所以,小球的机械能守恒,小球将持续不断地来回摆动。

然而,在实际单摆运动的过程中必须计入各种阻力,这些阻力都是非保守力。无论单摆实际从什么位置开始摆动,在初始时刻一定具有机械能。经过一段时间以后,单摆的摆动最后一定会停止,机械能减少为零。因此,小球的机械能不守恒。由于在实际的摆动过程中,不可避免地出现了小球温度和悬挂点处温度的升高(尽管很微小),这表明,减少的机械能转换为整个系统的另一种能量——内能。如果把能量的概念扩展到机械能和内能,系统的能量依然是守恒的。

非保守力做功的结果会改变系统的机械能,引起状态内部机械能和其他形式能量的互相转换,但是各种形式的能量总和仍然保持不变,这个结论就称为**能量守恒定律**。机械能守恒定律是能量守恒定律的一个特例。

能量守恒定律、动量守恒定律和角动量守恒定律是物理学中最重要的三大守恒定律。虽然它们是牛顿定律的推论,但是在牛顿定律不能应用的物理现象中(例如,在涉及微观粒子产生和湮没的过程中),这三大守恒定律依然适用。

例题 4.3 在液氢泡沫室中,入射质子 A 以速度 v 自左方进入,与室内的静止质子 B 相互作用(图 4.9)。试证明碰撞后两个质子将互成直角离开。

【解题思路】

碰撞是一种常见的物理现象。在力学中,牛顿第三定律指出了作用力与反作用力大小相等、方向相反,并分别作用在两个不同的物体上。在这里,相互作用的思想是以力的形式表现出来的。而物体碰撞的过程则进一步指出了在弹性碰撞过程中,在动量守恒和能量守恒的前提条件下,两个物体的相互作用不仅会以力的形式表现,而且动量和能量在碰撞以后会在两个物体上重新分配。前一个表现是在力的层次上,后一个表现则上升到动量和能量的层次上。相互作用的思想是物理学的一个重要思想。

图 4.9 质子入射示意图

本题是一个典型的碰撞问题。入射质子 A 与液氢泡沫室中的静止质子 B 之间发生碰撞前后,不仅两个质子的动量守恒,它们的机械能也守恒,这样的碰撞称为完全弹性碰撞,可以利用两球碰撞过程中的动量守恒和机械能守恒关系来求解。

从数学上看,动量守恒和能量守恒两个守恒定律给出初始动量、初始能量和终态动量、终态能量四个物理量之间的两个关系等式,这就相当于两个约束条件,因此,在给定的初始条件下只能求出两个独立的解。然而本题只给出了碰撞前一个质子运动,另一个质子静止的初始条件,没有动量和能量的具体数据,当然就无法求出碰撞后终态动量和终态能量的具体数值,因此,得出的最后结果只能是碰撞后两个质子动量和能量的相互关系。

【解题步骤】

在碰撞前,当质量为 m 的质子射入时,两个质子的速度可以分别写为 $\boldsymbol{v}_{1i}$ 和 $\boldsymbol{v}_{2i}$,碰撞后,两个质子的速度分别为 $\boldsymbol{v}_{1f}$ 和 $\boldsymbol{v}_{2f}$,则两个质子碰撞过程中的动量守恒和机械能守恒关系:

$$m\boldsymbol{v}_{1i} + m\boldsymbol{v}_{2i} = m\boldsymbol{v}_{1f} + m\boldsymbol{v}_{2f}$$

$$\frac{1}{2}mv_{1i}^2 + \frac{1}{2}mv_{2i}^2 = \frac{1}{2}mv_{1f}^2 + \frac{1}{2}mv_{2f}^2$$

由于 $\boldsymbol{v}_{2i}=0$，于是，可以得到速度以及大小之间的如下关系式：

$$\boldsymbol{v}_{1i} = \boldsymbol{v}_{1f} + \boldsymbol{v}_{2f} \tag{4.23}$$

和

$$v_{1i}^2 = v_{1f}^2 + v_{2f}^2 \tag{4.24}$$

容易看出，式(4.23)表示了两个矢量的和等于第三个矢量，而式(4.24)则表示了这两个矢量大小的平方和等于第三个矢量大小的平方和。按矢量相加的作图法，可知式(4.23)中这三个矢量组成一个三角形；而按直角三角形的勾股定理，可知式(4.24)中这三个矢量组成的是一个直角三角形，$\boldsymbol{v}_{1f}$ 和 $\boldsymbol{v}_{2f}$ 正是这个直角三角形的两条直角边，即 $\boldsymbol{v}_{1f}$ 和 $\boldsymbol{v}_{2f}$ 一定相互垂直。

【拓展阅读】 三大守恒定律和对称性

思 考 题

4.1 (1) 一个质点可以有动量而没有动能吗？一个质点可以有动能而没有动量吗？试解释你的回答。

(2) 如果一个质点的速度增大1倍，它的动量增加多少倍？它的动能增加多少倍？

(3) 如果两个质点的动能相等，它们的动量一定相等吗？试解释你的回答。

(4) 如果两个质点的动量大小相等（例如，甲质点的质量是1kg，速度是2m/s，乙质点的质量是2kg，速度是1m/s），它们的动能相等吗？如果不相等，哪一个质点的动能更大？

4.2 A、B 两物体的动量相等，而 $m_A < m_B$，则 A、B 两物体的动能的关系是什么？

(A) $E_{kA} < E_{kB}$　　　(B) $E_{kA} > E_{kB}$　　　(C) $E_{kA} = E_{kB}$　　　(D) 无法确定

4.3 一光滑的圆弧形槽 M 置于光滑水平面上，一滑块 m 自槽的顶部由静止释放后沿槽滑下，不计空气阻力。对于这一过程，以下哪种分析是对的？

(A) 由 m 和 M 组成的系统动量守恒

(B) 由 m 和 M 组成的系统机械能守恒

(C) 由 m、M 和地球组成的系统机械能守恒

(D) M 对 m 的正压力恒不做功

4.4 在得出万有引力做的功时，假设了 $M \gg m$，在万有引力作用下，m 沿某一路径运动，而 M 却可以认为静止不动。如果两个质量相近的质点 M 和 m 在相互作用力（万有引力）下都在运动，那么，作用力的功与反作用力的功一定是等值反号吗？为什么？如果不是，一对相互作用的万有引力在微小过程中的元功之和与什么因素有关？

4.5 在两个不同的惯性系 S 和 S' 中，观测同一个质点的动能得到的结论相同吗？观测同一个外力对质点做功得到的结论相同吗？当质点的动能发生变化时，动能变化定理的形式相同吗？

4.6 例题4.2是否可以利用机械能守恒定律求解？如果可以，请根据机械能守恒定律重新求解。

4.7 中学物理就引入了动量和动能两个重要的物理量来描述机械运动，大学物理中仍

然把动量和动能放在重要的位置上讨论。这两个物理量都是描述物体机械运动的量。你认为，定义了动量后，为什么还需要定义动能来度量物体的机械运动？动量和动能之间有什么联系？又有什么区别？

习　　题

4.1　有一变力 $\boldsymbol{F} = (-3 + 2xy)\boldsymbol{i} + (9x + y^2)\boldsymbol{j}$ 作用于一质点上，分别经过如图 4.10 所示的 $\overline{OC}$、$\overline{OAC}$、$\overline{OBC}$ 三条路径，求：该力在这三条路径上分别对质点所做的功。

图 4.10　习题 4.1 图

4.2　一质量为 m 的物体，从质量为 M 的圆弧形槽顶端 A 由静止滑下，设圆弧形槽的半径为 R，张角弧度为 $\dfrac{\pi}{2}$，如图 4.11 所示，不计任何摩擦力，求：

(1) 物体刚离开槽底端 B 时，物体和槽的速度各是多少？

(2) 在物体从 A 滑到 B 的过程中，物体对槽的作用力所做的功 W。

(3) 物体到达底端 B 时对槽的压力。

4.3　在光滑的水平桌面上，有一如图 4.12 所示的固定半圆形屏障。质量为 m 的滑块以初速度 $\boldsymbol{v}_0$ 沿切线射入屏障内，滑块与屏障之间的摩擦系数为 μ。试证明当滑块从屏障另一端滑出时，摩擦力所做的功为

$$W = \frac{1}{2} m v_0^2 (e^{-2\mu\pi} - 1)$$

4.4　质量为 M 的实验小车 A 上有一根竖立细杆，用一条长为 R 的细绳将质量为 m' 的一个小球挂在杆上 P 点。该实验小车和球以共同的初速度 v 向右作水平方向运动，和质量为 m 的另一辆静止小车 B 发生完全非弹性碰撞，如图 4.13 所示。(不计任何摩擦，且假设 M 和 m 都远大于 m'，也不计小球的运动对两辆小车的速度的影响。)

图 4.11　习题 4.2 图　　图 4.12　习题 4.3 图　　图 4.13　习题 4.4 图

试证明：欲使小球在竖直面内绕 P 点作圆周运动。实验小车 A 和球的水平初速度大小至少为 $v = \dfrac{M+m}{m}\sqrt{5gR}$。

4.5　用一铁锤将一颗铁钉打进一块木板。如果木板对铁钉的阻力与铁钉进入木板的深度成正比，当铁锤第一次敲打时，铁钉进入木板深度为 1cm，问：铁锤第二次敲打时，铁钉进入木板的深度是多少？比第一次进入木板的深度增加了多少？(假设铁锤两次敲打铁钉的速度都相同，且铁锤与铁钉的碰撞为完全非弹性碰撞。)

图 4.14 习题 4.6 图

4.6 一竖直放置的弹簧,其倔强系数为 k。一端固定在地面上,如图 4.14 所示。试求:

(1) 在弹簧的另一端放置一个质量为 M 的大木块,并保持静止时,弹簧被压缩了多少?系统的弹性势能多大?

(2) 有一个质量为 m 的泥土小球从质量为 $M(m<M)$ 的大木块上方 h 处自由下落到大木板上,并与大木板粘合在一起向下运动。小球和大木板一起向下运动的最大位移是多少?

【拓展思考】

如果小泥块换成小木球,下落以后与大木块发生的是完全弹性碰撞,那么,小木球从大木板的位置反弹上升的最大高度是多少?弹簧再一次被压缩的位移又是多少?

4.7 一质量为 m 的小车放在呈现为半球形的冰墩顶部,球的半径为 R,如图 4.15 所示。假设小车从静止开始沿冰墩滑动,不计任何摩擦,问:小车将在角度 θ 为多大时离开冰墩?

4.8 一轻质弹簧原长为 l_0,劲度系数为 k,上端保持固定,下端悬挂一质量为 m 的物体。开始用手托住物体,使弹簧保持原长。然后突然放开手,使物体下落。问:物体到达最低位置时弹簧的最大伸长量是多少?弹力多大?物体从弹簧原长下落经过平衡位置时的速度多大?

图 4.15 习题 4.7 图

4.9 一劲度系数为 k 的轻质弹簧放置在光滑水平面上,一端固定在墙上,在另一端自然长度的原长 O 处系一个质量为 m_A 的物体 A。当用外力把弹簧压缩 x_0 以后,再紧靠 A 放置一个质量为 m_B 的物体 B,如图 4.16 所示。开始时,系统处于静止状态。除去外力以后,如果不计任何摩擦力,试求:

(1) 当物体 A 和物体 B 分离时,物体 B 的速度;

(2) 分离后,物体 A 运动过程中离开 O 点的最大距离。

4.10 如图 4.17 所示,一条质量为 m,长度为 l 的匀质链条,放在水平桌面上,设桌面与链条之间的摩擦系数是 μ。当链条下端在桌面下的长度达到 $\dfrac{l}{4}$ 时,链条在重力作用下开始下滑。试计算链条的另一端刚好离开桌面时的速度大小。

图 4.16 习题 4.9 图

图 4.17 习题 4.10 图

第 5 章

刚 体 力 学

本章引入和导读

前面几章讨论的质点运动学和动力学只涉及一个物体或由几个物体组成的机械系统的运动。这些物体是被看作质点来处理的,因此,在讨论过程中,只计物体的质量,不考虑物体的质量分布,也不考虑物体的大小和物体的形状。质点模型是物理学中分析物体机械运动的一个有效的理想模型,是对实际物体运动在一定条件下的近似。

在很多生产和生活的实际问题中,运动的物体不仅有一定的形状和一定的大小,其质量也会有一定的分布,而且在运动过程中物体的大小和形状也可能发生改变。有些物体在运动过程中体积和形状可能会发生很大的变化,甚至变得面目全非。当然,在许多情况下,很多物体在运动过程中的实际变化程度是很微小的,以致常常可以忽略这些变化,近似认为物体基本上保持原状。

如果在实际问题中必须考虑物体的形状和大小以及它们的变化,还必须计及质量分布对物体运动的影响,那么,质点模型就显得不合适了。物理学在质点模型的基础上进一步提出了另一个理想模型——刚体模型。

刚体与质点不同,它不仅具有一定的大小和形状,还具有一定的质量分布,刚体与实际物体也不同,在机械运动过程中其大小和形状不会发生任何变化。显然刚体也是一种理想模型,它只是对实际物体在运动过程中大小和形状发生微小变化情况下的一种近似。虽然只是一种近似,但是对刚体运动的描述毕竟比对质点运动的描述更接近对实际物体运动的描述。研究刚体运动的力学分支就是刚体力学。

研究刚体运动时,可以将刚体分割成无数多个宏观上无限小,微观上仍然包含大量分子原子的质元,每一个质元的质量为 Δm。由于刚体的大小和形状不会发生任何变化,因此,任意两个质元之间的距离在运动过程中始终保持不变。于是在 $\Delta m \to 0$ 时刚体就可以看作由大量质元构成的特殊质点系。

如同对质点运动的讨论一样,对刚体运动的讨论也分为运动学和动力学两部分。本章只限于讨论刚体的平动和刚体的定轴转动这两类运动。

从质点力学到刚体力学,体现了人们在认识客观自然界的过程中,从点(质点)到体(质点系、刚体),从简单到复杂的认识的深化过程。学习本章,建议用类比的方法对刚体运动和质点运动进行比较,既要理解两种描述的相似点,又要注意掌握两种描述的区别。

5.1 刚体运动及其分类

——什么是刚体？怎样对刚体运动进行分类？

5.1.1 刚体——描述固态物体机械运动的一个理想模型

实验表明，当涉及实际物体的运动，尤其是既需要近距离考察物体的运动，又必须考虑物体的大小和形状变化时，显然不能把物体理想化为质点来描述。

有时物体发生的变化与物体的实际大小相比，一般都显得很微小，甚至需要精密的测量仪器才能得以发现。例如，一辆载重汽车在驶上一座大桥时，在车轮与桥面接触处轮胎会发生变形，这是比较容易观察到的；与此同时，桥面也会发生微小的变形，这是肉眼难以发现的。一旦桥面的变形超过了一定的安全限度，大桥就会坍塌。在这种类似的情况下，不仅不能把物体看作质点，而且还必须考虑它们形状和大小的改变。

描述这类物体的运动，一个自然的延伸就是把这些物体看作由许多质点组成的特殊质点系，每一个质点称为物体的一个质元，描述质点系的一个自然想法是通过描述每一个质元的运动来描述整个质点系的运动。但是由于当质点系发生形状和大小的变化时，质元之间的间距也会在运动中发生相应的变化，这样的变化是纷繁复杂的，试图通过对质点系中每一个质元的行为的描述来得到对整个质点系运动状态的描述显然是十分困难的。

如同研究物体机械运动时为了得出物体作为一个整体的运动规律，排除由于物体大小以及其他运动细节带来的复杂性，从而引入质点理想模型一样，在研究质点系的运动时，为了得出物体的整体运动规律，排除由于物体的大小和形变对运动的影响带来的复杂性，可以把物体看作由许多质元组成的一类特殊的质点系，这个质点系中各个质元之间的距离在物体运动过程中始终保持不变，以致物体的大小和形状也始终保持不变。这样的质点系就称为刚体。与质点一样，刚体也是力学中固态物体的一个理想模型。刚体的运动规律是牛顿运动定律对这类特殊质点系的应用。

5.1.2 刚体运动的分类——平动和转动

刚体运动可以分为很多类型，其中最典型的是两大类：平移运动（又称"平动"）和转动。刚体的一般运动都可以认为是平动和围绕某一轴的转动的结合。

如果一个刚体在运动过程中，刚体上每一点的运动轨迹都相同，刚体上任意两点的连线在运动过程中始终保持平行，这样的运动称为刚体的平动，如图 5.1 所示。一艘巨轮在风平浪静的海洋中平稳行进时，其船身的运动就可以看作一种平动。

如果一个刚体在运动过程中，刚体上每一个质元都以一条直线为轴作圆周运动，这样的运动称为刚体的转动，这条直线就称为刚体的转轴，如图 5.2 所示。如果刚体的转轴相对于参考系是固定不动的，这样的转动称为刚体的定轴转动。

图 5.1　刚体的平动　　　　　　　图 5.2　刚体的定轴转动

利用定滑轮升高物体时，物体的上升运动可以看作平动，而定滑轮的转动就是一种定轴转动，转轴就是被固定的定滑轮的转轴；一扇大门在开启或关闭过程中的运动也是定轴转动，转轴就是固定的门轴；还有电动机和发电机转子的运动也是定轴转动，本章主要讨论刚体的定轴转动。

在刚体定轴转动过程中，如果转轴不在刚体上，刚体上每一个质元的运动轨迹都是圆周，每一个质元转动的角速度是相等的。由于各个质元离开转轴的距离即各个质元作圆周运动的半径都是不相同的，因此，各个质元的线速度是不相等的。如果转轴就在刚体上，除了转轴上的各个质元都是固定不动的外，其他质元都围绕转轴作圆周运动。

5.2　刚体平动和定轴转动的运动学

——什么是刚体定轴转动的角量和线量？

5.2.1　刚体平动的运动学

在刚体平动过程中，刚体上各个质元的运动轨迹可以是直线也可以是曲线，它们的运动轨迹以及位移、速度和加速度都是完全相同的。刚体上任意两质元之间的连线在运动过程中始终保持平行，只要确定刚体上任意一质元的运动，就可以确定整个刚体的运动，因此，对刚体平动的运动状态的描述完全可以用刚体上任一个质元的运动状态来代替。刚体平动运动状态的变化遵从与质点运动学类似的运动定理和守恒定律。这就是刚体问题"质点化"的思想。

5.2.2　刚体的转动角位移及其运动方程

当刚体发生定轴转动时，由于转轴固定，刚体上任意两个质元之间的间距也不变，因此，只要确定了刚体上任意一个质元的位置，刚体上所有质元的位置以及整个定轴转动的刚体的运动状态也就完全确定了。

图 5.3 刚体的定轴转动

在刚体的定轴转动问题中,可以按照描述质点运动类似的方法,先选择参考系,并建立合适的直角坐标系以描述质元的位置。对刚体定轴转动的运动学的讨论过程与对质点运动学的讨论过程非常相似,只不过在刚体的转动中,用角量代替了线量,所得到的转动的运动学公式与质点运动学公式完全可以进行类比。

描述刚体定轴转动还有一个更简洁方便的方法,那就是首先选择转轴所在的平面作为参考面,例如,选定图 5.3 中的 Oz 为转轴,xOz 平面为参考面,并规定 Oz 方向为转轴正方向。于是每一个质元的位置可以用转轴和质元共同所在的转动平面,相对于参考面所转过的角度 θ 得以唯一地确定,由此就产生了描述刚体定轴转动的一系列角量:刚体转动的角位置、角位移、角速度和角加速度。

角位置。图 5.3 中 $OO'Q$ 所在平面相对于参考面 xOz 转过的角度 θ 就是质元在某时刻的角位置。

角位移。角位置随时间发生的改变 $\Delta\theta$ 称为角位移。

如同质点的位移一样,对于无限小的角度变化 $\Delta\theta$ 角位移也是一个矢量,它的正方向是按照右手螺旋定则确定的:当 $OO'Q$ 所在平面转动 $\Delta\theta$ 时,用右手四指弯曲的方向表示 $OO'Q$ 所在平面的转动方向,右手大拇指的指向就是角位移 $\Delta\theta$ 的正方向。如果这个指向与转轴 Oz 的正方向一致,角位移 $\Delta\theta>0$,与其相反的,角位移 $\Delta\theta<0$。在定轴转动中,$\Delta\theta$ 只能沿转轴正、反两个方向,因而可以把 $\Delta\theta$ 看作代数量。

角位置随时间变化的关系式为

$$\theta=\theta(t) \tag{5.1}$$

式(5.1)就是刚体定轴转动的运动方程。角位置 θ 和角位移 $\Delta\theta$ 的单位都是弧度(rad)。

5.2.3 刚体的转动角速度和角加速度

定义了刚体转动的运动方程以后,就可以相应定义刚体的转动角速度和角加速度。

角速度。刚体的转动角速度用 ω 表示,角速度的大小是

$$\omega=\frac{\mathrm{d}\theta}{\mathrm{d}t} \tag{5.2}$$

角速度 ω 的单位是 $\mathrm{rad\cdot s^{-1}}$。在应用中有时还用每分钟转过的圈数来描述转动的快慢,称为转速 n,其单位是 r/min,ω 与 n 之间的关系是

$$\omega=\frac{\pi n}{30}$$

如同角位移一样,角速度 ω 也是矢量,它的方向也是按照右手螺旋定则确定的,与角位移 $\Delta\theta$ 的方向一致。在定轴转动中,由于角速度 ω 也只能取沿转轴正、反两方向,因而也可以按代数量处理问题。

角加速度。当刚体的转动角速度随时间发生变化时,就有了转动角加速度。刚体的角

加速度用 β 表示。角加速度 β 也是矢量。角加速度 β 的大小

$$\beta = \frac{d\omega}{dt} = \frac{d^2\theta}{dt^2} \tag{5.3}$$

角加速度 β 的单位是 rad/s^2。角加速度 β 的方向由角速度 ω 随时间变化的情况而定。如果刚体的角速度 ω 随时间增大，角加速度 β 就与 ω 同向；如果刚体的角速度 ω 随时间减少，角加速度 β 就与 ω 反向。在定轴转动中，由于角加速度 β 也只能取沿转轴正、反两方向，因而也可以按代数量处理问题。

与角量相关的还可以定义以下线量。

与角速度相关的线速度。设质元 i 离开转轴的距离是 r_i，它的线速度用 v_i 表示，线速度的大小

$$v_i = \omega r_i \tag{5.4}$$

这就是质元作圆周运动时，速率与角速度的关系。线速度是矢量，线速度始终沿圆周的切线方向，因此，线速度的切线方向的分量 $v_\tau = v_i$，法向分量 $v_n = 0$。

与角加速度相关的线加速度。在一般情况下，线加速度既有沿切向的分量 $a_\tau = r_i \beta$，又有沿法向的分量 $a_n = r_i \omega^2$。

特例 5.1：刚体作匀速定轴转动时，质元 i 的角速度 ω 保持不变，角加速度 $\beta = 0$。此时，$\varphi = \varphi_0 + \omega t$。刚体上质元 i 的线速度的大小 $v_i = \omega r_i$ 也保持不变，但是线速度方向在变化，因此一定存在着线加速度。这个线加速度只有法向分量 $a_n = r_i \omega^2$，而切向分量 $a_\tau = 0$，此时这个法向分量加速度通常称为向心加速度。

特例 5.2：刚体作匀加速定轴转动时，刚体的角加速度 β 保持不变，角速度 ω 随时间增加，角位移 $\Delta\theta$ 也随时间增大。以 ω_0 表示 $t=0$ 时刻刚体的角速度，θ_0 表示 $t=0$ 时刻刚体的角位置，于是可以得出匀加速转动的运动学表达式：

$$\omega = \omega_0 + \beta t, \quad \theta = \theta_0 + \omega_0 t + \frac{1}{2}\beta t^2, \quad \omega^2 = \omega_0^2 + 2\beta(\theta - \theta_0) \tag{5.5}$$

这样的表达式与质点匀加速运动的公式很相似，不过是用角量代替了质点运动的线量。

5.3 刚体平动和定轴转动的动力学

——怎样建立刚体运动定理与质点运动定理之间的类比？

5.3.1 刚体的质心和质心运动定理

质点具有质量，但是质点是一个点，没有任何形状和大小，它的质量全部集中在这个点上。刚体也具有质量，但刚体是具有一定大小和形状的物体。与一个物体各部分的重力在物体上有一定分布并具有合力作用点——重心的情况类似，刚体的各部分质量在刚体上也存在一定的质量分布，这样的分布必然导致存在一个质量中心——质心。

质心是物理上描写物体整体运动的一个点，在数学上是一个特殊的几何点，它并不属于哪一个质点。质心的位置是依据物体的形状和质量分布的物理条件来确定的。质心的位置可以在刚体上，也可以不在刚体上。在物体的尺寸不十分大的情况下，物体的重心位置和质

心位置是重合的。对于大尺度刚体来说,质心的位置与重心的位置存在一定的偏离。

在刚体平动运动中,质心的运动就可以代表整个刚体平动的动力学行动。

【拓展阅读】 刚体的质心以及常见物体的质心位置

在质点动力学中,质点动量的时间变化率等于质点所受到的合外力,在质量不变时,质点的运动定理可以表述为

$$F = \frac{dp}{dt} = ma \tag{5.6}$$

这里,F 是质点所受到的所有外力之和,m 是质点的质量,a 是质点的加速度。

在刚体平动动力学中力、质量和加速度之间有着与质点动力学类似的表示式,同样也体现了质点化思想。与质点动力学不同的是,在质点动力学中外力的作用点就在质点本身上,而在刚体动力学中外力可以作用在刚体的任意一点上;但是,如果把刚体的全部质量集中在质心上,那么不管外力作用在刚体的哪一点上,其产生的平动作用的效果相当于这个外力作用在质心上产生的效果。在刚体平动运动中,质心的运动就可以代表整个刚体的平动。

刚体质心的运动等价于单个质点的运动,作用于质心上的外力等效于作用于刚体的全部外力,其大小就等于刚体的质量乘以质心的加速度,这个关系式与质点的牛顿第二定律的表现形式完全相同。与质点的运动定理相类似,在质量不变时,确定了刚体的质心以后,刚体的运动定理可以表述为

$$F = \frac{dp}{dt} = ma_c \tag{5.7}$$

这里,F 是刚体受到的所有外力之和,m 是刚体的总质量,a_c 是质心的加速度,这就是刚体的质心运动定理。

图 5.4 手榴弹在空中翻滚运动时质心的运动轨迹

在外力作用下,一个刚体无论是作平动还是作转动,不管它各部分相对于质心的运动多么复杂,它的质心的运动总是遵循着质心运动定理。例如,一颗手榴弹被抛向空中以后,在重力的影响下,手榴弹在空中总是会翻滚着前进,但它的质心的运动如同重力作用于一个质点的运动那样,总是沿抛物线运动的,如图 5.4 所示。

但是,手榴弹毕竟不是一个点,它在空中边翻滚边前进,各部分相对于质心都有复杂的相对运动,因此,质心运动定理只能给出手榴弹的整体运动特征,不能对手榴弹上每一部分的运动作出全面的描述。

5.3.2 刚体的转动惯性和转动惯量

在质点动力学中,每一个质点都具有保持原有运动状态的属性——惯性,惯性的大小是用质点的质量来量度的。

与此类似,在刚体动力学中,每一个定轴转动的刚体都具有保持原有运动状态的属性——转动惯性,转动惯性的大小是用刚体的转动惯量来度量的。转动惯量是一个既与质量有关(与质点运动相似)又与相对于转轴的质量分布有关(这是刚体运动特有的)的物理量。在刚体转动时,转动惯量的地位和作用与在质点运动时的质量地位相当。

质量和转动惯量都是度量物体运动惯性的物理量。惯性是质点内在的固有属性。只要质点的质量不变,质点的惯性也不变;转动惯性是刚体的内在的固有属性。相对同一个转轴,不同质量刚体的转动惯量大小是不同的,而相对于不同的转轴,同一个质量的刚体的转动惯量也是不同的。

在刚体的定轴转动过程中,在相同力矩的作用下,两个质量不同的刚体,它们的转动状态发生的变化是不同的。经验表明,当对一扇以固定在大门一边的垂直于地面为转轴的大铁门和对一扇以固定在小门一边的垂直于地面的小木门施加相同的力矩时,推动前者比推动后者要困难得多,因为前者不仅比后者具有更大的质量,而且比后者具有更大的转动惯量。即使对于质量相同的两个刚体,例如有两扇相同质量大门,一扇大门可以绕着固定在大门一边的垂直于地面的轴线转动,另一扇大门可以绕着固定在大门中间的垂直于地面的轴线转动。当对两扇大门施加相同的力矩时,它们从静止到开始运动获得的角加速度也是不同的,究其原因就在于它们各自相对于转轴的质量的分布情况是不同的,它们具有不同的转动惯性。

一般地讲,对于两个相同质量的刚体来说,相对于某一个指定转轴,如果其中一个刚体的质量分布比另一个刚体更分散,前一个刚体就比后一个刚体具有更大的转动惯量。例如,如果由相同材料和相同质量分别制成的一个空心球面和一个实心球体,它们的质心都在球心,那么显然,球面比球体具有更大的半径。如果都以通过各自球心的直线为转轴,那么它们的质量分布就是不同的。与球体相比,球面的所有质元处在距转轴更远的位置上,也就是球面的质量分布比球体更分散,因此,球面具有比球体更大的转动惯量,从而使球面从静止到产生加速转动或从转动的状态趋于停止就显得比球体更困难。又如,如果由相同材料和相同质量分别制成一个圆环与一个圆盘,它们的质心都在圆心上,显然圆环有着比圆盘更大的半径。如果都以通过各自圆心且垂直于圆环或圆盘各自平面的直线为转轴,圆环的质量分布比圆盘显得更分散。因此,圆环就比圆盘具有更大的转动惯量,从而使圆环从静止到产生加速转动或从转动的状态趋于停止就显得比圆盘更困难。

由此可以看出,转动惯量的大小既与刚体质量有关,也与刚体上各个质元相对于转轴的距离有关。于是可以从定义质元的转动惯量入手来定义刚体的转动惯量。

在图 5.5 中,一个刚体围绕通过 O 点的垂直固定轴转动,把刚体分割成许多微小的质元,其中第 i 个质元 Δm_i 离开转轴的垂直距离为 r_i,作乘积 $\Delta m_i r_i^2$,这就是第 i 个质元的转动惯量,对所有质元的转动惯量求和可以得到

$$J = \sum_i \Delta m_i r_i^2 \tag{5.8}$$

图 5.5 刚体相对于固定转轴的转动惯量

式(5.8)定义的这个量 J 就称为刚体相对于指定转轴的转动惯量。转动惯量 J 是标量,它的大小取决于三个因素:一是转轴位置,对于不同的转轴来说,各个质点的 r_i 是不同的;二是各个质点在刚体上的分布情况;对于不同的质量分布来说,Δm_i 的求和结果是不同的;三是刚体的总质量,对于不同的总质量来说,刚体的转动惯量也不相同。

事实上,刚体的质量分布是连续的,式(5.8)的求和应改为积分的形式

$$J = \int_V r^2 \, dm \tag{5.9}$$

【拓展阅读】 刚体转动惯量的定义和计算

表 5.1　一些常见物体的转动惯量

刚体名称和形状	轴 的 位 置	转动惯量 J
薄圆环或薄圆筒（半径为 R）	通过圆环的中心或圆筒中心轴且垂直于环面	mR^2
薄圆盘或圆柱体（半径为 R）	通过圆盘的中心或中心轴且垂直于盘面	$\dfrac{1}{2}mR^2$
绕中心轴的细杆（长度为 l）	通过细杆的中点且垂直于杆	$\dfrac{1}{12}ml^2$
绕一端轴的细杆（长度为 l）	通过细杆的一端且垂直于杆	$\dfrac{1}{3}ml^2$
实心球体（半径为 R）	通过球体直径	$\dfrac{2}{5}mR^2$
薄球壳（半径为 R）	通过球壳直径	$\dfrac{2}{3}mR^2$

由表 5.1 可以看到,对同一个刚体来说,相对于不同的转轴,它的转动惯量是不相同的。例如表中的长度为 l,质量为 m 的细杆,绕通过细杆中点(质心)且垂直于细杆的中心轴的转动惯量是 $J_C = \frac{1}{12}ml^2$,而绕通过细杆一端且垂直于细杆的转轴的转动惯量是 $J = \frac{1}{3}ml^2$。仔细考察它们之间的相互关系,可以发现 $J = J_C + m\left(\frac{l}{2}\right)^2$,注意到式中的 $\frac{l}{2}$ 是这两个平行转轴之间的间距。实际上,上述结论仅是关于不同转轴的转动惯量的平行轴定理的一个特例。

平行轴定理:设刚体的质量是 m,刚体相对于通过其质心 C 的转轴(设为转轴 1)的转动惯量是 J_C。若另一个与转轴 1 平行的转轴 2,两轴相距为 d,则刚体相对于转轴 2 的转动惯量是 $J = J_C + md^2$。

作为对该定理的应用,利用表 5.1,找到一个半径为 R 的均匀圆盘,相对于通过圆盘中心且垂直于盘面的转轴的转动惯量是 $\frac{1}{2}mR^2$,就可以得出一个均匀圆盘相对于通过其边缘一点且垂直于圆盘表面的转轴的转动惯量是

$$J = J_C + md^2 = \frac{1}{2}mR^2 + mR^2 = \frac{3}{2}mR^2$$

5.4 刚体定轴转动的角动量和角动量守恒定律

——怎样建立刚体的转动动力学与质点动力学之间的对比?

5.4.1 刚体定轴转动的角动量和角动量定理

在质点动力学中,质点相对于某一个定点运动时具有角动量。与质点动量类似,刚体相对于一定转轴转动时具有角动量,刚体的角动量是通过计算每一个质元相对于转轴的角动量来得到的。

设 z 轴竖直向上,刚体以角速度 ω 绕 z 轴逆时针转动。其中一个质元 Δm_i 在垂直于 z 轴的一个平面内作圆周运动,圆周的半径为 r_i,如图 5.6 所示。根据质点角动量定义,该质元相对于位于 z 轴上的圆心 O 具有的角动量大小是

$$L_{zi} = \Delta m_i r_i^2 \omega \tag{5.10}$$

质元角动量的方向沿 z 轴向上。刚体上每一个质元 Δm_i 都在垂直于 z 转轴的不同平面内以同样的角速度 ω 作圆周运动,但是每一个质元作圆周运动的半径不等。每一个质元 Δm_i 相对于位于转轴上的圆心都有角动量,这些角动量的方向都相同,但大小不等。

图 5.6 刚体绕着固定转轴的转动

把全部质元的角动量相加,就可以得出刚体相对于 Oz 转轴的角动量大小是

$$L_z = \sum_i L_{zi} = \left(\sum_i \Delta m_i r_i^2\right)\omega = J\omega \tag{5.11}$$

刚体角动量的方向沿 Oz 轴向上。

与质点的角动量定理类似，描述刚体定轴转动也有相应的角动量定理。

当刚体上受到的相对于固定转轴的合外力的力矩为 M 时，于是，刚体相对于一个固定转轴的角动量的时间变化率 $\dfrac{\mathrm{d}L}{\mathrm{d}t}$ 与外力矩 M 的关系就是

$$M = \frac{\mathrm{d}L}{\mathrm{d}t} \tag{5.12}$$

式(5.12)表明，作用于刚体上的合外力的力矩等于刚体的总角动量的变化率，这就是刚体的**角动量定理**。

式(5.12)式积分，就得出在有限时间内 $\Delta L = \int M \mathrm{d}t$。这里，$\Delta L = \int M \mathrm{d}t$ 就是角动量的增量，而 $\int M \mathrm{d}t$ 称作力矩 M 所产生的冲量矩。

从质点的动量定理中可以得出当质点的质量不变时，

$$F = \frac{\mathrm{d}P}{\mathrm{d}t} = \frac{\mathrm{d}(mv)}{\mathrm{d}t} = m\frac{\mathrm{d}v}{\mathrm{d}t} = ma$$

这里 a 是质点的加速度。类似地，取 z 轴为固定转轴，根据刚体角动量的定义，$L_z = J\omega$ 式(5.11)，当刚体相对于 z 轴的转动惯量不变时，可以得出

$$M_z = \frac{\mathrm{d}L_z}{\mathrm{d}t} = \frac{\mathrm{d}(J\omega)}{\mathrm{d}t} = J\frac{\mathrm{d}\omega}{\mathrm{d}t} = J\beta \tag{5.13}$$

这里 β 是刚体的角加速度。式(5.13)表明，作用于刚体绕定轴转动上的合外力的力矩等于刚体对固定转轴的转动惯量与角加速度的乘积。这就是刚体绕定轴转动的转动定律。

5.4.2 刚体定轴转动的角动量守恒定律

当质点受到的合外力 F 为零时，质点的动量 mv 是一个守恒量，这就是质点的动量守恒定理。类似地，当刚体受到的合外力矩 M 为零时，刚体的角动量 $J\omega$ 是一个守恒量，这就是刚体的**角动量守恒定理**。

图 5.7 所示的是演示刚体角动量守恒定理的茹可夫斯基转椅实验，人和转椅可以绕固定的轴转动。设转椅在一开始受到外力矩推动以后，再也不受到任何的外力矩作用。当手握哑铃的人双手向两侧伸展时，起始的转动角速度为 ω，人和转椅相对于转轴的转动惯量为 J。如果在转动过程中，人急速地把双手向胸前收拢，于是可以明显地发觉，人和轮椅的转动角速度 ω 加快了。这是由于人和轮椅不受任何外力矩的作用，刚体的角动量守恒。在转动过程中，由于双手的收拢，人和轮椅的质量分布发生改变，相对于转轴的转动惯量 J 减小，于是根据刚体角动量守恒定理可以得出，转动的角速度 ω 增大了。

以上对刚体转动的动力学的讨论与对质点动力学的讨论过程非常相似，只不过是在刚体转动过程中，用力矩代替了力，用角加速度代替了加速度，用转动惯量代替了质量，所得到的转动动力学的公式与质点动力学的公式可以建立如下的对应类比：

$$F \Leftrightarrow M, \quad m \Leftrightarrow J, \quad mv \Leftrightarrow J\omega, \quad a \Leftrightarrow \beta \tag{5.14}$$

把质点与刚体相比，虽然动力学公式的形式相似，但是它们还是有着重要的区别。特别

(a) (b)

图 5.7 演示刚体角动量守恒的茹可夫斯基转椅
(a) 双手伸展时 J 增大，ω 减小；(b) 双手收拢时 J 减小，ω 增大

是，质点是一个只有质量而无大小的点，虽然有惯性（与质量大小有关）但不存在质量分布；而刚体既有质量，又有形状，于是既有转动惯性（与质量大小有关）又有质量分布。刚体定轴转动的动力学公式中的转动惯量就是一个既体现刚体的质量大小，而且也体现刚体相对于转轴的质量分布的物理量。如果两个刚体质量相等但有着不同的形状，那么，在受到相同的力的作用时，它们的质心运动状况是相同的，并与具有相同质量的质点的运动状况完全一致。然而，如果它们相对于固定转轴有着不同的质量分布，它们的转动惯量是不一样的。在受到相同的力矩的作用时，它们转动状态的变化也是不一样的。如同在质点力学中质量影响着质点运动状态的变化那样，在刚体力学中表征质量和质量分布的转动惯量也影响着刚体定轴运动状态的变化。

5.5 刚体定轴转动的动能和动能定理

——怎样建立刚体转动动能定理与质点动能定理之间的类比？

质点的动能定理表明，外力对质点所做的功等于质点动能的增加

$$A = \frac{1}{2}mv_b^2 - \frac{1}{2}mv_a^2 \tag{5.15}$$

与此类似，通过与质点动能定理的类比，可以建立刚体定轴转动的动能定理。

设刚体绕 Oz 轴作逆时针定轴转动，F_i 是作用在刚体的 P 点上的外力（图 5.8），P 点离开转轴的矢径是 r_i。当刚体围绕 z 轴转动时，产生一个角位移 $d\theta$，P 点的矢径增量是 dr，于是外力 F_i 做的元功是

$$dA = \boldsymbol{F}_i \cdot d\boldsymbol{r} = F_i \cos\varphi \, |d\boldsymbol{r}| = F_i r \cos\varphi \, d\theta \tag{5.16}$$

其中，$F_i r \cos\varphi$ 就是外力对转轴的力矩 M，因此

$$dA = M d\theta \tag{5.17}$$

图 5.8 外力矩对刚体做的功

如果刚体从初始位置 θ_0 转过一个有限的角位移，到达终结位置 θ，外力矩做的功为

$$A_{外} = \int_{\theta_0}^{\theta} M d\theta \tag{5.18}$$

利用式(5.13)可得

$$\int_{\theta_0}^{\theta} M \mathrm{d}\theta = \int_{\theta_0}^{\theta} J \frac{\mathrm{d}\omega}{\mathrm{d}t} \mathrm{d}\theta = \int_{\omega_0}^{\omega} J\omega \mathrm{d}\omega \tag{5.19}$$

由此得出

$$A_{\text{外}} = \int_{\theta_0}^{\theta} M \mathrm{d}\theta = \frac{1}{2} J\omega^2 - \frac{1}{2} J\omega_0^2 \tag{5.20}$$

这里，$A_{\text{外}}$ 是外力矩对刚体所做的功，$\frac{1}{2}J\omega_0^2$ 和 $\frac{1}{2}J\omega^2$ 分别为刚体在初始位置和终结位置时的转动动能。

以上结论表明，外力矩对一个绕定轴转动的刚体做的功等于刚体转动动能的增加，这就是刚体定轴转动的**动能定理**。与质点的动能定理类比，两者的物理量之间可以建立这样的对应关系：

$$m \to J, \quad v \to \omega, \quad \frac{1}{2}mv^2 \to \frac{1}{2}J\omega^2, \quad \int_a^b \boldsymbol{F} \cdot \mathrm{d}\boldsymbol{s} \to \int_{\theta_1}^{\theta_2} M \mathrm{d}\theta \tag{5.21}$$

在刚体平动运动中，引入质心的概念可以把刚体的运动看作质量集中在质心上的一个质点的运动，从而在整体上建立了对刚体运动的描述方式，这种描述方式在刚体的平动中可以通过刚体运动的质点化来实现，质点化只与刚体的质量有关，而与刚体的形状和质量分布无关。在刚体转动运动中，不仅必须计及刚体质量，还必须计入与刚体的形状和质量分布有关的转动惯量，从而进一步建立刚体形状和质量分布对运动变化产生影响的描述。

刚体和质点都是理想模型，刚体力学讨论"体"的运动是在质点力学讨论"点"的运动的基础上，通过类比发展起来的，刚体模型比质点模型在描述机械运动方面更接近实际事物的运动，刚体力学既能讨论平动，又能讨论转动。从质点力学到刚体力学体现了人们对客观事物由点到体逐步深入的认识过程。

图 5.9　细棒的摆动

例题 5.1　一根长度为 l，质量为 m 的均匀细棒，在竖直平面内一端悬挂在固定点 O 上，并可以绕与细棒垂直的水平轴转动，如图 5.9 所示。设细棒从初始处于的水平位置开始下摆。求：

（1）细棒开始摆动的角加速度；

（2）细棒摆到最低位置处的角速度。

【解题思路】

在中学物理中经常讨论在细绳末端系有一个物体组成的单摆的运动，当细绳从水平位置开始释放，由于忽略非保守力（如摩擦力）的作用，细绳和物体只受到唯一保守力——重力的作用。于是，单摆的机械能守恒。在讨论此类问题时，只需要讨论物体的运动速度和加速度，不计细绳的质量，也不计细绳在摆动过程中的任何伸长和任何非保守力的作用，这是一种对问题的简化处理。

在大学物理中就需要进一步讨论更接近实际运动的情况，而计入摆绳质量就是首先加入的一个条件。本题中用具有一定质量的细棒代替了摆绳，并作为刚体处理，因而不计细棒在运动过程中的任何伸长，也不计任何非保守力的作用。

本题的物理过程是这样的：细棒从水平位置释放，它在释放瞬间就受到重力产生的力矩作用，从而产生角加速度而开始绕固定轴转动。此外，由于刚体处在重力场中，刚体在初始位置具有重力势能；这部分重力势能相当于质量集中在质心（即重心）处的质点具有的重力势能。当细棒下落到竖直位置时（设该位置为重力势能的零点位置），这部分重力势能就完全转换为刚体的转动动能。因此,求解本题首先需要写出细棒受到的重力矩,由刚体的转动定律得出刚体在释放瞬间产生的加速度;然后,写出细棒在初始位置的重力势能和在竖直位置处的转动动能表达式,根据机械能守恒定律,这两部分能量相等,由此就可以得出最低点的角速度。

【解题步骤】

(1) 细棒在初始位置时受到重力矩的作用。重力的作用点在质心处,因此,重力矩的大小是 $M = \frac{1}{2}mgl$。

转动定律　　$M = J\beta$

这里,J 是细棒的转动惯量,$J = \frac{1}{3}ml^2$,β 是细棒转动的角加速度。

于是得出,$\beta = \dfrac{M}{J} = \dfrac{\frac{1}{2}mgl}{\frac{1}{3}ml^2} = \dfrac{3g}{2l}$

(2) 细棒在初始位置具有重力势能 $E_p = \frac{1}{2}mgl$(设细棒在竖直位置时,棒的质心位置为势能零点),在竖直位置具有转动动能 $E_k = \frac{1}{2}J\omega^2$,$\omega$ 就是细棒在竖直位置时的角速度。根据机械能守恒定律有

$$\frac{1}{2}J\omega^2 = \frac{1}{2}mgl$$

由此得出

$$\omega = \sqrt{\frac{mgl}{J}} = \sqrt{\frac{3g}{l}}$$

例题 5.2　图 5.10 是阿特伍德(Atwood)机的示意图。一细绳跨过一定滑轮,滑轮半径为 R,质量为 m,且分布均匀。在细绳的两端分别悬挂质量为 m_1 和 m_2 的物体($m_1 > m_2$),求:两个物体运动的加速度及细绳两端的张力 T_1 和 T_2。(假设细绳不可伸长,质量可忽略,细绳与滑轮之间没有相对滑动。)

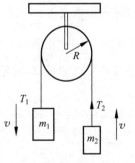

图 5.10　阿特伍德机的示意图

【解题思路】

在中学物理中,凡是涉及悬挂在滑轮上的物体下降或上升的问题一律都不计滑轮的质量,也不计细绳与滑轮之间的摩擦力,这是因为从中学物理课程目标的要求上来看,只限于讨论物体的运动加速度,不必涉及滑轮的转动,这是一种对问题的模型化的简化处理,而把滑轮两边细绳上的张力看作相同的力,也是简化的一个必要条件。

在大学物理中就需要进一步讨论更接近实际运动的情况,计入滑轮质量就是首先加入的一个条件。一旦计入滑轮质量,滑轮相对于固定转轴就有转动惯量。在物体下降或上升时,细绳就会带动滑轮开始转动,而一旦滑轮有了角加速度,就意味着滑轮两边细绳上的张

力是不相等的,滑轮受到了一个力矩的作用。

在本题中,既有物体下降或上升运动,又有滑轮的转动,滑轮两边细绳上的张力是不相等的。物体下降或上升时的加速运动是受到重力和细绳中张力的合力作用的结果,滑轮的加速转动是两边细绳中不相等的张力产生的力矩的作用。因此,在解题时要同时应用牛顿第二定律和刚体定轴转动定律。

由于讨论的对象是两个物体和一个滑轮,它们通过细绳相连,因此,解题时将各物体隔离进行受力分析,以及明确各物体的运动状态之间的关系是必要的,然后还必须建立坐标系,对物体运用牛顿第二定律,对滑轮运用刚体定轴转动定律,写出联立方程进行求解。

【解题步骤】

各物体的受力分析如图 5.11 所示:

图 5.11 各物体的受力分析图

两个物体 m_1,m_2 在重力和细绳张力合力作用下作加速运动,设加速度分别为 a_1 和 a_2,根据牛顿第二定律可列出:

$$m_1 g - T_1 = m_1 a_1 \tag{5.22}$$

$$T_2 - m_2 g = m_2 a_2 \tag{5.23}$$

绳子对滑轮产生的力矩为 $(T_1 - T_2)R$,滑轮(圆盘)转动惯量为

$$J = \frac{1}{2}mR^2 \tag{5.24}$$

设滑轮角加速度为 β,则根据转动定律式(5.13)有

$$(T_1 - T_2)R = J\beta = \frac{1}{2}mR^2\beta \tag{5.25}$$

由于绳子不可伸长,与滑轮之间没有相对滑动,所以

$$a_1 = a_2 = R\beta \tag{5.26}$$

把方程式(5.22)~式(5.26)联立,求解可得

$$a_1 = a_2 = \frac{2(m_1 - m_2)g}{m + 2(m_1 + m_2)}$$

将以上结果分别代入式(5.22)和式(5.23)解得

$$T_1 = \frac{(m + 4m_2)m_1 g}{m + 2(m_1 + m_2)} \tag{5.27}$$

$$T_2 = \frac{(m + 4m_1)m_2 g}{m + 2(2m_1 + m_2)} \tag{5.28}$$

例题 5.3 如图 5.12 所示,在质量为 M,半径为 R 的均匀圆盘上,挖去半径为 $R/3$ 的圆孔,圆孔中心距圆盘中心的距离为 $R/2$,如果所剩部分质量为 m,求:剩余部分对于过 O

点且与圆盘垂直的轴线的转动惯量是多少?

【解题思路】

转动惯量是表征刚体对于转轴质量分布的重要物理量,是刚体转动惯性大小的度量。从第 2 章可知,对质点而言,质量是惯性的度量,只要质量一定,该质点的惯性就是确定的。在具体计算刚体的转动惯量时,必须注意的是,对刚体而言,转动惯量虽然是转动惯性大小的度量,但是,一定质量的刚体,其转动惯量的大小却是相对于固定转轴而言的,对不同的转轴来说,同一个刚体的转动惯量是不同的。

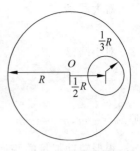

图 5.12 挖去圆孔的圆盘

尽管按照转动惯量的定义式,原则上可以计算任何刚体相对于任意转轴的转动惯量,但是,这样的计算对于质量分布比较规则的刚体而言一般是可行的,而对于质量分布不规则的刚体来说,这样的计算有时就变得复杂得多,难以得出明确的结果。由于转动惯量具有叠加性,因此,除了上述直接计算的方法外,在一定条件下还可以采用质量补偿法。这就如同盖房子可以依次用一砖一瓦垒成房子,也可以采用先制备一块块"模块",再搭建房子一样。前一种按照定义直接计算方法是按照先计算质量元("砖瓦")的转动惯量,然后再相加而得出整体转动惯量("房子")的"砖瓦法",而后一种方法就是先用分块计算"模块"(包括缺失质量"模块")的转动惯量,再相加得出整体转动惯量("房子")的缺失质量补偿。

在本题中,在没有挖去半径为 $R/3$ 的圆孔前,圆盘是规则对称的,质量分布也是均匀的,根据已知结果,相对于过 O 点的指定轴线的转动惯量是 $\frac{1}{2}MR^2$。挖去圆孔后,剩余部分的形状与圆形相比却是不规则的,直接计算它的转动惯量会困难得多。但从质量补偿法来看,剩余部分可以看作作为完整圆盘和质量缺失的小圆盘共同组成的体系,于是剩余部分相对于过 O 点的指定轴线的转动惯量就是,大圆盘相对于该固定轴线的总的转动惯量,与缺失质量小圆盘相对于指定轴线的转动惯量之差。小圆盘相对于指定轴线的转动惯量,可以通过先求出小圆盘相对于自身圆盘中心的转轴的转动惯量以后,再根据平行轴定理得出。

质量补偿法不仅在力学中计算一些不那么规则的刚体转动惯量,而且在以后的电学中,对于计算连续带电体产生的电场强度也有着重要的地位和作用。

【解题步骤】

已知完整的大圆盘相对于过 O 点且垂直于圆盘的轴线的转动惯量为

$$J_0 = \frac{1}{2}MR^2$$

小圆盘质量为 $M-m$,记为 m_1,它相对于过自身圆盘中心且垂直于圆盘的转轴的转动惯量是

$$J_1 = \frac{1}{2}m_1\left(\frac{1}{3}R\right)^2$$

根据平行轴定理,质量缺失的小圆盘相对于过大圆盘中心 O 且垂直于圆盘的转轴的转动惯量是

$$J_{10} = \frac{1}{2}m_1\left(\frac{R}{3}\right)^2 + m_1\left(\frac{R}{2}\right)^2$$

设圆盘的质量面密度为 σ,则为

对大圆盘：
$$M = \sigma \pi R^2$$

对小圆盘：
$$m_1 = M - m = \sigma \pi \left(\frac{R}{3}\right)^2$$

则 $M = \frac{9}{8}m, m_1 = \frac{1}{8}m$

根据转动惯量的叠加性，带圆孔的圆盘绕中心轴 O 的转动惯量是

$$J_0 = J_1 - J_{10} = \frac{1}{2}MR^2 - \left(\frac{1}{18}m_1 R^2 + \frac{1}{4}m_1 R^2\right) = \frac{151}{288}mR^2$$

思 考 题

5.1 描述刚体定轴转动时，为什么一般采用角量（角位移、角速度、角加速度等），而不采用描述质点运动的线量（位移、速度、加速度等）？请用类比的方法列出质点作匀加速运动和刚体作匀加速定轴转动相对应的运动学公式。

5.2 在刚体作定轴转动过程中，刚体上各质元的法向加速度可以写成 $a_n = \frac{v^2}{r}$，r 是质元离开转轴的距离，这个公式表明，法向加速度与 r 成反比；但是法向加速度还可以写成 $a_n = \omega^2 r$，这个公式表明，法向加速度与 r 成正比。这两者的表达式互相矛盾吗？为什么？

5.3 在刚体作定轴匀变速转动过程中，离刚体转轴为 r 处的任意一质元 Δm 有没有切向加速度？其大小是否改变？有没有法向加速度？其大小是否改变？

5.4 质心和重心是力学中两个重要的物理量，它们各自描述物体的什么属性？质心和重心一定重合吗？在什么情况下它们的位置重合？在什么情况下它们的位置有偏离？各举例说明。

5.5 (1) 当一个刚体受到两个力的作用，但它们的合力为零，这两个力对转轴的合力矩一定为零吗？请举例说明。

(2) 当一个刚体受到两个力的作用，它们对转轴的合力矩为零，这两个力的合力一定为零吗？请举例说明。

5.6 一个半径为 R 的薄圆环相对于通过环的中心且垂直于环面的转轴的转动惯量为 J，另一个用同样材料制成的薄圆环的半径为 $\frac{R}{2}$，它相对于通过环的中心且垂直于环面的转轴的转动惯量为 J_1，问：下列哪一个关系是正确的？

(A) $J_1 = \frac{1}{2}J$ (B) $J_1 = \frac{1}{4}J$ (C) $J_1 = \frac{1}{8}J$ (D) $J_1 = \frac{1}{16}J$

5.7 与"质量是物体运动惯性的量度"相类比，可以说，转动惯量是刚体转动惯性大小的量度。在经典力学中，物体的质量是不变的，因此，物体的惯性也是不变的。那么，在刚体转动力学中，刚体的转动惯量是固定不变的吗？由此推导出，刚体的转动惯性是固定不变的吗？为什么？你认为，定义转动惯量这个物理量有什么意义？如果把质量和转动惯量做一个类比，质量和转动惯量有什么联系和区别？

5.8 刚体定轴转动动能可以看作刚体上各个质元动能之和。你能根据一个质量为 Δm 的"质元"的动能表示式 $\Delta E_k = \frac{1}{2}(\Delta m_i)v_i^2$ 导出刚体定轴转动的动能表达式 $E_k = \frac{1}{2}J\omega^2$ 吗？（这里 J 是刚体的转动惯量，ω 是刚体的转动角速度）

5.9 讨论用绳索悬挂在定滑轮上的物体上升或下降的问题时，为了简化问题的求解，中学物理特别指出，在这些问题中不计滑轮的质量，也不计绳索与滑轮接触处的摩擦力，这里为什么需要这样的简化？实际上，滑轮是有一定质量的，绳索与滑轮接触处是存在摩擦力的，当悬挂在滑轮两边的物体加速上升或下降时，滑轮会发生相应的定轴转动。一旦计入这些因素，在求解物体上升或下滑问题时，列出的运动方程会有怎样的变化？

5.10 有一轻绳绕在具有水平转轴的定滑轮上，当在轻绳一端悬挂一个质量的为 m 的物体时，滑轮向下运动，并具有角加速度 β。如果不挂物体改用一个大小为 mg 的力向下拉动轻绳。与角加速度 β 相比，则滑轮的角加速度将会发生什么变化？下列哪个结果是正确的？

(A) 不变　　　　(B) 变大　　　　(C) 变小　　　　(D) 无法判断

5.11 在图 6.4 演示角动量守恒的"茹可夫斯基转椅"实验中，不计任何外力矩。当实验者双臂伸开时，相对于转轴的转动惯量为 J_0，转动角速度为 ω_0，然后实验者将双臂合拢，此时转动惯量减少为 $\frac{2}{3}J_0$，转动角速度将发生什么变化？下列哪个结果是正确的？

(A) $\frac{2}{3}\omega_0$　　　　(B) $\frac{3}{2}\omega_0$　　　　(C) $\frac{\sqrt{3}}{2}\omega_0$　　　　(D) $\frac{2}{\sqrt{3}}\omega_0$

5.12 在学习角动量守恒定律时，曾经提出过"为什么猫从高处掉下来不会摔死"的问题。对此问题，有一种看法认为，这与猫的尾巴的转动能够调整猫围绕身体转轴的角动量以保持猫的角动量守恒有关，此看法曾经引起了许多讨论。请利用互联网以这个主题词查询有关资料，说说你的看法。

习　题

5.1 已知一飞轮做定轴转动，其角位移随时间变化的关系是
$$\theta = at + bt^2 \quad (SI)$$
其中 a,b 都是常量。求：飞轮的角速度、角加速度以及离开转轴距离为 r 处质元的切向加速度 a_τ 和法向加速度 a_n。

5.2 一直径为 0.5m 的飞轮以初角速度 500r/min 开始作匀加速转动，在 5s 内角速度增大到 3000r/min。求：

(1) 以 rad/s 为单位，飞轮的初角速度和末角速度是多少？
(2) 飞轮的角加速度是多少？
(3) 在 5s 的加速过程中，飞轮转过了多少圈？
(4) 在 5s 的加速过程中，飞轮边缘上某一点的切向加速度是多少？
(5) 在到达末角速度时，飞轮边缘上某一点的法向加速度是多少？

(6) 在到达末角速度时，飞轮边缘上某一点的线速度是多少？

5.3 已知齿轮的角加速度随时间变化的关系式是 $\beta = 4at - 3bt^2$ (SI)，其中 a,b 都是常量。当齿轮从静止开始作加速转动时，求：齿轮的角速度和角位移。

5.4 一汽车发动机的转速在 7.0s 内从 $200 \text{r} \cdot \text{min}^{-1}$ 均匀地增加到 $3000 \text{r} \cdot \text{min}^{-1}$。有一个飞轮安装在发动机上，并与发动机同轴，飞轮半径 $r = 0.2 \text{m}$。求：

(1) 在这段时间内，发动机的初角速度和末角速度以及角加速度；

(2) 在这段时间内，发动机转过的圈数；

(3) 在 7s 末时，这个飞轮边缘上一点的切向角速度、法向角速度和总加速度。

5.5 一根长度为 L、质量为 M 的匀质细棒，可绕上端点处水平轴在竖直平面内自由转动，初始时刻静止在平衡位置（图 5.13）。现有一颗质量为 m 的子弹以初速度 v_0 水平射入细棒的转轴下方 l 处，并嵌入其中。试求细棒受到子弹打击后上摆的最大角度（棒相对于上端点处水平轴的转动惯量 $J = \frac{1}{3}ML^2$）。

5.6 一质量为 m，半径为 R 的均匀圆盘在水平面上绕中心轴转动，如图 5.14 所示。设圆盘与水平面的摩擦系数为 μ，问：由于受摩擦力的作用，圆盘从初角速度为 ω_0 到停止转动，共转了多少圈？

图 5.13 习题 5.5 图　　　图 5.14 习题 5.6 图

图 5.15 习题 5.7 图

5.7 如图 5.15 所示，一根质量为 m，长度为 l 的均匀细棒 OA，O 端为固定端，细棒可以围绕通过 O 端的光滑轴线在竖直平面内转动。一开始棒 OA 处于水平位置，然后自由下摆。求：当细棒摆到与水平方向成 θ 角度的位置时，细棒的质心 C 点和端点 A 点的速度（细棒对 O 点的转动惯量 $J = \frac{1}{3}ml^2$）。

5.8 两滑冰运动员，在相距 1.5m 的两平行线上相向而行，两人质量分别为 $m_A = 60 \text{kg}$，$m_B = 70 \text{kg}$，它们速率分别为 $v_A = 7 \text{m} \cdot \text{s}^{-1}$，$v_B = 6 \text{m} \cdot \text{s}^{-1}$，当两者的距离最近时，便手拉起手开始绕质心作圆周运动，两者的距离始终保持为 1.5m，如图 5.16 所示。求该瞬时：

(1) 系统对通过质心的竖直轴的总角动量；

(2) 系统的角速度；

(3) 两人拉手前、后的总动能。这一过程中能量是否守恒？

5.9 一质量为 $M = 1 \text{kg}$，半径为 $R = 20 \text{cm}$ 的匀质球体可绕固定的过球心 O 的水平转轴转动,转动惯量 $J=\frac{2}{5}MR^2$。设初始时刻球体静止。现有一质量为 $m=10\text{g}$ 的质点以 $v_0=5\text{m}\cdot\text{s}^{-1}$ 的速度沿切向与球体边缘发生完全非弹性碰撞,引起球体转动,如图 5.17 所示。不计任何摩擦阻力。问:

(1) 碰撞前后整个系统相对于 O 的角动量是否守恒?

(2) 碰撞后角速度多大?

(3) 碰撞过程中整个系统损失了多少动能?

图 5.16 习题 5.8 图   图 5.17 习题 5.9 图

5.10 一个质量为 M,半径为 R 并以角速度 ω 旋转的飞轮(可看作匀质圆盘),在某一瞬间突然有一片质量为 m 的碎片从轮的边缘上飞出,如图 5.18 所示。假定碎片脱离飞轮时的瞬时速度大小为 v_0,方向竖直向上。问:

(1) 碎片能上升的高度是多少?

(2) 余下部分的角速度、角动量和转动动能各为多少?

5.11 一半圆形匀质细杆,半径为 R,质量为 M,如图 5.19 所示。求对过细杆两端 AA' 轴的转动惯量。

5.12 如图 5.20 所示,在质量为 M,半径为 R 的匀质圆盘上挖出半径为 r 的两个圆孔。圆孔中心在圆盘半径的中点。求剩余部分对大圆盘中心且与盘面垂直的轴线的转动惯量。

图 5.18 习题 5.10 图   图 5.19 习题 5.11 图   图 5.20 习题 5.12 图

第6章

简谐振动和简谐波

本章引入和导读

振动是几乎在每一个领域中都能发现的一种运动形式,振动有狭义和广义之分。狭义的振动只指机械振动,机械振动是各类振动中最常见的也是最基本的振动。从挂在弹簧上的一个具有一定质量的物体的上下运动、机械钟里钟摆的往返运动、管弦乐器上琴弦的有节奏运动、人体心脏的起搏跳动到地壳板块碰撞引起的地震等都是机械振动的实例。它们的运动特征是,物体在平衡位置附近随时间作周期性的往返机械运动。而从广义上看,任何前后、左右或上下围绕某个位置或状态随时间往返的周期性量(物理的、化学的、地理的、生物的或社会的等)的变化都可以看作一种振动,因此,广义的振动包括所有描述的量随时间周期性变化的运动。从振动的表现形式看,振动有简单振动与复杂振动之分。

波也是一种几乎到处可见的运动形式。波不是如同一只小球或一块石头那样一个物体的运动,而是振动的能量和信息在空间传播的一种运动形式。它的主要特征是运动具有空间周期性和时间周期性。波也有狭义和广义之分。狭义的波只指机械振动产生以后通过弹性介质进行传播而形成的机械波,如水波、声波等。机械波是常见的具有时间和空间周期性的一种运动形式。广义的波指的不仅可以是机械的,还可以是电磁的、生物的、社会的某个运动的物理量发生了扰动,并出现扰动的传播形成的各类波。按扰动的波源运动形式分,不同运动形式的扰动的传播产生不同类型的波,例如,机械扰动的传播构成机械波,电磁场扰动的传播构成电磁波,温度变化的传播构成温度波,晶体点阵扰动的传播构成点阵波,自旋磁矩的扰动在铁磁体内传播形成自旋波等。按扰动传播的物理量本身的性质分,受扰动的物理量可以是标量,它的传播就形成标量波,如空气密度本身是标量,它受到扰动并向外传播就形成声波;也可以是矢量,它的传播就形成矢量波,如电场强度和磁场强度本身就是矢量,它们受到扰动并向外传播就形成电磁波。按扰动中质元的运动方向与扰动的传播方向的关系分,质元运动方向与波的传播方向一致的波称为纵波,质元方向与传播方向相垂直的波称为横波等。波有简单波与复杂波之分。

不仅在宏观领域普遍存在着振动与波的现象,在研究微观粒子运动时,波的基本概念也是理解物质波的重要基础。奥地利物理学家薛定谔于1926年在微观粒子具有波粒二象性特征的基础上,建立了用波动方程描述微观粒子运动状态的理论,这部分量子力学常常被称为波动力学。波动方程中的波函数被赋予了概率波的物理含意,它既区别于水波和声波,也区别于经典的电磁波。因而,波动理论实际上也已经成为物理学关于研究微观粒子运动的主要内容。

简谐振动和简谐波具有严格的周期运动确定性。周期性运动思想是物理学中的一个基本思想。周期性广泛存在于各种自然现象和社会变革之中。运动周期性是运动有序性思想的一种体现。人们追求周期性运动的规律,体现了人们对事物的有序变化做出预料并实现可控的愿望。

大学物理中把一个摆角很小的单摆作为具有周期性运动确定性的典型例子进行分析。实际上随着摆角的增大,单摆运动会变得越来越复杂,逐渐失去了周期运动的确定性,进入不确定性的混沌运动状态。这就表明,周期运动与非周期运动没有明显的界限。确定性的周期性运动仅仅是简化了的运动理想模型,不确定性的非周期运动才是实际运动的真实表现。

本章仅讨论机械振动和机械波的描述方式以及它们具有的特征。

如同在直线运动和曲线运动中引入质点的理想模型一样,本章从引入振动和波的理想模型——简谐振动和简谐波开始。简谐振动的特点是,位移、速度和加速度的表达式都是时间的余弦函数(或正弦函数)。简谐波则是简谐振动在介质中的传播。

学习本章,重点要理解和掌握对简谐振动和简谐波的描述方式及其相应的特征物理量,学习用类比的方法对简谐振动和简谐波进行比较。既要掌握简谐振动与简谐波之间很多的相似性,又要掌握简谐振动与简谐波之间的许多区别。例如,简谐振动图像描述的是同一个质点随时间周期性的往返运动,简谐波图像描述的是同一时刻介质中许多质点的运动;描述简谐振动需要三个特征量——振幅、角频率和相位,振动的质点具有动能和势能。描述简谐波还需要加上波速、波长、能量密度和能流密度等特征量。两个简谐振动可以合成,同样两列简谐波也可以合成,两列相干波可以产生波的干涉现象,这就是波的相干性。其中驻波是波的干涉现象的一个特例。作为波的理论的一个应用,本章还讨论了多普勒效应以及波的频率的相对性。

6.1 简谐振动的运动学

——什么是描述简谐振动的三个特征量?

实际的机械振动现象一般是很复杂的,为了从本质上把握振动的特点,本章讨论一种简单的理想化的机械振动——简谐振动。任何复杂的振动都可以看作由不同频率的简谐振动组成的。

6.1.1 简谐振动的运动学描述及其三个特征量

把一个轻弹簧的一端固定,另一端与一个质量为 m 的物体相连接,并放置在光滑的水平面上,如图 6.1 所示。当弹簧处于自然长度时,物体处于平衡位置 O。把水平方向设为 x 轴,O 点作为坐标原点。沿 x 轴正方向拉伸弹簧使物体偏离平衡位置 O 点的位移为 x 后释放,在忽略弹簧质量以及不计空气阻力和其他摩擦力的情况下,物体在弹性力作用下围绕平衡位置 O 作往返运动,其偏离平衡位置的位移随时间呈现周期性的变化,这种运动就称为简谐振动,简称谐振动。这种能进行谐振动的物质系统称为简谐振子,简称谐振子。

谐振子是实际振动物体的一种理想化模型。在忽略阻力的情况下,一个弹簧振子的小幅度往返运动就可以看作简谐振动,如图 6.2 所示。

图 6.1　谐振子的简谐振动　　图 6.2　弹簧振子的振动

谐振子模型处在比质点模型更高的层次上,这是因为质点模型是从物体结构的最基本单元上提出的,相互作用力发生在质点之间。而谐振子不是物质结构的最基本单元,是由一个物体(质点)与其他施力对象(不是质点)共同连接的一个力学模型,是对实际运行的机械元件运动的一种近似。谐振子的数学模型不仅在力学中可以用来描述周期性运动,而且有助于把这个领域的研究拓展到其他领域去,实现认识上的飞跃。

如同前面几章讨论质点运动从对位移的描述开始一样,对简谐振动的运动状态的描述也从对位移的描述开始。

按照胡克定律,谐振子受到的弹性作用力 $\boldsymbol{F}$ 的大小与物体离开平衡位置的位移 $\boldsymbol{x}$ 的大小成正比,$\boldsymbol{F}$ 的方向与位移 $\boldsymbol{x}$ 的方向相反,即 $\boldsymbol{F}=-k\boldsymbol{x}$。在弹性力作用下,物体作变加速运动,可以证明,谐振子的位移 $\boldsymbol{x}$ 的大小随时间的变化可以用余弦函数(也可以用正弦函数)描述

$$x(t)=A\cos(\omega t+\varphi) \tag{6.1}$$

式(6.1)称为简谐振动的位移数学式(解析式),有时也叫运动方程。

式(6.1)表明,简谐振动的位移 $x(t)$ 不仅是时间 t 的周期函数,还是另外三个物理量 A 振幅、ω 角频率和相位 $\omega t+\varphi$ 的函数。

在实际运动中,仅用与描述质点运动相同的物理量如位移、速度和加速度的大小等来描述简谐振动是不够的,还需要对那些体现简谐振动特点的运动状态或物理过程引入与物体振动有关的物理量。例如,为了表明物体简谐振动的强度需要定义振幅,表征物体完成一次往返运动的快慢需要定义角频率,描述物体在运动过程中所处的位置和速度的特征需要定义相位等。对一个作简谐振动的物体而言,只要确定了振幅 A、角频率 ω 和相位 $\omega t+\varphi$,物体的简谐振动状态也就完全确定了,因此,这三个物理量称为简谐振动的三个特征量。

振幅:振幅是反映简谐振动强度大小的特征量。由于简谐振动总是围绕平衡位置往返进行,因此,可以以平衡位置为位移零点来描述物体偏离平衡位置的位移 $\boldsymbol{x}(t)$。位移是一个矢量,物体偏离平衡位置的位移有正向位移与反向位移之分。位移本身的取值可正可负,但位移的绝对值数值大小一定介于零到一个最大值之间。物体偏离平衡位置的最大位移 x_m 的绝对值 A 称为振幅,振幅是一个恒为正的物理量。

角频率:角频率 ω 是反映简谐振动物体往返运动快慢程度的特征量。

设物体沿 x 轴方向作简谐振动。假设物体在 x 轴正方向上某位置 a 点开始朝着正向位移最大值的位置运动。如果从 a 点开始计时,那么随着时间的推迟,物体从 a 点先到达正向位移最大值处,然后沿 x 轴反方向返回。物体第一次返回到 a 点后继续沿 x 轴反向运动。物体先经过平衡位置 O,再沿 x 轴反向运动到达反向位移最大处,然后沿 x 轴正向返回。物体在经过平衡位置 O 以后,第二次到达位置 a。此时物体的运动状态(位置、速度、加速度等)再次恢复到与开始计时相同的状态。物体从 a 点开始运动,两次经过平衡位置 O 并两次返回到 a 点的往返过程就称为物体完成的一次全振动。

在 1s 内物体完成全振动的次数(或周数)称为简谐振动的频率 f,单位是周每秒(又称赫兹,记作 Hz),常用的频率单位还有千赫(kHz)和兆赫(MHz)。

在简谐振动过程中物体完成一次全振动需要的时间称为简谐振动的周期 T,周期的单位是秒(记作 s)。频率与周期的关系是 $f=\dfrac{1}{T}$,$1\,\text{Hz}=1\,\text{s}^{-1}$。

在描述简谐振动的过程中,常常把频率 f 的 2π 倍定义为简谐振动的角频率 $\omega=2\pi f$,角频率与周期的关系是 $\omega=\dfrac{2\pi}{T}$。角频率 ω 或频率 f 和周期 T 都是由运动系统的属性决定的。

相位:相位 $\omega t+\varphi$ 是反映物体在完成一次全振动过程中处于某位移处(或处于某一时刻)的运动状态的物理量。由于位移 x 是时间 t 的周期函数,物体在一次全振动过程中会在两个不同时刻在同一个位置处先后出现两次,并且除了在正、反向最大位移处物体的速度为零外在其他位移处物体两次出现的速度方向是相反的。因此,在一个全振动过程中,虽然物体会在两个不同时刻处于一个相同位置处,但在这两个时刻物体的运动速度却是不相同的,也就是说,物体在这两个不同时刻处于同一个位置的运动状态是不同的,这就需要一个新的带有时间的物理量来描述这样的振动特点,这个物理量就是相位 $\omega t+\varphi$,相位是用角度或弧度来量度的。$t=0$ 时刻的相位 φ,称为初相位。

图 6.3 所示是简谐振动的运动方程式(6.1)的 x-t 图像。其中纵坐标表示位移 x,A 就是振动的最大位移即振幅,横坐标表示时间 t,T 就是振动的周期。

把运动方程依次对时间求导,可以得到物体作简谐振动的速度和加速度表达式

$$v=\frac{\mathrm{d}x}{\mathrm{d}t}=-\omega A\sin(\omega t+\varphi)=\omega A\cos\left(\omega t+\varphi+\frac{\pi}{2}\right) \tag{6.2}$$

$$a=\frac{\mathrm{d}^2x}{\mathrm{d}t^2}=-\omega^2 A\cos(\omega t+\varphi)=-\omega^2 x=\omega^2 A\cos(\omega t+\varphi+\pi) \tag{6.3}$$

比较简谐振动速度表达式(6.2)、加速度表达式(6.3)和运动方程表达式(6.1),如图 6.4 所示,可以看出,物体做简谐振动的速度和加速度也按照与位移同频率的规律变化,但是,速度和加速度表达式与运动方程有下列区别。

(1) 振幅不同。位移的最大值即振幅是 $x_\text{m}=A$,而速度的最大值即振幅是 $v_\text{m}=\omega A$,加速度的最大值即振幅是 $a_\text{m}=\omega^2 A$。

(2) 相位不同。速度的相位超前(大于)位移的相位 $\dfrac{\pi}{2}$,加速度的相位超前(大于)位移的相位 π,即二者反相。

图 6.3 简谐振动的图像

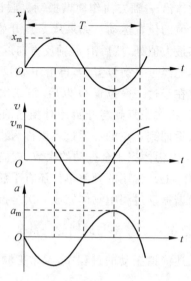

图 6.4 简谐振动的 x-t,v-t,a-t 的关系曲线

6.1.2 简谐振动的旋转矢量图示法

简谐振动方程表明,振动的位移随时间以余弦函数形式变化,这是从代数上对简谐振动的描述。基于周期运动这个特点,可以借助于旋转矢量图从几何上描述简谐振动,并直观地表示出简谐振动的运动学方程式中的三个特征量。

图 6.5 简谐振动的旋转矢量图示

以 O 点为坐标原点,选水平方向为 x 轴。从原点 O 作一矢量 A,它的长度等于振动的振幅。设矢量 A 在 $t=0$ 时刻与 x 轴夹角为 φ,矢量 A 的末端初始位置位于圆周上的 M_0 点,其后该矢量 A 以角速度 ω 绕原点 O 逆时针匀速旋转。由此就构成了一个简谐振动的旋转矢量图,如图 6.5 所示。

当矢量 A 沿圆周绕 O 点逆时针旋转并经过 t 时间以后,转过了 ωt 的角度,此时,矢量 A 与 x 轴的夹角就是 $\omega t+\varphi$,矢量 A 在 x 轴上的投影就是

$$x(t)=A\cos(\omega t+\varphi) \tag{6.4}$$

式(6.4)就是物体简谐振动的运动学方程,即式(6.1)。当矢量 A 末端 M_0 出发,旋转一周,即转过 2π 再次到达 M_0 时,矢量 A 末端 M_0 在 x 轴上的投影就对应于一个相应的物体在 x 轴上以 O 点为平衡位置完成的一次往返的全振动。

这里,旋转矢量 A 的大小就对应于简谐振动的振幅,旋转矢量的角速度 ω 就对应于简谐振动的角频率,$\omega t+\varphi$ 就对应于简谐振动在某时刻 t 的相位,$t=0$ 时刻的相位 φ 就是初相位(简称初相)。旋转矢量的端点在 x 轴投影的速度对应于简谐振动的速度表达式;旋转矢量的端点在 x 轴投影的加速度对应于简谐振动的加速度表达式。

由于 $t=0$ 时刻是可以任意选择的,因此,初相位是相对的。在旋转矢量图中,如果在

$t=0$ 时刻,矢量 A 的末端投影恰好处在 x 正方向最大位移处,此时初相位 $\varphi=0$。当矢量 A 从 $\varphi=0$ 开始逆时针旋转并经过 $t=\dfrac{T}{4}$ 时,它的末端投影就落在平衡位置 O 处,此时简谐振动的相位就是 $\omega t+\varphi=\dfrac{\pi}{2}$;当矢量 A 继续转动并经过 $t=\dfrac{T}{2}$ 时,它的末端恰好处在 x 负方向最大位移处,此时简谐振动的相位就是 $\omega t+\varphi=\pi$;当矢量 A 从 x 负方向的最大位移继续转动并经过 $t=\dfrac{3T}{4}$ 时,它的末端投影再次落在平衡位置处,此时简谐振动的相位就是 $\omega t+\varphi=\dfrac{3\pi}{2}$,如图 6.6 所示。

图 6.6 用旋转矢量表示的相位示意图

6.1.3 简谐振动的初始条件

谐振子的角频率 ω 是由谐振子的系统属性所决定的,而振幅 A 和初相 φ 是由在 $t=0$ 时刻谐振子的初始位移 x_0 和初速度 v_0 决定的,x_0 和 v_0 称为振动的初始条件。

把一个水平放置的谐振子从平衡位置 $x=0$ 处沿 x 正方向拉开到某一个位移 $x=x_0$ 处,把这个时刻作为 $t=0$ 的初始时刻计时,这个谐振子从这个初始状态开始运动。利用式(6.2)和式(6.3)可以得出

$$x_0 = A\cos\varphi, \quad v_0 = -\omega A\sin\varphi \tag{6.5}$$

由此初始条件可以得出,振幅 A 和初相位 φ 分别是

$$A = \sqrt{x_0^2 + \dfrac{v_0^2}{\omega^2}}, \quad \tan\varphi = -\dfrac{v_0}{\omega x_0} \tag{6.6}$$

6.1.4 单摆的运动

当一个物体通过摆线绕某个固定悬挂点进行小角度往复运动时,就构成了一种称为摆的装置。置于摆下端的物体(如摆球)的运动就形成了一种振动。振动的频率、振幅大小一般和物体的形状、大小、质量以及质量密度分布有关。公园里的秋千就是这样一种实际装置。

实际摆的运动往往很复杂,为了得出摆的一般运动规律,在一定条件下,可以把摆线看成没有质量且不可伸长的细线,且细线的长度远大于悬挂的摆球的尺度,这样可将摆球看作质点。在摆动角度 θ 较小时,忽略空气阻力和悬挂点的阻力,摆球在重力和摆绳拉力的作用

图 6.7 单摆的运动

下作随往返周期运动,这样的振动装置就称为理想单摆,如图 6.7 所示。实际的摆动在运动过程中总会遇到空气的阻力和悬挂点的阻力,随着时间的推移,摆动的角度越来越小,最后静止在摆球的平衡位置上。在通常讨论的问题中,如果没有专门提及空气阻力和其他阻力,可以证明,理想单摆的运动就是简谐振动。

设摆线长度为 L,摆球的质量为 m,摆球在重力的作用下,围绕平衡位置作往返的周期运动。设某时刻摆线与竖直方向的夹角是 θ(θ 称为角位移,g 为重力加速度),则切向分力 f 为

$$f = -mg\sin\theta \tag{6.7}$$

在摆角 θ 很小时,重力的切向分力 $f = -mg\sin\theta \approx -mg\theta$,这与谐振子的弹性力公式非常相似,即力与角位移 θ 的大小成正比,且符号相反。因此,单摆的角位移运动学方程与谐振子的运动学方程非常相似,即

$$\theta = \Theta\cos(\omega t + \varphi) \tag{6.8}$$

这里 Θ 就是单摆运动的最大角位移——角振幅。单摆振动的周期为

$$T = \frac{2\pi}{\omega} = 2\pi\sqrt{\frac{L}{g}} \tag{6.9}$$

由此可见,单摆做简谐振动的周期与摆长 L 的平方根成正比,与重力加速度 g 的平方根成反比,而与振幅、摆球的质量无关。

当单摆周期 $T = 2s$ 时,由式(6.9)可得,摆长大约为 1m,这种单摆称为秒摆。

【物理史料】 伽利略第一个发现摆振动的等时性

单摆的运动有着确定的振幅、角频率和相位等特征量。若摆球只限于在铅直平面内摆动,则为平面单摆;若摆球的摆动不限于铅直平面,则为球面单摆。如果摆球摆动的角度 θ 很大,则振动的周期将随摆角的增加而变大,这种摆的运动就不能看作简谐振动。如摆球的线度相当大,与细绳相比,不能看作质点,细绳的质量也不能忽略,这样的摆就构成了复摆(又称物理摆),其周期与摆球的大小有关。

【拓展阅读】 证明地球自转的一种装置:傅科摆

6.2 简谐振动的机械能

——什么是简谐振动的动能和势能?

谐振子在作简谐振动的过程中只要偏离平衡位置,就具有弹性势能,但在平衡位置上没有弹性势能;弹簧振子在振动过程中只要有速度,就具有动能,但在正向或反向的最大位移处没有速度,因而也没有动能。

简谐振动的动能 根据谐振子的速度表达式(6.2)和动能的定义有

$$E_k = \frac{1}{2}mv^2 = \frac{1}{2}\frac{k}{\omega^2}A^2\omega^2\sin^2(\omega t + \varphi) = \frac{1}{2}kA^2\sin^2(\omega t + \varphi) \tag{6.10}$$

简谐振动的势能 根据运动方程表达式(6.1)和弹性势能表达式有

$$E_p = \frac{1}{2}kx^2 = \frac{1}{2}kA^2\cos^2(\omega t + \varphi) \tag{6.11}$$

简谐振动的总机械能为

$$E = E_p + E_k = \frac{1}{2}kA^2 \qquad (6.12)$$

式(6.10)和式(6.11)表明：谐振子的动能和势能都随时间呈周期性的变化，这是简谐振动的一个基本特征。谐振子位于动能最大的位置时，它的势能最小，谐振子位于平衡位置处，只有动能没有弹性势能；反之，谐振子位于势能最大的位置时，它的动能最小，谐振子位于最大位移处，只有弹性势能没有动能。在其他位置处，谐振子既有动能又有弹性势能。

式(6.12)表明，无论作简谐振动的物体处于什么位置，物体的总机械能都是一个常数，这就是简谐振动的机械能守恒定律。简谐振动的机械能只与振幅的平方成正比，与时间无关，这是简谐振动的又一个基本特征。由此还可以看出，振幅不仅表明了简谐振动的最大位移的大小，而且决定了简谐振动能量的强度。

例题 6.1 已知简谐振动位移与时间的函数关系的曲线如图 6.8 所示，写出这个简谐振动的运动学方程。

【解题思路】

简谐振动位移 x 与时间 t 的函数关系称为简谐振动的运动学方程，其解为简谐振动的表达式。在 x-t 图线上描述运动方程的曲线称为运动曲线。在运动曲线上用数字标出三个特征量就可以建立与运动方程的一一对应关系。本题的运动曲线上已直接或间接提供了三个特征量的信息，一旦确定了三个特征量，就可以得出运动方程。

图 6.8 简谐振动的位移 x 与时间 t 的函数关系

【解题过程】

由简谐振动的表达式可知，需要确定 A、ω、φ。

从本题的已知条件中可看出 $A = 4\text{cm} = 0.04\text{m}$

又从图中看出，在初始时刻 $t = 0$，$x_0 = -2\sqrt{2}\text{cm} = -\frac{\sqrt{2}}{2}A$，这是初始位移，于是由式(6.5)可得

$$\cos\varphi = -\frac{\sqrt{2}}{2}, \quad \varphi = \pm\frac{3}{4}\pi$$

即这个在初始时刻满足上述条件的相位有两种可能的取值：$\varphi = \pm\frac{3}{4}\pi$。为了确定初相，需要利用初始条件。

当 $t = 0$ 时，$x_0 = A\cos\varphi < 0$，由此得出，此时初始位移是负的。又曲线在 a 点的斜率表示振动速度 v_0，而从 $t = 0$ 的速度表达式可得出初始速度 $v_0 = -\omega A\sin\varphi > 0$。联立以上两个不等式可得 $\varphi = -\frac{3}{4}\pi$。

由运动曲线图可知，在 $t = 0.5\text{s}$ 时，

$$x = 0.04\cos\left(0.5\omega - \frac{3}{4}\pi\right) = 0, \quad v = -0.04\omega\sin\left(0.5\omega - \frac{3}{4}\pi\right), \quad v > 0$$

由此可以得出，这时的角频率 $\omega = \frac{\pi}{2}$，于是质点的运动方程为

$$x = 0.04\cos\left(\frac{\pi}{2}t - \frac{3}{4}\pi\right)$$

本题也可用旋转矢量图示法求 φ 和 ω，相对较为直观和简单。

6.3 两个简谐振动的合成

——相位差在振动合成中有着怎样的重要作用？

在直线运动中，无论两个直线运动是否在一条直线上，它们合成的结果都是直线运动。合成以后的位移和合速度是按照平行四边形法则分别从两个分位移和两个分速度得到的。

类似地，在简谐振动中可以讨论两个简谐振动的合成。简谐振动的两个最基本的合成是两个位移同方向、同频率简谐振动的合成和两个位移方向互相垂直、同频率简谐振动的合成。

6.3.1 两个位移方向相同、频率相同的简谐振动的合成

设一个质点同时参与两个同方向、同频率的简谐振动

$$x_1 = A_1\cos(\omega t + \varphi_1), \quad x_2 = A_2\cos(\omega t + \varphi_2) \tag{6.13}$$

如果直接用三角函数表达式计算合成的结果比较麻烦，而改用旋转矢量图示描述表示进行合成则比较直观简洁。

图 6.9 两个同方向同频率的简谐振动的合成

首先画出与两个分运动对应的旋转矢量 A_1 和 A_2，然后按照矢量合成的平行四边形法则，得出与合运动对应的旋转合矢量 A，如图 6.9 所示。两个分矢量在 x 轴上的投影即分运动的位移，大小分别是 x_1 和 x_2，合矢量 A 在 x 轴上的投影就是合运动的位移，大小是 x

$$x = x_1 + x_2 \tag{6.14}$$

$$x = A\cos(\omega t + \varphi) \tag{6.15}$$

显然合运动仍然是一个简谐振动，由于矢量 A_1 和矢量 A_2 之间的夹角在矢量转动过程中始终保持不变，因此，利用几何关系可以得出

$$A = \sqrt{A_1^2 + A_2^2 + 2A_1A_2\cos(\varphi_2 - \varphi_1)} \tag{6.16}$$

$$\tan\varphi = \frac{A_1\sin\varphi_1 + A_2\sin\varphi_2}{A_1\cos\varphi_1 + A_2\cos\varphi_2} \tag{6.17}$$

其中，$\Delta\varphi = \varphi_2 - \varphi_1$ 是两个简谐振动的相位差，正是这个相位差对合成结果起着重要的作用。

(1) 当相位差 $\Delta\varphi = \varphi_2 - \varphi_1 = 2k\pi(k=0,1,2,3,\cdots)$，即两个简谐振动的相位差为 2π 的整数倍时，两个简谐振动的相位相同，$\cos(\varphi_2 - \varphi_1) = 1$，由式(6.16)可知，两运动是步调一致的，合运动的振幅 $A = A_1 + A_2$，两个简谐振动的合成结果是振幅增大，从而使运动加强。

(2) 当相位差 $\Delta\varphi = \varphi_2 - \varphi_1 = (2k+1)\pi(k=0,1,2,3,\cdots)$ 时，即当两个简谐振动的相位差为 π 的奇数倍时，两个运动相位相反，$\cos(\varphi_2 - \varphi_1) = -1$，由式(6.16)可知，两运动的步调是相反的，合运动的振幅 $A = |A_1 - A_2|$，两个简谐振动的合成振幅减小，从而使运动减

弱。尤其是当 $A_1 = A_2$ 时，两个分运动的振幅相等，但相位相反，相互抵消，合成的结果使运动静止。

（3）在一般情况下，两个分运动的相位既不相同，也不相反，这时合运动的振幅就介于 $A = A_1 + A_2$ 和 $A = |A_1 - A_2|$ 之间。

6.3.2 两个位移方向相同、频率不同的简谐振动的合成

设一个质点同时参与两个方向相同、频率不同的简谐振动。从旋转矢量图上看，由于 A_1 和 A_2 的角速度不同，它们之间的夹角随时间不断变化，因此它们的合矢量也将随时间改变，合运动不再是简谐振动，而是一个相对复杂的振动，一般情况下观察不到明显的周期性。但是，如果两个简谐振动的振幅相同，在某些情况下依然有规律可循。

设两个简谐振动的角频率分别为 ω_1 和 ω_2，振幅都是 A。由于二者频率不同，总会在某一时刻同相。以该时刻作为计时零点，则这两个简谐振动的初相相同，记为 φ。这两个简谐振动的表达式可分别写成

$$x_1 = A\cos(\omega_1 t + \varphi), \quad x_2 = A\cos(\omega_2 t + \varphi)$$

其合振动为

$$x = x_1 + x_2 = A\cos(\omega_1 t + \varphi) + A\cos(\omega_2 t + \varphi)$$

通过三角函数中的合差化积公式可以得到

$$x = 2A\cos\left(\frac{\omega_2 - \omega_1}{2}\right)t \cos\left(\frac{\omega_2 + \omega_1}{2} + \varphi\right)$$

一般情况下，合振动的周期性不明显。但当两个简谐振动的频率都比较大且相差很小，即 $\omega_2 - \omega_1 \ll \omega_2 + \omega_1$ 时，就可以观察到明显的周期性。

此时，合振动中 $\cos\left(\frac{\omega_2 - \omega_1}{2}\right)t$ 因 $\omega_2 - \omega_1$ 很小，所以是一个随时间缓慢变化的周期量，而 $\cos\left(\frac{\omega_2 + \omega_1}{2} + \varphi\right)$ 因 $\omega_2 + \omega_1$ 较大，所以是一个随时间变化很快的周期量。我们将 $\left|2A\cos\left(\frac{\omega_2 - \omega_1}{2}\right)t\right|$ 近似看成是一个随时间周期变化的振幅，记为 $A(t)$，则合振动的表达式可以写成

$$x = A(t)\cos\left(\frac{\omega_2 + \omega_1}{2} + \varphi\right)$$

它可以看成是一个振幅随时间作周期性缓慢变化，角频率为 $\frac{\omega_2 + \omega_1}{2}$ 的谐振动，由于振幅随时间变化，因此它不是简谐振动。

合振动的曲线如图 6.10 所示。由于振幅是周期性变化的，就会出现振动忽强忽弱的现象。这种频率都较大但相差很小的两个振动方向相同、振幅相同、频率不同的简谐振动合成时所产生的合振动忽强忽弱的现象叫作拍。

单位时间内振动加强或减弱的次数叫作拍频。因为振幅 $A(t) = \left|2A\cos\left(\frac{\omega_2 - \omega_1}{2}\right)\right|$，

因此拍频的大小为

$$v = 2 \times \frac{1}{2\pi}\left(\frac{|\omega_2 - \omega_1|}{2}\right) = \left|\frac{\omega_2}{2\pi} - \frac{\omega_1}{2\pi}\right| = |v_2 - v_1|$$

可以利用拍来测量频率。

图 6.10 拍的形成

6.3.3 两个位移方向相互垂直、频率相同的简谐振动的合成

设一个质点同时参与在 x 轴和 y 轴上两个位移方向互相垂直、同频率的简谐振动

$$x = A_1 \cos(\omega t + \varphi_1), \quad y = A_2 \cos(\omega t + \varphi_2) \tag{6.18}$$

这个质点既沿 Ox 轴运动,又同时参与沿 Oy 轴的运动,因此,合运动的位移显然既不在 x 方向也不在 y 方向上,与 6.3.1 节的合成不同,其合运动会出现新的特征。

在式(6.18)中消去时间 t,容易得到质点的运动轨迹:

$$\frac{x^2}{A_1^2} + \frac{y^2}{A_2^2} - \frac{2xy}{A_1 A_2}\cos(\varphi_2 - \varphi_1) = \sin^2(\varphi_2 - \varphi_1) \tag{6.19}$$

这是一个椭圆方程,椭圆的形状、大小及长短轴方位由振幅 A_1 和 A_2 以及初相位差 $\varphi_2 - \varphi_1$ 所决定。这里相位差仍然起着重要的作用。

(1) 当 $\varphi_2 - \varphi_1 = 2k\pi (k = 0, 1, 2, 3, \cdots)$ 时,即两个运动同相位时,式(6.19)可写为

$$\frac{x^2}{A_1^2} + \frac{y^2}{A_2^2} - \frac{2xy}{A_1 A_2} = 0$$

即

$$\left(\frac{x}{A_1} - \frac{y}{A_2}\right)^2 = 0, \quad y = \frac{A_2}{A_1} x \tag{6.20}$$

即质点合运动的轨迹为过原点且在第一象限和第三象限的斜率为 $\frac{A_2}{A_1}$ 的直线(图 6.11)。合运动任意一点的位移 r 为

$$r = \sqrt{x^2 + y^2} = \sqrt{A_1^2 \cos^2(\omega t + \varphi_1) + A_2^2 \cos^2(\omega t + \varphi_2)}$$
$$= \sqrt{A_1^2 + A_2^2} \cos(\omega t + \varphi) \tag{6.21}$$

上式表明质点的合运动也是简谐振动,与分运动频率相同,但振幅为 $\sqrt{A_1^2 + A_2^2}$。

(2) 当 $\varphi_2 - \varphi_1 = (2k+1)\pi, (k = 0, 1, 2, 3, \cdots)$ 时,即两个运

图 6.11 两个振动同相位时的合运动

动的相位相反时,式(6.19)为

$$\frac{x^2}{A_1^2} + \frac{y^2}{A_2^2} + \frac{2xy}{A_1 A_2} = 0$$

即

$$\left(\frac{x}{A_1} + \frac{y}{A_2}\right)^2 = 0, \quad y = -\frac{A_2}{A_1}x \tag{6.22}$$

上式表明,质点合运动的轨迹是过原点且在第二象限和第四象限斜率为 $-\dfrac{A_2}{A_1}$ 的直线(图 6.12)。合运动任一点的位移为

$$r = \sqrt{x^2 + y^2} = \sqrt{A_1^2 \cos^2(\omega t + \varphi_1) + A_2^2 \cos^2(\omega t + \varphi_2)}$$

$$= \sqrt{A_1^2 + A_2^2} \cos(\omega t + \varphi) \tag{6.23}$$

上式表明,质点合运动也是简谐振动,与分运动频率相同,振幅为 $\sqrt{A_1^2 + A_2^2}$。

图 6.12 两个振动相位相反时的合运动

(3) 当 $\varphi_2 - \varphi_1 = \dfrac{\pi}{2}$ 时,式(6.19)为

$$\frac{x^2}{A_1^2} + \frac{y^2}{A_2^2} = 1 \tag{6.24}$$

这是一个长短轴分别在 x、y 轴上的椭圆。由于 y 轴上的运动初相位超前于 x 轴上的运动 $\dfrac{\pi}{2}$。因此,质点合运动的轨迹沿椭圆顺时针方向运动(图 6.13)。当 $A_1 = A_2$ 时,椭圆就变成一个圆。

(4) 当 $\varphi_2 - \varphi_1 = -\dfrac{\pi}{2}$ 时,这仍然是一个长短轴分别在 x、y 轴上的椭圆。但 x 轴上的运动初相位超前于 y 轴上振动 $\dfrac{\pi}{2}$,因此,此质点合运动的轨迹沿椭圆逆时针方向运动(图 6.14)。当 $A_1 = A_2$ 时,椭圆就变成一个圆。

图 6.13 两个振动相位差为 $\dfrac{\pi}{2}$ 时的合运动　　图 6.14 两个振动相位差为 $-\dfrac{\pi}{2}$ 时的合运动

【演示实验】 两个简谐振动的合成

6.4 受阻力和外力驱动作用时的实际振动

——阻力和外力怎样影响简谐振动?

谐振子和单摆的简谐振动是一种理想情况下的自由振动,一旦开始振动便能一直运动

下去。实际的振动并不是如此。实际振动大致可以分为两类：一类是只受到阻力的纯阻尼振动，这样的振动最后总会趋于静止；另一类是除了受到阻力以外还受到其他外力驱动的受迫振动，这样的振动不仅可以在一段时间内保持稳定的振动，甚至会形成"共振"。与简单振动相比，阻尼振动和受迫振动属于复杂的振动，因为它们是在受到外界动力和空气阻力以及其他摩擦阻力的共同作用下产生的。

6.4.1 阻尼振动

任何物体在实际振动过程中一定会受到各种阻力的作用，各种实际的摆一旦摆动起来以后，由于受到空气阻力和悬挂点处的摩擦力的作用，摆的振幅逐渐减少，最后停止在平衡位置上。例如，放在水平粗糙平面上的振子，开始振动以后会受到水平方向的摩擦力的作用和空气阻力的作用，振幅逐渐减少，直至最后停止在平衡位置处。在这个过程中，振子的动能转换为其他形式的能量。以上这类振动就称为阻尼振动。

阻尼顾名思义是阻止之意。按照阻尼的大小可以把阻尼分为两类：一类是弱阻尼。例如，空气阻力就属于弱阻尼。通常悬挂在空气中的弹簧振子不论在怎样的初始条件下开始振动，它的振幅总会逐渐减小，在振动过程中虽然弹簧振子还会继续作周期性振动，但不再是简谐振动了。在经过若干次往返以后弹簧振子逐渐趋于平衡位置而达到静止。另一类是强阻尼。在强阻尼的作用下，无论什么样的振动，一旦启动以后其振幅都会迅速地衰减，很快地回到平衡位置，如图 6.15 所示。

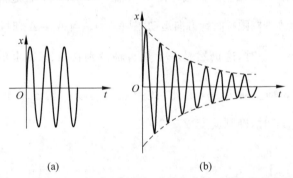

图 6.15 无阻尼振动和阻尼振动的位移随时间变化的曲线
(a) 无阻尼振动；(b) 阻尼振动

在科学实验中研究与简谐振动的运动规律相关的现象时（例如，需要从实验中得出单摆运动的周期），当然希望把周围的阻尼影响降到最小，使实际的摆动保持稳定的振幅，尽可能地接近理想的单摆振动。在实际应用中，如有些大商城摆放的落地大摆钟是依靠钟摆的摆动来计时的，为了减少计时的误差，设计者和制造者采取很多措施使影响钟摆运动的阻尼越小越好，从而尽可能保持摆动的周期与标准时间一致。在这些情况下，阻尼是"弊"，是需要避免、减小的。

但是，在有些情况下，阻尼却是不需要避免，而是需要加以利用的。尤其是如果需要使振动物体较快回复到平衡位置，但又要减小多次往返运动带来的不利，人们还会设法尽可能地增加阻尼。许多大型建筑物的大门在打开后往往会自动平稳地关上，这是因为门上装有阻尼弹簧，使大门的振动处于强阻尼状态，从而避免了大门在关闭时可能存在的对门框的剧烈碰撞和来回振动。一些指针式精密仪器也装有强阻尼的装置，它们会使仪器的指针在一次测量后迅速恢复原状,避免在测量零点附近来回摆动,从而减小下一次测量可能出现的误差。在这些情况下,阻尼是"利",是需要保持、增大的。

6.4.2 受迫振动和共振

生活经验表明,由于各种阻尼的影响,如果没有外力的推动,一个振子或一个摆的运动总会逐渐停止在平衡位置上,但是,当人们对振子或摆提供外力和能量后,尤其是在振子或摆受到随时间周期性变化的外力时,振子或摆的振动不仅可以得以维持,而且还会呈现出新的振动状态,这样的振动称为受迫振动。

设一个弹簧振子固有角频率是ω_0,这个弹簧振子受到阻力和角频率为ω的周期性外力的同时作用,开始作受迫振动。实验观察表明,受迫振动刚开始时,振子的振动过程是比较复杂的。经过一个暂态过程后,在外力的角频率从$0 \to \omega$逐渐增加的过程中,阻尼的影响逐渐消失,弹簧振子完全受外力控制,其受迫振动的振幅也逐渐增大,进入一个稳定过程,其振幅最后可以达到一个最大值,此时系统就出现了共振现象。如果ω继续增大,振幅又会逐渐减少;在ω达到很大时,振子的振幅就趋于零。

共振是一种发生在我们周围的常见现象。以在公园中荡秋千为例,一般情况下,秋千全靠外力推动才能摆动起来。外力推一推,秋千荡一荡,由于存在着摩擦阻尼,外力一旦停止推动,秋千就会越荡越慢,最后停在最低点。经验告诉我们,要让秋千越荡越高,就要不断推它。特别是当输入的外力也具有周期性,且外力频率接近或等于秋千的固有角频率,如果再加上荡秋千的人采用一定的技巧(例如,荡秋千的人在最高处突然下蹲,使一部分重力势能变为动能加快秋千的摆动),只要动作配合得好,经过一段时间后,秋千就会越荡越高。这就是一种受迫振动中出现的共振现象。

在物理学的各个分支学科和许多交叉学科中都可以观察到共振现象及其实际应用。两个频率相同的音叉在互相靠近时,如果其中一个振动发声,另一个也会发声,这就是声学中的共振。此外,利用原子、分子共振可以制造各种光源(如日光灯、激光以及电子表、原子钟等)。电磁波信号的产生、接收、放大、分析处理都要用到共振原理(称为谐振)。利用核磁共振可以研究物质的电子结构和测量核磁矩。

共振现象有时也存在需要克服"弊"的一面。由于共振时,振动的幅度急剧增大。尤其是发生的机械共振会使机械结构产生很大的变形和动应力,甚至造成破坏性事故。

【演示实验】 共振
【拓展阅读】 机械共振造成的破坏性后果

6.5 简谐波

——振动的信息和能量是怎样传播的?

6.5.1 机械波是机械振动的传播

机械振动通过弹性介质进行传播就形成了机械波。机械波是常见的具有时间和空间周期性的一种运动形式。广义地说,某一个时刻在空间某一处产生的振动或扰动,在下一个时刻引起空间下一处产生同样的振动或扰动都属于振动的传播。从声波、水波、电磁波、地震冲击波到市场上商品价格的波动的表现形式等都是波的实例(图6.16)。

图 6.16 波动的几个实例

(a)音叉产生的声波;(b)水波;(c)声乐的波动;(d)股市的波动

声波、水波、地震波等都是机械波。机械波的产生必须具备两个条件。①波源。例如,声波的产生必须有发生振动的物体作为波源。②能传播振动的连续介质。例如,人们在远处能够听到汽车的喇叭声、火车的鸣笛声、打雷的轰鸣声,就是因为波源的振动通过空气介质传播形成了机械波——声波。

振动之所以能在连续介质中传播形成波,这是因为介质具有一定的弹性。弹性是物体的一种属性,它表现为物体受到外力的作用时会发生形变,产生弹力;一旦去掉外力后,物体的形变也消失,可以恢复原样。当连续介质内部某一质元发生振动,它就会因为弹力的作用带动相邻质元偏离平衡位置,开始振动,并依次传递,这种振动能量在连续介质中的传播就形成了波。波是振动的信息和能量的传播,不是振动质元本身沿波的传播方向的移动。

6.5.2 简谐波的分类:横波和纵波

简谐波可以分为横波和纵波两种(图 6.17)。如果质点的振动方向与波在介质中的传播方向互相垂直,这种波称为横波。把细绳的一端固定,并水平放置,在另一自由端产生一个上下振动,于是在细绳中就会形成一列横波。如果质点的振动方向与波在介质中的传播方向互相平行,这种波称为纵波。在空气中传播的声波就是一种纵波。

图 6.17 横波和纵波的波形图像

(a)横波的图像;(b)纵波的图像

6.5.3 平面简谐波的运动方程

平面简谐波是最简单、最基本的一种波的形式,平面简谐波描述的是波的一种理想情况,它的传播范围是从$-\infty$到$+\infty$。在这种波所到之处,介质中各点都形成了频率相同、振幅相同,但相位不同的简谐振动。任何形式的其他波(无论是周期性的还是非周期性的)都可以展开成简谐波的叠加形式,因此,研究平面简谐波是研究复杂波的基础。

为简单起见,我们假定波源产生了一个y方向的简谐振动,这个振动在均匀介质中沿x方向传播,介质中各个质元相继产生沿y方向的振动,由此形成了沿x方向传播的一列横波,如图6.18所示。

图6.18 横波中介质质点的振动和波动图

设从O点开始产生一个振动,这个振动以速度u沿x正方向传播到某点P,使P点质元开始振动。设$OP=x$,由于振动传播到P点需要的时间是$\Delta t=\dfrac{x}{u}$,因此,O点在时间t的振动状态,在经过了$t-\dfrac{x}{u}$的时间后达到P点,于是,P点质元的振动比O点质元的振动落后了$\dfrac{x}{u}$的时间,因此在时刻t位于P点的质元的位移应该等于在$\left(t-\dfrac{x}{u}\right)$时刻$O$点的位移。或者说,$P$点的振动比$O$点落后$\dfrac{x}{u}$时间。根据振动的运动方程的特点,可以得出位于$x$处的质元在时刻$t$的振动方程是

$$y = A\cos\left[\omega\left(t-\dfrac{x}{u}\right)+\varphi_0\right] \tag{6.25}$$

这个方程是时间t和位置x的周期函数,称为沿x正方向传播的平面简谐波的波动方程(波函数)。

同理可以得出,沿x轴负方向传播的平面简谐波的波动方程(波函数)是

$$y = A\cos\left[\omega\left(t+\dfrac{x}{u}\right)+\varphi_0\right] \tag{6.26}$$

波动方程与振动方程都是时间t的周期函数,但是,波动方程式(6.25)和式(6.26)描述的是在某一个时刻t,所有介质质元的位移随时间的周期性变化关系。而振动方程描述的是一个质点在不同时刻t偏离平衡位置的位移随时间的周期性变化关系。

如图6.19所示的是某一个时刻t各个质元振动所形成的波形图。随着时间的推移,在

不同时刻的波形图是不同的。如图 6.20 所示的是简谐波分别在时刻 t 和 $t+\Delta t$ 两个不同时刻的波形图。

图 6.19　一列简谐波在某一个时刻的波形图

图 6.20　一列简谐波在不同时刻的波形图

波动方程中的 A 和 ω 相应地表示波源的振幅和波源的振动角频率，它们也是各个质元振动的振幅和角频率。这是体现振动特点的物理量，与振动方程相似。由于简谐波的传播并不是介质中质元的移动，而是振动相位或振动能量在空间的传播，这类波是行进中的波，通常称为行波。因此，波动方程还需要体现描述波动在空间传播的新的物理量，它们分别是波长 λ、波速 u 和角波数 k，它们被称为描述波的三个特征量。

（1）波长 λ。在一个振动周期 T 中，任意一个振动状态传播的距离，也就是在同一波形上振动状态相同的两个相邻点之间的距离称为波长，用 λ 表示。凡相隔一个波长的两点的振动是同相位的（或两点的相位之差为 2π）。

（2）波速 u。在单位时间内同一个振动状态传播的距离，即同一个振动状态传播的速度称为波速，也称为波的相速度，用 u 表示。由于在一个波动周期 T 内，振动状态的传播距离是一个波长 λ，因此，根据波速定义，有

$$u=\frac{\lambda}{T}=\lambda\nu, \quad \nu \text{ 是波的频率} \tag{6.27}$$

（3）角波数 k。以波长为单位，在波的传播方向上 2π 长度内所含的波长数目称为角波数，用 k 表示。$k=\dfrac{2\pi}{\lambda}$，通常简称为波数。

利用波的三个特征量，一列沿 x 正方向传播的平面简谐波的波动方程还可以表示成以下几种形式：

$$y=A\cos\left[2\pi\left(\frac{t}{T}-\frac{x}{\lambda}\right)+\varphi_0\right] \tag{6.28}$$

$$y=A\cos\left[2\pi\left(\nu t-\frac{x}{\lambda}\right)+\varphi_0\right] \tag{6.29}$$

$$y=A\cos\left[\frac{2\pi}{\lambda}(ut-x)+\varphi_0\right] \tag{6.30}$$

【拓展阅读】　相速度和群速度

例题 6.2　一平面简谐波以 $u=8\text{m/s}$ 的速度沿 x 轴正向传播。在 $x=1\text{m}$ 处，质元的振动方程为 $y=5\cos(4\pi t-\pi)$。试写出波动方程（波函数）。

【解题思路】

把该质元的振动方程 $y=5\cos(4\pi t-\pi)$ 与简谐波的波动方程 $y=A\cos\left(\omega t-\dfrac{2\pi}{\lambda}x+\varphi\right)$ 比

较可知,波函数的振幅 $A=5$m,角频率 $\omega=4\pi$,由此得周期 $T=2\pi/\omega=0.4$s,波长 $\lambda=uT=8\times 0.5$m$=4$m。最后只要得出初相位 φ,就可以写出波动方程(波函数)。

【解题过程】

方法一:根据波的传播特点,在传播方向上的各质元相位都比前一个质元落后,由于 $x>1$m 的任意一处质元的相位,比 $x=1$m 落后 $\dfrac{2\pi}{\lambda}(x-1)$,所以波动方程为

$$y=5\cos\left[4\pi t-\dfrac{2\pi}{4}(x-1)-\pi\right]=5\cos\left(4\pi t-\dfrac{\pi}{2}x-\dfrac{\pi}{2}\right)$$

方法二:根据波动的特点,原点相位总比传播方向上各点超前,因此,可以取原点与 $x=1$m 处这两个点的相位进行比较。

坐标原点处的振动方程为

$$y=5\cos\left(4\pi t-\pi+\dfrac{\pi}{2}\right)$$

坐标原点处的相位比 $x=1$m 处的相位超前 $\dfrac{2\pi}{\lambda}\times 1=\dfrac{\pi}{2}$

由此得出波函数为

$$y=5\cos\left[4\pi\left(t-\dfrac{x}{8}\right)-\pi+\dfrac{\pi}{2}\right]=5\cos\left(4\pi t-\dfrac{\pi}{2}x-\dfrac{\pi}{2}\right)$$

例题 6.3 如图 6.21 所示为一列沿 x 轴正方向传播的简谐波,该列简谐波是振幅为 0.02m,波速为 2m/s 的横波。设 O 点为坐标原点,在波的传播方向上 a 点的坐标为 0.2m,a 与 b 两质元相距 0.4m(小于一个波长)。t 时刻,

图 6.21 一列简谐波

在波形图上当质元 a 在波峰位置时,质元 b 在 x 轴下方与 x 轴相距 0.01m 的位置,假设该横波的周期小于 0.5s,试写出该简谐波的波动方程。

【解题思路】

确定简谐波方程需要确定与振动有关的振幅、频率和相位等三个特征量和与波动有关的波长、波速和角波数等另外三个特征量。

比较简谐波的波动方程:$y=A\cos\left(\omega t-\dfrac{2\pi}{\lambda}x+\varphi\right)$,已知 $A=0.02$m,而要求波的周期,可以先求 a 点和 b 点的相位差。通过相位差求出波长后根据 $T=\lambda/u$ 求出波的周期。本题从旋转矢量图入手也可以求出相应答案。

图 6.22 简谐波的旋转矢量图

【解题过程】

以 $A=0.02$m 为半径画一个圆。在旋转矢量图上,因为质点 a 处在波峰位置,a 点振动矢量在 x 轴上的投影为振幅 A,所以 a 点振动矢量与 x 轴的夹角为零,处在如图 6.22 所示位置 P 处,t 时刻 a 点的相位满足

$$\omega t-\dfrac{2\pi}{\lambda}x_a+\varphi=0$$

而质元 b 在 x 轴下方与 x 轴相距 0.01m 的位置,所以 b 位置振动矢量在如图 6.21 所示的 1 位置或 2 位置,因为这两个位置的振动矢量在 x 轴上的投影为 -0.01m,它们与 $-x$ 轴的夹

角为 $\pm\dfrac{\pi}{3}$，由此得 t 时刻 b 点的相位

$$\omega t - \dfrac{2\pi}{\lambda}x_b + \varphi = -\dfrac{2}{3}\pi \quad \text{或} \quad \omega t - \dfrac{2\pi}{\lambda}x_b + \varphi = -\dfrac{4}{3}\pi$$

将 a、b 两点的相位相减，由 $x_b - x_a = 0.4\text{m}$，求得波长 $\lambda = 0.6\text{m}$ 或 $\lambda = 1.2\text{m}$ 两个可能的解，由此得到运动周期 $T = \dfrac{\lambda}{u} = 0.3\text{s}$ 或 $T = 0.6\text{s}$ 两个可能的解。

根据题意，假设该横波的周期小于 0.5s，由此，取振动周期 $T = 0.3\text{s}$，此时波长 $\lambda = 0.6\text{m}$，又从在波的传播方向上 a 点的坐标为 0.2m，可得波从坐标原点传播到 a 点所需时间为 $t = \dfrac{x_a}{u} = 0.1\text{s}$，由旋转矢量图可得 $\varphi = -\dfrac{2\pi}{3}$，所以波动方程为

$$y = 0.02\cos\left(\dfrac{2\pi}{0.3}\cdot t - \dfrac{2\pi}{0.6}x - \dfrac{2\pi}{3}\right) = 0.02\cos\left[\dfrac{\pi}{3}(20t - 10x - 2)\right]$$

【拓展阅读】 对太阳中的波的研究

6.6 简谐波的能量和能量的传播

——波的能量和振动的能量有什么区别？

6.6.1 简谐波的动能和势能

在简谐波的传播过程中，介质中每一个质元都由于介质形变产生的弹力而相继发生振动，一个质元接受前一个质元的能量而振动，然后又将振动的能量传递给后一个质元，使振动的状态和能量在介质中传播，从而形成波。

图 6.23 横波在介质中的传播

波在弹性介质中的传播速率与弹性介质的密度和弹性模量有关。以横波为例，在传播过程中产生的是切应变，若弹性介质的密度为 ρ，弹性切变模量为 G，则波传播速度的大小为 $u = \sqrt{\dfrac{G}{\rho}}$。如图 6.23 所示，质量为 $\text{d}m = \rho \text{d}V$ 的质元受到切向力（力的作用方向与作用面平行的力称为切向力）F_y 的作用，使质元产生了切应变 $\varphi = \dfrac{\text{d}y}{\text{d}x}$，由形变产生的弹性势能为

$$\text{d}E_\text{p} = \dfrac{1}{2}G\varphi^2 \text{d}V = \dfrac{1}{2}G\left(\dfrac{\text{d}y}{\text{d}x}\right)^2 \text{d}V \tag{6.31}$$

根据波动方程 $y = A\cos\left[\omega\left(t - \dfrac{x}{u}\right) + \varphi\right]$，可以通过对 x 求偏微分得到

$$\dfrac{\text{d}y}{\text{d}x} = -\dfrac{\omega}{u}A\sin\left[\omega\left(t - \dfrac{x}{u}\right) + \varphi\right]$$

代入式(6.32)可得

$$\mathrm{d}E_\mathrm{p} = \frac{1}{2} G \frac{\omega^2}{u^2} A^2 \sin^2\left[\omega\left(t - \frac{x}{u}\right) + \varphi\right] \mathrm{d}V = \frac{1}{2}\rho A^2 \omega^2 \sin^2\left[\omega\left(t - \frac{x}{u}\right) + \varphi\right] \mathrm{d}V \quad (6.32)$$

质元 $\mathrm{d}m$ 的振动速度为 $v = \dfrac{\mathrm{d}y}{\mathrm{d}t} = -A\omega\sin\left[\omega\left(t - \dfrac{x}{u}\right) + \varphi\right]$，因此质元的动能为

$$\mathrm{d}E_\mathrm{k} = \frac{1}{2}\mathrm{d}mv^2 = \frac{1}{2}\rho A^2 \omega^2 \sin^2\left[\omega\left(t - \frac{x}{u}\right) + \varphi\right] \mathrm{d}V \quad (6.33)$$

质元的弹性势能与动能相位相同，大小也相同。质元的总机械能为

$$\mathrm{d}E = \mathrm{d}E_\mathrm{k} + \mathrm{d}E_\mathrm{p} = \rho A^2 \omega^2 \sin^2\left[\omega\left(t - \frac{x}{u}\right) + \varphi\right] \mathrm{d}V \quad (6.34)$$

可见，波在传播过程中，质元的能量不守恒，随时间周期性变化。

在简谐波的传播过程中，虽然每一个质元都在作简谐振动，但是一列波的能量与作简谐振动的一个振子的能量有很大的区别。

（1）简谐振动能量描述了一个振子的能量及其转换，振子的机械能局限在很小的体积元区域内。简谐振动的机械能是振子振动动能和势能之和。如果只有保守力做功，忽略其他阻尼作用，振子的动能和势能互相转换，振动总机械能为 $E = \dfrac{1}{2}kA^2$，它是守恒的。

简谐振动的动能和势能都随时间周期性地变化，但动能和势能的变化不同步，它们之间存在确定的相位差。在整个振动过程中，当动能达到最大时，势能为零；当势能达到最大时，动能为零。

（2）波的能量描述了许多质元之间的能量转换及其传递过程，波的能量可以传播到一个较大的范围，在一个很小的体积元区域内它是不守恒的。

在简谐波的传播过程中，介质中每一个质元的动能和势能都随时间周期性地变化，它们在每一个时刻都是同相位的。每一个质元从前一个邻近质元处获得能量，又沿着波的传播方向把能量传递给相邻的下一个质元。

机械波的动能和势能没有相位差，它们同时达到最大值或最小值。机械能是动能和势能之和，也是时间的周期函数。每一个质元的机械能不守恒。

6.6.2 简谐波的能量流

波是振动状态和能量的传播。在传播过程中，任意质元的能量不守恒，随时间和空间呈周期性变化。为了进一步描述波的能量，引入以下物理量。

能量密度 波传播时，介质单位体积内的能量叫作波的能量密度。如果用 w 来表示，则介质中位于 x 处的质元的能量在 t 时刻的能量密度为

$$w = \frac{\mathrm{d}E}{\mathrm{d}V} = \rho A^2 \omega^2 \sin^2\left[\omega\left(t - \frac{x}{u}\right) + \varphi\right] \quad (6.35)$$

平均能量密度 一个时间周期或一个空间周期（波长）范围内能量密度的平均值叫作平均能量密度，用 $\bar{w}$ 表示。该公式适用于所有的弹性波。

$$\bar{w} = \frac{1}{T}\int w\,\mathrm{d}t = \frac{1}{2}\rho A^2 \omega^2 \quad (6.36)$$

波的强度 波最重要的本领是传播能量。平均在单位时间内通过垂直于波的传播方向

图 6.24 波的强度

的单位面积的能量叫作波的平均能流密度或波的强度,通常用 I 来表示。

如图 6.24 所示,如果波的平均强度为 $\bar{w}$,波的传播速度为 u,则该波的强度为

$$I = \frac{\mathrm{d}W}{\mathrm{d}S\,\mathrm{d}t} = \frac{\bar{w}u\,\mathrm{d}t\,\mathrm{d}S}{\mathrm{d}S\,\mathrm{d}t} = \bar{w}u$$

即

$$I = \frac{1}{2}\rho A^2 \omega^2 u \tag{6.37}$$

波的强度与波的振幅的平方成正比,它的方向就是波的传播方向。

在实际情况下,波在传播过程中,它的一部分能量总会被介质吸收,因而波的强度会逐渐减弱,这种现象称为波的吸收。在小河中扔入一块小石子后就会立即产生水波,但是这样水波的波振幅往往会在传播过程中逐渐减小,直至水波完全消失,其原因是水波的一部分能量被周围区域的水吸收了;类似地,人们在离波源短距离处能够听到的某种声波,在离波源的长距离处可能就会听不见,这也是由于声波的能量被周围空气介质吸收了的缘故。

6.7 两个简谐波的合成

——什么是波的相长干涉和相消干涉?

6.7.1 两列简谐波的相长干涉和相消干涉

当两列波在空间传播时,一般情况下会出现很复杂的叠加现象。在这样两列波的叠加区域,通过观察和研究,总结得出以下的结论。

(1) 两列波在传播过程中如果在某一个区域相遇以后再分开,两列波将仍然保持各自原有的特性(频率、波长、振动方向等)继续传播。这个结论称为波的独立性传播原理。

(2) 在两列波相遇的叠加区域中,任一处的振动是两列波各自独立存在时产生振动的合振动,也就是各点的位移是两列波各自引起的位移的矢量和。这个结论称为波的叠加原理。

(3) 一种最简单、最基本的叠加现象是两列频率相同、振动方向相同、相位相同或有固定相位差的波的叠加。由于叠加原理,在相遇区域出现有些区域波动被加强,有些区域波动被减弱的稳定分布的现象,这种强弱稳定的空间分布称为干涉条纹,产生干涉条纹的现象称为波的干涉。凡是合振幅为两个分振幅之和的干涉称为相长干涉,凡是合振幅为两个分振幅之差的干涉称为相消干涉。能够产生干涉现象的两列波称为相干波。水波的干涉如图 6.25 所示。

【演示实验】 两列水波的干涉

设有两列相干的简谐波 y_1 和 y_2,它们在振源处的振动方程分别为(图 6.26)

$$y_{10} = A_1 \cos(\omega t + \varphi_1), \quad y_{20} = A_2 \cos(\omega t + \varphi_2) \tag{6.37}$$

从各自振源 S_1 和 S_2 传播到 P 处的波动方程分

图 6.25 两列水波的干涉现象

别为

$$y_1 = A_1\cos\left(\omega t - \frac{2\pi}{\lambda}r_1 + \varphi_1\right), \quad y_2 = A_2\cos\left(\omega t - \frac{2\pi}{\lambda}r_2 + \varphi_2\right) \tag{6.38}$$

用旋转矢量图法表示两个位置矢量 $\mathbf{A}_1$ 和 $\mathbf{A}_2$，合振动的位移 $y = y_1 + y_2$ 是两个分振动位移的矢量和，如图 6.26 所示。合矢量 $\mathbf{A}$ 在 x 轴上的投影就是合振动的位移的大小

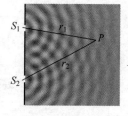

图 6.26　两列相干的简谐波的合成

$$y = A\cos(\omega t + \alpha) \tag{6.39}$$

显然合振动仍然是一个简谐振动，且有

$$A = \sqrt{A_1^2 + A_2^2 + 2A_1 A_2 \cos(\alpha_2 - \alpha_1)} \tag{6.40}$$

$$\tan\varphi = \frac{A_1\sin\alpha_1 + A_2\sin\alpha_2}{A_1\cos\alpha_1 + A_2\cos\alpha_2} \tag{6.41}$$

其中 $\alpha_1 = -\frac{2\pi}{\lambda}r_1 + \varphi_1, \alpha_2 = -\frac{2\pi}{\lambda}r_2 + \varphi_2$，两列波的相位差是

$$\Delta\alpha = \alpha_2 - \alpha_1 = \varphi_2 - \varphi_1 + \frac{2\pi}{\lambda}(r_1 - r_2) \tag{6.42}$$

当两列波的初相位差为零，波程差 $r_1 - r_2$ 是波长的整数倍（$r_1 - r_2 = j\lambda$，j 为正整数）时，两波的相位差就为 2π 的整数倍（$\Delta\alpha = 2j\pi$），于是，$\cos(\alpha_2 - \alpha_1) = 1$，由式（6.40）可知，此时合振动的振幅为最大 $A_{\max} = A_1 + A_2$，合成以后的波的强度最大，$I_{\max} = A_{\max}^2 = (A_1 + A_2)^2$，即此处为两列波干涉以后加强的位置。

当两列波的初相位差为零，波程差 $r_1 - r_2$ 是半波长的奇数倍 $\left(r_1 - r_2 = (2j+1)\frac{\lambda}{2}\right.$，$j$ 是正整数$\Big)$ 时，两波的相位差就为 π 的奇数倍（$\Delta\alpha = (2j+1)\pi$），于是，$\cos(\alpha_2 - \alpha_1) = -1$，由式（6.38）可知，此时合振动的振幅为最小 $A_{\min} = |A_1 - A_2|$，合成以后的波的强度最小，$I_{\min} = A_{\min}^2 = (A_1 - A_2)^2$，即此处为两列波干涉以后相消的位置。

6.7.2　驻波——波的干涉的一个特例

【演示实验】　驻波的形成

驻波是波的干涉的一个特例。在同一介质中，当两列振幅相同、振动方向相同、频率相同的相干波，在同一直线上沿相反方向传播并发生干涉时，就会形成驻波，如图 6.24 所示。

设两列简谐波分别沿相反方向传播，

$$y_1 = A\cos\left(\omega t - \frac{2\pi}{\lambda}x\right), \quad y_2 = A\cos\left(\omega t + \frac{2\pi}{\lambda}x\right) \tag{6.43}$$

当两列波相遇时，各质元的合成波表示为

$$y = y_1 + y_2 = A\cos\left(\omega t - \frac{2\pi}{\lambda}x\right) + A\cos\left(\omega t + \frac{2\pi}{\lambda}x\right)$$

$$= 2A\cos\left(\frac{2\pi}{\lambda}x\right)\cos\omega t \tag{6.44}$$

图 6.27 驻波的形成和特点
(a) 驻波的形成;(b) 驻波的特点

式(6.44)就是驻波表达式,即驻波方程。

驻波的能量,只在相邻的波节和波腹之间循环往复变化,所以它不是行波。它与行波的"行"相比,驻波的"驻"具有以下特点。

(1) 波形图上驻波的振幅与 x 有关,$A_{驻} = \left| 2A\cos\dfrac{2\pi}{\lambda}x \right|$,不同位置 x 处的质元有着不同的振幅,其变化范围介于 $0 \sim 2A$,如图 6.27 所示。

当 $A_{驻} = 2A$ 时,驻波在该位置有最大振幅,称为驻波的波腹,此时,$\left|\cos\dfrac{2\pi}{\lambda}x\right| = 1$,$\dfrac{2\pi}{\lambda}x = j\pi, j = 0, 1, 2, \cdots$

$$x = \dfrac{j\lambda}{2}, \quad j = 0, 1, 2, \cdots \tag{6.45}$$

容易得出,两个相邻波腹之间的距离为 $\dfrac{\lambda}{2}$。

当 $A_{驻} = 0$ 时,驻波在该位置有最小振幅,即振幅为零,称为驻波的波节,此时,$\left|\cos\dfrac{2\pi}{\lambda}x\right| = 0, \dfrac{2\pi}{\lambda}x = (2j+1)\dfrac{\pi}{2}, j = 0, 1, 2, \cdots$

$$x = \frac{(2j+1)\lambda}{4}, \quad j = 0, 1, 2, \cdots \tag{6.46}$$

容易得出，两个相邻波节之间的距离为 $\frac{\lambda}{2}$。

在驻波图像(图 6.27)中可以观察到波腹和波节交替等距离排列。这个排列一旦形成，便不会随时间改变，从而形成稳定的驻波波形。相邻波节和波腹之间的距离为 $\frac{\lambda}{4}$。

(2) 驻波各点振动的相位关系：①相邻两波节之间各点质元的相位相同，相邻两波腹处质元的相位相反。②波节两侧各质元的振动相位相反；波腹两侧各质元的振动相位相同。

(3) 驻波的能量：驻波中的能量虽然在整体上是不传播的，但是每一个质元的能量仍然会发生变化。在某些时刻，全部质元的位移都达到最大值，各质元速度为零，此时动能为零，能量以形变势能的形式集中于波节附近；在某些时刻，全部质元恢复到平衡位置，此时速度最大，能量以动能形式集中于波腹附近；在某些时刻，动能和势能并存。驻波中不断进行着动能和势能之间的转换和在波腹与波节之间的转移，只能在相邻的波腹和波节之间流动，因此，驻波中不存在能量的定向传播。行波与驻波的比较见表 6.1。

表 6.1　行波和驻波的比较

波的描述	波的类型	
	行　波	驻　波
波动方程	$x = A\cos(\omega t + \varphi)$	$y = \left(2A\cos\frac{2\pi}{\lambda}x\right)\cos\omega t$
振幅	各质元处的振幅相同	各质元处的振幅不同
相位	各处的相位不同	分区域同相位或反相位
能量	由近向远传播(沿波传播方向)	波节或波腹之间的能量交换和转移(没有定向的传播)

各种乐器，包括弦乐器、管乐器和打击乐器，都是通过一定的方式产生驻波而发声，如图 6.28 和图 6.29 所示。在管风琴或单簧管的空气中也可以产生驻波。在一盆水或一个饮料杯中以适当的频率晃动盆或杯时可以观察到驻波的形成。

图 6.28　钢琴发出的声波波形

图 6.29　音乐的波形

6.8 多普勒效应和波的频率的相对性

——什么是频率红移现象？

6.8.1 机械波的多普勒效应

生活经验告诉我们，当一辆呼啸而过的火车向着观察者接近的时候，它发出的鸣笛声的频率在逐渐升高，声音的音调听起来显得越来越尖锐，而当火车离观察者而去的时候，它的鸣笛声的频率在逐渐降低，声音的音调听起来显得越来越低沉。

多普勒效应指的就是这种由于波源与接收波动的观察者之间的相对运动所引起的波动频率发生变化的现象。这个现象是奥地利物理学家多普勒（Christian Doppler,1803—1853）于1842年首先提出的。这个现象告诉我们，如果观察者不动，而波源向着观察者以一定的速度接近观察者，或波源不动，观察者以一定的速度接近波源，观察者接收到的频率将比观察者与波源相对静止时的波源频率升高，好像波被压缩了。如果两者远离，观察者接收到的频率将比波源不动时的波源频率降低，好像波被拉伸了，如图6.30所示。这个现象还表明，无论波源的运动速度多大，波速是不变的，变化的只是观察者接收到的频率。多普勒效应还定量地得出了波源和观察者之间相对运动速度与接收到的波的频率的关系，也就是从相对运动速度可以得出频率的变化，反之，从频率的变化也可以得出相对运动速度。

图 6.30 多普勒效应

（a）波源和观察者相对静止；（b）波源向着观察者方向运动；（c）波源背离观察者方向运动

(1) 波源与观察者相对静止（图6.30(a)）。设波源的振动频率为 ν，波长为 λ，波在介质中的传播速度为 u。当波源与观察者相对静止时，观察者接收到的波的频率为

$$\nu = \frac{u}{\lambda}$$

此时，接收者接收到的频率与波源的振动频率相同。

(2) 观察者静止，波源以相对于观察者的速度 u_s 接近观察者（图6.30(b)）。由于在波源振动的一个周期 T 内，一列波在介质中已逼近观察者 $u_s T$ 距离，即下一列波的发送位置向着观察者方向移动了距离 $u_s T$。对于观察者来说，这列波的波长被压缩了。观察者接收到的波的波长是

$$\lambda' = \lambda - u_s T = (u - u_s)T = \frac{u - u_s}{u}\lambda \tag{6.47}$$

接收到的波的频率是

$$\nu' = \frac{u}{\lambda'} = \frac{u}{u - u_s}\nu \tag{6.48}$$

由式(6.48)可得 $\nu' > \nu$，即频率升高。因此，火车向着观察者接近的时候，它发出的鸣笛声的

频率在逐渐升高,观察者听到的汽笛声的音调显得越来越尖锐,反之,如果观察者静止,波源以相对于观察者的速度 u_s 背离观察者(图 6.30(c))。在波源振动的一个周期 T 内,一列波在介质中已传播了距离 $u_s T$ 即下一列波的发送位置背离观察者方向移动了距离 $u_s T$。对于观察者来说,这列波的波长被拉伸了。观察者接收到的波的波长是

$$\lambda' = (u + u_s)T = \frac{u + u_s}{u}\lambda \tag{6.49}$$

接收到的波的频率是

$$\nu' = \frac{u}{\lambda'} = \frac{u}{u + u_s}\nu \tag{6.50}$$

由式(6.50)可得 $\nu' < \nu$,即频率降低。

(3) 波源不动,观察者以相对于波源的运动速度 V 接近波源。类似分析可以得到观察者接收到的波的频率

$$\nu' = \frac{u}{\lambda'} = \frac{u + V}{u}\nu \tag{6.51}$$

由式(6.51)可得 $\nu' > \nu$,即频率升高。

反之,波源不动,观察者以相对于波源的运动速度 V 背离波源。类似分析可以得到观察者接收到的波的频率

$$\nu' = \frac{u}{\lambda'} = \frac{u - V}{u}\nu \tag{6.52}$$

由式(6.52)可得 $\nu' < \nu$,即频率降低。

不仅声波会产生多普勒效应,具有波动性的光也会出现这种效应。法国物理学家斐索(A. Fizeau,1819—1896)于 1848 年独立地对来自恒星的波长偏移做了解释,指出了利用这种效应测量恒星相对速度的办法。因此,它又被称为多普勒-斐索效应。

光波多普勒效应与声波的不同之处在于,光波频率的变化使人感觉到是颜色的变化。从地球上观察恒星发来的光,如果地球和恒星相对远离,则观测到的光波频率变低,波长向长波方向运动,这就是著名的频率红移现象。如果地球与恒星相对靠近,则观测到的光波频率变高,波长向短波方向运动,这就是蓝移现象。在红移和蓝移现象中,光波的速度与光源的运动速度是无关的。利用光波的多普勒效应显示的星球谱线红移一直被宇宙大爆炸学说的倡导者作为理论依据。

多普勒效应不仅适用于声波和光波,还适用于所有类型的波,包括超声波和卫星发射的电磁波。当飞机相对卫星的速度有变化的时候,卫星所接收到飞机传过来的无线电波的频率也会发生相应的变化,技术人员利用多普勒效应可以确定客机的位置。在交通管理方面,利用机械波的多普勒效应可以用于测量车辆运动速度和液体流量。马路上的电子警察正是利用多普勒效应制成的测速计来迅速测定车速的。电子警察把测速器对准行驶的汽车,发射固定频率的超声波,再从仪器上测量经汽车反射回来的波的频率。由于多普勒效应,入射频率和反射频率之间会存在差异,从频率的差异就可以在仪器上迅速地显示出车速的大小。

6.8.2 波的频率的相对性

机械运动的相对性表明,质点的位置是与观察者选定的坐标系有关的,位置是相对的,

其速度和加速度也是相对的。既然运动是相对的,那么对行波观测就很自然会引发出波的相对性问题:不同的观察者观测到的行波的"行进"是不是也是与观察者有关的?

对于一列机械波而言,不同的观察者观测同一列波的行进状况所得出的结论确实与观察者有关。除了根据质点运动的相对性原理判断波的行进速度以外,多普勒效应表明,由于波源和观察者的相对运动会使观察者接收到的频率与波源和观察者相对静止时接收到的频率不同,频率的改变与波源和观察者的相对运动速度有关,也与波在介质中的传播速度有关。在物理上多普勒效应体现着从质点运动的相对性延伸到波动频率相对性的重要物理思想。

以接收者不动,波源向着接收者运动为例。这里可以设置两个坐标系:一个是波源坐标系,它相对于介质是运动的;另一个是接收者坐标系,它相对于介质是静止的,在这两个坐标系中分别测量或接收波的频率。与按照力学相对性原理得到的两个坐标系中位置和速度的变换关系相似,同样可以得出在两个坐标系中观测到波的频率之间的变换关系。

设波源发出的波的频率是 ν,波相对于介质的传播速度是 u,波长是 λ,波源以相对于观察者的速度 u_s 向着观察者运动,在接收者坐标系中接收到的波的频率为 ν'

$$\nu' = \frac{u}{\lambda'} = \frac{u}{u - u_s}\nu \tag{6.53}$$

$$\Delta\nu = \nu' - \nu = \left(\frac{u_s}{u - u_s}\right)\nu \tag{6.54}$$

与在两个坐标系中观测同一个物体的运动位置或速度存在位置差和速度差一样,在不同的坐标系中观察者接收到的频率也存在频率差,这就是波的频率相对性。虽然在多普勒效应中涉及的波的频率相对性思想和力学的运动相对性原理都是相对性,但是从力学的相对性到波的频率相对性,后者是对前者的深化和延伸。

第一,为描述质点的运动状态,需要确定质点本身的位置和它的运动速度,这里描述的对象是质点。但是,对于波的传播来说,介质的质元只发生振动,并没有沿着波的传播方向前进。这里描述的对象是波动。因此,为了描述波的传播状态,需要确定的是一列波本身的状态(包括频率或波长等),而不是产生波动的波源,也不是介质中的任何质元。

第二,为了描述质点的机械运动状态,必须按照需要选定合适的参考系。这里的相对性是对于一个参考系 A 和相对于参考系 A 作相对运动的质点而言的。为了描述一列波在传播过程中所产生的多普勒效应也需要确立合适的参考系。这里的相对性是对于一个确定的波源参考系 A 和一个确定的接收者而言的。而判断它们两者是静止还是运动是相对于介质为参考系的。由于波源和观察者之间的相对运动,接收者对波的频率就产生了不同判断,这是相对于接收者而言的,即以接收者为参考系。

第三,在对质点的运动进行判断时,选择的参考系与质点是没有任何牵连的。判断质点的运动状态只与质点本身、选择的参考系的相对运动有关。但是多普勒效应表明,在判断频率时,接收者对波的频率的判断不仅与波源和观察者的相对速度有关,还与波在介质中的传播速度有关(这里仅指机械波,如声波。对光波来说,判断波的频率只与光源、观察者的相对速度有关,与介质无关)。

思 考 题

6.1 有一些往返运动,如在地面上拍打一个皮球,使之在竖直方向上下跳动;或把一个小球放在光滑的凹球面底部,稍加推动,使其来回作小幅度摆动。试问,皮球和小球的运动是不是简谐振动?为什么?你认为,要判定一个运动是简谐振动,它需要满足哪些条件?

6.2 图6.3表示了一个简谐振动的图像。你能从图像提供的信息中得出这个简谐振动的振幅A、周期T、角频率ω、初相位φ等这些特征量吗?这个简谐振动的运动方程是什么?

6.3 从图6.3的简谐振动的图像可以得出该振动的位移的表达式和三个特征量,由此,你能得出速度和加速度的表达式吗?它们的三个特征量分别是什么?

6.4 从速度和加速度的表达式中,你怎样理解"速度的相位超前(大于)位移的相位$\frac{\pi}{2}$,加速度的相位超前(大于)位移的相位π"的物理含义?

6.5 如果把一个谐振子在$t=0$时刻从平衡位置$x=0$处沿x轴负方向拉开到最大位移处放手,这个振子振动的初始条件是什么?

如果在$t=0$时刻从平衡位置$x=0$处沿x轴正方向以速度v_0推动一下这个谐振子就放手,此时振子振动的初始条件又是什么?

6.6 简谐振动的常用表达式是$x=A\cos(\omega t+\varphi)$,还有一种表达式是$x=B\sin\omega t+C\cos\omega t$。试用振幅$A$和初相位$\varphi$表示$B$和$C$,并在旋转矢量图上说明这个表达式的意义。

6.7 伽利略曾经提出了这样一个问题:一条很长的细线挂在又高又暗的城堡中,人们既无法看到它的悬挂点在什么高度,也无法爬到上面去测量它的长度,只能看到它的下端在摆动,问:可以用什么简易方法测量出这根细线的长度?

6.8 简谐振动的运动方程表明,振动的位移是随时间变化的,其角频率是ω,从式(6.10)和式(6.11)可以看出,动能和势能也是随时间变化的,问:

(1) 它们的角频率仍然是ω吗?为什么?

(2) 既然简谐振动的动能和势能都是随时间变化的,那么在一个周期的时间间隔内,动能和势能的平均值分别是多少?它们是否相等?为什么?

6.9 有两个同方向、不同频率但频率差别很小的简谐振动,$x_1=A\cos\omega_1 t$,$x_2=A\cos\omega_2 t(\omega_1\approx\omega_2$,并假设两个振动的初相相同),问:这两个振动的合振动仍然是简谐振动吗?合振动的位移表达式是什么?如果这两个振动的角频率之和远大于两个振动的角频率之差,这两个简谐振动合成时,合振动会出现什么新的特征?

6.10 在一个质点同时参与两个处于同一直线上又同频率的振动情况下,当初相相同时,合振幅是分振幅之和,就能量与振幅的关系而言,合成后的振动能量大于分振动的能量之和;当初相相反时,合振幅是分振幅之差,合成后振动的能量小于分振动能量之和。问:前一种合成以后,这个多余的振动能量来自何方?后一种合成以后,这个失去的能量又走向何方?

6.11 有两个位移方向互相垂直,但频率不同的简谐振动,$x=A\cos\omega_1 t$,$y=A\cos\omega_2 t$(并假设两个振动的初相相同),问:这两个简谐振动的合振动仍然是简谐振动吗?如果这两个振动的角频率不同,但它们之比却是整数,如2或3等,合振动会出现什么新的特征?

6.12 如果有一盏闪光灯可以照到月球表面,并假设可以以这样的高速转动闪光灯,以致月球表面的光点在不到1s的时间内在月球表面移动了几千公里,这样的移动传递了信息或能量吗?这可以看作一种波动行为吗?它是机械波吗?

6.13 在一条细绳上产生的机械横波能够传递能量,那么这个横波能传递动量吗?在细绳一端产生的振动沿着细绳传播一段距离后最终会消失,试问,这部分振动的能量到哪里去了?

6.14 如果相对于介质静止的波源产生一列简谐波沿介质传播开去,一观察者乘坐一列与波速相同的火车与这列波平行地同向前进,问,这个观察者看到的是什么波动图像?如果火车速度比波速快或比波速慢,他又会看到什么波动图像?

6.15 如果相对于介质静止的一个波源发出一列简谐波沿介质传播,一观察者沿反方向背离波源以与波速相同的速度前进,这个观察者接收到的波的频率是多少?如果观察者的速度大于或小于波速,结果又将如何?

6.16 在波的传播过程中,为什么任一体积元中的动能和势能具有相同的相位?请用细绳上传播的简谐横波加以说明。在波的传播过程中任一体积元中的能量随时间而改变,这与能量守恒定律有矛盾吗?请用细绳上传播的简谐横波加以说明。

6.17 假设有一个人站在地面上每1s向前抛出一个小球击中前方的靶子,如果这个人在沿水平方向以速度 A 前进的汽车上,仍然每1s就向车前方抛出一个小球,由于汽车在前进,小球击中靶子的频率与静止时有没有变化?如果小球离开手的速度是 B,那么小球相对于地面的速度是多少?试把这样的现象与波的多普勒现象比较,你能从中得出什么结论吗?

习　题

6.1 一个小球在水平方向作简谐振动。振动位移的正的最大值 $A=2\text{cm}$,速度的正的最大值 $v_m=3\text{cm}\cdot\text{s}^{-1}$。取小球在达到速度正的最大值时为 $t=0$ 时刻。求:

(1) 该小球的振动频率;

(2) 该小球振动的初相位;

(3) 该小球加速度的最大值。

6.2 一劲度系数为 k 的轻弹簧的上端固定在天花板上,下端悬挂一质量为 m_1 的砝码,取向下为 x 轴正方向,于是弹簧有一伸长量。在达到稳定以后,在 m_1 下部再悬挂另一质量为 m_2 的砝码,于是弹簧伸长 Δx_2,在再次达到稳定后取走 m_2 的砝码,令弹簧开始振动。求该振动的周期表达式。

6.3 在一平板的竖直下方装有弹簧,平板上放一质量为 1.0kg 的重物,如图 6.31 所示。现使平板在竖直方向上作上下简谐振动,周期为 0.50s,振幅为 $2.0\times10^{-2}\text{m}$,求:

(1) 平板到最低点时,重物对平板的作用力。

(2) 若频率不变,则平板以多大的振幅振动时,重物跳离平板?

(3) 若振幅不变,则平板以多大的频率振动时,重物跳离平板?

图 6.31　习题 6.3 图

6.4 已知一简谐振子的振动曲线如图 6.32 所示,振动周期为 T。试求:

(1) a、b、c、d、e 各点的相位以及振子分别到达这些状态的时刻 t;

(2) 该简谐振子的运动方程;

(3) 画出与该振动曲线对应的旋转矢量图。

6.5 一质量为 0.01kg 的物体作简谐振动,其振幅为 0.08m,周期为 4s。设起始时刻 $t=0$,物体的起始位移 $x=0.04\text{m}$,并向 x 轴负方向运动(图 6.33)。试求:

图 6.32 习题 6.4 图

图 6.33 习题 6.5 图

(1) $t=1.0$s 时，物体所处的位置和所受的力；

(2) 由起始位置运动到 $x=-0.04$m 处所需要的最短时间。

6.6 一质量为 100g 的物体竖直悬挂在一个轻弹簧下端，弹簧伸长 Δl 以后物体就处于平衡位置。然后再对物体施加向下一拉力使弹簧在伸长到 x_0 后去除外力，将物体释放。已知物体在 32s 内完成了 48 次全振动，振幅为 5cm。

(1) 外加拉力是多大？

(2) 当物体在平衡位置以下 1cm 处时，此振动系统的动能和势能各是多少？

6.7 已知一平面简谐波沿 x 轴负向传播，振动周期 $T=0.5$s，波长 $\lambda=10$m，振幅 $A=0.1$m。当 $t=0$ 时波源振动的位移恰好为正的最大值。若波源处为原点，写出沿波传播方向距离波源 $x=\dfrac{\lambda}{2}$ 处的振动方程以及当 $t=\dfrac{T}{2}$ 时，$x=\dfrac{\lambda}{4}$ 处质点的振动速度。

6.8 已知一平面简谐波频率为 1000Hz，波速为 300m·s^{-1}，求：

(1) 该波动曲线上相位差为 $\dfrac{\pi}{4}$ 的两点之间的距离；

(2) 在某点处时间间隔为 0.001s 的两个振动状态间的相位差。

6.9 两个相干波源 S_1 和 S_2 相距 $L=9$m，它们的频率均为 100Hz，波速均为 400m/s，此时相位差为 S_2 比 S_1 超前 $\dfrac{\pi}{2}$，如图 6.34 所示。

图 6.34 习题 6.9 图

问：当两列波在 S_1 和 S_2 的连线上传播时，在包括 S_1 左侧（如图中 P_1 点）、S_1 和 S_2（如图中 P_2 点）之间和 S_2 右侧（如图中 P_3 点）在内的各点，哪些位置上两列波的振动加强？哪些位置上两列波的振动减弱？

6.10 一辆警车停止在公路一端，当它每隔 5s 发出一次警报声时，有一辆卡车正以 20m·s^{-1} 的速度向警车方向行驶，取声速为 340m·s^{-1}。问：卡车司机在 3min 内可以听到多少次警报声？

第7章

热力学平衡态和准静态过程

本章引入和导读

  冷和热的观念人类早已有之。古代的人们用火来加热食物，温暖身体。如今，地域上从千里冰封的地球北极到形似火炉的热带赤道，气候上从万里雪飘的寒冬腊月到赤日炎炎的高温酷暑，人们时时处处都在与热和温度打交道。

  究竟什么是热？什么是温度？物体的冷热程度与温度有什么区别？从17世纪末期开始，围绕这些问题，人们对热和温度的本性就展开了长期的研究和探索。在热学发展史上，一开始人们对热和温度这两个基本概念是分不清的，但正如爱因斯坦所指出的那样，后来"一经辨别清楚，就使科学得到了飞速的发展"，从此就形成了物理学中的一个研究热运动的重要分支——热学。

  热运动是由大量分子、原子所构成的物质的一种基本运动形态。人们最常见的自然界的气体、液体和固体都是由大量分子、原子构成的物体；物体的分子、原子之间存在相互作用；每个分子、原子都处于无规则的运动状态中，这样的运动就称为热运动，这样被人为用以分析的物体称为热力学系统。

  热学研究的一个内容就是从观察和实验中探讨热现象和热运动的宏观规律。在宏观层次上，热学以压强、体积和温度等热力学状态量取代了力学中的位置矢量和速度矢量等物理量，描述了热力学系统的状态；以热力学基本定律取代了牛顿运动定律，给出了对热运动状态变化过程的宏观描述。热学的宏观理论在揭示热现象的共性上具有高度的可靠性和普遍性。

  热学研究的另一个内容是探讨热现象的微观本质。在微观层次上，热学的微观理论提出了微观粒子结构的假设模型，把系统的宏观性质看作大量微观粒子性质的集体表现，把宏观物理量看作微观物理量的统计平均值，给出了对原子、分子热运动状态和状态变化的统计描述。热学的微观理论在揭示具体系统的热力学个性上比宏观理论更深刻。

  热学的宏观理论和微观理论是热学中相辅相成、不可分割的两部分。本章主要讨论物体热运动状态和状态变化过程的宏观描述。

  与力学相比较，从研究对象看，力学研究的对象主要是具有少量自由度的质点、刚体一个或几个质点和刚体的机械运动状态及其变化。热学的研究对象是由大量分子、原子组成的热力学系统的状态变化及其与外界的相互作用，从内容和知识结构上看，力学的内容是以绝对时空观为核心,以牛顿三大运动定律为主体而演绎展开的一个公理化体系,无论是动量守恒定律,还是能量守恒定律,都是通过牛顿定律演绎推理得到的重要结论。热学的内容和知识结构不构成公理化的体系,热学没有类似绝对时空这样的核心,也没有牛顿三大运动定律这样的主体。从研究层次上看,力学只在宏观层次上描述机械运动,而热学从宏观和微观等两个层次上描述热运动。在宏观上,热学从大量实验事实出发,归纳得出热力学基本定律,再通过演绎推理得出热力学过程中物理量之间的关系;在微观上,热学从关于气体分子结构的弹性小球的假设模型出发,提出气体动理论,以一种力学还原的方式得出压强和温度的微观解释,引入统计方法得到麦克斯韦速率分布律,再导出能量按自由度均分定理。

与中学物理相比较,大学物理热学不仅增加了很多热学知识的内容,而且更加系统化,体现出热学自身具有的知识结构体系和物理学思想。

研究热学,首先涉及的问题是怎样测量一个物体(热力学系统)的冷热程度。本章引入热学中一个主要的物理量——温度。与力学中定义速度和加速度等物理量的方式不同,温度是基于实验定律——热平衡定律(又称热力学第零定律)并通过演绎推理来定义的。

7.1 热学研究的对象、内容和热力学系统的分类

——什么是热力学系统及其分类?

7.1.1 热学研究的对象和内容

热学是研究热现象和分子热运动的理论,研究的对象是由大量分子、原子组成的热力学系统,研究的内容是分子、原子热运动形态以及热运动与其他运动形态之间的转换规律。

热力学系统由大量分子、原子构成,分子、原子处于无规则的热运动中,它们之间存在着相互作用力。例如,密闭在一个汽缸中的气体和盛在容器中的一杯水中都包含大量分子,分子之间存在吸引或排斥的相互作用力,这就是一个常见的热力学系统。参与化学合成或分解反应的多种化学物质,在电场或磁场中极化或磁化的物质等也是热力学系统。更广泛地,从气体、液体到固体,从人类生活的地球和包围地球的大气层到太阳系、银河系乃至宇宙空间,都可以看作纷繁复杂的热力学系统。

热学不仅研究通常为人们熟悉的处于单一状态的热力学系统(气态、液态或固态)的温度或体积的变化过程(如封闭在容器中的气体加热后的等温或等压膨胀过程,热机的对外做功过程等),而且还研究热力学系统从一个状态转换到另一个状态的相变过程(如水被高温加热以后,从液态转换为气态的蒸发过程和水在低温下从液态转换成固态的凝聚过程,等等)。此外,热学还研究热力学系统内部结构和性能的变化过程(如金属导体在达到某一个低温临界温度后电阻突然消失,从而转变为超导体的过程;磁性材料在高温处理下引起内部结构的改变,从而磁性消失即发生退磁的过程,等等)。在本节中,讨论的内容主要是单一状态的热力学系统的宏观状态描述,不涉及热力学系统内部结构和性能的变化过程。

热学的研究与人们的生产和生活有着密切的联系,热力学系统是无处不在的,没有哪一个生产和生活领域与热学是毫无关系的。

7.1.2 热力学系统的分类

讨论热力学现象时,通常总是把注意力集中在某一部分物质上,这部分物质就称为热力学系统(简称系统)。而热力学系统以外的与系统有关联的周围物质就称为系统的外界(简称外界)。热力学系统或者与外界完全隔离开来,或者与外界有着能量和物质的交换。根据系统与外界的关系,可将热力学系统分为三大类:孤立系统、封闭系统和开放系统。以一桶水作为热力学系统的实例(图 7.1)。

图 7.1　热力学系统分类示意图
(a) 孤立系统；(b) 封闭系统；(c) 开放系统

(1) 盛在密闭容器中的一桶水被绝热材料包围,这桶水就是一个孤立系统。孤立系统既不与外界交换物质也不交换能量。在实际生活中没有完全的孤立系统,当系统与外界交换的物质和能量与系统本身的物质和能量相比显得十分微小,以致可以忽略不计时,系统就可以看作孤立系统。

(2) 把上述一桶水除去绝热材料,但仍然被盛在密闭容器中并加热到沸腾,然后把这桶沸水放在空气中慢慢冷却,这桶水就是一个封闭系统。封闭系统不与外界交换物质,但允许与外界交换能量。在实际生活中也没有完全的封闭系统,当系统与外界交换的能量(但不交换物质)与系统本身能量相比显得十分微小,以致可以忽略不计时,系统就可以看作封闭系统。

(3) 如果把这桶水除去绝热材料且解除密闭状态,并放在炉子上加热,同时既有冷水不断地注入桶内又有热水不断地流出,这桶水就成了开放系统。开放系统既与外界交换物质又与外界交换能量。

自然界中实际存在的热力学系统,无论是非生命系统还是生命系统都是开放系统。天空中的云雾彩霞升腾组合,每一朵云彩都是开放系统。江河和小溪中的潺潺流水,奔流不息,任何一段水域都是开放系统。包括人体在内的各种生命体为了维持生存都需要进行新陈代谢,吸入新鲜空气,呼出二氧化碳气体,摄入食物,排出废物,每一个生命体都是开放系统。对生命体而言,如果这样的交换一旦停止,生命活动也就终结了,生命体无法维持生存,进入死亡状态。

7.2　热力学平衡态

——什么是静中有动的统计平衡态？

与力学中首先确定对物体的机械状态的描述类似,在热学中也必须首先确定对热力学系统宏观状态的描述。

日常生活中一个常见的现象是,使冷热程度不同的两杯水通过器壁互相接触,它们之间发生热传导作用(假设只存在这两杯水互相传热,除此以外,它们与周围空气完全隔绝),原来比较热的水会逐渐变冷,原来比较冷的水会逐渐变热。经过一段时间以后两杯水都可以达到一个宏观上冷热程度处处相同,并且其他各种宏观性质不随时间改变的状态。这里,如果把每一杯水看作一个热力学系统,它们都是封闭系统;如果把这样的两杯水在整体上看成一个热力学系统,这个热力学系统就是一个孤立系统。

实验表明,对一个孤立的热力学系统而言,不管它最初处于什么状态,经过一定的时间以后总会自发地趋向一个宏观上各部分冷热程度处处均匀,并且其他各种宏观性质(如压强、密度等)也处处均匀,且不随时间改变的状态,这个状态就称为**热力学平衡态**,简称平衡态。

从宏观上看,平衡态内部各部分的热学宏观性质不再随时间发生变化,处于静止状态,处于平衡态的系统内部既没有物质流动,也没有能量流动。但是从微观上看,系统内的大量分子、原子还在不停地运动着,描述分子、原子状态的位置矢量、速度矢量等各类微观物理量还在随时间不断地发生变化,因此,平衡态是一种静中有动的热动平衡态。"静"指的是从宏观上看,热力学系统的宏观性质不随时间变化;"动"指的是从微观上看,每一个原子、分子都在不停地运动着,它们的位置矢量和速度矢量都在随时间发生改变。在一定条件下这些微观量会呈现出一种不随时间改变的宏观的统计平均效果,这就表现为"静"的宏观平衡态。围绕这样的平均效果,系统的宏观状态仍会存在微小的偏离,这样的偏离就表现为系统宏观态的涨落,因此,热动平衡态是一种统计意义上的平衡态。

7.3 热平衡定律和温度

——什么是温度的科学定义?

7.3.1 对物体的冷热程度的感觉判断

在热学发展史上,人们早就使用了热和温度这两个词来描述物体的冷热程度,但是,很长一段时间以来,热和温度的含义没有被明确地区分开来。在18世纪到19世纪初期,人们一度认为,热传递过程就是一个物体把某种像流体一样的没有质量、没有体积的物质——热质传递给物体,而温度则是物体自身的一种属性。加热物体就可以升高物体的温度,温度是衡量物体含有热质这个物质多少的一种量度。如果两个物体包含的热质相同,它们的温度也相同。这就是在物理学发展史上出现过的热质说。

与热质说对立的是唯动说。波义耳、笛卡儿、胡克、牛顿等一批科学家通过一系列实验研究,认为热是一种运动。1798年,物理学家本杰明·汤普森(伦福德伯爵,1753—1814)完成了对炮弹钻孔的实验,一年以后英国科学家戴维又进行了把冰块通过摩擦融化为水的实验,这些实验研究使热质说面临严重的挑战。直到19世纪中期,人们肯定了热是一种运动而不是一种物质,从而提出了分子动理论,并在这个理论的基础上科学地区分了温度和热这两个概念,重建了热学的理论。热质说终于被抛弃。

【物理史料】 伦福德和炮弹钻孔实验

【物理史料】 从热质说到热动说

在日常生活中，人们提到物体温度总是与物体的冷热程度联系在一起，而对物体冷热程度的两种判断方式常常是"跟着感觉走"的：

一是通过人的触觉来判定物体的冷热程度。例如，一个人在严寒的冬天，在室外用手去触摸一根铁棒和一根木柱，他总是会感到铁棒更冷一些。如果这个人在冬天的室外玩过雪球以后，进入室内马上在一盆与室温基本相当的冷水中洗手，那么他的感觉是这盆水很热。

二是通过人的视觉来判定物体的冷热程度。例如，当炉灶上的火焰从橙红色逐渐转变成青紫色，人们往往就可以从"炉火纯青"中判断火焰越来越热；当人们看到一块冰逐渐融化时，人们从"冰消瓦解"中会得出冰一定比原来更热的结论。

显然，通过人的感觉只能对物体的冷热程度作出定性的判断，这样的判断虽然具有可比性和直观性，但带有主观任意性。

随着生产和生活实践的发展，人们产生了对冷热程度作出科学的判断并给以定量表示的需求，这个定量表示物体冷热程度的物理量就是温度。

7.3.2 热平衡定律和温度的科学定义

在热力学中温度是通过热力学基本定律之一———**热平衡定律（又称热力学第零定律）**加以科学定义的。

对于处在热平衡状态下的一个热力学系统而言，既然状态是确定的，这个系统就一定存在着某个描述这个热平衡状态冷热程度的状态量。

对于处于不同热平衡状态的两个系统而言，当它们互相接触发生热传递作用以后，它们的冷热状态会逐渐趋于相同，最后两个系统都处于一个新的相同的热平衡状态。既然处于相同的热平衡状态，这两个热平衡系统就一定存在着某个相同的状态量。

对处于热平衡状态的三个系统 A、B、C（图 7.2）而言，如果系统 A 同时与其他两个系统 B 和 C 热接触（但 B 和 C 之间用热绝缘壁隔开），实验表明，A 和 B 达到了相同的热平衡状态，A 和 C 也达到了相同的热平衡状态。由此自然可以问：此时 B 和 C 没有直接接触，它们是否也处于相同的热平衡状态呢？它们是否存在同样的状态量呢？实验表明，去除 B 和 C 之间的绝热壁以后，它们各自具有的热平衡状态不发生任何变化，即它们也处于同样的热平衡状态，因此也具有相同的状态量。通过大量的实验事实可以归纳得出这样的结论：

B 与 C 热绝缘，却同时与 A 热接触
(a)

B 与 C 也发生热接触
(b)

图 7.2 热力学第零定律示意图

与系统 A 分别处于热平衡状态的系统 B 和系统 C，彼此也处于热平衡状态，这个结论就称为**热平衡定律**，又称**热力学第零定律**。

热平衡定律表明，两个系统是不是处于热平衡，取决于系统内部热运动的状态。热平衡是系统状态的固有性质，能够和第三个系统分别处于热平衡的两个系统之间也互为热平衡，

无论它们是否直接接触,一定具有一个取共同数值的表示冷热程度的状态量,这个状态量就定义为系统的温度。

两个温度不同的热平衡系统相互接触后,由温度差而产生热传递。如果同一个系统内部存在温度差,不同温度的部分也会产生热的传递。一旦温度差消失,两个系统之间或一个系统内部的热传递也就不再存在。

热平衡定律是一个实验性的定律,它不是从某些基本假设推理出来的,它是通过对实验事实的抽象概括而得出的。这个定律具有一般性和普遍性,阐述的是物理世界的本质之一,是热力学的一个基本定律。

按照以上这样的方式定义的温度是一个与系统的物态组成(气体还是液体)无关的、体现热力学平衡态性质的物理量。温度通常用符号 t 或 T 表示。

7.4 温标和温度计

——什么是温度的定量表示方式?

为了对温度进行科学的测量,就需要建立对温度的定量表示方式。温度的定量表示方式称为温标。有了温标,基于热平衡定律就可以制成测量温度的仪器——温度计。

【物理史料】 基于热胀冷缩原理的温度计

每个温度计都是基于一定的温标才能对温度作出定量表示的,因此,温度计必须包括三个要素:一是测温物质,例如,水银和酒精就常常被选定为测温物质,并相应地用来构成水银温度计和酒精温度计;二是测温物质的某些确定的状态与温度的起始点和固定点的对应关系,并赋予相应温度的数值;三是测温物质的某种属性变化与温度变化的对应关系。有了这三个要素,温度计才能建立起完整的温度表示方式,即确立一定的温标。

瑞典天文学家安德斯·摄尔修斯(Anders Celsius,1701—1744)在 1742 年制定了一种"温标",并在 1854 年举行的第十届度量衡国际会议上以决议的形式获得通过,这个温标称为"摄氏温标",在温度计上常用℃表示。摄氏温标规定,固定点零度与水的冰点相对应,固定点 100℃与水的沸点相对应,又假设温度计中作为测温物质的水银柱由于受热膨胀和受冷收缩而引起的高度的变化与温度的变化之间存在线性关系。由此就可以在这两个固定点之间划分 100 个等分刻度,每一个刻度就表示 1℃,用 t 表示。水银柱的刻度上升一格,就说明测得的温度上升 1℃。

除了摄氏温标外(图 7.3),德国物理学家华仑海特(G. D. Fahrenheit,1688—1736)约在 1712 年创建了另一种温标,称为华氏温标,在温度计上用符号℉表示。华氏温标规定,在一个大气压下水的冰点为 32℉,水的沸点为 212℉。在冰点和沸点这两个固定点中间分为 180 等分刻度,每等分代表 1℉,水银柱的刻度上升一格,就表示测得的温度上升了 1℉。

对处于同一个热力学状态下的物体进行测量所得到的摄氏温度(t)和华氏温度(t_F)之间的换算关系是

$$t_F = \frac{9}{5}t + 32$$

图 7.3 摄氏和华氏温度计

式中,t_F 表示华氏温度,t 表示摄氏温度。例如,在摄氏温标下,用通常的水银温度计测得人的正常体温约为 $t=36.5℃$；在华氏温标下，由上式可得出人的体温约为 $t_F=97.7℉$。

选取什么样的测温物质，选取什么样的固定点，利用测温物质的什么属性，从而制定什么温标，都是根据实际测量的需要人为确定的。

在一般情况下，与温度变化属性有关的任何物质都可以作为测温物质。但是，实验表明，用不同测温物质制成的温度计测量同一个热力学平衡系统的温度时，得出的结论并不完全一致。例如，在摄氏温标下，用酒精温度计和水银温度计分别测量同一个物体的温度，得到的结果会存在一些偏差（虽然这样的偏差在实际测量中一般都是一个很小的量）。这是因为由酒精或水银作为测温物质所建立的摄氏温标，除了选定的两个固定点与水的冰点和沸点按照规定都相同以外，它们的某种属性随温度的变化关系（例如体积的膨胀或收缩与温度的变化关系）是不同的。

1827年，第七届国际计量大会采纳了英国物理学家汤姆孙（William Thomson，1824—1907，后来被封为开尔文勋爵）在1887年提出的一个新的温标，这个温标与任何测温物质的物理属性无关，称为开氏温标或热力学温标。热力学温度用 T 表示，其单位为开尔文，符号为 K。1960年第十一届国际计量大会规定，在这个温标下，选取的固定点为水的三相点（纯冰、纯水和水蒸气共存的状态），它的温度为 273.16K。热力学温标的零点称为绝对零度。摄氏温标下的温度与热力学温标下的温度之间的换算关系是

$$t=T-T_0$$

式中，$T_0=273.15K$。因为热力学温度相差 1K，摄氏温度也相差 1℃，所以温差可以用 K 表示，也可以用 ℃ 表示。

在三种温标下，测得的温度之间的关系如图 7.4 所示。

图 7.4　三种温标所测温度的比较

随着科学技术的发展，人们对测温仪器的要求越来越高。18世纪末至20世纪初，许多科学家运用各种物理原理，发明了多种形式的新型温度计，如电阻式温度计、辐射式高温计、光学高温计、氢温度计等。图 7.5 列出了常用的各种温度计。

图 7.5　常用的各种温度计

7.5 气体的状态方程

——什么是热力学系统的静态描述？

【拓展阅读】 热力学状态量的分类

在确定的平衡态下，热力学系统的温度和其他各个状态参量都有确定的数值。一旦温度发生变动，其他参量一定会发生相应的变化；反之，其他参量发生变化时，温度也会相应改变。因此，温度与其他状态参量之间必然存在一定的联系，温度一定是其他状态参量的函数。

对于一定质量的处于平衡态的简单气体系统来说，如果确定了压强 p 和体积 V，系统的温度 T 就随之确定，不能取任意数值。类似地，如果选定温度 T 和压强 p，系统的体积 V 就得以确定，不能取任意数值。因此，在压强 p、温度 T 和体积 V 这三个状态参量中只有两个是独立的，称为独立状态参量，第三个状态参量就是这两个独立状态参量的函数。

如果取压强 p 和体积 V 作为独立参量，温度 T 就可以写成压强 p 和体积 V 的函数

$$T = f(p, V) \quad \text{或者} \quad F(T, p, V) = 0 \tag{7.1}$$

这样的函数关系称为气体的状态方程。

(1) **理想气体的状态方程**。实验证明，一定质量的气体在温度 T 保持不变的条件下，它的压强 p 和体积 V 的乘积近似等于一个常数 C，这个常数 C 在不同的温度下有不同的数值。气体的压强越低，接近上述结论的精确度就越高。在气体压强趋于零的极限条件下，这个常数与气体的温度成正比，可以写成以下形式：

$$pV = \frac{M}{m}RT = \nu RT \tag{7.2}$$

这里 M 是气体的总质量，m 是气体的摩尔质量，ν 是气体的摩尔数，R 称为摩尔气体常量 ($R = 8.3144 \text{J/mol} \cdot \text{K}$)。

式(7.2)体现了所有实际气体在压强趋于零的极限下的共同性质，反映了气体状态量之间相互关系的共同规律，因此，式(7.2)就称为理想气体的状态方程。理想气体是实际气体的一种理想模型，在压强很低的情况下，可以把实际气体近似看作理想气体。

(2) **实际气体的状态方程**。在温度较高(比它的液化温度高得多)和密度很小、压强很低时，实际气体可以近似看作理想气体。但是，在低温下当气体开始凝结或在高压下当气体密度增大并接近液化点时，气体的性质会在很大程度上偏离理想气体的状态方程。为了得到能够描述实际气体性质的状态方程，必须对理想气体状态方程作出修改，并在压强很低的情况下，修改后的状态方程应该仍然遵守理想气体的状态方程。

在高压和低温下，对理想气体状态作出修改而得到的状态方程中，最有代表性的是范德瓦耳斯方程。这个方程是 1873 年荷兰物理学家范德瓦耳斯(J. D. van der Waals, 1837—1923)对理想气体状态方程加以修改后首先提出的。

对 1mol 理想气体，进行修改后得到的范德瓦耳斯方程是

$$\left(p + \frac{a}{V^2}\right)(V - b) = RT \tag{7.3}$$

式中，a 和 b 分别是考虑到气体分子之间的吸引力和排斥力之后，在理想气体状态方程上加入的修正量，它们可以由实验测定，称为范德瓦耳斯常数。对一定的气体而言它们都是常数。

无论是气体还是液体，每一个实际热力学系统都有自己的状态方程。目前人们主要通过一定范围的实验和理论研究来建立实际气体的经验和半经验的状态方程，它们在一定范围内可以近似地描述实际气体的状态量之间的关系。

【拓展阅读】 广延量和强度量

7.6 准静态过程

——什么是热力学过程的动态描述？

7.6.1 从静态描述到动态描述

平衡态和状态方程是对热力学系统的静态描述，它们不能反映出热力学系统的变化规律。按照平衡态的定义，任何孤立系统一旦处于热力学平衡态，系统的状态参量就不再随时间改变。于是，处于平衡态的气体将永远是气体，不会液化；处于平衡态的液体将永远是液体，不会凝固。实际上，自然界处处生机勃勃，各种热力学系统并不处在完全不受外界扰动和不随时间改变的"死气沉沉"的平衡态。即使局部暂时处于平衡态的热力学系统一旦受到外界扰动后，会从平衡态进入非平衡态。例如，在一定温度下处于平衡态的水一旦被加热以后，将经历从蒸发到沸腾、逐渐汽化的非平衡过程。在经历了一系列非平衡过程以后，可能会达到另一个新的汽液共存的平衡态，然后继续加热又会进入新的非平衡态。因此，平衡始终是相对的、暂时的，而非平衡是绝对的、永远的。从日常生活中雪花、冰块的缓慢融化到化学药品的瞬间爆炸，都属于这样的非平衡过程。

为了得到更接近于真实自然界的物理图像，继对热力学系统进行静态描述以后，必须研究热力学系统在外界影响下发生变化的动态过程。只有认识了动态过程，人们才能更好地认识和理解千姿百态的自然界和纷繁复杂的万事万物。

7.6.2 引起系统状态变化的两种方式

对一个热力学系统而言，引起系统状态改变的两种方式是外力对系统做功和系统与外界交换热量。

在外力推动气缸的活塞做功的过程中，如果气缸中的气体被压缩，施加在活塞上的压强一定大于气缸内部气体的压强。在压缩过程的每一个中间阶段气缸内部气体没有统一的、各处均匀的密度和压强，系统处于非平衡状态。因此，功的大小只能用外力和活塞移动位移的乘积来表示，无法用气体本身的压强和体积的变化来表示。

在系统与外界交换热量的过程中，例如把盛满冷水的容器放在热源上加热，热源的温度一定高于水的温度。当容器中的水从外界吸收热量时，水温就开始升高，而且总是靠近热源的容器底部的水温升高得比较快。由于容器中的水不断发生热对流，在加热过程中整个容器中的水没有统一的、处处相同的温度，系统处于非平衡状态。因此，系统吸收热量的多少只能用热源的温度变化来计算,无法用系统本身的温度变化来表示。

为了能够以系统本身状态量的变化来表示外界对系统做的功,就必须使系统在过程的每一个中间阶段都有确定的状态量,即系统在过程的每一步都处于平衡态。只要气缸中的活塞在移动,外力与系统内部存在确定的压强差,这个要求就是难以达到的。因为在活塞运动过程中,如果系统的体积在不断缩小,靠近活塞处的气体压强肯定大于远离活塞处的气体压强,系统处于非平衡态。要使压强处处趋于均匀,从非平衡态进入新的平衡态,则需要一段时间,这段时间称为弛豫时间。如果活塞运动非常迅速,气体体积减小一个微小量 ΔV 所经过的时间比弛豫时间短得多,气体根本来不及从非平衡态进入到新的平衡态。反之,如果活塞运动非常缓慢,气体体积减小一个微小量 ΔV 所经过的时间比弛豫时间长得多,那么系统可以很快地从非平衡态进入到平衡态,在这种缓慢过程中,气体的每一个中间状态都可以近似看作平衡态,具有确定的状态量。如果再设想外力很缓慢地推动气缸中的活塞移动,活塞与气缸壁摩擦力很小以致可以忽略,在这个过程中可以认为外力的压强与气缸内部的压强几乎相等。于是,外力对系统所做的功就可以用系统本身的状态参量的变化来表示。

类似地,在把盛满水的容器放在热源上加热的过程中,只要热源的温度与水中任何一部分的温度存在有限的温度差,系统就处于非平衡态。为了能够以系统本身状态量的变化来表示外界对系统输入的热量,就必须使系统在加热过程中的每一个中间阶段都有确定的状态量,即系统在加热过程中的每一步都处于平衡态。只要容器放在热源上加热,系统与热源之间存在有限的温度差,这个要求就难以达到。

设想在系统加热的过程中,处于平衡态的热力学系统首先与一个温度略高于自身温度的热源接触,虽然由于热传递而引起系统各部分温度都会不同程度地升高,但是由此引起的系统内部温度不统一的变化程度很小,系统从非平衡态趋于新的平衡态的弛豫时间很短。由此推理,当系统与一个高于系统温度的实际热源接触时,两者之间虽然存在一个有限的温度差,系统处于非平衡态,但是可以把这样的加热过程设想成系统与一系列温差很微小但逐渐升高的许许多多热源接触的过程。通过这样的过程,系统将很缓慢地逐步达到与实际热源温度相同的状态。在这样加热过程的每一个中间状态,系统都可以看作处于非常接近热源温度的新的平衡态,于是,系统与外界交换的热量就可以用系统本身的温度变化来表示。

7.6.3 动中有静的准静态过程

如同在力学中引入质点,在热学中引入平衡态等理想模型一样,为了用系统本身状态参量的变化描述热力学过程,对由做功和传热两种方式引起的系统状态改变的过程引入一个理想化过程——准静态过程。

如果在一个过程中,无摩擦的条件下,系统每时每刻都无限接近平衡态,这样的过程称为准静态过程。准静态过程是一个理想化的极限过程。在做功过程中,它只能在活塞无限缓慢移动的过程中才能实现;在传热过程中,它只能在系统与温差无限小的热源交换热量的过程中才能实现。实际过程只能尽可能地接近它,而不能完全实现它。在无摩擦的条件下,当实际过程进行得非常缓慢时,我们在任何时刻都可以把系统的状态看作无限接近平衡态,这样的实际过程就可以近似地看作准静态过程。

在热学中,常常用过程曲线来直观地表示热力学过程的特点。例如,在 $p\text{-}V$ 图上可以画出理想气体的等温过程曲线和等压过程曲线。从这样的曲线图上又可以计算系统在从一个平衡态到另一个平衡态的过程中外界对系统做的功。

　　实际上,在画出这样的过程曲线时,已经默认了这个过程必须是准静态过程。因为只有在准静态过程中,系统的每一个中间状态才是确定的,其压强和体积就可以与过程曲线图上的某一点建立一一对应关系。如果系统经历的不是准静态过程,整个过程就不可能用实线在状态图中被表示出来。

　　从动和静的统计意义上看,从引入平衡态到引入准静态过程都是关于动静的物理对称性思想在热学中的具体体现。

　　只要热力学系统处于平衡态,就一定具有确定的状态量,这是静态的,但是,这种平衡是热动平衡。平衡态建立了热力学系统表面上的静止状态与系统内部的运动状态之间的一种对应关系,这是一种统计意义上的关系。

　　只要热力学系统经历一个准静态过程,就一定涉及系统状态的变化,这是动态的,但在准静态过程中的任意时刻,系统又可以看作无限接近平衡态,这是静态的。因此,准静态过程建立了系统状态变化的运动与系统处于平衡态的静止状态之间的一种动中有静的对应关系,这仍然是一种统计意义上的关系。

思 考 题

　　7.1　温度是一个常用的物理量,在热学中为什么首先要对温度和温标作出一番定义?热力学第零定律看起来似乎很简单,但是为什么建立温度的概念需要这个定律?没有这个定律能对温度做出定义吗?

　　7.2　与力学相比,在力学中确定长度的定量表示时,不需要建立"长标";在确定时间的定量表示时,也不需要讨论"时标"。在测量中只要确定了相应的公认长度单位和时间单位就可以通过测量得到具体的数值了。那么,为什么在对温度作定量表示时,却需要建立温标?

　　7.3　把一根金属棒的一端放在冰水中,另一端与沸水接触,假设这两个热源的温度保持不变。经过一段时间以后,金属棒上会出现温度处处不同但不随时间改变的状态。此时这根金属棒的状态是平衡态吗?为什么?

　　7.4　设想有一个容器,一半充满气体,另一半是真空,中间用隔板分开。如果迅速抽去隔板,气体充满整个容器的过程是不是准静态过程?为什么?如果真空部分被分隔成许多体积很小的小间隔 ΔV,在气体开始向真空扩散时,相继依次迅速抽去小间隔的隔板,此时气体充满整个容器的过程是不是准静态过程?为什么?

第 8 章

气体动理论

本章引入和导读

【演示实验】 道尔顿板

17世纪后期,在牛顿完整地构建了经典力学的理论并在宏观领域各个分支中取得了巨大成就,热学理论也建立了对热运动宏观状态的描述以后,人们思考的一个问题是,热量、温度、压强等物理量与力学中的力、速度、加速度等力学量属性有没有联系?

当时人们对这些问题的回答是,用力学成果来解释包括热现象在内的所有自然现象都是可能的。如果已经发展起来的热学理论中的热量、温度、压强等物理量与力学属性没有联系是难以接受的,那么,力、速度、加速度等力学量在热学理论中似乎没有用武之地,也是不能容忍的。于是,到了19世纪初期,随着热质说理论的逐渐衰落,试图在力学和热学的基本概念之间建立联系的气体动理论开始形成。在几经反复以后,气体动理论逐步得到了物理学家的承认,从而为以后的统计思想进入热学提供了充分的可能。

力学只涉及宏观层次的机械运动规律,热学不仅通过压强、体积和温度等物理量给出了热力学平衡态的宏观描述,而且给出了对原子、分子微观热运动状态和状态变化的统计描述。虽然单个分子、原子的微观运动情况千变万化,非常复杂,但是就大量分子组成的系统而言,其状态变化却呈现出确定的统计规律。

以对热量的统计性描述取代对力学量的确定性描述,把微观量的统计平均值与热学宏观量相对应。热学正是沿着这样的思想认识途径建立起关于热运动的宏观和微观的一般理论。

第8章在热学宏观理论中,从定义热力学平衡态和建立状态方程开始,描述了热力学系统处于平衡态的宏观性质和气体的状态变化过程。本章从提出关于分子动理论的个体和集体假设入手,建立了压强和温度的宏观量与微观量统计平均值的对应关系;建立了分子速度的统计分布函数和分子能量按自由度的统计均分定理。从而在微观理论上,从统计平均值和统计分布函数上描述了宏观热力学量与微观物理量的对应关系。

为了更形象地描述分子的无规则运动特征,本章还就处于非平衡状态的气体扩散现象引入了分子碰撞频率和平均自由程两个概念。

8.1 关于分子个体行为和集体行为的基本假设

——什么是气体动理论的基本假设？

气体动理论是关于热学的一种微观理论，它以分子的运动来解释热力学系统的宏观性质。这个理论基于两个基本概念：一是物质由大量作无规则运动的分子、原子组成；二是宏观热现象是微观分子、原子无规则运动的一种表现形式。

1845 年英国科学家瓦特斯顿(J. J. Waterston, 1811—1883)首先把气体分子、原子假设为弹性小球，并用弹性小球互相碰撞产生的无规则运动来解释热现象的宏观规律，这正是当初人们试图用力学的思想方法来解释热现象而架起的一座桥梁。

【物理史料】 弹性小球——气体动理论的一个理想模型

基于弹性小球的假设和模型，气体动理论对与热力学系统平衡态相对应的微观粒子的运动状态提出了两类基本假设：一类是关于分子个体行为的三个基本假设；另一类是关于分子集体行为的三个基本假设。

关于分子个体行为的三个力学性质基本假设。

(1) 分子本身的线度与分子之间的平均距离相比，可以忽略不计。

(2) 在分子运动过程中，分子之间以及分子与容器壁之间除了碰撞以外没有其他相互作用。

(3) 分子之间以及分子与器壁之间的碰撞是完全弹性碰撞，在碰撞前后分子的动量和动能守恒。

关于分子集体行为的三个统计性基本假设。

(1) 当系统处于平衡态时，每个分子仍然处于无规则运动状态，每个分子的运动速度都不相同，而且在碰撞过程中每个分子的速度都会发生变化。

(2) 当系统处于平衡态时，系统内分子处于容器内部各个位置上的机会(或概率)相等，即分子在容器内按照位置的分布是均匀的。

(3) 当系统处于平衡态时，系统内分子的速度指向任何方向的机会(或概率)相等，即分子速度在容器内按方向的分布是均匀的。

把微观粒子看成这样的弹性小球模型，就可以阐明理想气体压强和温度的微观本质，建立分子运动的统计平均效应与宏观压强和温度之间的对应。

8.2 气体的压强和温度的微观解释

——什么是压强和温度的统计意义？

8.2.1 气体压强的微观解释

气体压强是一个热力学量，从宏观上看，气体压强的大小与气体的高度有关，与气体的温度和密度等有关。从微观上看，压强的大小和方向与分子、原子的运动又有什么关系呢？

设想在一个带有可移动活塞的容器中,充满气体的容器体积为 V,活塞的截面面积为 S(图 8.1)。

由于气体分子如同弹性小球那样在容器中作无规则运动,因此,在每一个时刻,总有来自各个方向的大量分子撞击到活塞上,而分子对活塞的每一次弹性碰撞都会对活塞施加一个动量。正是大量分子碰撞施加的动量使活塞受到一个合推力的作用,宏观上显示的压强就可以看成微观上大量分子对活塞碰撞所产生合推力的一个统计平均效应。假设这个合推力在 x 方向的分量为 F,在活塞的单位面积上产生的平均压强就是 $p = \dfrac{F}{S}$。

图 8.1 带有可移动活塞的容器模型

压强的大小与以下因素有关:一是每一个碰撞分子对活塞施加的动量大小;二是单位时间内在单位面积上碰撞的分子数目;三是碰撞分子对活塞施加的作用力大小。

从以上提到的三个因素入手,利用力学中质点发生弹性碰撞以后动量增量的表达式,可以得到气体对活塞施加的压强为

$$p = \frac{1}{3} nm \overline{v^2} = \frac{2}{3} n \overline{w} \tag{8.1}$$

这就是气体的压强公式,其中 n 是单位体积内的分子数(分子数密度),$\overline{w} = \dfrac{1}{2} m\overline{v^2}$ 是分子平动动能的统计平均值,即分子的平均平动动能。由此可见,压强是一个统计平均值。只有当气体的分子数密度足够大时,气体产生的压强才有确定的统计平均值。对一个分子而言,讨论压强是没有意义的。

【数学推导】 压强公式是怎样导出的?

8.2.2 气体温度的微观解释

由压强的微观解释可以得出温度的微观解释。

在体积不变的情况下,对气体加热,气体的压强和温度会增大和升高。从压强公式可以看出,压强的增大意味着分子的平均平动动能增大,而压强的增大又会引起气体温度的升高,分子的平均平动动能与温度之间存在着什么关系呢?

利用压强公式 $p = \dfrac{1}{3} nm\overline{v^2} = \dfrac{2}{3} n\overline{w}$ 和理想气体的状态方程 $pV = \nu RT$ 可以得到

$$\overline{w} = \frac{3}{2} \frac{1}{n} \nu \frac{RT}{V} = \frac{3}{2} \frac{V}{N} \nu \frac{RT}{V} = \frac{3}{2} \frac{1}{\nu N_0} \nu RT = \frac{3}{2} \frac{R}{N_0} T \tag{8.2}$$

这里,$N_0 = 6.023 \times 10^{23} \, \text{mol}^{-1}$ 是 1mol 气体所含的分子数,称为阿伏伽德罗常量。取 $k = \dfrac{R}{N_0}$ 为另一常量,称为玻耳兹曼常量,于是

$$\overline{w} = \frac{3}{2} kT \tag{8.3}$$

这就是气体的温度公式。由此可见,分子的平均平动动能只与温度有关,而且与绝对温度成正比。温度表示了气体内部分子作无规则运动的剧烈程度,温度越高,气体内部分子的无规

则运动越剧烈。温度也是一个统计平均值,对于个别分子来说,讨论温度是没有意义的。

如今人们在实验室里从宏观上测量到容器中的气体压强以及利用温度计测量气体温度已经是一件很容易的事情。但是,利用弹性小球模型对压强作出微观的解释却是在气体动理论发展初期,克劳修斯等人试图用力学思想去定义热学基本概念而取得的重要成果,正是这个成果打破了牛顿力学的经典确定论观念,跨出了使概率统计思想进入物理学殿堂的重要一步。

8.3 分子无规则运动的速率分布函数

——什么是大量分子无规则运动速率呈现的统计规律?

8.3.1 麦克斯韦速率分布函数

统计平均值是描述随机量的一个重要工具,它体现了随机变量取值的平均效应,但是仅用统计平均值不足以确切地反映出随机量的特点。就分子的速率这个随机量而言,人们不仅需要知道用速率平方这个随机量的统计平均值表示的平均动能,还需要知道分子的速率处于不同速率空间内的可能性(概率)的大小,描述这个可能性(概率)的数学表达式就是分子速率的统计分布函数。

在热学中,处于宏观平衡态的气体分子在微观上仍然在作无规则运动,这种平衡态是不同于力学平衡态的一种热动平衡态。由于气体分子的相互碰撞,每一个分子的速度大小和方向都在不断地发生改变。在每一个特定的时刻去观察某一个特定的分子,其速率的大小是完全随机的。但是,实验表明,对大量分子的整体而言,在一定条件下,处于不同速率区间内的分子数与气体所有分子数的比例却遵循着一定的统计规律。

麦克斯韦(J. C. Maxwell,1831—1879)在1860年提出设想,认为气体中分子之间的大量碰撞并不会导致分子的速率大小趋于"分担式"的平均分布,而是呈现出下列分布形式,即每一个分子速率的大小都可能处于从零到无穷大的任意值,但处于不同速率附近一定区间内的分子数对所有分子数的比率(即分子处于不同速率附近一定区间内的概率)是不同的。在确定的温度下,这样的比率呈现出一种确定的分布。

麦克斯韦先提出了两个基本假设:一是分子速度 v 在三个空间方向上的速度分量 v_x、v_y、v_z 是互相独立的,即分子速度的任一个分量的分布与其他分量无关;二是分子在三个空间方向上出现速度分量 v_x、v_y、v_z 的可能性是相同的,即分子在三个空间方向上的分布是各向同性的。

设气体的全部分子数是 N,分子速率处于 $v \to v+dv$ 区间内的分子数是 dN,则处于 $v \to v+dv$ 区间内的分子数占所有分子数的比率是 $\dfrac{dN}{N}$,速率间隔区间 dv 越大,这个比率也越大。当 dv 足够小时,可以认为 $\dfrac{dN}{N}$ 与 dv 成正比。

正是基于以上两个基本假设,麦克斯韦得出了在速率 v 附近,$v \to v+dv$ 单位速率间隔区间内的分子数占全部分子数的比率 $f(v)$ 是

$$\frac{\mathrm{d}N}{N\mathrm{d}v} = f(v) = 4\pi \left(\frac{m}{2\pi kT}\right)^{\frac{3}{2}} v^2 \mathrm{e}^{-\frac{mv^2}{2kT}} \tag{8.4}$$

这里的 $f(v)$ 就称为气体分子的麦克斯韦速率分布函数。其中 T 是气体的绝对温度,m 是一个分子的质量,k 是玻耳兹曼常量。

从图 8.2 中可以得出,处于任一速率间隔区间 $v_1 \to v_2$ 内的分子数与所有分子数的比率是

$$\frac{\Delta N}{N} = \int_{v_1}^{v_2} f(v)\mathrm{d}v \tag{8.5}$$

这个比率正是分布函数曲线在任一速率区间 $v_1 \to v_2$ 内所包围的阴影部分的面积。如果选择处于从零到无限大的全部速率区间,在这个区间内的分子数就是气体的全部

图 8.2 麦克斯韦速率分布函数

分子数,它们的比率就是 1,这个比率表明,在从零到无限大的速率区间内分布函数下的阴影面积等于 1。如图 8.2 所示。

$$\int_0^\infty f(v)\mathrm{d}v = 1 \tag{8.6}$$

这就是麦克斯韦速率分布函数 $f(v)$ 必须满足的归一化条件。

由于速度是一个矢量,在 $x、y、z$ 方向上具有三个分量 $v_x、v_y、v_z$,于是可以设气体的全部分子数是 N,分子速度处于 $v_x \to v_x + \mathrm{d}v_x$、$v_y \to v_y + \mathrm{d}v_y$、$v_z \to v_z + \mathrm{d}v_z$ 区间内的分子数是 $\mathrm{d}N$,则处于这个区间内的分子数占所有分子数的比率是 $\frac{\mathrm{d}N}{N}$,速度间隔区间越大,这个比率也越大。当 $\mathrm{d}v_x、\mathrm{d}v_y、\mathrm{d}v_z$ 足够小时,可以认为 $\frac{\mathrm{d}N}{N}$ 与 $\mathrm{d}v_x、\mathrm{d}v_y、\mathrm{d}v_z$ 成正比。

麦克斯韦还得出,在速度 v 附近 $v_x \to v_x + \mathrm{d}v_x$、$v_y \to v_y + \mathrm{d}v_y$、$v_z \to v_z + \mathrm{d}v_z$ 单位速率间隔区间内的分子数占全部分子数的比率是

$$\frac{\mathrm{d}N}{N\mathrm{d}v_x\mathrm{d}v_y\mathrm{d}v_z} = f(v_x,v_y,v_z) = \left(\frac{m}{2\pi kT}\right)^{\frac{3}{2}} \mathrm{e}^{-\frac{1}{2}m(v_x^2+v_y^2+v_z^2)/kT} \tag{8.7}$$

这里的 $f(v_x,v_y,v_z)$ 称为气体分子的麦克斯韦速度分布函数。其中 T 是气体的绝对温度,m 是一个气体分子的质量,k 是玻耳兹曼常量。

与速率分布函数类似,处于任一速度间隔区间 $v_x \to v_x + \mathrm{d}v_x, v_y \to v_y + \mathrm{d}v_y, v_z \to v_z + \mathrm{d}v_z$ 内的分子数与所有分子数的比率是

$$\frac{\mathrm{d}N}{N} = f(v_x,v_y,v_z)\mathrm{d}v_x\mathrm{d}v_y\mathrm{d}v_z = \left(\frac{m}{2\pi kT}\right)^{\frac{3}{2}} \mathrm{e}^{-\frac{1}{2}m(v_x^2+v_y^2+v_z^2)/kT} \mathrm{d}v_x\mathrm{d}v_y\mathrm{d}v_z \tag{8.8}$$

而处于各个速度分量从 $-\infty$ 到 $+\infty$ 内的分子数就是气体的全部分子数,它们的比率就是 1。

$$\frac{\Delta N}{N} = \int_{-\infty}^{+\infty} f(v_x,v_y,v_z)\mathrm{d}v_x\mathrm{d}v_y\mathrm{d}v_z = 1 \tag{8.9}$$

这就是麦克斯韦速度分布函数 $f(v_x,v_y,v_z)$ 必须满足的归一化条件。

麦克斯韦速率分布函数或速度分布函数都是统计分布,给出的是气体处于平衡态时处在某一个速率间隔区间或速度间隔区间内的气体分子数与所有分子数的比率,也就是分子速率或速度处于该区间的概率。

麦克斯韦速率分布和速度分布只对大量分子组成的处于平衡态的气体成立，如果说具有某一个确定速率或速度的分子数有多少，这是没有意义的。当气体处于非平衡态时，分子速率分布和速度分布不遵循麦克斯韦速率分布函数和速度分布函数。

对于具有确定温度和压强的同一种气体来说，气体分子速率分布或速度分布函数给出了在不同速率和速度区间内的分子数占所有分子数的不同比例。对于具有相同温度和压强的两种不同类型的气体来说，气体分子速率和速度分布函数给出了两种不同的速率和速度分布图像。

与以统计平均值方式表示温度和压强这样的粗线条的统计方法相比，以麦克斯韦分布函数表示的统计分布是在概率分布的意义上更细致的统计方法。

8.3.2 三个特征速率

利用麦克斯韦速率分布可以求得与分子无规则运动速率有关的统计平均值，其中常用的是以下三个特征速率。

最概然速率 从麦克斯韦速率分布函数中可以看出，分子的速率可以取从零到无限大之间的所有数值，但是速率很大的分子数和速率很小的分子数所占全部分子的比率实际上都很小，而具有中等速率的分子数占全部分子数的比率很大，表现在分布函数上就会呈现出一个极大值，与这个极大值对应的速率 v_p 称为最概然速率。

根据函数极大值的定义，v_p 满足下列条件

$$\left.\frac{df(v)}{dv}\right|_{v=v_p} = 0 \tag{8.10}$$

由此可以得到最概然速率

$$v_p = \sqrt{\frac{2kT}{m}} \tag{8.11}$$

最概然速率的物理意义：如果把速率区间划分为许多单位间隔的小区间，那么，与分布在其他速率附近的单位速率区间的分子数相比，分布在 v_p 附近的单位速率区间内的分子数占全部分子数的比率最大，或者说，虽然分子速率都在随机地发生改变，但是分子的速率处在最概然速率 v_p 附近单位速率区间内的可能性最大。

式(8.11)表明，对于给定分子质量的同一种气体来说，气体的温度越高，v_p 越大；对处于给定温度的两种不同气体来说，气体分子的质量越大，v_p 越小。图 8.3 给出了同一气体在两种不同温度下的分布函数。当温度升高 $T_2 > T_1$ 时，$v_{p_2} > v_{p_1}$，即函数极大值的位置移向速率大的一方，但是根据归一化条件，分布函数下包围的面积必须等于 1，因此，温度升高时函数曲线就变得较为平坦。

图 8.4 给出了两种不同质量的气体在同一个温度下的分布函数。分子质量较小的气体，其分布函数的曲线就显得比较平坦。

平均速率 按照统计平均值的定义，平均速率就是大量分子的速率的算术平均值，用 $\bar{v}$ 表示。根据统计平均值的定义，可以得出

$$\bar{v} = \int_0^\infty v f(v) dv = 4\pi \left(\frac{m}{2\pi kT}\right)^{\frac{3}{2}} \int_0^\infty v^3 e^{-\frac{mv^2}{2kT}} dv = \sqrt{\frac{8kT}{\pi m}} \tag{8.12}$$

图 8.3 同一种气体在两种不同温度下的速率分布函数

图 8.4 两种不同质量的气体在同一温度下的速率分布函数

方均根速率 所谓方均根速率指的是先求出分子速率的平方值,再按照统计平均值的定义,取这个平方值的平均值,最后对这个平均值进行开方,得到平方根值,用 $v_{\text{rms}}=\sqrt{\overline{v^2}}$ 表示。按照统计平均值定义

$$\overline{v^2} = \int_0^\infty v^2 f(v)\mathrm{d}v = 4\pi \left(\frac{m}{2\pi kT}\right)^{\frac{3}{2}} \int_0^\infty v^4 \mathrm{e}^{-\frac{mv^2}{2kT}} \mathrm{d}v = \frac{3kT}{m}$$

于是

$$v_{\text{rms}} = \sqrt{\overline{v^2}} = \sqrt{\frac{3kT}{m}} \tag{8.13}$$

对处于同一温度下的同一种气体,这三种特征速率从大到小的排列次序:$v_{\text{rms}} > \bar{v} > v_{\text{p}}$(图 8.5)。在室温下,这三个速率的数量级大致是每秒几百米。

作为统计平均值出现的三个特征速率的共同特点是,它们都与 $\sqrt{T}$ 成正比,与 $\sqrt{m}$ 成反比。它们的区别是在不同的问题中三个速率有着不同的应用。在讨论速率分布时,需要用到最概然速率;在计算分子运动的平均距离和碰撞次数时,需要用到平均速率;在讨论分子平均平动动能时,需要用到方均根速率。

图 8.5 三种速率的比较

8.4 能量按自由度均分定理

——什么是大量分子无规则运动能量呈现的统计规律?

8.4.1 能量按自由度均分定理

从宏观上看,在一定的平衡态下,热力学系统的能量是确定的。但从微观上看,组成热力学系统的分子却在不断地剧烈运动。由于分子的无规则运动和互相碰撞,使得与分子运动有关的微观能量不断地在各个微观状态之间进行再分配,以致每一个微观状态的能量发生着瞬时性的变化,变得非常不确定。一个是在平衡态下宏观能量的确定性,另一个是微观状态能量的不确定性,在确定的宏观能量与不确定的微观状态能量之间是否存在一定的对应关系?

对分子、原子全部微观能量的分析表明，虽然微观状态的能量瞬息万变，但是，由碰撞引起能量交换和能量再分配的结果在统计意义上呈现出两种不变性：一种是微观分子热运动的动能和相互作用势能总和的不变性，从而可以把它们与统计意义上不随时间改变的宏观平衡态相对应，这部分能量就是系统平衡态的能量；另一种是系统能量按分子自由度的数目平均分配的不变性。

什么是分子的自由度？

自由度是决定一个质点在空间的位置或运动状态所需要的独立坐标数。当一个质点在空间某一位置时，其位置矢量在 x、y、z 轴上就具有 3 个独立分量，只要确定了这 3 个分量，就可以完全确定质点的位置，因此，这个质点就具有 3 个自由度。如果气体分子整体上被看作一个弹性小球，要确定这个弹性小球的空间位置就如同确定质点的空间位置一样，需要 3 个独立的坐标，因此，这样的弹性小球具有 3 个自由度。

分子由原子构成，原子由更小的粒子组成。显然，只考虑分子整体上作为一个弹性小球而不计分子内部的结构是不全面的。由一个原子构成的单原子分子（如氦、氖、氩等）整体上只有平动，因此，只有 3 个平动自由度。而对于由化学键连接起来，由两个原子构成的双原子分子来说，除了整体上质心仍然具有 3 个平动自由度外，确定两个原子的空间位置还需要 3 个自由度（确定两个原子连线的化学键空间方位需要 2 个与原子转动有关的自由度；由于两个原子可以沿连线方向作振动，因此，确定原子在连线的化学键上的相对位置还需要 1 个与振动有关的振动自由度）。图 8.6 就是一个由一根弹簧连接两个质点构成的双原子分子模型。由于两个原子被看成质点，因此，不存在绕连线为轴的转动，因此，双原子分子共具有 6 个自由度。

一般地讲，由 n 个原子构成的分子，最多有 $3n$ 个自由度，其中 3 个是平动自由度，3 个是转动自由度，其余的 $3n-6$ 个是振动自由度。实际上，由于分子运动受到一定的限制，它的自由度数目会相应地减少。气体分子的自由度如表 8.1 所示

图 8.6 双原子分子模型

表 8.1 气体分子的自由度数目　　　　　　　　　　单位：个

分子类型	平动自由度	转动自由度	振动自由度
单原子分子	3	0	0
双原子分子	3	2	1
由 n 个原子构成的分子	3	3	$3n-6$

分子的能量是如何按照自由度平均分配的呢？

先讨论单原子气体的分子。理想气体分子的平均平动动能是

$$\bar{w} = \frac{1}{2}m\bar{v}^2 = \frac{3}{2}kT \tag{8.14}$$

单原子气体分子只具有 3 个平动自由度。设分子的速度为 v，而 $v^2 = v_x^2 + v_y^2 + v_z^2$，从统计意义上可以推知，分子的平均平动动能可以写成

$$\bar{w} = \frac{1}{2}m\overline{v^2} = \frac{1}{2}m\overline{v_x^2} + \frac{1}{2}m\overline{v_y^2} + \frac{1}{2}m\overline{v_z^2} = \frac{3}{2}kT \tag{8.15}$$

在热平衡状态下，每一个分子沿 x、y、z 方向运动的可能性是相同的，因此，与每一个速

度分量对应的平动动能是相同的,即每一个分子的平动动能是按 3 个自由度平均分配的,每一个自由度的能量平均值是

$$\frac{1}{2}m\overline{v_x^2} = \frac{1}{2}m\overline{v_y^2} = \frac{1}{2}m\overline{v_z^2} = \frac{1}{2}kT \tag{8.16}$$

虽然对于个别分子来说,它在某一个瞬间的能量与平均动能有很大的差别,也不是按自由度均分,但是由于大量分子互相碰撞的结果,某一个自由度上的较多能量将会传递到其他自由度上,并尽可能地平均分配给分子的每一个自由度,以便使整个气体系统显示出更加无序的状态。

以上的讨论可以推广到多原子分子系统。在常温条件下(如 $T=300\text{K}$),对于多原子分子系统来说,分子之间的互相碰撞将不会改变原子内部的结构和运动状态,但是会引起分子之间能量的交换和再分配。多原子分子的热运动形式不仅有平动,还有转动和振动,构成系统能量的不仅有平动动能,还有转动动能和振动动能,因此,无规则运动的分子之间的碰撞引起的能量交换和再分配过程不仅发生在每一个分子的平动动能之间,也同样发生在转动动能和振动动能之间。系统达到热平衡以后,其热运动能量将平均地分配到每一个自由度上,并且都是 $\frac{1}{2}kT$。由此可以归纳出如下结论。

在温度为 T 的热平衡系统(气体、液体或固体)中,分子的每一个自由度都具有相同的平均动能,其大小等于 $\frac{1}{2}kT$。

这个结论称为**能量按自由度均分定理**,简称**能量均分定理**。

能量均分定理是关于分子无规则运动能量的统计规律,均分是在平均值意义上按自由度的均分。一个分子在任一瞬间它的能量并不按自由度均分,但正是由于大量分子之间的无规则运动导致的互相碰撞使能量从一种形式转换为另一种形式,从一个自由度转移到另一个自由度。在达到平衡态时,宏观能量不随时间改变并且形成了能量按自由度的均分。

8.4.2 理想气体的内能

对于理想气体,不考虑分子内部振动而认为分子都是刚性的,如果用 i 来表示分子的运动自由度,则其热运动的平均总动能分别为

单原子分子

$$i = 3, \quad \overline{w}_k = \frac{3}{2}kT$$

刚性双原子分子

$$i = 5, \quad \overline{w}_k = \frac{5}{2}kT$$

刚性多原子分子

$$i = 6, \quad \overline{w}_k = 3kT$$

通常把与系统分子热运动有关的能量称为系统的内能。气体的内能是指它所包含的所有分子的无规则运动的动能和分子间的相互作用势能的总和。对于理想气体,由于分子之间没有相互作用,所以没有势能,只有动能。理想气体的内能就是它所有分子的平均动能的

总和。因此，理想气体的内能 E 应为

$$U = N\bar{w}_k = N\frac{i}{2}kT$$

如果理想气体的物质的量是 ν，则其中包含的气体分子的个数为 $N = \nu N_A$ 个。由于 $k = \dfrac{R}{N_A}$，理想气体的内能表达式可以写成

$$U = \frac{i}{2}\nu RT$$

对于单原子分子气体

$$U = \frac{3}{2}\nu RT$$

对于双原子分子气体

$$U = \frac{5}{2}\nu RT$$

对于多原子分子气体

$$U = 3\nu RT$$

一定量的理想气体的内能只是温度的函数，和热力学温度成正比。

8.5 气体内部的运输过程

——什么是分子平均碰撞频率和分子平均自由程？

前面讨论的内容涉及的都是对处于热平衡状态下的气体性质的统计描述。在这样的描述过程中，虽然大量气体分子处于无规则运动过程中，且分子之间发生着无规则碰撞，但气体分子被看作一个点，它们之间的微观碰撞细节被"磨平"了，从而在整体上呈现出统计效应，在宏观上系统处于平衡态，并呈现出统计意义上的速度分布函数和能量均分定理。在平衡态下，系统内部是不存在任何物质输运过程的，不会发生任何的物质扩散现象。

但是，如果气体在宏观上处于非平衡态，并随着时间的推移逐渐趋于平衡态，在这种情况下，必然涉及分子之间的碰撞问题，此时分子就不能被看作一个点。例如，在房间的一角打开香水盖子后，往往需要经过一段或较长时间，人们才能闻到满屋子的香味。一开始，房间里的香味气体分子分布是不均匀的，房间里的气体处在非平衡状态中。随着时间的推移，香味气体分子逐渐均匀充满整个房间，达到平衡状态。

分子作无规则运动的平均速率一般都是每秒几百米，为什么房间里的香味气体从非平衡态达到平衡态没有在瞬间实现呢？

原因在于，宏观上从非平衡态到平衡态的整个过程，是由在微观上大量作无规则运动的分子发生激烈碰撞而产生的，正是由于不再是点对点的碰撞，才导致分子行进的路程不是简单的直线而是复杂的折线（图 8.7），从而导致气体内部发生物质的输运过程——扩散过程。

d 为分子直径

图 8.7 气体分子的碰撞

从图 8.7 可以看出,气体分子在任意两次碰撞之间经过的路程是不同的,经过的时间也是不同的。分子在任意两次碰撞之间经过的路程称为自由程,记作 λ。显然,一个分子在每两次碰撞之间经过的自由程是不同的。在一定的宏观条件下,我们把一个气体分子在连续两次碰撞之间所可能经过的各段自由程的平均值,称为平均自由程,记作 $\bar{\lambda}$。在一定时间内,分子受到的碰撞次数越多,平均自由程越小。我们把一个分子在单位时间内受到的平均碰撞次数称为平均碰撞频率,记作 $\bar{Z}$。

设分子的平均速率是 $\bar{v}$,在单位时间内,一个分子与其他分子的平均碰撞频率是 $\bar{Z}$,那么,分子每两次碰撞经过的平均距离就是平均自由程 $\bar{\lambda}$,因此

$$\bar{\lambda} = \frac{\bar{v}}{\bar{Z}} \tag{8.17}$$

平均碰撞频率 $\bar{Z}$ 和平均自由程 $\bar{\lambda}$ 的数值会受到哪些因素的影响呢?

先讨论两个分子发生的碰撞,并假定每个分子都是直径为 d 的刚性小球(图 8.8(a))。显然,只要当一个分子的中心处在以另一个分子为圆心,以 d 为半径的球面上时,两个分子就可能发生碰撞。

图 8.8 分子的碰撞
(a) 两个分子;(b) 大量分子

再讨论大量分子的运动。考虑到分子之间的相对运动,假定其他分子静止不动,当一个分子 A 以平均相对速率 $\bar{u}$ 相对于其他分子运动时,凡是处在其他分子与分子 A 的中心间距等于或小于以 d 为半径的圆柱筒内的分子,都可能与分子 A 发生碰撞(图 8.8(b))。这个圆柱体的截面面积称为分子的碰撞截面 σ

$$\sigma = \pi d^2 = 4\pi \left(\frac{d}{2}\right)^2 \tag{8.18}$$

于是,在单位时间内,分子 A 扫过的圆柱体体积就是 $V = \sigma \bar{u}$。设单位体积中分子的数密度是 n,则分子 A 与其他分子碰撞的次数,即平均碰撞频率

$$\bar{Z} = n\sigma\bar{u} \tag{8.19}$$

实际上,除了分子 A 外,其他气体分子都在运动。可以证明气体分子的平均相对速率 $\bar{u}$ 与分子平均速率 $\bar{v}$ 之间存在如下关系

$$\bar{u} = \sqrt{2}\,\bar{v} \tag{8.20}$$

于是,由式(8.18)、式(8.19)和式(8.20)可得分子平均碰撞频率为

$$\bar{Z} = \sqrt{2}\,\pi d^2 \bar{v} n \tag{8.21}$$

再利用式(8.17)得到

$$\bar{\lambda} = \frac{\bar{v}}{\bar{Z}} = \frac{1}{\sqrt{2}\pi d^2 n} \tag{8.22}$$

根据理想气体状态方程 $p=nkT$，于是式(8.22)可以写作

$$\bar{\lambda} = \frac{\bar{v}}{\bar{Z}} = \frac{kT}{\sqrt{2}\pi d^2 p} \tag{8.23}$$

由此看出，在一定温度下，平均自由程与气体的压强成反比，压强越小，分子的平均自由程越大。当压强小到一定数值时，平均自由程可以等于甚至大于储存气体的容器尺度，此时平均自由程的概念失去意义，在容器内不再发生分子与分子之间的碰撞，而代之以分子与容器壁的碰撞，气体分子从容器一边无碰撞地飞向另一边，气体所处的这种状态就称为真空。在标准状态下，对于一个边长大约为 0.2m 的容器来说，按照式(8.23)计算可以得到的平均自由程达 700m 左右，而与器壁的碰撞频率高达 4×10^9 次。

思 考 题

8.1 在力学中，曾经提出了质点的模型。而在热学中，又提出了弹性小球的模型。为什么这里需要引入弹性小球模型而不是直接使用质点模型？从物理上看，弹性小球模型在哪些方面优于质点模型？

8.2 在导出压强公式时，利用了关于分子、原子个体行为和集体行为的哪些假设？

8.3 一个盛有理想气体的密闭容器被放在一辆相对地面作高速运动的卡车上，一种说法认为，容器中的气体温度将比容器相对于地面静止时的温度高，你同意这个说法吗？如果卡车急速停止运动，容器中的气体温度会发生变化吗？压强会发生变化吗？为什么？

8.4 麦克斯韦速率分布和速度分布的物理意义分别是什么？

根据麦克斯韦速率分布的物理意义试说明下列各表达式的含义。

(A) $f(v)\mathrm{d}v$ (B) $\int_0^\infty vf(v)\mathrm{d}v$

(C) $\int_{v_1}^{v_2} vf(v)\mathrm{d}v$ (D) $\int_{v_1}^{v_2} Nvf(v)\mathrm{d}v$

(E) $\int_0^{v_p} f(v)\mathrm{d}v$ (F) $\int_{v_p}^\infty v^2 f(v)\mathrm{d}v$

8.5 什么是最概然速率？什么是最概然平动动能？每一个分子的平均平动动能可以写成 $\varepsilon = \frac{1}{2} m \overline{v^2}$，试由麦克斯韦速率分布律导出分子平均平动动能在 $\varepsilon \to \varepsilon + \mathrm{d}\varepsilon$ 区间内的分子数占总分子数的比率是

$$\frac{\mathrm{d}N}{N} = \rho(\varepsilon)\mathrm{d}\varepsilon = \frac{2}{\sqrt{\pi}}\left(\frac{1}{kT}\right)^{\frac{3}{2}} \varepsilon^{\frac{1}{2}} \mathrm{e}^{-\frac{\varepsilon}{kT}} \mathrm{d}\varepsilon$$

由此表示式，你能求出分子的最概然平动动能 ε_p 吗？ε_p 等于 $\frac{1}{2}mv_p^2$ 吗？为什么？

8.6 地球上物体的逃逸速度(即第二宇宙速度)大小是 11.2km·s^{-1}。对于氢分子(H_2)而言，在什么温度下，它的方均根速率等于地球上的"逃逸速度"？

8.7 根据8.6题的讨论，请分析，为什么在高空中氢比氧更容易逃离大气层？月球表面会有大气层吗？为什么？

8.8 两个容器中分别装有 A、B 两种气体,它们的温度和体积都相同。在下列三种情况下,它们的分子速率分布函数是否相同?

(1) A 为氮气,B 为氢气,且总质量相同,即 $m_A = m_B$;

(2) A、B 均为氢气,但 $m_A \neq m_B$;

(3) A 为氢气,B 为一氧化碳,$m_A = m_B = 1$ mol。

8.9 一容器内盛有某种气体,如果该容器漏气,容器内气体分子的平均平动动能是否会发生变化?该气体的总内能是否会发生变化?

习 题

8.1 一容器内充满氧气(O_2),压强为 $p = 1.00 \times 10^5$ Pa,温度 $T = 300$ K。试求:

(1) 1mm^3 气体中含有的氧气分子数;

(2) 氧分子的质量;

(3) 氧分子的平均平动动能;

(4) 氧分子的平均速率。

(氧气的摩尔质量 $M = 32 \times 10^{-3}$ kg·mol^{-1},假设氧气可以看成理想气体)

8.2 设 $x = \dfrac{v}{v_p}$,试证明可以将麦克斯韦速度分布函数式(8.7)表示成以理想气体最概然速率 v_p 为单位表示的形式 $g(x) = \dfrac{4}{\sqrt{\pi}} x^2 e^{-x^2}$。并利用已知数学公式 $\int_0^1 e^{-x^2} dx = 0.7468$,计算:

(1) 分子速率小于最概然速率的分子占分子总数的百分比为多少?

(2) 分子速率大于最概然速率的分子占分子总数的百分比为多少?

8.3 在三个容器 A、B、C 中分别装有三种不同密度的理想气体,它们单位体积内的分子数之比是 $n_A : n_B : n_C = 4 : 2 : 1$,而它们的平均平动动能之比是 $\varepsilon_{kA} : \varepsilon_{kB} : \varepsilon_{kC} = 1 : 2 : 4$。问:它们的压强之比是多少?

8.4 7g 的 N_2 被封闭在一个容器内,当温度 $T = 273$ K 时,求:

(1) 该气体分子的平均平动动能和平均转动动能;

(2) 该气体的总内能。

8.5 假定某理想气体的总分子数是 N,在一定温度下气体的速率分布如图 8.9 所示。由该速率分布求:

(1) 最概然速率;

(2) 当 N 和图中的 v_1 为已知值,a 等于多少?

(3) 平均速率;

(4) 速率大于 $\dfrac{v_1}{2}$ 的分子数是多少?

图 8.9 习题 8.5 图

8.6 设某种气体的分子总数为 N。在不同温度下,无论这些分子的速率分布如何不同,分子的方均根速率决不会小于平均速率,即 $\sqrt{\overline{v^2}} > \overline{v}$。试证明以上结论。

8.7 一定质量的理想气体,先处于状态 $A(p, V, T_1)$,后来经过一个等容过程,压强增

大为 $2p$，处于状态 $B(2p,V,T_2)$，试定性画出处于这两个状态下的气体分子最概然速率分布曲线。

8.8 某容器内装有理想气体，气体温度是 $T=273\text{K}$，压强是 $p=1.013\times10^5\text{Pa}$，气体密度是 $\rho=1.25\text{kg/m}^3$，试求：

(1) 容器内气体的摩尔质量，并由此摩尔质量判定该气体是什么气体？
(2) 该气体分子的方均根速率。
(3) 该气体分子的平均平动动能和平均转动动能。
(4) 单位体积内该气体分子的总平均动能。
(5) 1m^3 该气体的总内能。

8.9 真空管中的真空度约为 $1.3\times10^{-3}\text{Pa}$，试求 27℃ 时单位体积中的气体分子数以及分子的平均自由程（取分子的有效直径为 $d=3\times10^{-10}\text{m}$）。

8.10 试证明，在平衡态下，两个分子热运动的平均相对速率 $\bar{u}$ 与分子的平均速率 $\bar{v}$ 之间存在下列关系：$\bar{u}=\sqrt{2}\,\bar{v}$。

8.11 氮分子的有效直径为 $3.8\times10^{-10}\text{m}$，求它在标准状态下的平均自由程和连续碰撞的平均时间间隔。

8.12 容器储有 O_2，其压强为 $1.013\times10^5\text{Pa}$，温度为 27℃，有效直径为 $d=2.9\times10^{-10}\text{m}$，求：

(1) 单位体积中的分子数 n；
(2) 氧分子质量 m；
(3) 气体密度 ρ；
(4) 分子间平均距离 l；
(5) 最概然速率 v_p；
(6) 平均速率 $\bar{v}$；
(7) 方均根速率 $\sqrt{\overline{v^2}}$；
(8) 分子的平均总动能 $\bar{\varepsilon}$；
(9) 分子平均碰撞频率 $\bar{z}$；
(10) 分子平均自由程 $\bar{\lambda}$。

第 9 章

热力学第一定律

本章引入和导读

【物理史料】 英国著名实验物理学家焦耳(J. P. Joule,1818—1889)

在力学中,从运动学到动力学,在建立了从静(确定质点位置矢量)到动(确定质点的速度、加速度等矢量)的描述方式后,就进一步探讨了质点运动状态变化与外力的关系,例如,探讨动量的变化与外力冲量之间的关系,动能的改变与外力做功的关系等。

类似地,对于一个热力学系统来说,在确定了从静(热力学平衡状态)到动(热力学准静态过程)的描述方式以后,很自然地就会进一步探讨这样的问题:当外界通过做功和热量传递引起热力学系统状态的改变时,系统的状态变化与外界做功的大小与热量传递多少之间存在怎样的定量关系?这就是本章讨论的主要内容。

当外界对系统做功引起系统状态发生变化时,实现了机械运动与其他运动形式之间的相互转换。例如,当气缸中的气体受到外力压缩并且温度随之升高时,外力推动活塞移动做功的过程就伴随着机械运动和热运动两种运动形式之间的转换。力学的动能定理告诉我们,外力做功可以引起物体的动能改变。在不计任何摩擦的情况下,外力做的功等于物体动能的增加量。在热学中,通过外力对系统做功,将引起热力学系统的什么能量发生改变?

当外界对系统传递热量引起系统的热运动状态发生变化时,例如,在温度高的物体与温度低的物体接触时发生的热传导过程中,物体的热运动状态发生了变化,但在这个过程中没有外界对系统做功的行为,因而也没有运动形式的转换。当系统与外界发生热交换时,将会引起系统的什么能量发生改变?

在实际热力学过程中,做功和传热这两种方式往往是组合在一起实现的,它们在引起系统能量改变上有什么联系和区别?有没有等当性和转换性?

热力学运动状态的丰富性和多样性引发了人们对这些过程变化规律的探讨。

实验表明,做功和传递热量都可以引起系统的状态函数——内能的改变,做功和传递热量之间存在着可转换性和等当性;做功和传递热量的总量与反映系统宏观状态函数——内能的改变之间存在本质上的联系和定量的关系,这就是热力学第一定律。它是人们在认识普遍的能量守恒及其转换定律的道路上对机械能守恒定律认识的深化,也是普遍的能量守恒及其转换定律的具体体现。

在大学物理力学中,虽然已经讨论过机械能守恒定律,但它并没有被说成是普遍的能量守恒和转换定律的具体表现。为什么大学物理中的热力学第一定律却被称为是能量守恒和转换定律的一个具体体现呢？

第一，机械能守恒和转换只涉及同一种能量形式（动能和势能都是机械能）的守恒，不涉及不同能量形式的转换，而且机械能守恒定律是从牛顿运动定律中推导出来的，因而，机械能的引入还没有体现能量这一概念在物理学中的重要意义。正是从热力学第一定律开始才涉至少两种不同能量形式（机械能和内能及其他形式的能量）的转换和守恒，能量在物理学上的重要作用才得以充分体现。

第二，当一个运动物体的机械能满足守恒定律时，物体的动能和势能之间的互相转换是由保守外力做功实现的，也就是说，在力学中应用机械能守恒定律来实现动能和势能的转换是有条件的。而热力学第一定律中的功是广义的功，守恒和转换不限于在机械运动和热运动之间，机械能可以转换为内能或其他形式的能量。因此，热力学第一定律在普遍意义上揭示出：各种运动形式的能量可以互相转换；各种运动形式的能量具有固有的、不会消失的互相转换的能力。

第三，力学中的机械能守恒定律只是在牛顿运动定律范围内初步建立能量守恒的入门概念，而热力学第一定律是在机械能守恒基础上对能量守恒和转换定律在认识上的一种提升。

能量守恒和转换的思想是物理学的重要思想，能量守恒和转换定律是自然界的基本规律之一，它揭示了各种不同运动形式在互相转换过程中体现的关系，它与达尔文的进化论及细胞学说并列为19世纪自然界的三大发现。

在大学物理课程中，能量守恒和转换定律的内容是遵循着由近及远、由浅入深的认识原则而逐步上升和展开的。在力学中只讨论单一的机械能，在热学中引入了内能，在以后的电磁学中再讨论电磁场的能量，从而逐步建立对普遍的能量守恒和转换定律的认识。学习热力学第一定律对于深化对能量守恒定律普遍性的认识起着承前（承接力学中的机械能）启后（电磁学中还要讨论电磁场能量）的作用。

9.1 内能和热力学第一定律

——什么是热力学系统的内能？

在机械运动中，外力对物体做功，就会增加物体的机械能。例如，在升高物体位置的过程中，外力克服重力做功，就会增加物体的重力势能。当在地面上推动一辆小车加速前进时，外力克服摩擦力和其他阻力做功，就会增加物体的动能。

在没有发生任何热传递的情况下，当外力推动气缸的活塞移动并压缩气体时，气缸内气体的体积发生了变化，外力克服气体压力做功。外力的功除了增加活塞的机械能以外，也会引起气缸内气体温度的升高。温度的升高意味着通过外力做功把一部分机械能转换为其他形式的能量，这是什么形式的能量呢？当气缸中气体膨胀推动活塞移动时，气体做的功除了增加活塞的机械能外，还使得气缸内气体温度随之下降，温度的降低意味着有一部分其他形式的能量转换为活塞的机械能，这又是什么形式的能量呢？在上述活塞移动过程中，如果把只有外力做功的过程改变为只通过对气体加热的过程，气体的温度也可以发生同样的改变量。加热的方式增加了气体的什么能量呢？外力做的机械功与加热传递的能量都会引起气体温度的升高，做功和传热这两者之间存在什么关系呢？

首先讨论只有外力做功的过程。实验事实表明，在不发生任何热传递的过程中（例如不计活塞与气缸壁的摩擦，不发生由此产生的热传递），只要确定了气体的初始平衡态（简称初态）和终结平衡态（简称终态），不管经过了什么样的过程，外力推动活塞对系统做的功都是相同的，也就是做功的大小只取决于气体的初态和终态，而与做功经过的路径无关。

在力学中，重力的功只与物体的起始位置和终结位置有关，与重力做功的路径无关，并由此引入了与状态有关的势函数——重力势能，用 E_p 表示，外力克服重力做的功等于重力势能的增量。在机械运动中重力势能的数值大小是相对某参考点而言的，可以任意选择并规定为零势能，而两个位置的重力势能之差是完全确定的。

与此类比，在热学中，根据以上的实验结果，也可以引入一个与状态有关的态函数——内能，用 U 表示。当只有外力对系统做功，系统在不发生任何热传递的过程中从平衡态 1 变达平衡态 2 时，外力对系统作的功 A' 等于系统内能的增量 $U_2-U_1=A'$。与力学中的重力势能类似，在热学中，内能的数值大小也是相对于某标准态而言的，可以任意选择某标准态并规定为内能零点，从而得出平衡态的内能相对于该零点的具体数值；但不管选择哪个标准态为内能零点，两个平衡态的内能之差是完全确定的。

再讨论既有外力做功又有热量传递的过程。实验表明，如果系统与外界存在一定的温度差并发生热传递，同时外力还对系统做机械功，使系统从平衡态 1 变到平衡态 2，此时系统的状态函数——内能的增量仍然是 U_2-U_1，但是，这个量却不等于外力做功 A' 的大小。根据能量守恒定律，在这个过程中一定有其他的能量传递给系统，以弥补 U_2-U_1 与功 A' 的差值。这部分能量的传递只能是由系统与外界环境之间的温度差引起的热传递而产生的，这部分能量就是热量，用 Q 表示。于是就有 $Q=U_2-U_1-A'$ 或者表示为

$$Q+A'=U_2-U_1=\Delta U \tag{9.1}$$

这个等式表明，在既有外力做功又有热量传递的过程中，外力对系统做的功 A' 和系统从外界吸取的热量 Q 的总和就是系统内能的增量 ΔU。式(9.1)称为**热力学第一定律**。

如果以 A 表示过程中系统对外界做的功，则由于总有 $A=-A'$，式(9.1)又可以写成

$$Q=\Delta U+A$$

这是热力学第一定律常用的一种表示式。

热力学第一定律是通过对大量实验事实的总结而得出的。热力学第一定律是包括热量的传递在内的、广义的能量守恒定律，其中内能的引入是热力学第一定律的核心。只要系统处于平衡态，就一定有相应的确定的内能值，内能是状态量。

在确定的两个平衡态之间，系统经历的过程不同，外力对系统做的功 A' 和系统从外界获得的热量 Q 的数值都是不同的，功 A' 和热量 Q 都是过程量，但是只要初始平衡态和终结平衡态是确定的，不管经过什么路程，功 A' 和热量 Q 之和就是确定的，等于两个状态的内能之差。在一般情况下，气体的内能是温度、压强和体积的函数。1845 年焦耳用气体向真空自由膨胀的实验证实，热是能的一种形式，理想气体的内能只是温度的函数，$U=U(T)$，与其他状态参量无关，这个结论在热学中称为焦耳定律。

在热学中，一般规定：在热力学第一定律中，当系统从外界吸收热量时，$Q>0$，当系统向外界放出热量时，$Q<0$；当系统对外做功时，$A>0$，当外力对系统做功时，$A'=-A>0$。

当系统从外界吸取热量，$Q>0$，但 $A'=0$，即外力没有对系统做功，这部分吸收的热量 Q 就全部保留在系统内部用来增加系统的内能 ΔU；反之，当系统向外界放出热量时 $Q<0$，但 $A'=0$，这部分输出的热量则来自系统内能的减少。

从热力学第一定律中还可以看到，如果系统不从外界获取热量，$Q=0$，但系统对外做功，$A>0$，由于 $\Delta U=A'=-A$，因此，$\Delta U<0$，即系统对外做功必定以减少系统的内能为代价。因此，如果系统没有从外界吸收热量，那么，这样的系统是不可能持续不断地对外做功的，因为任何一个热力学系统的内能都是有限的。大量实验验证了上述结论，于是可以得出热力学第一定律的另一种表述形式："第一类永动机是不可能制造成功的"，这是热力学第一定律的否定式的表述形式。所谓第一类永动机（图 9.1）就是不需要任何动力和燃料，即不需要从外界接受任何能量但可以永动地对外做功的机器。历史上许多事实表明，任何制造第一类永动机的试图最后都是以失败告终的。

(a) (b)

图 9.1　第一类永动机

(a) 伽利略设计的第一类永动机；(b) 历史上的第一类永动机

【拓展阅读】　第一类永动机

对于微小的过程来说，在确定了初态和终态以后，内能 U 的改变是确定的，因为内能 U 是状态量，它的变化量可以用 dU 表示。因为 Q 和 A' 是过程量，它们的改变量分别用 $đQ$ 和 $đA'$ 表示，因此，微小过程的热力学第一定律可以表述为

$$đQ + đA' = dU \qquad (9.2)$$

由于热力学系统是由大量分子和原子组成的，原子又由原子核和电子组成，这些微观粒子都在做无规则的热运动，它们可以带电，也可以不带电，系统可以处于电场中，也可以处于磁场中，因此，从微观结构看，微观粒子的运动形式是多样的，系统的内能包括分子和原子作无规则运动的动能和它们之间的相互作用能，分子和原子内的能量以及电场能和磁场能等。其中与分子原子或其他微观粒子作无规则运动有关的那一部分内能称为热能。

9.2　热力学第一定律对理想气体的应用

——怎样得出准静态过程的功、热量和内能？

热力学第一定律是一个普遍的原理，它的作用在于不需要分析系统的内部结构和分子、原子的运动过程就能描述和预测系统的宏观行为，从而架起了微观世界和宏观世界的桥梁。

在应用热力学第一定律分析系统经历的过程时，系统的初态和终态必须是确定的平衡态，这样才能得到确定的内能增量 ΔU，但是，系统经历的过程却可以是任意的，也就是热力学第一定律不仅适用于准静态过程，还适用于非准静态过程；不仅适用于绝热过程，还适用

于非绝热过程；不仅适用于单一过程，还适用于循环过程。因此，热力学第一定律对任何物质在一切热力学过程的能量都是守恒的。

9.2.1 准静态单一过程的功

在热力学中，准静态过程的功的表达式具有重要的意义。

准静态过程的功的典型例子是外力推动活塞移动时对气缸内的气体做功，这是与体积改变有关的功。实际上，在热力学中不仅涉及与体积有关的功、与表面面积改变有关的功和与长度拉伸有关的功等这类机械功，还包括电介质在电场中被极化和磁介质在磁场中被磁化等这类电磁功和化学功等各种形式的功，因此，热力学中的功是广义功。

下面仅以理想气体为例，讨论在准静态单一过程中机械功的表达式。

假设一个装有活塞的气缸中充满气体，活塞可以无摩擦地沿气缸壁的水平方向运动(图 9.2)。

设活塞初始位置在 x 处，此时气体的体积是 V，活塞受到外力作用施加在活塞上的压强是 p_e，活塞的面积是 S。于是当活塞沿水平 x 方向移动距离 dx 时，只要活塞移动得足够缓慢，就可以近似地将这个过程看作准静态过程。如果摩擦力很小以致可以忽略不计，在整个准静态过

图 9.2 外力推动活塞无摩擦移动

程中的每一个中间阶段，气体的内部压强 p 大小就可以看成等于施加于气体的外部压强 p_e 的大小，但方向与之相反。于是气体对外界做的元功是

$$\text{đ}A = -p_e S dx = p S dx = p dV \tag{9.3}$$

这里，$dV = S dx$ 是气体体积的微小增量。从元功的表达式可以看出，当气体膨胀时，$dV > 0$，气体对外界做正功，$\text{đ}A > 0$。当气体被压缩时，$dV < 0$，气体对外界作做功，$\text{đ}A < 0$。

在一个体积变化有限的准静态过程中，当气体的体积从 $V_1 \to V_2$，气体对外界所做的总功是

$$A = \int \text{đ}A = \int_{V_1}^{V_2} p dV \tag{9.4}$$

如果 $V_2 > V_1$，气体体积膨胀，系统对外界做正功，$A > 0$；如果 $V_1 > V_2$，气体体积被压缩，系统对外界做负功，$A < 0$。

图 9.3 是气体从初始状态 (p_1, V_1) 经历准静态单一过程到达终结状态 (p_2, V_2) 的过程曲线，在这个过程中气体对外界做正功，功在数值上等于过程曲线所包围的阴影部分面积的大小。

图 9.3 准静态单一过程的功的大小

9.2.2 准静态单一过程的热容和热量

当一个热力学系统吸收或放出热量时,系统的温度将随之升高或下降。不同热力学系统经过不同过程升高相同温度时所吸的热量一般是不相同的。为了描述在不同过程中温度的变化,一个合理的方法是引入系统温度升高1℃吸收的热量作为依据,这个物理量就是热容。

以理想气体为例。如果1mol气体吸收的热量是ΔQ,气体的温度从T_1升高到T_2,即温度升高ΔT,则定义该系统的平均摩尔热容为(记作$\overline{C}_m$)

$$\overline{C}_m = \frac{\Delta Q}{T_2 - T_1} = \frac{\Delta Q}{\Delta T} \tag{9.5}$$

当ΔT越来越小,直至趋于零时,平均摩尔热容量就成为瞬时摩尔热容C_m,简称摩尔热容:

$$C_m = \frac{đQ}{dT} \tag{9.6}$$

如果气体的摩尔热容是C_m,摩尔质量是m,则定义单位质量气体的摩尔比热容为该气体升高1℃所吸收的热量,(记作c_m)

$$c_m = \frac{1}{m}\frac{đQ}{dT}, \quad C_m = mc_m \tag{9.7}$$

一个热力学系统的热容与状态的变化过程有关,因此,一个热力学系统可以有多个热容量的表达式,不同过程的热容是不同的。根据不同过程的性质,气体的热容的数值可以取正、负、零或无穷大,其中常用的热容有等体热容和等压热容两种。

等体摩尔热容 在气体的体积保持不变过程中,如果1mol气体从外界吸收热量,此时气体的热容称为等体摩尔热容,记作$C_{Vm} = \left(\frac{đQ}{dT}\right)_V$。一般情况下,等体摩尔热容是温度和体积的函数,在很小的范围内,可以近似看成常量。

按照热力学第一定律,对于摩尔数为ν的理想气体系统发生的一个元过程有

$$dQ = dU + pdV$$

在等体过程中,$dV = 0$,$đQ = (dU)_V$,且$dU = \frac{i}{2}\nu R dT$,因此理想气体的等体摩尔热容

$$C_{Vm} = \frac{1}{\nu}\left(\frac{đQ}{dT}\right) = \frac{i}{2}R \tag{9.9}$$

等压摩尔热容 在气体压强保持不变的过程中,如果气体从外界吸收热量,此时气体的热容称为等压摩尔热容,记作$C_{pm} = \left(\frac{đQ}{dT}\right)_p$,一般情况下,它是温度和压强的函数,在很小的范围内,可以近似作为常量。

在等压过程中$dp = 0$,

$$đQ = dU + pdV = dU + d(pV)$$

将$U = \frac{i}{2}\nu RT$,$pV = \nu RT$代入,可得理想气体的等压摩尔热容

$$C_{pm} = \frac{1}{\nu}\left(\frac{đQ}{dT}\right) = \frac{i}{2}R + R = \frac{i+2}{2}R \tag{9.10}$$

利用热容 C_p、C_V 的上述表达式,对简单理想气体系统发生的元过程,还可以把热力学第一定律 $đQ = dU + pdV$ 改写成以下两种表达式。

$$đQ = C_V dT + p dV \tag{9.11}$$

$$đQ = C_p dT - V dp \tag{9.12}$$

利用热容的定义,就可以得出物体在不同过程中吸收的热量。

等体过程 根据等体过程热容量的定义,ν 摩尔气体在等体条件下,温度从 T_1 升高到 T_2 时所吸收的热量是

$$Q = \int_{T_1}^{T_2} \nu C_{Vm} dT = \nu m \int_{T_1}^{T_2} c_{Vm} dT \tag{9.13}$$

式(9.13)中 $c_{Vm} = \dfrac{1}{m} C_{Vm}$ 是等体过程中单位质量气体的摩尔比热容。

在近似认为等容热容不变的情况下,可以直接写出

$$Q = \nu C_{Vm}(T_2 - T_1) = \nu C_{Vm} \Delta T = \nu m c_{Vm} \Delta T \tag{9.14}$$

等压过程 根据等压热容的定义,气体在等压条件下,温度从 T_1 升高到 T_2 时所吸收的热量是

$$Q = \int_{T_1}^{T_2} \nu C_{pm} dT = \nu m \int_{T_1}^{T_2} c_{pm} dT \tag{9.15}$$

式(9.15)中 $c_{pm} = \dfrac{1}{m} C_{pm}$ 是等压过程中单位质量气体的摩尔比热容。

在近似认为等压热容不变的情况下,可以直接写出

$$Q = \nu C_{pm}(T_2 - T_1) = \nu C_{pm} \Delta T = \nu m c_{pm} \Delta T \tag{9.16}$$

等温过程 在等温过程中,不管气体吸收(或放出)多少热量,气体的温度始终保持不变,即 $dT = 0$,因此,气体的热容为无穷大。

绝热过程 在绝热过程中,系统不与外界交换任何热量,系统的热容量为零,因此,$Q = 0$。

9.2.3 准静态单一过程的内能改变

等体过程 由于气体对外做功为零,根据热力学第一定律:

$$\Delta U = U_2 - U_1 = Q$$

设等体过程终态与初态的温度差是 ΔT,则内能的增量

$$\Delta U = Q = \nu C_{Vm} \Delta T = \nu m c_{Vm} \Delta T \tag{9.17}$$

因此,在等体过程中,如果气体从外界吸收热量,气体内能增加,温度相应升高;如果向外界放出热量,气体内能减少,温度相应下降。

等压过程 在这个过程中,系统对外界做的功是

$$A = \int dA = \int_{V_1}^{V_2} p dV = p \int_{V_1}^{V_2} dV = p(V_2 - V_1)$$

系统从外界吸收的热量是

$$Q = \int_{T_1}^{T_2} \nu C_{pm} dT = \nu m \int_{T_1}^{T_2} c_{pm} dT = \nu m c_{pm}(T_2 - T_1) \tag{9.18}$$

其中 T_1、T_2 分别是气体处于初态和终态的温度。根据热力学第一定律,系统内能的增量是

$$U_2 - U_1 = \Delta U = Q - A = \nu m c_{pm}(T_2 - T_1) - p(V_2 - V_1) \tag{9.19}$$

等温过程   由于理想气体的内能仅是温度的函数,$U=U(T)$,因此,在等温过程中气体的内能保持不变。根据热力学第一定律,气体吸收的热量全部用于对外做功。

绝热过程   在绝热过程中,系统不与外界交换任何热量,因此,$Q=0$。系统内能的增加全部来自外界对系统做的功

$$\Delta U = A' = C_V \Delta T。\tag{9.20}$$

9.3 准静态单一过程的过程方程

——什么是单一过程的过程方程?

如果在准静态单一过程中,描述气体的三个状态量体积 V、压强 p 和温度 T 中有一个量保持不变,就可以得到相应的等体过程方程、等压过程方程和等温过程方程。此外,如果在准静态单一过程中,系统不与外界交换热量,从热力学第一定律就可以得到绝热过程的过程方程。

等体过程   在这个过程中,气体的体积 V 保持不变,气体的过程方程是 $V_1 = V_2$ 或 $\dfrac{p_1}{T_1} = \dfrac{p_2}{T_2}$,即 $\dfrac{p}{T}=$ 常量。在 p-V 图上,等体过程曲线是一条与 p 轴平行的直线段。气体对外做功为

$$A = \int dA = \int p\,dV = 0,$$

即气体不对外做功(图 9.4(a))。

图 9.4 准静态单一过程
(a) 等体过程($a \to b$);(b) 等压过程($a \to b$),等温过程($a \to c$),绝热过程($a \to d$)

等压过程   在这个过程中,气体的压强不变,气体的过程方程是 $p_1 = p_2$ 或 $\dfrac{V_1}{T_1} = \dfrac{V_2}{T_2}$,即 $\dfrac{V}{T}=$ 常量,在 p-V 图上,等压过程曲线 ab 是一条与 V 轴平行的直线段。气体对外做的功为

$$A = \int dA = \int_{V_1}^{V_2} p\,dV = p\int_{V_1}^{V_2} dV = p(V_2 - V_1) \tag{9.21}$$

在等压过程中,如果气体体积膨胀,系统对外界做正功,如果气体被压缩,系统对外界做负功(图 9.4(b))。

等温过程 在这个过程中,气体的温度不变,气体的过程方程是 $T_1 = T_2$ 或 $p_1V_1 = p_2V_2$,即 $pV = $ 常量。在 $p\text{-}V$ 图上,等温曲线 ac 是一条双曲线(图 9.4(b))。

利用理想气体状态方程 $pV = \dfrac{M}{\mu}RT = \nu RT$,$p = \dfrac{\nu RT}{V}$,气体对外做功为

$$A = \int_{V_1}^{V_2} \mathrm{d}A = \int_{V_1}^{V_2} p\,\mathrm{d}V = \int_{V_1}^{V_2} \dfrac{\nu RT}{V}\mathrm{d}V = \nu RT \ln \dfrac{V_2}{V_1} \tag{9.22}$$

在等温过程中,如果气体体积膨胀,系统对外界做正功;如果气体被压缩,系统对外界做负功。

绝热过程 在这个过程中,气体不与外界交换热量,$\mathrm{d}Q = 0$,利用元过程的热力学第一定律的两个表达式(9.11)和式(9.12)分别得出

$$p\,\mathrm{d}V = -C_V\,\mathrm{d}T \tag{9.23}$$

$$V\,\mathrm{d}p = C_p\,\mathrm{d}T \tag{9.24}$$

式(9.23)和式(9.24)表明了在绝热过程中,由于温度改变引起相应的体积和压强变化的关系。把式(9.23)和式(9.24)相除消去 $\mathrm{d}T$,可以得出体积变化与压强变化的相互关系:

$$\dfrac{\mathrm{d}p}{p} = -\dfrac{C_p}{C_V}\dfrac{\mathrm{d}V}{V} = -\gamma\dfrac{\mathrm{d}V}{V} \tag{9.25}$$

式中 $\gamma = \dfrac{C_p}{C_V}$ 是两个热容之比,称为绝热指数。对于绝大多数绝热过程来说,可以把 γ 看作常量。于是通过对上式积分得出

$$\ln p + \gamma \ln V = C$$

或者写成

$$pV^\gamma = C_1 \quad (C \text{ 和 } C_1 \text{ 均为常量}) \tag{9.26}$$

这就是绝热过程方程的一种表达式。图 9.4(b) 的 ad 表示在绝热过程中压强 p 与体积 V 之间的关系。利用理想气体状态方程还可以得出,在绝热过程中温度 T 与体积 V 之间以及温度 T 与压强 p 之间的另外两种绝热过程方程的表达式:

$$TV^{\gamma-1} = C_2 \quad (C_2 \text{ 为常量}) \tag{9.27}$$

$$P^{\gamma-1}T^{-\gamma} = C_3 \quad (C_3 \text{ 为常量}) \tag{9.28}$$

在绝热过程中 $\mathrm{d}A = -\mathrm{d}A' = -\Delta U = -C_V\Delta T$,即外界对系统做的功把机械能全部转换为系统的内能增量,或者说,系统对外界做的功全部是以减少系统本身的内能为代价的。

实际上,在气体中实现的很多过程既不是等温过程,也不是绝热过程,而是介于两者之间的过程,这样的过程称为多方过程。多方过程的过程方程常常写作 $pV^n = C$(C 常量),其中 n 称为多方指数。多方过程可以近似代表气体进行的实际过程,而等温过程、等压过程和等容过程等可以看作多方过程的特例。

9.4 准静态循环过程及其效率

——什么是准静态循环过程的效率?

当系统从某一个初始状态开始经过多个单一的准静态过程又回到初始状态,这样的过

程称为循环过程。由于系统经历一个循环过程回到初始状态,因此,系统的内能保持不变,$\Delta U = 0$。

在单一的准静态过程中,系统可以只从一个热源吸收热量或只向一个热源放出热量。但是,在循环的过程中,系统至少必须与两个不同温度的热源交换热量。如果系统从一个高温热源吸收的热量大于系统向另一个低温热源放出的热量,那么,系统从外界吸收了净热量。

在单一的准静态过程中,系统可以只有对外做功或只有外界对系统做功的过程。但是,在一个循环的过程中,系统必须包括对外做功和外界对系统做功等两个过程。如果在一个循环过程中,系统对外界做的功大于外界对系统做的功,那么,系统就对外做了净功。

设气体在一个循环过程中,在起始状态从高温热源 T_1 吸收热量 Q_1,对外做功,并向低温热源 T_2 放出热量 Q_2,再回到起始状态。根据热力学第一定律可得出,$Q + A' = 0$,$Q = -A'$,即 $Q_1 - Q_2 = -A' = A$,系统从外界吸收的净热量等于系统对外做的净功。这里 A 就是系统对外输出的功,它的大小等于循环闭合曲线所包围的面积,图 9.5 就是热力学循环过程和热机工作原理的示意图。

图 9.5 热力学循环过程和热机工作原理示意图
(a) 热力学循环过程;(b) 热机的工作原理

对一个热机而言,如果给定了高温热源 T_1 和低温热源的温度 T_2,经过一个循环以后,系统对外做的净功与从高温热源吸收的热量的比值越大,这样的热机的实用价值就越大。

在物理上把热机输出的功 A' 与从高温热源吸收的热量 Q_1 之比定义为热机的效率:

$$\eta = \frac{A'}{Q_1} = \frac{Q_1 - Q_2}{Q_1} = 1 - \frac{Q_2}{Q_1} \tag{9.29}$$

任何热机的效率都是小于 1 的。

9.5 卡诺循环——一个理想化的循环过程

——什么是卡诺循环及其效率?

法国物理学家、工程师卡诺(N. L. Sadi Carnot,1796—1832)假设热机运行过程都是准静态过程,热机的工作物质(固体、液体或气体)只与两个热源交换热量:热机从高温热源

T_1 吸收热量,经历一个保持温度为 T_1 的等温膨胀过程,向低温热源 T_2 放出热量,经历一个保持温度为 T_2 的等温压缩过程。为了在只与两个热源交换热量的条件下形成循环过程,热机在从高温热源转到低温热源的过程中必须也只能经历两个相应的绝热过程。于是,两个等温过程和两个绝热过程就形成了著名的卡诺循环。

以理想气体为工作物质,则卡诺循环的顺时针过程如图 9.6 所示,它可以分为以下 4 个过程。

图 9.6　卡诺循环示意图

$A(p_1, V_1, T_1) \rightarrow B(p_2, V_2, T_1)$：气体从初始状态开始作等温膨胀,从高温热源吸取热量 Q_1。由于经历等温过程 T_1,气体内能不变,因此,气体吸收的热量等于系统对外做功的大小。

$$Q_1 = A_1 = \int_{V_1}^{V_2} \text{d} A_1 = \int_{V_1}^{V_2} p \, dV = \int_{V_1}^{V_2} \frac{\nu R T_1}{V} dV = \nu R T_1 \ln \frac{V_2}{V_1}$$

$B(p_2, V_2, T_1) \rightarrow C(p_3, V_3, T_2)$：气体不再与高温热源 T_1 接触,开始做绝热膨胀,温度降到与低温热源相同的温度 T_2,在这个过程中,系统没有与外界交换热量,但对外做功。

$C(p_3, V_3, T_2) \rightarrow D(p_4, V_4, T_2)$：气体作等温压缩,向低温热源放出热量 Q_2。由于经历等温过程 T_2,气体内能不变,因此,气体放出的热量等于外界对气体做功的大小。

$$Q_2 = A'_2 = \int_{V_3}^{V_4} \text{d} A' = -\int_{V_3}^{V_4} p \, dV = -\int_{V_3}^{V_4} \frac{\nu R T_2}{V} dV = -\nu R T_2 \ln \frac{V_4}{V_3} = \nu R T_2 \ln \frac{V_3}{V_4}$$

$D(p_4, V_4, T_2) \rightarrow A(p_1, V_1, T_1)$：气体不再与低温热源 T_2 接触,并开始做绝热压缩,从 $D(p_4, V_4, T_2) \rightarrow A(p_1, V_1, T_1)$,恢复到初始状态,温度升高到与高温热源相同的温度 T_1,在这个过程中,系统没有与外界交换热量,但外界对气体做功。

按照热力学第一定律,在完成一个顺时针循环的过程中,热机回到初始状态,因而内能不变,于是热机吸收的净热量全部转换为气体对外做的功:

$$A = Q = Q_1 - Q_2 = \nu R T_1 \ln \frac{V_2}{V_1} - \nu R T_2 \ln \frac{V_3}{V_4}$$

按照热机的效率的定义式(9.29),卡诺热机的效率是

$$\eta = 1 - \frac{Q_2}{Q_1} = 1 - \frac{T_2 \ln \frac{V_3}{V_4}}{T_1 \ln \frac{V_2}{V_1}} \tag{9.30}$$

从图 9.6 中可以看出,V_1 和 V_2 分别是气体处于 T_1 等温线上的初始状态体积和终结状态的体积,又分别是气体处于一个绝热过程(图中的绝热过程 $D \to A$)的终结体积和另一个绝热过程(图中的绝热过程 $B \to C$)的初始体积;V_3 和 V_4 分别是气体处于 T_2 等温线上的初始状态和终结状态的体积,又分别是气体处于一个绝热过程(图中的绝热过程 $B \to C$)的终结体积和另一个绝热过程(图中的绝热过程 $D \to A$)的初始体积;同样,T_1 和 T_2 不仅是气体分别处于两个等温过程的温度,而且还分别是气体处于两个绝热过程的初始温度和终结温度。利用绝热过程方程可以分别得出在这两个绝热过程中体积变化和温度变化的关系:

$$\frac{T_1}{T_2} = \left(\frac{V_3}{V_2}\right)^{\gamma-1}, \quad \frac{T_1}{T_2} = \left(\frac{V_4}{V_1}\right)^{\gamma-1}$$

两式相比,有 $\frac{V_3}{V_4} = \frac{V_2}{V_1}$,代入效率 η 的表达式(9.30)可以得到

$$\eta = 1 - \frac{T_2}{T_1} \tag{9.31}$$

式(9.31)表明,在卡诺循环中,热机的效率只与两个热源的温度有关,与工作物质无关。高温热源的温度 T_1 越高,低温热源的温度 T_2 越低,卡诺热机的效率越高,这就为提高热机的效率在理论上指明了方向。由于 T_2 不可能为 0,T_1 不可能为无限大,因此,热机的效率不可能等于 1。

卡诺热机是一种理想的热机,进行的每一个过程都是准静态过程。在固定两个热源之间工作的实际热机由于存在散热和摩擦等因素,进行的过程都不是准静态过程,因此,卡诺热机的效率是热机所能达到的理想的最大效率,实际热机的效率都低于卡诺热机(表 9.1)。

表 9.1 实际热机可以达到的最高效率和实际效率①

热机类型	$T_{输入}$/℃	$T_{输出}$/℃	可能达到的最高效率/%	实际效率/%
运输业				
汽油发动机(汽车/卡车)	400	25	55	10~15
柴油发动机(汽车/卡车/机车)	500	25	60	15~20
蒸汽机车	180	100	20	10

---

① ART Hobson. 物理学的概念与文化修养[M]. 4 版. 北京: 高等教育出版社, 2008: 138.

续表

热机类型	$T_{输入}$/℃	$T_{输出}$/℃	可能达到的最高效率/%	实际效率/%
蒸汽发电厂				
化石燃料	550	40	60	40
核动力	350	40	50	35
太阳能	225	40	38	30
海洋热能	25	5	—	7

卡诺通过对各种热机效率的研究归纳得出以下结论。

(1) 在相同高温热源 T_1 和低温热源 T_2 之间工作的一切可逆热机，其效率都是 $\eta_{可} = 1 - \dfrac{T_2}{T_1}$，与工作物质无关。

(2) 在相同高温热源 T_1 和低温热源 T_2 之间工作的一切不可逆热机，其效率不可能超过可逆热机的效率，即 $\eta_{不} \leqslant 1 - \dfrac{T_2}{T_1}$。

以上结论称为卡诺定理。卡诺循环和卡诺定理在热机的制造和应用上具有重要的意义，为提高和改进热机效率提供了理论依据和途径。

【物理史料】 卡诺和卡诺循环

9.6 制冷机和热泵

——什么是卡诺循环的逆循环？

卡诺热机实现的是最简单的理想可逆循环，在图 9.6 中显示为顺时针的循环。如果逆转热机实现的卡诺循环，这样的逆循环(在图 9.6 中显示为逆时针循环)就是制冷机和热泵的工作原理，它们在生产和生活中有着广泛应用。

设工作物质做逆循环，即外界对工作物质做功 A，从低温热源 T_2 吸收热量 Q_2，工作物质把 Q_2 和 A 合并在一起向高温热源 T_1 放出热量 $Q_1 = Q_2 + A$，如图 9.7 所示。

先看低温热源。由于工作物质从低温热源 T_2 吸收了热量 Q_2，只要低温热源的热容不是无限大，低温热源就会降温。随着循环过程的运行，低温热源的温度越来越低，由此形成的循环就称为制冷循环，按这样的原理构成的机器就是制冷机。日常生活中使用的电冰箱就是这样的制冷机(图 9.8)。

在高温季节，室内就是高温热源 T_1，与室内相比，冰箱内部是低温热源 T_2。启动电冰箱以后，通过输入电能，压缩机用于做功 A，从低温热源 T_2 吸收热量 Q_2 并与 A 合并在一起，向室内放出，循环往复从而达到冰箱内部降温的要求。

一台电冰箱能从低温热源吸收多少热量 Q_2，能消耗多少用电量(用做功 A 表示)，从而达到需要的低温要求是电冰箱用户所关注的。因此，制冷循环的效率用 Q_2 和 A 的比值来表示，这个比值称为制冷系数，用 W 表示。

$$W = \frac{Q_2}{A} = \frac{Q_2}{Q_1 - Q_2}$$

图9.7 制冷机的工作原理

图9.8 电冰箱内部结构示意图

显然,制冷系数越高,电冰箱的功效就越好。

设工作物质是理想气体,可以构成卡诺循环的逆循环——制冷循环。

容易证明,理想气体制冷循环的制冷系数可以表示为

$$W = \frac{T_2}{T_1 - T_2}$$

因此,制冷循环的制冷系数只与两个热源的温度有关,这一数值也就是在两个固定热源之间工作的各种制冷机能达到的制冷系数的最大值。

再看高温热源。由于工作物质从低温热源 T_2 吸收了热量 Q_2,外界对工作物质做功 A,工作物质把 Q_2 和 A 合并在一起向高温热源 T_1 放出热量 $Q_1 = Q_2 + A$,只要高温热源的热容不是无限大,高温热源就会升温。这样形成的循环就称为热泵循环,按这样的原理构成的机器就是热泵。由于热泵也是反向运行的可逆卡诺热机,制冷机用于降低低温热源的温度,热泵用来提高高温热源的温度,热泵不过是制冷机的又一个名称而已。

热泵的工作原理虽然与制冷机的工作原理基本相同,但是它的效用不在降温,而是升温,在于高温热源能够获得多少热量,因此评价热泵的能效与评价制冷机不一样。它的能效系数用 Q_1 和 A 的比值来表示,一台热泵能消耗少量用电量 A,获得更多的 Q_1,它的能效就越好,这个热功比值称为热泵的能效系数,用 $\frac{Q_1}{A}$ 表示。对于卡诺热泵循环有

$$\frac{Q_1}{A} = \frac{1}{\eta} = \frac{T_1}{T_1 - T_2} \quad (这里 \eta 是卡诺热机的效率)$$

例题9.1 一卡诺热机的高温热源温度 $T_1 = 400K$,低温热源温度 $T_2 = 300K$。

(1) 在热机正向运行时,从高温热源吸取热量 $Q_1 = 1200J$,则该热机向低温热源放出多少热量? 对外做功多少?

(2) 在该机逆向运行(制冷机)时,如果从低温热源吸取热量 $Q_2 = 1200J$,则该机向高温热源放出多少热量? 外界做功多少?

【解题思路】 这是一个关于卡诺热机正向运行和逆向运行的问题。题目给出了两个热源的温度,利用热机效率和制冷系数表达式,容易得出所需结果。由于本题的热源温度保持恒定,因此只能得出热量和功的相应表达式,无法得出热源温度的变化。

【解题过程】 (1) 对卡诺热机来说,有

$$\eta = \frac{A}{Q_1} = \frac{Q_1 - Q_2}{Q_1} = 1 - \frac{Q_2}{Q_1} = \frac{T_1 - T_2}{T_1} = \frac{100}{400} = 0.25$$

于是,$Q_2 = (1-0.25) \times 1200\text{J} = 900\text{J}$

对外做功 $A = \eta \times Q_1 = 0.25 \times 1200\text{J} = 300\text{J}$

(利用 $A = Q_1 - Q_2$,同样可得到 $A = 300\text{J}$)

由此可见,在从高温热源吸取同样热量的情况下,两热源温差越大,热机对外做功越多,卡诺热机的效率越高。由于在实际使用中,低温热源往往取周围大气或流水,温度基本不变,因此,为了提高卡诺热机的效率常常设法提高高温热源的温度。

(2)对卡诺制冷机,有

$$W = \frac{Q_2}{A} = \frac{Q_2}{Q_1 - Q_2} = \frac{T_2}{T_1 - T_2} = \frac{300}{100} = 3$$

于是

$$Q_1 = 1200 \times \left(1 + \frac{100}{300}\right)\text{J} = 1600\text{J}$$

外界做功 $A = \dfrac{Q_2}{W} = \dfrac{1200}{3}\text{J} = 400\text{J}$

利用 $A = Q_1 - Q_2$,同样可得 $A = 400\text{J}$。

由此可见,在从低温热源吸取同样热量的情况下,低温热源温度越低,需要外界做的功越多。由于在实际使用中,如电冰箱的高温热源往往就是室内空气,温度基本不变,低温热源取箱内温度。为了使冰箱内温度降得更低,就需要外界做更多的功,即需要更大功率的冰箱。

9.7 能量守恒和转换的思想是物理学的重要思想

——什么是做功和传热的量的等当性和质的可转换性？

热力学第一定律表明,做功和传热(都是过程量)是引起系统状态改变以致内能(状态量)发生改变的两种方式。如果气体是只有与外界发生热传递的单一过程,加热的过程就会导致气体的内能增加,系统的温度升高;如果是只有外力做机械功的单一过程,同样会导致气体的内能增加,气体的温度也会随之升高。

虽然单一的做功或热传导过程都可以引起系统内能改变,但是实际上的做功过程与传热过程往往是同时出现的,并共同引起了内能的改变。

例如,外界推动活塞做功时,一部分机械能转换为气体的内能,但活塞移动时对容器壁的摩擦会引起器壁发热,同样会导致气体温度升高,内能发生改变。热力学第一定律的数学表达式 $Q + A' = U_2 - U_1 = \Delta U$ 中,最左边的加号正是表达了内能改变的最普遍方式。

在这个关系式中,传递热量与外界做功在引起内能改变的作用上处于同等地位。在外力对系统做功的过程中,一部分机械能转换为系统的内能,这个过程是外力做宏观功的过程,其结果引起了系统内能的改变;在传热的过程中,高温物体的分子把无规则运动的能量传递给低温物体的分子,这个过程可以看作高温物体分子做微观功的过程,其结果也引起了系统内能的改变。由此就可以得出结论:一定量的功或相应的一定量的热量传递都可以产生相同的内能变化,做功是过程量,热量传递也是过程量。做功的机械运动形式与传热的热运动形式既在量上具有等当性,又在质上具有可转换性。实际上,热力学第一定律中的功是广义的功,守恒和转换不限于在机械运动和热运动之间,机械能可以转换为内能或其他形式的能量。因此,热力学第一定律在普遍的意义上揭示出,在量上各种运动形式互相转换而不会发生损耗;在质上各种运动形式具有固有的、不会消失的互相转换的能力。

热力学第一定律是人们在认识普遍的能量守恒及其转换定律的道路上的深化,是普遍的能量守恒和转换定律的一个具体体现。

能量守恒和转换的思想是物理学的重要思想。它揭示了各种不同运动形式在互相转换过程中体现的质和量的关系。物理学发展史表明,物理学中的各种守恒定律,包括动量守恒定律、角动量守恒定律以及其他守恒定律,是人类在不断深化对自然界认识的过程中所体现的聪明才智和智慧结晶,是物理学思想宝库中极其重要的财富。

【物理史料】 能量守恒和转换定律的提出

思 考 题

9.1 从本质上看,热力学系统的内能和系统与外界交换的热量都是能量,它们在概念上有什么区别吗?以下的表述是否正确?为什么?

(1) 热力学系统的温度越高,其热量越多。

(2) 热力学系统的温度越高,其内能越大。

9.2 一个热力学系统的热容在什么情况下为正?为负?为零?为无穷大?

9.3 试说明对一定质量的理想气体,下列过程是否能够发生?为什么?

(1) 从外界吸收热量,但保持温度恒定的过程。

(2) 在绝热条件下温度升高,但保持体积恒定的过程。

(3) 向外界放出热量,同时对外做功的过程。

(4) 从外界吸收热量,同时体积缩小的过程。

9.4 对一定量的理想气体加热,系统的状态发生了改变,试判别下列说法是否正确,为什么?

(1) 这个系统吸收了一定的热量。

(2) 外界对这个系统做了功。

(3) 这个系统本身包含的热量增加。

(4) 系统的内能等于它本身包含的热量和具有的做功能力之和。

9.5 两个由相同理想气体构成的系统,它们的温度和压强相同,但体积不同。问:它们的内能相同吗?它们的热容相同吗?为什么?

9.6 在大学物理力学中,虽然已经讨论过机械能守恒定律,但没有被说成是普遍的能量守恒和转换定律的具体表现,而大学物理中热力学第一定律却被称为能量守恒和转换定律的一个具体体现。为什么?

9.7 如果把卡诺热机的循环作逆向进行,即外界输入功 A,从低温热源吸取热量 Q_2,使低温热源的温度下降,并向高温热源放出热量,这就是制冷循环。由此可以定义制冷系数

为 $\varepsilon = \dfrac{Q_2}{A} = \dfrac{Q_2}{Q_1-Q_2} = \dfrac{T_2}{T_1-T_2}$，这个制冷系数可以大于 1 吗？如果一个卡诺热机的效率很高，其制冷系数也一定很高吗？

9.8 如果把卡诺热机的循环作逆向进行，即外界输入功 A，从低温热源吸取热量 Q_2，并向高温热源放出热量，使高温热源的温度升高，这就是热泵循环。由此定义热泵的热功系数是 $\eta' = \dfrac{1}{\eta} = \dfrac{Q_1}{A} = \dfrac{Q_1}{Q_1-Q_2} = \dfrac{T_1}{T_1-T_2}$，这里 η 是卡诺循环的效率。这个热功系数可以大于 1 吗？如果一个卡诺热机的效率很高，其热功系数也一定很高吗？

习　题

9.1 一定量的理想气体，由初始状态 a 经 b 到达终结状态 c（图 9.9，图中 abc 为一直线）。在此过程中：

(1) 气体对外做功多少？

(2) 气体内能增量为多少？

(3) 气体吸收热量为多少？

9.2 在图 9.10 中，一气体系统从 A 态沿 ABC 到达 C 态时，吸收了 350J 的热量，同时对外做了 126J 的功。问：

(1) 如果气体系统沿 ADC 到达 C 态，则系统对外做功 42J，问该系统吸收了多少热量？

(2) 当气体系统由 C 态沿曲线 CA 返回 A 态时，如果外界对系统做功 84J，问该系统是吸热还是放热？热量传递是多少？

图 9.9　习题 9.1 图

图 9.10　习题 9.2 图

9.3 1mol 的 H_2 在初态时压强为 1.013×10^5 Pa，温度为 20℃，体积为 V_0，如果使该气体分别经过以下两个途径达同一终态。

(1) 先保持体积不变，对系统加热使其温度升高至 80℃，然后作等温膨胀，使系统体积增大为原体积的 2 倍。

(2) 先使系统作等温膨胀，使体积增大为原体积的 2 倍，然后保持体积不变，使其温度升高至 80℃。

试分别计算以上两个途径中系统吸收的热量，对外所做的功和内能增量。将上述两途径经历的过程分别画在同一 p-V 图上并说明所得结果。

9.4 多方过程的过程方程常常写作 $pV^n = C$（C 常量），其中 n 称为多方指数。而等温过程、等压过程和等容过程等可以看作多方过程的特例。

(1) 说明 $n=0,1,\gamma,\infty$ 各代表什么过程。

(2) 证明：多方过程中理想气体对外做功为 $A=\dfrac{p_1V_1-p_2V_2}{n-1}$。

(3) 证明：多方过程中理想气体的摩尔热容为 $C=C_V\left(\dfrac{\gamma-n}{1-n}\right)$。

9.5 如图 9.11 所示，一定量的单原子分子理想气体，从初态 A 出发，沿图示直线过程到达另一状态 B，又经过等容、等压过程回到状态 A。

(1) 求 $A\to B,B\to C,C\to A$ 各过程中系统对外所做的功 A，内能的增量 ΔU 以及所吸收的热量 Q。

(2) 整个循环过程中系统对外所做的总功以及从外界吸收的总热量（各过程吸热的代数和）。

9.6 1mol 单原子分子理想气体的循环过程如图 9.12 所示，其中 C 点的温度为 $T_C=600\mathrm{K}$。试求。

(1) 在完成一循环以后系统对外所做的净功。

(2) 该循环的效率。

9.7 气缸内有一定量的氮气（视为刚性分子的理想气体），做如图 9.13 所示的循环过程，其中 ab 为等温过程，bc 为等体过程，ca 为绝热过程。已知 a 点的状态参量为 p_a、V_a、T_a，b 点的体积 $V_b=3V_a$，求该循环的效率。

图 9.11 习题 9.5 图

图 9.12 习题 9.6 图

图 9.13 习题 9.7 图

9.8 一热机在 1000K 和 300K 的两热源之间工作，如果

(1) 高温热源提高 100K。

(2) 低温热源降低 100K。

从理论上说，哪一种方案提高的热效率高一些？为什么？

9.9 采用地热发电是一种新型的发电方式。设地面温度为 280K，地下某深处的温度为 350K，在这两个热源之间工作的热机能达到的最高效率 η_1 是多少？如果室外是严寒的冬天，地面温度骤降到 $-23^\circ\mathrm{C}$，在这两个热源之间工作的热机效率 η_2 又是多少？

9.10 设家用电冰箱是一个理想的卡诺制冷机，它的制冷系数可以定义为 $\varepsilon=\dfrac{Q_2}{A}=\dfrac{Q_2}{Q_1-Q_2}=\dfrac{T_2}{T_1-T_2}$（参见思考题 9.7）。该冰箱放在气温为 $27^\circ\mathrm{C}$ 的房间内，当冰箱从冷冻室中抽取 $2.09\times10^5\mathrm{J}$ 热量时，冰箱内部温度为 $-13^\circ\mathrm{C}$，并可以制成一盘同温度的冰块。求：

(1) 制成这样一盘冰块需要输入多少功？

(2) 如果这个冰箱以 $2.09\times 10^2 \text{J}\cdot\text{s}^{-1}$ 的速率取出热量,制成这样一盘冰块需要的电功率是多少瓦?

(3) 制成这样的冰块需要多少时间?

9.11 用一个电动机带动一个热泵,从 $-5℃$ 的室外吸取热量,输入到 $17℃$ 的室内,使其温度升高。热泵的热功系数定义为 $\eta' = \dfrac{1}{\eta} = \dfrac{Q_1}{A} = \dfrac{Q_1}{Q_1-Q_2} = \dfrac{T_1}{T_1-T_2}$(参见思考题9.8)。问:

(1) 每消耗 1000J 的功,室内可以获得多少热量 Q_1?

(2) 如果换一种供热方式。假设有一个理想热机,运行在一个高温热源 T 和上述室内低温热源 17℃ 之间,热机从高温热源吸取热量 Q 并输出 1000J 的功,并向室内低温热源 17℃ 输出同样的热量 Q_1,则热机需要从高温热源吸取多少热量?请对两种供热方式作比较。

第10章

热力学第二定律和热力学第三定律

本章引入和导读

【物理史料】 克劳修斯和热力学第一定律、第二定律

任何物体都具有内能。在地球上储存量十分丰富的海水总质量约达 1.4×10^{18} t，它的温度只要降低 0.1 ℃，就能释放相当于 1800 万个功率为 100 万千瓦的核电站一年的发电量，而人类一直都不能利用这种新能源，究其原因，物理学的热力学第二定律揭示了其中的奥秘。

热力学第一定律揭示了自然界中各类运动形式及相应能量之间转换的普遍性，深化了人们对能量守恒和转换的普遍性认识，至今人们还没有发现违反热力学第一定律的现象。

然而，大量实验和观察表明，在各种运动形式及其对应的能量能够互相转换这个普遍性之外，运动形式的转换过程还具有一种方向性，即一种运动形式只能自发地、单向地转换为另一种运动形式，而不能自发地逆向转换，这里需要强调的是"自发地"这几个字，也就是在转换过程中不会引起其他变化。例如，自然界实际发生的过程是，热量只能自发地从高温物体传递到低温物体，而不能自发地逆向传递，也就是说，在这样的热传递过程中没有引起其他变化。反之，把热量从低温物体传递到高温物体的过程实际上也是存在的，如制冷机的制冷过程。虽然这样的制冷过程不违反热力学第一定律，但是这个过程不是自发的，而是必须通过其他外界装置做功才能实现的，也就是在实现热量从低温物体传递到高温物体的过程中，外界一定发生了其他的变化。类似地，功可以自发地全部转变为热量，在这样的热功转换过程中没有引起其他变化。反之，把热量转换为功的过程实际上也是存在的，如各种热机的运行过程。虽然热机运行的过程也不违反热力学第一定律，但是在热机运行过程中，在热机把高温热源的一部分热量转换为功的同时，必然有一部分热量传递给低温热源，也就是外界一定发生了其他变化。

在自然界中实际发生的这类自发的方向性过程称为不可逆过程。不可逆过程并非是不能向相反方向进行的过程。要使热量从低温热源传递到高温热源或把热量完全转换为功是可能的，但是一定会伴随着另一个过程的出现，并产生无法消除的外界影响。

物理学家研究了自然界实际发生的各种不可逆过程及它们之间互相依存的关系，特别在研究热机工作原理的基础上，得出了在有限的空间和时间内一切与热运动有关的物理实际过程具有不可逆性的结论，并且用多种方式表述了这样的结论，这些表述就是热力学第二

定律。自然界中的实际过程只有同时满足热力学第一定律和热力学第二定律才能自发地发生，在热力学中热力学第二定律的地位高于热力学第一定律，热力学第二定律是人们对自然宏观过程能量转换方向的认识的深化。

从前面几章中，基于热平衡定律定义了温度，温度是状态量，给出了对系统处于平衡态冷热程度的一种定量描述。基于热力学第一定律定义了内能，内能也是状态量，它给出了对系统能量守恒和转换关系的一种定量描述。

在本章中，基于热力学第二定律将定义一个新的物理量——熵，熵也是状态量，它给出了对宏观过程方向性关系的一种定量描述，同时也是对微观运动无序性的描述。熵的变化揭示的不是能量的守恒性，而是热力学过程进行的方向性和能量做功品质的优劣性。熵与内能有联系也有区别，在热力学中熵显得比内能更抽象、更不可捉摸，然而，热力学中熵的地位比内能更重要。

熵和内能是热力学中一对既有关联又有区别的两个重要的物理概念。从宏观上看，内能是一个热力学系统的状态函数，一个系统的内能可以通过外界对系统做功或通过输入热量而增加，也可以通过系统对外做功或放出热量而减少，它们之间的本质关系就体现在热力学第一定律中。能量既不能创造，也不能被消灭，各种形式的能量在一定条件下可以互相转换。熵也是一个热力学系统的状态函数。自然界实际发生的过程都是不可逆过程，不可逆过程之间的本质关系就体现在热力学第二定律中。在孤立系统中，系统的能量守恒，但系统的熵却趋于极大；在热机运行过程中，系统的能量转换和利用的结果使一部分能量发生耗散，成为品质上"退降"的能量，不能对外做功，而系统的熵却得到了增大。"退降"的能量大小与熵的增大成正比。一个热力学系统的状态正是由内能和熵两者的竞争所决定的。"宇宙的能量守恒，宇宙的熵增加。"克劳修斯著名表述指出了能量和熵之间的区别。

作为热力学基本定律的一个重要组成部分，本章还将介绍热力学第三定律。

10.1 不可逆过程和可逆过程

——什么是自然界实际过程的方向性？

人们通过大量实验和观察发现，自然界中实际发生的宏观过程都是具有方向性的，热力学第一定律给出了过程中能量守恒和转换的普遍性，但对过程进行的方向性并没有给出任何的限制。

就热传递的过程而言，大量实验和生活经验表明，把一杯沸水放在室温下的空气中让它自然冷却，水与空气热交换的结果始终是沸水中的热量自发地流向空气，沸水慢慢地降温，水杯周围空气的温度略有上升，最后达到水温与室温相等。人们从来没有见过这样的现象，即把一杯温水放在空气中，周围的空气自发地把热量传递给温水，从而使温水的温度不断升高甚至达到沸腾，而空气的温度却越来越低。在酷热的夏天，室外的温度高于室内的温度，即使门窗紧闭，室外的滚滚热浪也会自发地通过门窗的缝隙和其他渠道流进室内，使室内的温度升高。人们从来没有见过室内的热量自发地流到室外，从而使室内的温度下降的现象。

虽然热量无论从高温物体传递给低温物体或从低温物体传递到高温物体都不违反热力学第一定律。但是，大量事实表明，热量能自发地从高温物体传递到低温物体，但是却不能自发地从低温物体传递给高温物体。在生活中,人们依靠制冷的空调可以在炎热的夏天降低室内的温度,依靠制冷设备可以把电冰箱内的温度降到0℃以下,但是这些过程的发生必然伴随着另一个过程的发生,留下了不可消除的代价。这就是热量传递过程的方向性。

就功变热的过程而言,日常生活经验告诉我们,在人们用力推动打气筒的活塞给自行车轮胎打气时,由于外力做功,气体被快速压缩,筒壁的温度就会相应升高,并向周围空气放出热量。但是,人们从来没有见过这些热量会自发地重新聚集起来导致气体重新膨胀,把热量转换为推动活塞运动的功。生活经验和观察结果还告诉我们,在汽车行进过程中,只有汽油燃烧的一部分热量转换为驱动汽车发动机对外做的功,其余热量一定会通过排气管向空气排放出去,从没见过这些排放出去的能量重新转换为推动发动机的动力。

大量实验事实表明,功可以全部转换为热量,而热量不可能全部转换为功,因此,任何热机的效率不可能达到100%。虽然在这样的过程中,能量的转换和守恒都不违反热力学第一定律,但是,把功转换为热量,这个过程可以自发地完成。要把热量全部转换为功,这个过程就不可能自发地完成,一旦发生必然伴随着另一个过程的实现,产生无法消除的外界影响。这就是功转变为热量的过程方向性。

热量从高温物体传递到低温物体和功转变为热量的过程,及其相应的逆向过程都保持着整个系统总能量的守恒,符合热力学第一定律,但是实际自发发生的过程却具有方向性:热量只能从高温物体向低温物体自发传递,功只能自发地全部转变为热量。在这样的单向过程自发实现以后,相反的逆过程不是完全不能实现,而是一旦当系统实现了相反的逆过程,即使系统逆向恢复到原先的初始状态,外界也无法恢复到原先的初始状态,必然留下了不可消除的外界影响,况且,有些系统本身无法恢复到原先的状态。热学中把这种自发发生的单向过程称为不可逆过程。反之,如果能实现一个热力学系统所经历的单向过程的逆过程,系统和外界都能重新恢复到它们原来的初始状态,这样经历的单向过程就称为可逆过程。

功全部转变为热量的过程是不可逆过程,热量从高温物体传递给低温物体的过程也是不可逆过程。在对自然界的各种过程进行观察归纳以后可以得出这样的结论:

自然界中一切与热现象有关的实际宏观过程都是不可逆过程。可逆过程是理想化的过程,在自然界中是不存在的。不可逆过程是对准静态过程的进一步理想化。

不可逆过程的种类既是无限多的,又是互相依存的,一个宏观过程的不可逆性保证了另一个过程的不可逆性;进行一个不可逆过程的逆过程必然伴随着另一个不可逆过程的发生。

10.2 热力学第二定律的两种典型表述

——为什么热力学第二定律的地位高于热力学第一定律?

正是在对热机工作原理研究的基础上,人们得出了关于在有限的空间和时间内,一切和热运动有关的物理过程具有不可逆性这样一个事实的总结,对这样的总结的表述就是热力学第二定律。由于自然界的不可逆过程是无限多的,对任何一种自然界实际过程的不可逆性的表述都可以作为热力学第二定律的表述。因此,热力学第二定律有很多种表述,其中最典型的表述是以下两种。

一种表述是德国物理学家克劳修斯(R. J. Emanuel Clausius,1822—1888)在1850年首先提出的,并于1854年和1875年以更明确、更简洁的方式给出的。

"不可能把热量从低温物体传到高温物体而不产生其他影响。"这是对热量传递过程不可逆性的表述。

另一种表述是英国物理学家威廉·汤姆孙(后来以开尔文勋爵著称)(Willian Thomson,1824—1907)在1851年提出的。

"不可能从单一热源吸取热量使之完全转变为有用的功而不产生其他影响。"这是对功和热量互相转换过程不可逆性的表述。

这两种表述已被证明是完全等效的,如果一个表述不成立,那么另一个表述也不成立。假设有一台热机能够从单一热源吸取热量并全部转换为功(即开尔文表述不成立),就可以把这些功转变为热量,输入比前一个热源温度更高的高温热源,这样就实现了把热量从低温物体传递到高温物体上,而且不对外界产生任何影响(即克劳修斯表述不成立)。

如同热力学第一定律有一个否定性的表述那样,热力学第二定律也有一个否定性的表述:"第二类永动机是不可能制成的",这也被称为是热力学第二定律的第三种表述。所谓第二类永动机指的是只从一个热源吸取热量并把热量全部转换为功的机器。例如,如果有一台热机仅仅从一个热源(海洋、大气乃至宇宙)吸取热能,并将这些热能完全用于功的输出,这就是第二类永动机。历史上首个成型的第二类永动机装置是1881年美国人约翰·嘎姆吉为美国海军设计的零发动机,这一装置利用海水的热量将液氨汽化,推动机械运转。但这一装置无法持续运转,因为汽化后的液氨在没有低温热源存在的条件下无法重新液化,因而不能完成循环,这个制作永动机的努力最后以失败告终。

只满足热力学第一定律的过程在自然界中不一定可以自发地发生,只有同时满足热力学第一定律和热力学第二定律的过程,在自然界中才能自发地发生,因此,在热力学中,热力学第二定律的地位高于热力学第一定律,热力学第二定律是人们对宏观热力学过程能量转换方向认识的深化。

【拓展阅读】"麦克斯韦妖"推翻了热力学第二定律吗?

10.3 不可逆过程是能量品质不断降低的过程

——为什么热能不如其他形式的能量更有用?

由热力学第二定律可知,任何热机只能把从高温热源吸取的一部分热量转变为有用功,而其余部分则流向低温热源。因此,热能不像其他形式的能量那样能够全部用于做功。从这个意义上说,热能不如其他形式的能量更有用。

从卡诺热机的效率表达式可知,理想气体卡诺循环效率的大小只取决于高温热源的温度 T_1 和低温热源的温度 T_2,T_1 越高或 T_2 越低,效率都越高。

在通常的热机运行过程中,常常以大气和地球构成的环境系统作为低温热源,由于这样的环境系统的热容是很大的,因此,可以把它们看作温度 T_2 保持不变的低温热源。卡诺热机在循环过程中,从高温热源吸取热量 Q_1,其中只有 $Q_1\left(1-\dfrac{T_2}{T_1}\right)$ 的部分热量转变为功而得到利用，这部分能量就称为可用能，而 $Q_1 \dfrac{T_2}{T_1}$ 部分的热量就从高温热源流向低温热源，且没有得到利用。在这个过程中，能量是守恒的。但是，如果不同的热机从不同的高温热源 T_1 取出相同的热能 Q_1，并向相同温度的低温热源 T_2 放出热量，这些热机可以获取的可用能是不同的；T_1 越高，热机获取的可用能就越多。从高温热源获取的热能的可用度越高，就称能量的品质越好。反之，可用能越少，能量的品质就越差。

除了热机的可用能外，还有各类实际的摆，如钟摆、秋千摆等，在摆动过程中也会涉及可用能。它们的一个简化模型就是把一个石块绑在一条细长绳子下端组成的摆。先用手推动一下石块使之来回摆动，随着时间推移，石块的动能逐渐减少，摆动的幅度也相应减少，最后会停下来，此时石块的动能为零。在这样的过程中，摆具有的动能可以用于系统克服各种阻力做功，这部分能量就是可用能。做功的结果使动能转变成热能，这部分热能再也不能转变为动能，也不能使摆重新摆动起来。在摆从开始运动到静止的摆动过程中，能量仍然是守恒的，能量并没有失去，但却永久失去了可用能，即失去了能量转换为功的品质。

事实表明，在实际发生的能量转换过程中，只要把其他形式的能量转变为热能，就会降低能量的品质。所谓地球上的能源危机不是指能量逐渐消失的危机，而是指当人们利用各种手段从地球上的不可再生能源（这些能源被消耗以后，在人的寿命期限内不能轻易得到补充，如石油和煤炭）中获取其他形式的能量，并通过各种手段转变为热能用于加热升温和作为驱动动力时，虽然能量依然是守恒的，但是，能量却是从高度有用的形式降为不大有用的形式，即降低了能量的品质，而这些不可再生能源在地球上的储存量是有限的。

热力学第一定律指出自然界的一切过程都是能量守恒过程，热力学第二定律表明自然界一切实际发生的不可逆过程都是能量品质不断降低的过程。

【拓展阅读】 什么是能源危机？

10.4 熵和熵增加原理

——在热力学中熵的地位为什么比内能更重要？

10.4.1 一个比内能更重要的状态函数——熵

热力学第零定律指明系统处于热平衡态时的性质。在热力学第零定律中，引入了温度这个状态量。只要系统处于热力学平衡态，这个系统就具有确定的温度。

热力学第一定律指明任何热力学过程都必须遵守能量守恒定律。在热力学第一定律中引入了内能这个状态函数。只要系统处于热平衡态，这个系统就具有确定的内能。当系统经过做功和传热的过程，从系统的一个初始状态到达另一个终结状态时，这两个状态就存在确定的内能差值，这个差值可正可负，也可以等于零。

热力学第二定律指明自然界中实际发生的不可逆过程都具有方向性。这类过程的不可逆性是初态和终态的差异造成的，这种差异是任何过程都无法消除的，这就意味着需要一个全新的状态函数来指出或判断出初态和终态之间过程进行的方向。

克劳修斯在 1865 年提出了一个新的状态函数——熵。

克劳修斯指出，热量有两种变换：一是热传递变换，热量可以从一个物体传递到另一个物体；二是热转换变换，热量可以转换为功。在定性上每一种变换都有两个可能的方向，一个是自然方向，即变换可以自发地发生；另一个是非自然方向，即变换不可能自发地发生。他努力对这两种变换建立一个定量的变换理论，他的目标是确立既适合热传递变换又适合热转换变换的转换等价量。他通过论证得出，对沿闭合路径的可逆过程：

$$\oint_c \frac{\text{d}Q}{T} = 0 \tag{10.1}$$

克劳修斯取 $\text{d}S = \dfrac{\text{d}Q}{T}$，并把 S 称为"熵"。（克劳修斯熵）

对于微小的可逆过程来说，熵的变化是

$$\text{d}S = \frac{\text{d}Q}{T} \tag{10.2}$$

对于微小的不可逆过程来说，熵的变化是

$$\text{d}S > \frac{\text{d}Q}{T} \tag{10.3}$$

熵与内能一样也是一个状态量。只要系统处于热平衡态，这个系统就具有确定的熵。

【数学推导】 *熵的最简单的数学表达式*

与内能作为一个状态量一样，熵作为状态量，它的数值大小也是相对于某标准态而言的，在实际应用中，可以任意选择某个标准态的熵的值或规定为零。一旦确定初始状态和终结状态，不管经历什么样的过程，系统的熵的变化量就是确定的。

当系统从状态 1 经过可逆过程变化为状态 2 时，终态熵与初态熵之差等于 $\dfrac{\text{d}Q}{T}$ 沿从初始状态到终结状态的路径积分

$$S_2 - S_1 = \int_1^2 \text{d}S = \int_1^2 \frac{\text{d}Q}{T} \tag{10.4}$$

对可逆循环过程来说，沿闭合路径的积分等于零。

$$\oint_c \frac{\text{d}Q}{T} = 0 \tag{10.5}$$

当系统从初始状态 1 经过不可逆过程变化为终结状态 2 时，终结状态 2 的熵与初始状态 1 的熵之差大于 $\dfrac{\text{d}Q}{T}$ 沿从初始状态到终结状态的路径积分。

$$S_2 - S_1 = \int_1^2 \text{d}S > \int_1^2 \frac{\text{d}Q}{T} \tag{10.6}$$

对不可逆过程来说，沿闭合路径的积分小于零。

$$\oint_c \frac{\text{d}Q}{T} < 0 \tag{10.7}$$

【拓展阅读】 *熵和内能的相似*

基于以上的表达式，克劳修斯提出了热力学第二定律的最简单而又最一般的数学表述（又称为"热力学第二定律的第四种表述"）。

对闭合过程有

$$\oint \frac{\text{d}Q}{T} \leqslant 0 \qquad (10.8)$$

对有限过程有

$$\Delta S = S_2 - S_1 \geqslant \int_1^2 \frac{\text{d}Q}{T} \qquad (10.9)$$

其中的等号适用于可逆循环,不等号适用于不可逆循环。式(10.9)称为克劳修斯等式和不等式。

10.4.2 熵增加原理:宇宙的熵增加

对于绝热过程,$\text{d}Q=0$,于是有 $\Delta S \geqslant 0$,等号表示可逆过程,既在可逆的绝热过程中,系统的熵保持不变;大于号表示不可逆过程,既在不可逆的绝热过程中,系统的熵增大。

在一个与外界隔绝的孤立系统中发生的实际过程都是不可逆过程,因而都是熵增加的过程。一旦过程结束,孤立的绝热系统就处于平衡态,它的熵趋于极大值。这个极为重要的结论就称为熵增加原理。

能量的概念描述的是运动转换的能力,能量越大,各种运动形式相互转换的能力就越大。能量守恒定律(热力学第一定律)阐明了各种能量形式可以发生相互的转换,但各种能量总和始终保持不变,能量既不能无中生有,也不能变有为无。

熵的概念描述的是能量转换完成的程度,系统越接近平衡态,系统的熵越大。在此过程中,能量的数量不变,但可供利用或转换的能量越来越少,能量越来越"贬值"了。熵增加原理(热力学第二定律)定量地揭示了宏观过程转换的方向性和限度。

热力学第一定律和热力学第二定律构成了自然界的一幅完整图画,使人们对与热运动相联系的能量转换过程的基本特征有了全面的认识。克劳修斯指出,如果热力学第一、第二定律适用于全宇宙,则"宇宙的能量是恒定的""宇宙的熵趋于某个极大值"。在1867年的演讲中,他进一步指出:"宇宙越是接近于熵为最大值的极限状态,它继续发生变化的可能就越小;当它完全达到这个状态时,就不会再出现进一步的变化了,宇宙就将永远处在一种惰性的死寂状态。"这就是所谓的"热寂论"。

近代宇宙学的研究发展表明,对于膨胀的宇宙来说,不存在稳定的热平衡态,即使原来温度一致,也可能产生温度差,关键在于有引力。实际上,宇宙演化的过程与热寂论的预言刚好相反,不是趋于无序、简单、热平衡,而是趋于有序、复杂、非热平衡。

熵增加原理和能量守恒定律均对自然界实际过程的运行和发展给出了限制:在任何实际过程中,一切参与者的总能量一定保持不变,而总熵则一定不会减少。在热功转换的过程中,只有一部分热量朝着转换为功的方向进行,其余热量向低温热源放出,再也不能转换为功,在这个过程中,系统的熵增大了;同样在热量传递的过程中,不同温度物体之间的热量传递一定朝着温度均匀化的方向进行,直到温度一致为止,这部分传递的热量也不能再对外做功,在这个过程中,整个系统的熵增大了。由此可见,熵表征了能量在自然转换过程中丧失了转换为做功的能力,熵越大,系统的这种能量品质的"退降"越大。

在孤立系统中,系统的内能保持不变,能量守恒,而熵却不存在守恒原理,反而趋于极大。系统的任何一种能量在空间分布得越不均匀,系统的熵就越小,反之,系统的能量分布得越均匀,系统的熵就越大;一旦系统的能量在空间呈现完全均匀分布,系统的熵就达到极大。

"宇宙的能量守恒,宇宙的熵增加。"克劳修斯的这个著名表述指出了能量和熵之间的区别。

【物理史料】 熵增加原理和"热寂说"

例题 10.1 计算 1mol 理想气体的熵。

【解题思路】

熵是状态函数,取不同的状态参量(p,V 或 T,其中只有两个是独立的),总可以通过熵的定义和状态方程得出熵的表达式。由于只有在可逆过程中才能借助克劳修斯等式计算熵,而且得到的是两个状态之间的熵差,因此,得出熵差以后,再给出一个初始态的熵,就能得出相对于这个初始态的熵。

【解题步骤】

选取 T 和 V 为状态参量,由熵变的表达式和理想气体状态方程可以得出

$$dS = \frac{đQ}{T} = C_V \frac{dT}{T} + R \frac{dV}{V} \quad (\text{设 } C_V \text{ 为常数}) \tag{10.10}$$

设理想气体从初始状态 (p_0, V_0, T_0) 通过可逆过程到达任意的状态 (p, V, T),对上式积分,得出

$$\Delta S = \int_{T_0}^{T} C_V \frac{dT}{T} + \int_{V_0}^{V} R \frac{dV}{V} = C_V \ln \frac{T}{T_0} + R \ln \frac{V}{V_0} = C_V \ln T + R \ln V - (C_V \ln T_0 + R \ln V_0)$$

$$\Delta S = S - S_0 = C_V \ln T + R \ln V - (C_V \ln T_0 + R \ln V_0)$$

于是

$$S = C_V \ln T + R \ln V + S_0 - (C_V \ln T_0 + R \ln V_0) \tag{10.11}$$

由此,只要选定初始状态的 $S_0(T_0, V_0)$,就可以得出任一状态的 $S(V, T)$ 的表达式。

【拓展思考】

如果选择 p,V 为状态参量,$S(p, V)$ 的表达式是什么?

1843年焦耳曾设计了一套使气体膨胀的实验仪器。该仪器是一个由对外绝热的容器组成的孤立系统。一个活栓把容器内部分隔成 A、B 两部分,在容器的 A 部分中充满气体,而容器的 B 部分为真空(图 10.1(a))。A、B 两部分的体积都是 V,气体的初始温度都是 T。当打开活栓后,气体自由膨胀,并占满容器全部空间,体积为 $2V$(图 10.1(b))。

图 10.1 气体向真空自由膨胀
(a) 自由膨胀前;(b) 自由膨胀后

焦耳发现,气体在膨胀前后温度没有发生变化,即气体没有与外界交换热量,又由于气体向初始处于真空状态的容器中膨胀,气体也没有对外做功。按照热力学第一定律可知,气体的内能也没有变化。一般情况下,气体的内能是体积和温度的函数,而在膨胀过程中体积发生变化,内能却不变,因此,气体的内能与体积无关,只是温度的函数。后经严格的实验证

明,这个结论只对理想气体才是正确的。

例题 10.2 根据以上实验装置给出的温度 T 和体积 V,试计算理想气体向真空自由膨胀过程的熵变。

【解题思路】

例题 1 只是通过可逆过程利用克劳修斯等式求出熵差,而理想气体向真空自由膨胀的过程是不可逆过程。对不可逆过程来说,克劳修斯不等式不能提供关于计算两个状态之间熵差的途径。但是基于熵是状态函数,而不可逆过程总有初始状态和终结状态,因此,计算不可逆过程熵差可以采取以下途径。

(1) 先利用例题 1 的方法分别计算出初始状态的熵和终极状态的熵,然后就可以得到这两个状态的熵差。

(2) 在不可逆过程的初始状态和终结状态之间可以设计一个假想的可逆过程,借助这个可逆过程来计算熵差。

【解题过程】

本题正是利用第一种途径求解的。设容器中的气体是 1mol 理想气体。由于气体内能在膨胀前后不发生变化,而内能仅是温度的函数,因此,膨胀前后气体的温度不变,仍然为 T,但体积从 V 变为 $2V$。按照理想气体熵变化的表达式(10.11)有

$$\Delta S = S - S_0 = C_V \ln T + R \ln V - (C_V \ln T_0 + R \ln V_0)$$

其中,$T = T_0$,$V = 2V_0$,代入上式,得

$$\Delta S = R \ln 2 > 0 \quad (10.12)$$

这就表明,在绝热自由膨胀过程中,理想气体的熵增加。

理想气体的自由膨胀过程是一个在孤立系统中可以自发发生的不可逆过程。相反,如果气体发生自动收缩,从 $(T, 2V)$ 状态恢复到 (T, V) 状态,容易得出,气体的熵变 $\Delta S = -R \ln 2 < 0$,这是熵减少的过程。按照熵增加原理,对于孤立系统而言,这是不可能自发发生的。

由于自然界的不可逆过程都是相关联的,因此,由气体向真空的自由膨胀过程可以推知,对孤立系统而言,在其中自发发生的任何不可逆过程总是熵增加的过程。

10.5 热力学第二定律的微观解释和熵的微观意义

——为什么系统越无序它的熵就越大?

从微观上看,任何热力学过程总是包含着大量分子的无规则运动,通常把分子排列分布数目的多少与分子无规则运动的有序和无序状态联系在一起。分子排列分布数目越多,微观状态就越多,分子的无规则运动就越无序。

仍然以气体向真空自由膨胀这个不可逆的过程为例。在这个过程开始时,气体分子处于容器的某一部分,而膨胀结束后气体分子处于整个容器中。由于膨胀初始时分子呈现的可能排列分布数少于膨胀结束时分子可能呈现的可能排列分布数,而每一个可能的排列对应于系统的一个微观状态,排列分布数目越多,微观状态就越多,于是系统就显得越无序,因此,这个过程在微观上就是分子从较为有序的无规则运动走向较为无序的无规则运动的过

程。反之,如果要使自由膨胀后的气体再恢复到初始状态,这个过程在微观上就是分子从较为无序的无规则运动走向较为有序的无规则运动的过程,这个过程可以实现,但不可能是自发的,需要外界付出相应的代价。

再以摩擦生热的过程中功转变为热的不可逆过程为例。在这个过程中,摩擦消耗的机械能是所有分子都作有规则定向运动时具有的能量,而内能是分子作无规则热运动时的能量。功变热的过程就是由规则的定向运动能量转变为无规则热运动的能量,这是自发的;反之,无规则热运动转变为有规则定向运动,这不是自发的,需要外界付出相应的代价。

热力学第二定律从微观上揭示了热力学不可逆过程中大量分子无规则运动呈现的无序程度变化的规律,它表明,不同运动形式的自然转换过程必定朝着分子无规则运动的无序性增大的方向进行。

从宏观上看,热力学第二定律表明了一个孤立的热力学系统的熵总是朝着熵增大的方向发展,直到系统达到平衡态时,熵达到极大值。而从微观上看,热力学第二定律表明分子运动总是朝着无规则运动的无序性方向进行。玻耳兹曼对这两者之间的关系提出了一个著名的关系式:

$$S = k \ln W \tag{10.13}$$

这个关系式称为玻耳兹曼关系式。S 为玻耳兹曼熵,k 为玻耳兹曼常量,W 是系统的一个宏观状态所具有的微观状态的数目,称为热力学概率。

注意到,热力学概率与数学概率不同,数学概率是一个分数,而热力学概率始终是一个整数。对每一个宏观状态来说,具有的微观状态越多,分子运动越无序,热力学概率越大。实际发生的宏观热力学不可逆过程总是从热力学概率小的宏观状态向热力学概率大的宏观状态过渡,即从有序状态向无序状态过渡,这样的过渡一直达到最后进入热力学概率为最大的宏观状态、最无序的状态为止,这就是热平衡状态。而一个热力学的宏观状态出现的概率越大,热力学系统的熵越大。可以证明,玻尔兹曼熵与克劳修斯熵是完全一致的,正是玻尔兹曼熵揭示了熵的微观本质。熵在微观上是系统无序程度的量度,系统越无序,熵就越大。孤立系统熵增加的过程就是系统越来越走向无序的过程。德国物理学家劳厄高度赞扬玻耳兹曼的工作,认为"熵和概率之间的联系是物理学最深刻的思想之一。"

10.6 热力学第三定律和零熵

——为什么绝对零度是不可能达到的?

卡诺热机的效率表明,在两个确定的高温热源和低温热源之间工作的任何热机的效率只取决于热源的温度,与工作物质无关。只有当低温热源的温度 $T_2 = 0 \text{K}$ 时,热机的效率等于 1。但是,按照热力学第二定律,热机从高温热源吸取的热量不可能全部转换为功,热机的效率是不可能等于 1 的。由此推理,绝对零度是不可能达到的。

实际上,绝对零度不能达到的结论不是从热力学第二定律推论出来的,而是从实验事实得出的经验总结。这些实验事实是人们从获得低温的研究工作中得到的。

早在 1702 年,法国物理学家阿蒙顿(G. Amontons)在他的著作中就提到了绝对零度的概念。他观察到空气的压强会随温度的降低而下降,而且温度下降一个份额,气压也下降等量的份额。他推测,连续降低温度到某一个低温时,空气的压强将等于零。他预言,任何物体都不可能冷却到这个温度以下,在达到这个温度时,所有的运动都将趋于静止。根据他的计算,这个温度就是后来提出的摄氏温标下的−293.5℃。后来,兰伯特更精确地重复了阿蒙顿的实验,得到的绝对零度是−270.3℃。

一个世纪以后,法国物理学家查理(J. A. C. Charles,1746—1823)和盖-吕萨克(J. L. Gay-Lussac,1778—1850)从气体的压缩系数中得到温度的极限值应为−273℃。1848年,英国物理学家汤姆孙在确立热力学温标时,提出"空气温度计上的−273℃是这样的一个点,不管温度降到多低都无法达到这点。"

由此可见,早在17世纪末,物理学家就预言到了可能存在任何低温都不可能达到的绝对零度。

1906年,德国物理化学家能斯特(W. H. Nernst,1864—1941)在研究低温条件下物质的变化时,把热力学的原理应用到低温现象和化学反应过程中,提出了热学的新理论,并得到了一个推论:"在低温下,任何物质的比热容都要趋向一个很小的确定值,这个值与凝聚态的性质无关。"后来他证明,这个确定值就是零。1911年,他将热学的新理论表述为:"不可能通过有限的循环过程,使物体冷到绝对零度。"这就是热力学第三定律常用的一种表述,也称为绝对零度不可能达到原理。

德国著名物理学家普朗克(M. Planck,1858—1947)把这一定律改述为:"当绝对温度趋于零时,固体和液体的熵也趋于零。"这就消除了熵常数取值的任意性。这是热力学第三定律的又一种表述。热力学第三定律的这两种表述是等价的。长期以来,两个状态之间的熵差被看作确定的,而某一个状态的熵被看作不确定的、没有意义的。直到热力学第三定律提出以后,能斯特假设,在绝对零度时,任何物体的熵为零,于是相对于绝对零度时的零熵,物体在某一个状态下就有了确定的熵值。

热力学第三定律是人们继热力学第一定律和热力学第二定律之后,进行了大量低温实验以后总结得出的一个具有普遍意义的热力学定律。热力学第零定律是在1931年才提出的,在时间次序上晚于热力学第一定律、第二定律和热力学第三定律。因为热平衡是以上三个定律的基础,应该排序在先,因此称为热力学第零定律。这四个热力学定律构成了完整的热力学理论体系。

10.7 人类对大自然的尊重和敬畏

——热力学定律否定性表述的重要意义是什么?

为了深化对物理世界的认识,人们经常对物理定律按照不同的特征作出分类。从表述方式上分,物理定律和定理的表述可以被分成两大类。

一类是肯定性的表述方式,它的基本格式是,"在什么条件下可以得到什么结果"。纵观力学中的物理定律,可以发现,大多数物理定律就是采用这样的方式表述的。例如,一个做匀速直线运动的物体,如果受到一个外力的作用,物体的运动状态就一定会发生改变;一个物体受到外力的冲量作用时,物体的动量会发生改变;当外力对物体做功时,物体的动能会发生改变等。物理学肯定性表述的定律告诉我们,只要给出充分的条件,人们总可以利用这些条件充分发挥主动性"去达到某种预料的结果"。

另一类是否定性的表述方式。它的基本格式是,"在什么条件下不可能得到什么结果"。热力学第一定律、第二定律、第三定律就是采用这种方式表述的:热力学第一定律的否定性表述是"第一类永动机是不可能制成的";热力学第二定律的否定性表述是"第二类永动机是不可能制成的";热力学第三定律的否定性表述是"绝对零度是不可能达到的"。

这三个定律都以"在一定条件下人们不可能得到什么样的结果"的否定方式表述了热运动的基本规律。这类否定性表述告诉我们,在给定的条件下,人们一定不可能"去达到某种预料的结果"。这就对人类的认识和行动在给定的条件下加上了限制,人们不能随心所欲地"想干什么就做到什么"。

热力学第一定律告诫人们,在自然界发生的任何过程中包括物体内能在内的全部参与者的总能量是不生不灭的,人们的各种努力只能使能量从一种形式转换为另一种形式,或从一个地方传送到另一个地方,能量不能无中生有。人们必须放弃制造第一类永动机的意图。

热力学第二定律告诫人们,任何物理过程的全部参与者的总熵是永不减少的。自然界的自发过程只能朝熵增大的方向进行。正是热力学第二定律揭示了物理世界的演化具有方向性和不可逆性,这是与牛顿的宇宙机器演化可逆性完全不同的世界图景。人们可以利用能量做功,可以设法提高热机的效率,但是热量转换为功的比例是受严格限制的。各种能量在转换为热能以后,就会降低能量的品质。人们必须放弃制造第二类永动机的意图。

热力学第三定律告诫人们,在绝对零度时,系统的熵不再是状态函数。在绝对零度,不仅任何过程的熵都不发生改变,而且平衡态系统的熵本身就是零。人们可以利用各种方法获得低温,尽可能接近绝对零度。现代科学使用绝热去磁的方法已经获得了 5×10^{-8} K 的低温,但是用有限手段是不可能达到绝对零度的。人们必须放弃达到绝对零度的意图。

随着社会的发展和科学技术的进步,物理学不断深化着人们对自然界各种物质结构和物质运动形式的认识。与其他学科相比,在过去的 20 世纪中,物理学已经成了自然科学发展史上一个最富有物质成果和思想成果的学科。特别是近几十年来,物理学的研究领域在空间层次的微观上已达 10^{-19} m(核子)之小,宏观上已达 10^{26} m(哈勃半径)之远;在时间尺度的范围也从 10^{-24} s(粒子的寿命)的短寿命层次到 10^{18} s(宇宙年龄)的长寿命层次。然而,热力学的第一、第二定律和热力学第三定律却没有以这样鼓舞人心的语言表述,反而以特有的区别于其他物理规律的否定性表述方式揭示了物理现象的规律,这不是对人类认识能力的否定和抹黑;相反,它恰恰体现了人类对自然界事物发展规律的一种尊重和敬畏,体现了人类在涉及人和自然界关系上所作所为的一种规范和克制。

思 考 题

10.1 在第 8 章中讨论了非准静态过程和准静态过程,本章又提出了不可逆过程和可逆过程。准静态过程和可逆过程都是从实际过程中抽象出来的理想化过程。请对这两个过程作一番比较:为什么需要定义这两个理想化过程,它们的物理含义是什么?这两个过程有什么联系和区别?

10.2 以下关于可逆过程和不可逆过程的表述是否正确?为什么?

(1) 用外力推动气缸的活塞快速移动,使气体绝热压缩,这个功转变为热的过程是不可逆过程。

(2) 把容器与恒温热源接触，使容器内的气体缓慢作等温膨胀，这个热变成功的过程是不可逆过程。

(3) 两个不同温度的物体的温差为 ΔT，它们之间互相交换热量的过程是可逆过程。

10.3 你认为，以下哪些表述是正确的？为什么？

(1) 功可以全部转换为热，但是热不能全部转换为功。

(2) 热可以从高温物体传递到低温物体，但是不能从低温物传到高温物体。

(3) 不可逆过程是不能向与其完全相反的过程进行的过程。

(4) 可逆过程一定是准静态过程，但准静态过程不一定是可逆过程。

10.4 自然界的不可逆过程是无限多的，对任何一种自然界实际过程的不可逆性的表述都可以作为热力学第二定律的表述。那么，除了上面两种典型的表述外，你还能列举出热力学第二定律的其他表述吗？

10.5 试根据热力学第二定律思考下列问题。

(1) 在 p-V 图上两根绝热线能相交吗？为什么？

(2) 在 p-V 图上两根等温线能相交吗？为什么？

(3) 在 p-V 图上一根等温线和一根绝热线相交能出现两个以上的交点吗？为什么？

10.6 有人曾经想利用海洋不同深处海水的不同温度制造出一种机器，把海水的内能转变为有用的机械功，这样的设想是否违反热力学第二定律？

10.7 "理想气体和单一热源接触，把吸收热量全部用来对外做功，气体作等温膨胀。"对这样的过程来说，以下的表述是否正确？

(1) 这个过程不违反热力学第一定律，但违反热力学第二定律。

(2) 这个过程不违反热力学第二定律，但违反热力学第一定律。

(3) 这个过程不违反热力学第一定律，也不违反热力学第二定律。

(4) 这个过程违反热力学第一定律，也违反热力学第二定律。

10.8 以下关于熵的变化的表述是否正确？为什么？

(1) 一个系统在经历任意绝热的过程中，$\Delta S = 0$。

(2) 一个系统在经历任意可逆的过程中，$\Delta S = 0$。

(3) 一个孤立系统在经历任意过程中，$\Delta S \geqslant 0$。

10.9 熵是状态函数，初态和终态确定以后，这两个状态之间的熵差是确定的。为什么这个熵差在可逆过程中等于一个路径积分，而在不可逆过程中却大于似乎同样的一个路径积分？你对此作如何解释？

10.10 为什么说，在热力学中热力学第二定律的地位高于热力学第一定律？为什么自然界的实际过程必须同时满足热力学第一定律和热力学第二定律才能发生？热力学第一定律和热力学第二定律的表述与通常的力学定律表述有哪些明显的不同？

10.11 在热力学中熵显得比内能更抽象，更不可捉摸，但是为什么说在热力学中熵的地位比内能的地位更重要？熵与内能究竟有哪些区别？

10.12 一绝热容器用隔板分成相等的两部分，一部分充满理想气体，另一部分为真空。现抽取隔板，气体作自由膨胀，充满整个容器并达到平衡状态。以下哪一个表述是正确的？请说明理由。

(1) 气体温度不变,熵不变。
(2) 气体温度不变,熵增加。
(3) 气体温度升高,熵增加。
(4) 气体温度降低,熵增加。

10.13 熵增加原理适用于哪一类系统？历史上曾有人把这个原理推广到整个宇宙,从而得出宇宙终将趋于平衡态,整个宇宙的温度趋于处处相同的结论,此时宇宙进入热寂状态。在这个状态下,生物的进化停止了,万物的生长没有了,宇宙变得一片死气沉沉。你对这样的结论的看法是什么？为什么？

10.14 地球上生命进化是从简单的单细胞生物开始的,如今演化成地球上包括人的生命体在内多种高度有序的生物,这是从无序走向有序的过程。你认为,这样的生物演化过程与热力学第二定律有矛盾吗？

习　　题

10.1 把一块质量为1kg,温度为100℃的铁块甲与另一块质量为1kg,温度为0℃的铁块乙相互发生热接触,最后达到平衡温度。问:在此过程中,系统的熵变是多少？(铁的摩尔比热容是$c=3R$,1kg铁的比热容是$mc=449J/K$)

10.2 已知1mol单原子理想气体,开始时处于平衡状态。现使该气体经过一个准静态等温过程,从原来的体积V_0压缩一半到V_1,$V_1=\frac{1}{2}V_0$,求该气体的熵变。

10.3 在0℃时,1mol的冰融化为1mol的水需要吸收热量6000J。问:
(1) 在0℃时,1mol的冰融化为1mol的水时,熵变是多少？
(2) 在0℃时,这些水的微观状态数$W_水$与冰的微观状态数$W_冰$之比是多少？

10.4 利用热力学第二定律证明:
(1) 一条等温线与一条绝热线不可能相交于两点;
(2) 一条等温线与两条绝热线不可能构成一个循环。

10.5 气缸内有一定量的氮气(视为刚性分子的理想气体),作图10.2所示的循环过程,其中ab为等温过程,bc为等体积过程,ca为绝热过程。已知a点的状态参量为p_a、V_a、T_a,b点的体积$V_b=3V_a$,求:
从状态b到状态c,氮气的熵变ΔS。

图10.2　习题10.5图

第 11 章

静电力和静电场

本章引入和导读

电现象和磁现象很早就受到人们的关注。早在公元前600年,古希腊人就有关于琥珀摩擦后能吸引轻小物体和磁石吸铁的记载,这样的力分别称为电力和磁力。经过长期的知识积累和系统研究,物理学中形成了专门研究电现象的电学和专门研究磁现象的磁学等两门独立的分支学科。直到19世纪,经过法拉第和麦克斯韦等人的努力,电力和磁力被统一为电磁力,电学和磁学得到了长足的发展,形成了以麦克斯韦方程组为基础的统一的电磁学理论,从而继牛顿力学以后在物理学上树立了又一座丰碑。

在经典力学中,牛顿提出了万有引力的表达式,完成了对从天体到地球上的宏观物体的运动规律的描述,第一次为人类提供了天上运动和地上运动相统一的自然图像。按"万有"的含义理解,它是无处不在、无时不有的。在牛顿看来,找到宇宙中普遍存在的力,就一定可以对宇宙的万事万物的运动作出最后的彻底的解释。那么,自然界的力统统都可以归结为万有引力吗?

电磁学在18世纪的发展初期仍然受到了牛顿力学物理思想的深刻影响。然而,到了19世纪中期,法拉第和麦克斯韦发现,电磁力恰恰不同于万有引力,是需要"从头开始"研究的对象。"从头开始"意味着对电磁力的研究需要开辟新的完全不同于对万有引力进行研究的道路。

爱因斯坦敏锐地洞见了物理学发展史上这一重大转折,他曾明确指出,牛顿的公理化方法已经不适用了。并进一步指出"在研究电和光的规律时,建立新的基本概念的必要性。"

正是在物理学发展过程中出现了这样的重大转折,大学物理中的电磁学内容也就从静电场起显示出"从头开始"的思想和方法。虽然学生学习静电学的内容还是从中学物理课程中的库仑定律、电场强度和电势等概念开始,但是物理上"场的概念的抽象性"(与力学相比)以及数学上"处理方式的复杂性"(与热学相比)使静电学成为学生学习大学物理的一个难点。究其原因,学生往往还停留在学习力学时接受的那一套思想框架中,一时难以适应从静电学开始渗透的"从头开始"的物理学思想方法。

静电学与力学不同:在概念的建立上,它没有牛顿定律那样的公理体系,当然也没有来自从公理出发通过推理形成的概念,静电学概念的建立直接基于对实验的观测和总结;在力与运动变化的关系上,力学先确定物体运动状态的变化,然后再引入力,静电学则是直接从讨论力——静电力的表现入手，建立起对静电场状态的描述，这就拉开了电磁学"从头开始"思想的"序幕"。

按照从静到动的逐步深入的认识过程，本章先描述静止电荷在真空中产生的静电力和静电场。后面几章将建立对电产生磁（即磁场）的描述以及磁产生电（即电磁感应现象）的描述。最后，以专门一节内容提出，麦克斯韦集电和磁的运动规律之大成，提出了麦克斯韦方程组，形成了统一的电磁场理论。

在中学物理课程的基础上，大学物理将对静电场中电荷、电场、电场强度和电势等给出更加科学的定义，并把对场的认识的深化和发展这一思想主线贯穿在整个大学物理电磁学体系中。

本章首先对中学物理讨论的点电荷之间的库仑定律给出完整的矢量表述，然后提出静电力是通过电场传递的，引入描述电场自身特征的两个物理量——电场强度和电势，把中学物理关于点电荷的电场强度和电势的相关讨论延伸到以下问题：电荷系或连续带电体（如长直带电导体、带电圆环、带电圆柱体等）产生的电场强度如何计算？电场强度和电势都是描述静电场状态的物理量，它们之间有什么联系和区别？它们之间的联系有没有更深的物理含义？

本章讨论的静电场是真空中的电场，而任何实际电场中都会有各种物质存在。大学物理将比中学物理更深入地讨论以下相关问题：电场对物质有什么作用？当静电场中有导体或者电介质存在时，导体或电介质中的电荷分布会发生怎样的改变？而改变了的电荷分布又会对静电场的空间分布产生什么影响？在外力对静电场中的介质做功的过程中，介质中储存的能量与产生的电场能量有什么关系？等等。

11.1 对场的认识的深化是电磁学中的一条思想主线

——对电磁力的研究为什么需要从头开始？

对电磁力的研究为什么需要从头开始？

从头开始意味着电磁力与万有引力是两种不同性质的力，对电磁力的研究需要开辟新的完全不同于万有引力研究的道路。

第一，在牛顿力学中，牛顿仅得出质点之间存在万有引力的表达式，没有揭示万有引力的起源；万有引力只与两个物体之间的相对位置有关，与物体的运动速度无关；然而，在电磁学中电磁力的产生却来自带电体的物质结构，它的大小与方向既与带电粒子在电磁场中的位置有关，又与带电粒子的运动速度密切相关。

第二，在牛顿力学中，牛顿把物体之间的万有引力看作一种超距作用，引力的传递是瞬时的，传递速度无限大；但是，电磁力的作用不是超距的，是通过场传递的，传递速度是有限的。

第三，在牛顿力学中，牛顿以三大运动定律作为公理推导出其他定理，从而建立了一整套经典力学的理论体系，但是电磁学不是基于公理体系建立起来的，而是建立在大量实验和观察结果的基础上的。

大学物理中电磁学内容的展开正是从静电场起显示出从头开始的思想和方法。静电学的从头开始表现在以下几个方面。

在知识体系上,静电学与力学不同,它没有牛顿定律那样的公理体系,当然也没有来自从公理出发通过推理形成的概念,静电学概念的建立主要直接来自实验。

在力和运动变化的关系上,力学首先建立状态描述的物理量——位置矢量、速度和加速度,再讨论引起状态变化的力和加速度的关系;静电学首先从实验得出两个点电荷之间静电相互作用力的库仑定律,提出力是通过静电场传递的,再由单位检验正电荷在电场中受到的力和力对电荷做的功两个方面定义描述静电场状态的物理量——电场强度和电势,揭示了静电场本身的两个基本特征。

在研究对象上,力学的研究对象是受力作用的物体,这些物体总是定域在空间有限区域内的;而静电场虽然是由场源电荷产生的,但是静电学的研究对象不是场源电荷,而是由场源电荷产生的场,场是"非定域"的,遍布在无限大的空间区域内。

在关于力的作用传递上,由于受到牛顿理论的影响,一直到18世纪末,"超距作用"的思想在欧洲大陆的物理学家中还牢固地占领着统治地位。

1831年英国物理学家法拉第(M. Faraday,1791—1867)首先提出,超距作用的思想是没有物理意义的,物质之间的电力和磁力是需要介质传递的近距作用力。法拉第设想,电力和磁力是通过相应的力线或场传递的。基于力的传递性和力线存在的实体性,1857年,法拉第进一步指出,力或场是独立于物体的另一种物质形态,物体的运动都是场作用的结果;不管空间有没有物质,整个空间都充满了实体性的力线和力场。因此,从静电场开始引入的电场线到磁场中引入的磁感应线,不仅形象地描述了场的几何方法,更体现了人们对场的物质性的一种初步认识。

静电场概念的提出,不仅从物理学研究对象和研究方法上拉开了电磁学从头开始思想的序幕,而且是人们对物质性的认识从实体物质性提升为场的物质性的认识的从头开始。

11.2 电荷的分类和电荷守恒定律

——物体带电现象的产生或消失的实质是什么?

11.2.1 电荷和起电

如同质量是实物的属性一样,电荷也是实物的属性之一。早在公元前600年,古希腊人就发现用毛皮摩擦琥珀,可以使琥珀带有吸引轻小物体的能力,这种吸引力称为静电力,这个过程称为"起电"。起电以后的物质称为带电体。起电的方式有多种,例如,粗糙的鞋底在尼龙地毯上的摩擦过程,用塑料梳子梳理干燥的头发的过程等都是在日常生活中常见的起电过程。

物质结构的理论表明,任何物质的分子、原子中都包含两种电荷。自然界中的电荷分为两类:正电荷和负电荷,同种电荷互相排斥,异种电荷互相吸引,这样的相互作用就表现为静电力。实验表明,两个带电物体之间在一定距离内的静电力远大于两个物体之间的万有引力,而且静电力既可以表现为两个电荷之间的互相吸引力,也可以表现为互相排斥力。因此,这类静电力是不同于万有引力的另一种相互作用力。

一个物体起电的本质并不是在物体中自身创造出新的电荷,而是将物体中包含的正、负电荷的中心分开,或者使电荷从一个物体转移到另一个物体上。以摩擦起电为例,摩擦的行为会使物体中部分原子失去外层电子(带负电),原本是电中性的原子失去部分电子后,原子的原子核(带正电)带电量绝对值就大于外层电子(带负电)的电量绝对值之和,整个原子就表现为带正电。但失去的外层电子并没有消失,它转移到了另外和它接触的物体上,获得电子的物体就表现为带负电。

11.2.2 电荷守恒定律

物体所带的电荷数量称为电荷量,简称电荷,以前称电量,常用字母 Q 或 q 表示。电荷单位在国际单位制中是"库仑",记作 C。正电荷的电荷量取正值,$q>0$;负电荷的电荷量取负值,$q<0$。如果物体中正电荷的电荷量大于负电荷的电荷量绝对值,那么该物体就带正电;反之则带负电。当带正电荷 q 的导体与带负电荷 $-q$ 的另一个导体互相接触以后,电荷在两个导体之间发生转移,其结果使两个导体最后不表现出任何带电性,这种现象称为电的中和。

在一个封闭系统内,无论进行何种过程,系统内正负电荷量的代数和保持不变。电荷既不能创造,也不能消失,它只能从一个物体转移到另一个物体,或从物体的一部分转移到另一部分,在转移的过程中,系统的电荷量保持不变。这个表述就称为**电荷守恒定律**。实验表明,在所有的宏观过程和微观过程中,孤立带电系统的总电荷量守恒。电荷守恒定律是自然科学中的基本定律之一。

电荷量是不连续的,美国物理学家密立根(Robert Andrews Millikan,1868—1953)所做的油滴实验表明,自然界中的任何宏观电荷量总是以一个基本单元的整数倍出现,这个基本单元就是单个电子正电荷量的绝对值,用字母 e 表示

$$1e = 1.602 \times 10^{-19} \text{C}$$

目前实验上尚未发现电荷量比 e 更小的电荷存在的可靠依据。基本粒子理论认为质子、中子等粒子是由具有 $\frac{1}{3}e$ 或者 $\frac{2}{3}e$ 分数电荷的夸克组成,但是夸克被束缚在粒子内部,不能分离出来成为自由夸克,因此电荷量的不连续性依然存在。

当讨论两个带电体之间的静电力时,如果两个带电体之间的距离远大于带电体本身的线度,就可以不考虑带电体的具体形状大小和电荷分布等因素,这样的带电体就可以看作一个带电的点,称为点电荷。点电荷是一个相对的概念,如同质点是力学中物体的理想模型一样,点电荷是带电物体的理想模型。

11.3 静电力的库仑定律

——什么是库仑定律的完整表述?

【物理史料】 库仑定律是怎样提出来的?
1785 年,法国科学家库仑(C. A. Coulomb,1736—1806)研究了两个点电荷之间的相互

作用力的规律,从与万有引力定律的类比中提出了点电荷的库仑定律。

在真空中的两个静止点电荷之间静电作用力 F 的大小与这两个点电荷所带电荷的乘积 q_1q_2 成正比,与它们之间距离 r 的平方成反比,作用力的方向沿两个点电荷连线方向(同性相斥,异性相吸)。其数学表达式为

$$F = \frac{1}{4\pi\varepsilon_0} \frac{q_1q_2}{r^2} \tag{11.1}$$

此处的 ε_0 称为真空电容率,它是自然科学中的一个基本常量。

$$\varepsilon_0 = 8.854187817\cdots \times 10^{-12}\mathrm{C}^2/(\mathrm{N}\cdot\mathrm{m}^2)$$

一般可以近似地取

$$\varepsilon_0 = 8.854 \times 10^{-12}\mathrm{C}^2/(\mathrm{N}\cdot\mathrm{m}^2), \quad k = \frac{1}{4\pi\varepsilon_0} = 8.988 \times 10^9 (\mathrm{N}\cdot\mathrm{m}^2)/\mathrm{C}^2$$

在本书的例题和习题中,经常取 k 的数值为

$$k = \frac{1}{4\pi\varepsilon_0} \approx 9 \times 10^9 (\mathrm{N}\cdot\mathrm{m}^2)/\mathrm{C}^2$$

这个数字和实际数字有小于 0.1% 的误差。

作为一种相互作用力,静电力 F_{21} 表示点电荷 q_1 对点电荷 q_2 的作用力,规定矢量 r_{21} 从点电荷 q_1 指向点电荷 q_2,其单位矢量为 r_{21}^0,如图 11.1 所示,于是可以得到库仑定律完整的矢量表达式

$$F_{21} = \frac{1}{4\pi\varepsilon_0} \frac{q_1q_2}{r^2} r_{21}^0 \tag{11.2}$$

图 11.1 点电荷之间的相互作用力

用 F_{12} 表示点电荷 q_2 对点电荷 q_1 的作用力,规定矢量 r_{12} 从点电荷 q_2 指向点电荷 q_1,其单位矢量为 r_{12}^0,于是

$$F_{12} = \frac{1}{4\pi\varepsilon_0} \frac{q_1q_2}{r^2} r_{12}^0 \tag{11.3}$$

在库仑定律的表达式中,电荷取代数量(正电荷取"+"值,负电荷取"−"值)。当两个物体带同种电荷时($q_1q_2 > 0$),F_{21} 和 F_{12} 大小相等,方向分别与 r_{21} 和 r_{12} 相同,表现为斥力;当两个物体带异种电荷时($q_1q_2 < 0$),F_{21} 和 F_{12} 大小相等,方向分别与 r_{21} 和 r_{12} 相反,表现为引力。而且无论是相互吸引还是相互排斥,均有

$$F_{21} = -F_{12} \tag{11.4}$$

这就表明,两个静止点电荷之间的作用力遵循牛顿第三运动定律。

如果把一个点电荷 Q 规定为产生静电场的场源电荷,把另一个点电荷 q 规定为受到电场力的目标电荷,并且规定矢量 r 的方向是从场源电荷 Q 指向目标电荷 q,其单位矢量为 r^0,于是,目标电荷 q 受到的静电力可以表示为

$$F = \frac{1}{4\pi\varepsilon_0} \frac{Qq}{r^2} r^0 \tag{11.5}$$

与静电力相比,万有引力是一个非常小的量。

以两个相距为 r 的 α 粒子为例(图 11.2),α 粒子的质量 $m = 6.64 \times 10^{-27}$ kg,所带电荷 $q = +2e = 3.2 \times 10^{-19}$ C,因此,处在约定距离上的两个 α 粒子之间存在两种相互作用:一是

静电力 F_e，与电荷量有关；二是万有引力 F_g，与质量有关。它们之间的静电力和万有引力的大小分别是

$$F_e = \frac{1}{4\pi\varepsilon_0}\frac{q^2}{r^2}, \quad F_g = G\frac{m^2}{r^2}$$

图 11.2　两个 α 粒子之间的相互作用力

静电力和万有引力之比是

$$\frac{F_e}{F_g} = \frac{1}{4\pi\varepsilon_0 G}\frac{q^2}{m^2}$$

代入相关数据，可以得到比值是

$$\frac{F_e}{F_g} = \frac{1}{4\pi\varepsilon_0 G}\frac{q^2}{m^2} = 3.1\times10^{35}$$

这个结果表明，在研究两个带电粒子静电作用的时候，它们之间的静电作用力远远大于它们之间的万有引力，以致通常可以忽略它们之间的万有引力。

11.4　静电场的物理描述方式

——什么是电场强度和电势？

11.4.1　静电场状态的物理描述方式

库仑定律描述了两个静止点电荷之间相互作用力的定量关系。与力学中常见的两个物体必须接触才能发生相互作用不同，两个点电荷之间不用接触，在一定距离上它们之间就会发生静电相互作用。

一个点电荷是如何施力于另一个点电荷的呢？对此历史上曾经有两种观点，一种是超距作用观点。和当年牛顿把万有引力看成超距作用一样，这种观点认为静电力的传递不需要媒介，也不需要时间，一个点电荷可以超越空间把静电力立刻作用于另一个点电荷。另一种观点则认为在点电荷周围存在着电场，其他点电荷所受的作用力是通过电场传递的，传递的速度是有限的。

相对观察者静止的带电体周围存在的电场称为**静电场**，静电场的主要表现特征如下。

(1) 放入静电场中的任何带电体都会受到通过电场传递的作用力，称为**电场力**。电场力是随空间位置而变化的，处于电场中不同位置的带电体受到的电场力是不同的。

(2) 放入静电场中的带电体在电场中移动时，电场力将对该带电体做功，电场力做功只与带电体移动的起点和终点的位置有关，与经过的路径无关，所以，电场力是一种保守力。

(3) 放入静电场中的导体和电介质（绝缘体）将受电场的作用，相应产生静电感应和极化现象，这是**电场力对物质的作用**，这种作用是相互的，静电场会改变导体和介质的特性，反之，导体和介质也会改变原有的静电场。

静电场的这些特征表明，从电场力和电场力做功两个方面建立对静电场的描述是合适的，由此就相应地引入了**电场强度**（描述"电场力"的特征）和**电势**（描述"电场力做功"的特征）这两个重要的物理量。静电场中的每一个位置都有一个确定的电场强度和电势。

由于点电荷的电场可以延伸到无限远，因此，如果需要完整地描述整个静电场就需要有无限多的电场强度和电势。

11.4.2 电场力、电场强度和电场强度叠加原理

根据库仑定律，在静电场的同一个确定位置处，带有不同电荷的点电荷受到的作用力是不同的，而同一个点电荷放在不同位置处受到的作用力也是不同的。为了从力的方面描述静电场的性质，必须考虑点电荷所带电荷和点电荷放置的位置这两个因素。

带电荷为 q 的带电体作为场源电荷在它周围空间产生了静电场，把另一个带正电的点电荷 q_0 作为检验电荷放入电场中观测所受的作用力。检验电荷的体积必须足够小，使它的位置处于电场的某一点，有利于体现静电场各点的性质；检验电荷所带的电荷量 q_0 也必须足够小，把它引入电场中不会影响原来电场的分布。

实验结果表明，把检验电荷 q_0 放在电场中任一确定的位置，无论它带的电荷如何变化，它所受的静电力 F 的大小与它所带电荷 q_0 总是成正比的，比值 $\dfrac{F}{q_0}$ 只与检验电荷所在的位置有关，而与检验电荷所带的电荷无关。这个比值从力的角度反映了电场本身的一个特征，这个比值就被定义为电场强度 E：

$$E = \frac{F}{q_0} \tag{11.6}$$

电场强度是一个矢量。电场中某点的电场强度 E 的大小为该点单位正电荷所（$q_0 =$ 1C）受力的大小，方向为该点正电荷的受力方向。在国际单位制中，电场强度的单位是 N/C（牛顿每库仑），或 V/m（伏特每米）。

设单个点电荷 q 处于 O 点（场源电荷），在它激发的电场中的 P 点置入检验电荷 q_0，O 点到 P 点的距离为 r，r^0 是单位矢量，如图 11.3 所示。

图 11.3 放置在空间 P 点的检验电荷 q

根据库仑定律和电场强度的定义得出 P 点的电场强度是

$$E = \frac{F}{q_0} = \frac{q}{4\pi\varepsilon_0 r^2} r^0 \tag{11.7}$$

电场强度是描述静电场内在特征的一个物理量，即使在静电场某一位置没有放置检验电荷，该点仍然存在电场，有着确定的电场强度。作为电场强度定义的式（12.6）是电场强度大小和方向的外显表现，它表明，电场强度等于电场对放置在某位置上的单位检验电荷所产生的电场力。在静电场中的任意一点只有一个电场强度 E 和其位置对应，因此电场强度 E 具有单值性，仅是位置的函数。

如果电场是由若干个场源电荷 $q_1, q_2, \cdots, q_n$ 共同激发的，则处于 P 点的检验电荷 q_0 受到的电场力 F 将是各个场源电荷单独存在时对它所施加的电场力的矢量和，由此得到，P 点的电场强度 E 也应该是各个场源电荷单独存在时该点电场强度的矢量和，即

$$F = F_1 + F_2 + \cdots + F_n$$

$$E = \frac{F}{q_0} = \frac{F_1 + F_2 + \cdots + F_n}{q_0}$$

$$= \frac{\boldsymbol{F}_1}{q_0} + \frac{\boldsymbol{F}_2}{q_0} + \cdots + \frac{\boldsymbol{F}_n}{q_0}$$

$$= \boldsymbol{E}_1 + \boldsymbol{E}_2 + \cdots + \boldsymbol{E}_n$$

由于第 i 个场源电荷在 P 点处单独产生的电场强度为

$$\boldsymbol{E}_i = \frac{q_i}{4\pi\varepsilon_0 r_i^2} \boldsymbol{r}_i^0 \quad (i = 1,2,3,\cdots,n)$$

于是,这个点电荷系在 P 点处产生的合电场强度为

$$\boldsymbol{E} = \sum_i \boldsymbol{E}_i = \sum_i \frac{q_i}{4\pi\varepsilon_0 r_i^2} \boldsymbol{r}_{i0} \quad (i = 1,2,3,\cdots,n) \tag{11.8}$$

点电荷系在空间所建立的电场中任一点的电场强度等于每一个场源电荷单独存在时,在该点产生的电场强度的矢量和,这个结论就称为**电场强度叠加原理**。

11.4.3 电势能、电势和电势叠加原理

为了从电场力做功的角度描述静电场的性质,需要把点电荷作为检验电荷放入电场中,计算它在静电力作用下移动时静电力做的功。

首先讨论静止的点电荷 q 作为场源电荷时产生的静电场,并假设放入静电场的检验电荷带正电 q_0,它在静电力的作用下,沿路径 L 从 a 运动到 b,如图 11.4 所示。

在移动过程中,按照功的定义,静电力对该点电荷做的功是

$$A = \int_{a(L)}^{b} \boldsymbol{F} \cdot \mathrm{d}\boldsymbol{r} = \int_{a(L)}^{b} q_0 \boldsymbol{E} \cdot \mathrm{d}\boldsymbol{r} = \int_{r_a}^{r_b} \frac{qq_0}{4\pi\varepsilon_0 r^2} \mathrm{d}r$$

$$= \frac{qq_0}{4\pi\varepsilon_0} \int_{r_a}^{r_b} \frac{\mathrm{d}r}{r^2} = \frac{qq_0}{4\pi\varepsilon_0} \left(\frac{1}{r_a} - \frac{1}{r_b} \right) \tag{11.9}$$

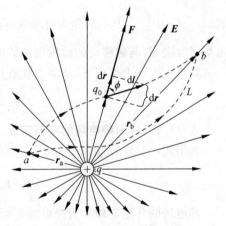

图 11.4 静电力做的功

由于上述路径 L 是任意的,因此,式(11.9)表明,在静电场中,静电力移动正电荷所做的功只取决于该正电荷的起点位置和终点位置,而与移动的具体路径无关。因此,与重力类似,静电力也是保守力;与重力场类似,静电场也是一种保守力场,由此可以定义一个只与位置有关的函数——电势能 W_P:

$$W_P = \frac{qq_0}{4\pi\varepsilon_0} \cdot \frac{1}{r} \tag{11.10}$$

于是,静电力做的功(式(11.9))可以表示成

$$A = W_{Pa} - W_{Pb} \tag{11.11}$$

即静电力移动电荷做的功等于该电荷处在起始位置和终结位置这两个位置上的电势能之差。

如果电荷在电场力的作用下沿闭合路径移动一周,回到起点,电场力所做的功为零。

$$\oint_L \boldsymbol{F} \cdot d\boldsymbol{r} = 0 \tag{11.12}$$

由于任意带电体都可以分割成许许多多的点电荷,根据电场叠加原理可知,任意带电体产生的静电力都可以看作许许多多点电荷产生的电场力的叠加。因此,式(11.11)和式(11.12)不仅适用于点电荷产生的静电场,还可以推广到任意带电体产生的静电场。

如同定义重力势能必须确定零势能点一样,通常选取无穷远处为电势能的零点,在式(11.9)中,选取 $r_b \to \infty$,即选定静电场中 b 点为电势能的零点,则

$$A = \int_{a(L)}^{\infty} \boldsymbol{F} \cdot d\boldsymbol{r} = q_0 \varphi_{Pa} = \frac{qq_0}{4\pi\varepsilon_0 r_a} = W_{Pa} \tag{11.13}$$

去除下标 a,在单个点电荷产生的静电场中,取无限远为电势能的零点,则与场源点电荷 q 距离为 r 处的电势能大小就是

$$W_P = \frac{qq_0}{4\pi\varepsilon_0 r} \tag{11.14}$$

把式(11.9)两边分别除以 q_0,可以得到在静电力作用下,把单位正电荷沿路径 L 从 a 运动到 b,静电力做的功是

$$\frac{A}{q_0} = \int_{a(L)}^{b} \boldsymbol{E} \cdot d\boldsymbol{r} = \frac{q}{4\pi\varepsilon_0}\left(\frac{1}{r_a} - \frac{1}{r_b}\right) \tag{11.15}$$

式(11.15)中 $\int_{a(L)}^{b} \boldsymbol{E} \cdot d\boldsymbol{r}$ 称为电场强度沿任意路径 L 的线积分。该积分只由电荷 q 产生的电场强度决定,与被移动的检验电荷的电量无关,因此,可以用这个积分来表示电场的性质。

如果在电场力作用下,从某点起点移动电荷沿闭合路径返 L 回原处,则

$$\oint_L \boldsymbol{E} \cdot d\boldsymbol{r} = 0 \tag{11.16}$$

式(11.16)称为**静电场的环路定理**。

利用式(11.10)可以得到

$$\int_{a(L)}^{b} \boldsymbol{E} \cdot d\boldsymbol{r} = \frac{W_{Pa}}{q_0} - \frac{W_{Pb}}{q_0} \tag{11.17}$$

静电场的环路定理表明静电场有两个重要特征:静电场是有源场(静电场都是由带电体产生的,电场线起始于正电荷,终止于负电荷,不闭合);静电场是无旋场(电场强度沿闭合路径积分为零)。

式(11.17)表明,在静电场中,如同电场强度一样,也可以定义一个势函数 $\frac{W_P}{q_0}$,这个比值只与检验电荷所在的位置有关,与检验电荷所带的电荷无关,它从电场力做功的角度反映了电场本身的又一个特征,这个比值就称为电势,$\varphi_P = \frac{W_P}{q_0}$。电场强度沿路径 L 从 a 运动到 b 的积分,等于电势 φ 的减少

$$\int_{a(L)}^{b} \boldsymbol{E} \cdot d\boldsymbol{r} = \frac{W_{Pa}}{q_0} - \frac{W_{Pb}}{q_0} = \varphi_a - \varphi_b = -(\varphi_b - \varphi_a) \tag{11.18}$$

这里 φ_a 和 φ_b 分别是电场中 a 点和 b 点的**电势**。式(11.18)表明,在静电场中,单位正电荷受到的电场力(电场强度)做功的大小等于起点和终点的电势之差。从式(11.15)可以看到,

在点电荷产生的静电场中 a 点和 b 点的电势分别可以写成

$$\varphi_a = \frac{q}{4\pi\varepsilon_0 r_a}, \quad \varphi_b = \frac{q}{4\pi\varepsilon_0 r_b} \tag{11.19}$$

通常选取无穷远为电势零点,在式(11.18)中选取 $r_b \to \infty$,于是 $\varphi_b = 0$,则 a 点的电势就是

$$\int_{a(L)}^{\infty} \boldsymbol{E} \cdot \mathrm{d}\boldsymbol{r} = \varphi_a = \frac{q}{4\pi\varepsilon_0 r_a} \tag{11.20}$$

去除下标 a,在单个场源点电荷 q 产生的静电场中,取无限远为电势零点,则与场源电荷距离为 r 处的电势就是

$$\varphi = \frac{W_P}{q_0} = \frac{q}{4\pi\varepsilon_0 r} \tag{11.21}$$

电势是一个标量。电场中某点的电势 φ 的大小为该点单位正电荷($q_0 = 1\text{C}$)具有的电势能大小。在国际单位制中,电势的单位是 J/C(焦耳每库仑)或 V(伏特),$1\text{V} = 1\text{J/C}$。

电势也是描述静电场内在特征的一个重要物理量,它只是空间位置的函数。即使在静电场的某一空间位置没有放置检验电荷,该点仍然具有确定的电势,而作为电势定义的式(11.18)是电势大小的外显表现,它表明,电势的大小等于单位检验正电荷在电场中具有的电势能。

如果 $q > 0$,则 r 处的电势 $\varphi > 0$,即在正点电荷产生的静电场中,电势处处为正;如果 $q < 0$,则 r 处的电势 $\varphi < 0$,即在负点电荷产生的静电场中,电势处处为负。

如果电场是由若干场源点电荷 $q_1, q_2, \cdots, q_n$ 共同激发的,则处于 P 点的检验电荷 q_0 具有的电势能 W,是各场源点电荷单独存在时检验电荷 q_0 具有的电势能的代数和,由此得到,P 点的电势 φ 应该是各个场源点电荷单独存在时该点产生的电势的代数和。

设第 i 个场源点电荷在 P 点处单独产生的电势为

$$\varphi_i = \frac{q_i}{4\pi\varepsilon_0 r_i} \quad (i = 1, 2, 3, \cdots, n)$$

于是,这个点电荷系在 P 点处产生的总电势为

$$\varphi = \varphi_1 + \varphi_2 + \varphi_3 + \cdots = \sum_{i=1}^{n} \varphi_i = \sum_{i=1}^{n} \frac{q_i}{4\pi\varepsilon_0 r_i} \quad (i = 1, 2, 3, \cdots, n) \tag{11.22}$$

点电荷系在空间所建立的电场中任一点的电势等于每一个场源电荷单独存在时在该点产生的电势的代数和,这个结论就称为**电势叠加原理**。

由于任意带电体都可以分割成许许多多的点电荷,根据电势叠加原理可知,任意带电体产生的电势都可以看作许许多多点电荷产生的电势代数和的叠加。因此,以上结论不仅适用于点电荷产生的静电场,还可以推广到任意带电体产生的静电场中。

把电场强度与电势作一个简单的比较。电场强度和电势都是静电场本身的内在特征。电场强度是一个矢量,一旦确定了场源电荷以后,电场强度只是位置的函数,在静电场中任意一点只有一个电场强度 $\boldsymbol{E}$ 和其位置相对应;而电势是一个标量,一旦确定了场源电荷以后,电势也只是位置的函数。在确定了电势零点后,静电场中的任意一点只有一个具体的电势与其位置相对应。

把电势和电势能也作一个简单的比较。电势是静电场的内在特征,一旦确定了场源电荷以后,电势仅仅是位置的函数。电场中的每一个位置即使不放检验电荷,该点仍然具有电势。依据场源电荷的正负,电势相应也有正负之分。而电势能表示的是放入电场的电荷与电场的相互作用能。电势能既是位置的函数,也与放入电场的电荷电量有关。如果在静电场中 P 点电势为 φ_P,当在该点放置电荷 q_0 时,该点电荷就具有电势能

$$W_P = q_0 \varphi_P \tag{11.23}$$

电势能的大小和正负不仅与该点电势 φ 的大小和正负有关,也与检验电荷 q_0 的大小和正负有关。

11.4.4 电场强度和电势的关系

电场强度和电势是描述静电场特征的两个重要物理量,式(11.18)以积分形式表示了电势与电场强度的积分关系。在已知电场强度并选定电势零点以后,静电场中某一点电势就等于电场强度沿某一路径的线积分。反之也同样存在着电势与电场强度的微分关系,给定电势以后,静电场中某一点的电场强度决定于电势在该点的空间变化率,即电势对空间坐标的微分。

设电荷 q_0 在电场 $\boldsymbol{E}$ 中从 $a \rightarrow b$ 移动了元位移 $\mathrm{d}\boldsymbol{l}$,则从式(11.18)得出

$$\varphi_a - \varphi_b = \boldsymbol{E} \cdot \mathrm{d}\boldsymbol{l} = E \mathrm{d}l \cos\theta$$

这里,θ 是 $\boldsymbol{E}$ 与 $\mathrm{d}\boldsymbol{l}$ 之间的夹角,$\varphi_b = \varphi_a + \mathrm{d}\varphi$,$\mathrm{d}\varphi$ 是 φ_a 沿 l 方向的增量。由此得出

$$E\cos\theta = E_l = -\frac{\mathrm{d}\varphi}{\mathrm{d}l} \tag{11.24}$$

$E_l = E\cos\theta$ 为电场强度在 $\mathrm{d}\boldsymbol{l}$ 方向的分量。$\frac{\mathrm{d}\varphi}{\mathrm{d}l}$ 是电势在沿 l 方向的单位长度上的变化,称为电势的空间变化率。式(11.24)表明,电场强度在某一个方向的投影分量等于该点电势沿这个方向的空间变化率的负值。从此式还可以看出,当 $\theta = 0°$ 时,即电荷 q_0 沿着电场 $\boldsymbol{E}$ 的方向移动时,$\frac{\mathrm{d}\varphi}{\mathrm{d}l}$ 有极大值,这个极大值的负值就是电场强度。

$$E = -\frac{\mathrm{d}\varphi}{\mathrm{d}l}\bigg|_{\max} \tag{11.25}$$

在直角坐标系里,任一方向总有对应的 x、y、z 三个坐标分量,于是,电场强度也有沿三个坐标分量的投影 E_x、E_y、E_z:

$$E_x = -\frac{\partial \varphi}{\partial x}, \quad E_y = -\frac{\partial \varphi}{\partial y}, \quad E_z = -\frac{\partial \varphi}{\partial z} \tag{11.26}$$

以矢量形式表示,电场强度可以写为

$$\boldsymbol{E} = -\left(\frac{\partial \varphi}{\partial x}\boldsymbol{i} + \frac{\partial \varphi}{\partial y}\boldsymbol{j} + \frac{\partial \varphi}{\partial z}\boldsymbol{k}\right) \tag{11.27}$$

如果已知电势分布 $\varphi(x,y,z)$,即可求出电场强度分布,这就是电势与电场强度的微分关系。式(11.27)等号右边括号内的矢量称为电势梯度,记作 $\mathrm{grad}\varphi$ 或 $\nabla\varphi$,于是 $\boldsymbol{E} = -\nabla\varphi$。电势梯度是一个矢量,它在数值上等于最大的电势变化率,它的方向是该点附近电势升高最快的方向。电场中某一点的电场强度大小等于该点电势梯度的负值,而方向则与电势梯度

的方向相反,即指向电势降低的方向。

【拓展阅读】 电势与电场强度的关系式所体现的物理意义。

11.5 静电场的几何描述方式

——什么是电场线和电通量?

【物理史料】 电场线和电通量

11.5.1 电场线

电场线是人为引入的对电场进行描述的一种几何方式。为了形象地描述静电场中的电场强度分布,电场线的形状和数量必须符合以下规则。

(1)电场线上任意一点的切线方向表示该点电场强度 E 的方向。

(2)电场线上任意一点附近在垂直于电场强度方向的单位面积上,通过的电场线条数(电场线数密度)等于该点电场强度 E 的大小。

电场强度在空间是连续分布的,电场线都是带有指向的连续曲线;静电场的电场是有源的,电场线起始于正电荷终止于负电荷,不会形成闭合曲线;在电场中每一点只有一个电场强度,两根电场线互不相交。

图 11.5 为几种典型带电系统产生的电场线分布示意图。

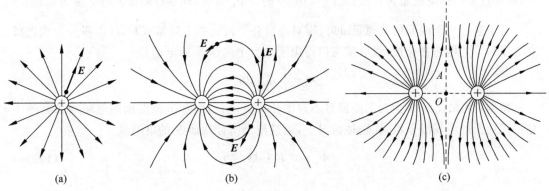

图 11.5　几种典型带电系统产生的电场线分布
(a) 一个带正电的点电荷;(b) 一个电偶极子;(c) 两个带等量正电的点电荷

11.5.2 电通量

在电场 E 中,垂直通过任意一个设想的面 S(平面或曲面)的电场线的条数称为电通量,用 $\varPhi_e$ 表示。

如果电场是处处均匀的,且垂直通过平面 S,即电场强度方向与面 S 的外法线方向平行,则 $\varPhi_e = ES$;

如果电场是处处均匀的,电场强度 E 矢量方向与平面 S 的外法线方向的夹角为 θ,则

$\Phi_e = ES\cos\theta = \boldsymbol{E} \cdot \boldsymbol{S}$，$(\boldsymbol{S} = S\boldsymbol{n}_0, \boldsymbol{n}_0$ 是平面 S 的外法线的单位矢量$)$（图 11.6(a)，(b)）。

图 11.6 电通量的计算

(a) 电场强度 $\boldsymbol{E}$ 的方向与平面 S 外法线方向平行；(b) 电场强度 $\boldsymbol{E}$ 的方向与平面 S 外法线方向夹角为 θ；(c) 电场强度 $\boldsymbol{E}$ 的方向与面元 $\mathrm{d}\boldsymbol{S}$ 外法线方向夹角为 θ

如果电场是处处不均匀的，或 S 面是曲面，可以把 S 面分割为无限多个面元。任意选定一个面元 $\mathrm{d}S$，由于面元 $\mathrm{d}S$ 的面积很小，可以近似认为在面元 $\mathrm{d}S$ 上各点的电场强度相等。为了表示面元 $\mathrm{d}S$ 的方位，可以近似把面元看成平面，将 $\mathrm{d}S$ 表示成矢量，它的大小等于面元的面积，方向沿面元的外法线方向（图 11.6(c)）。

设面元上电场强度的方向与面元外法线方向的夹角是 θ，由此可以得到通过面元 $\mathrm{d}S$ 的电通量

$$\mathrm{d}\Phi_e = E\cos\theta \mathrm{d}S = \boldsymbol{E} \cdot \mathrm{d}\boldsymbol{S} \tag{11.28}$$

电通量是标量，没有方向，只有正负之分。由式（11.28）可知，当 $0 \leqslant \theta \leqslant \dfrac{\pi}{2}$ 时，$\mathrm{d}\Phi_e$ 为正，即穿过曲面的电通量为正值；当 $\dfrac{\pi}{2} \leqslant \theta \leqslant \pi$ 时，$\mathrm{d}\Phi_e$ 为负，即穿过曲面的电通量为负值。

有了通过单个面元的电通量 $\mathrm{d}\Phi_e$，则对通过各个面元的电通量求和，即以积分形式把所有通过面元的电通量叠加，最后就可以得出通过整个曲面 S 的电通量

$$\Phi = \int_S \boldsymbol{E} \cdot \mathrm{d}\boldsymbol{S} \tag{11.29}$$

特例：如果曲面 S 为封闭曲面且不包围任何点电荷，则穿进该曲面的电场线条数等于穿出该曲面的电场线条数，在这种情况下，通过整个闭合曲面 S 的电通量

$$\Phi_e = \oint_S \boldsymbol{E} \cdot \mathrm{d}\boldsymbol{S} = 0 \tag{11.30}$$

11.5.3 等势面

利用电场线可以形象地描绘电场强度的空间分布，同样，可利用等势面来形象地描绘电势的空间分布。

一般地说，静电场中各点的电势值是随着空间位置而逐点连续变化的，因此，电势是空间坐标的函数。在电势的空间分布中，常常引入"等势面"来形象地描述电势的变化特征。

所谓"等势面"顾名思义就是由电势相等的点连成的曲面，图 11.7 给出了两个典型的带电系统的等势面图形。图中带指向的实线表示电场线，虚线表示等势面。

从图中可以看出等势面具有以下重要特征。

（1）在等势面比较密集的地方电场强度较大，比较稀疏的地方电场强度较小。

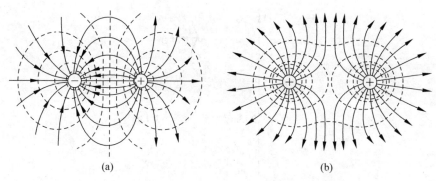

图 11.7 两个点电荷的电场的电场线和等势面
(a) 一对等量异号电荷的电场和等势面；(b) 一对等量同号电荷的电场和等势面

(2) 某处的等势面总是与该处的电场强度垂直,因此,在等势面上移动电荷时,电场力不做功。

11.6 典型的带电体产生的电场强度和电势

——求电场强度和电势从部分到整体的方法是什么？

作为场源电荷的带电体产生的电场一般可以分为三类。

(1) 一个点电荷产生的静电场。它的电场强度定义式见式(11.6),它的电势定义式见式(11.17)。

(2) 若干点电荷组成的电荷系产生的电场。根据电场叠加原理,若干点电荷产生的电场是各个点电荷单独存在时产生的电场的叠加,因此,可以利用从部分得出整体的方法来计算电场强度。首先计算一个点电荷的电场强度和电势(这是部分),再利用叠加原理得到若干点电荷组成的电荷系产生的电场强度和电势(这是整体)。由于点电荷是离散的,这样的叠加是通过求和的方式进行的(从部分得出整体)。电场强度叠加的表达式见式(11.8),这是对矢量的求和,按矢量叠加法则进行；电势叠加的表达式见式(11.22),这是对标量的求和,按代数叠加法则进行。

(3) 连续分布的带电体产生的电场。它的电场强度和电势仍然可以根据电场叠加原理或电势叠加原理,利用从部分得出整体的方法来计算。由于电荷是连续分布的,首先把整个带电体分割成许多微小的电荷元 dq,把电荷元看成点电荷,写出电荷元的电场强度和电势(这是部分),再利用叠加原理得出连续带电体产生的电场强度和电势(这是整体),这样的叠加必须通过积分来进行(从部分得出整体)。对电场强度,这样的叠加就是求矢量和；对电势,这样的叠加就是求代数和,而求代数和显然比求矢量和更为方便。

例题 11.1 一对带等量异号的正负点电荷 $q_1=+12\times 10^{-9}$ C, $q_2=-12\times 10^{-9}$ C 放置在相距 0.1m 处,q_1 位于坐标原点如图 11.8 所示,求图中 a、b、c 点的电场强度和电势。

【解题思路】

这是一个电荷系产生的电场。这个电荷系由两个带等量异号、相距一定距离的两个点电荷 q_1 和 q_2 组成,这样的电荷系称为电偶极子。

图 11.8 电偶极子产生的电场

电偶极子产生的电场强度和电势是由两个点电荷产生的电场强度和电势叠加而成的。因此,根据叠加原理,可以分别先求出两个点电荷在某个点的电场强度和电势,然后对电场强度求它们的矢量和,即 $\boldsymbol{E} = \boldsymbol{E}_1 + \boldsymbol{E}_2$。对电场强度,求矢量和的方式一般有两种:一是把每个电场强度按照坐标系进行分解,然后把坐标分量叠加以后再合成;另一是直接按矢量加法的法则进行。对电势,求两个点电荷的电势的代数和,即 $\varphi = \varphi_1 + \varphi_2$。

【解题过程】

先求电场强度。依据点电荷产生的电场强度的公式,容易得出两个点电荷独立存在时在各点产生的电场强度的大小。

q_1 在 a 点产生的电场强度是

$$E_{1a} = \frac{1}{4\pi\varepsilon_0}\frac{|q_1|}{r^2} = 9\times10^9 \times \frac{12\times10^{-9}}{0.06^2}\,\text{N/C} = 3\times10^4\,\text{N/C}$$

q_2 在 a 点产生的电场强度是

$$E_{2a} = \frac{1}{4\pi\varepsilon_0}\frac{|q_2|}{r^2} = 9\times10^9 \times \frac{12\times10^{-9}}{0.04^2}\,\text{N/C} = 6.75\times10^4\,\text{N/C}$$

于是,类似地可以得到 q_1 和 q_2 分别在 b 和 c 两点产生的电场强度的大小为

$$E_{1b} = 6.8\times10^4\,\text{N/C}, \quad E_{2b} = 0.55\times10^4\,\text{N/C}$$

$$E_{1c} = 6.39\times10^3\,\text{N/C}, \quad E_{2c} = 6.39\times10^3\,\text{N/C}$$

注意到 q_1 和 q_2 分别带正电和负电,因此。

(1) a 点的电场强度 $\boldsymbol{E}_a$ 是 $\boldsymbol{E}_{1a}$ 和 $\boldsymbol{E}_{2a}$ 按矢量方式的叠加。由于在 a 点 $\boldsymbol{E}_{1a}$ 和 $\boldsymbol{E}_{2a}$ 的方向相同,都指向 x 轴正方向,因此,电场强度 $\boldsymbol{E}_a$ 的大小是 $\boldsymbol{E}_{1a}$ 和 $\boldsymbol{E}_{2a}$ 两者大小之和,方向指向 x 轴正方向,如图 11.8 所示。

$$\boldsymbol{E}_a = E_{1a}\boldsymbol{i} + E_{2a}\boldsymbol{i} = 9.8\times10^4\boldsymbol{i}\,\text{N/C}$$

(2) b 点的电场强度 $\boldsymbol{E}_b$ 是 $\boldsymbol{E}_{1b}$ 和 $\boldsymbol{E}_{2b}$ 按矢量方式的叠加。由于在 b 点 $\boldsymbol{E}_{1b}$ 指向 x 轴负方向,$\boldsymbol{E}_{2b}$ 指向 x 轴正方向,因此,电场强度 $\boldsymbol{E}_b$ 的大小是 $\boldsymbol{E}_{1b}$ 和 $\boldsymbol{E}_{2b}$ 两者大小之差,方向指向 x 轴负方向,如图 11.8 所示。

$$\boldsymbol{E}_b = -E_{1b}\boldsymbol{i} + E_{2b}\boldsymbol{i} = -6.2\times 10^4\,\boldsymbol{i}\,\text{N/C}$$

(3) c 点的电场$\boldsymbol{E}_c$ 是$\boldsymbol{E}_{1c}$ 和$\boldsymbol{E}_{2c}$ 按矢量方式的叠加。由于$\boldsymbol{E}_{1c}$ 和$\boldsymbol{E}_{2c}$ 两个电场叠加后在 y 方向上的分量相互抵消，只保留了在 x 方向的分量，方向指向 x 轴正方向，因此，电场强度$\boldsymbol{E}_c$ 的大小是$\boldsymbol{E}_{1c}$ 和$\boldsymbol{E}_{2c}$ 两者在 x 方向的分量 E_{1cx} 和 E_{2cx} 之和，方向指向 x 轴正方向，如图 11.8 所示。

$$E_{1cx} = E_{2cx} = E_{1c}\cos\alpha$$
$$= 2.46\times 10^3\,\text{N/C}$$
$$\boldsymbol{E}_c = 2E_{1cx}\boldsymbol{i} = 4.92\times 10^3\,\boldsymbol{i}\,\text{N/C}$$

c 点的电场强度也可以直接用矢量合成的方法得出。

$$\boldsymbol{E}_c = \boldsymbol{E}_{1c} + \boldsymbol{E}_{2c} = \frac{1}{4\pi\varepsilon_0}\frac{q_1}{r^2}\boldsymbol{r}_1^0 + \frac{1}{4\pi\varepsilon_0}\frac{q_2}{r^2}\boldsymbol{r}_2^0$$

$$= \frac{1}{4\pi\varepsilon_0 r^2}(q_1\boldsymbol{r}_1^0 + q_2\boldsymbol{r}_2^0) = \frac{q_1}{4\pi\varepsilon_0 r^2}(\boldsymbol{r}_1^0 - \boldsymbol{r}_2^0)$$

$$= \frac{q}{4\pi\varepsilon_0 r^2}(2\cos\alpha\,\boldsymbol{i})$$

$$= 4.92\times 10^3\,\boldsymbol{i}\,\text{N/C}（方向指向 x 轴正方向）$$

再求电势。根据点电荷的电势公式，容易得出，电势的正负取决于产生电场的点电荷所带电荷的正负，电势的大小与点电荷和考察点的距离有关。

就本题的电偶极子而言，容易看出，在 c 点，由于这两个点电荷所带等量、符号相反的电荷，它们离开 c 点的距离相等，因此，它们各自在 c 点产生的电势大小相等，符号相反，叠加以后该点电势的代数和等于零。即 $\varphi_c = 0$。

而 a 点的电势是 q_1 和 q_2 分别产生的电势 φ_{1a} 和 φ_{2a} 的叠加。

$$\varphi_{1a} = \frac{1}{4\pi\varepsilon_0}\frac{q_1}{r_{1a}} = 9\times 10^9 \times \frac{12\times 10^{-9}}{0.06}\,\text{V} = 1.8\times 10^3\,\text{V}$$

$$\varphi_{2a} = \frac{1}{4\pi\varepsilon_0}\frac{q_2}{r_{2a}} = 9\times 10^9 \times \frac{-12\times 10^{-9}}{0.04}\,\text{V} = -2.7\times 10^3\,\text{V}$$

$$\varphi_a = \varphi_{1a} + \varphi_{2a} = -0.9\times 10^3\,\text{V}$$

b 点的电势是 q_1 和 q_2 分别产生的电势 φ_{1b} 和 φ_{2b} 的叠加。

$$\varphi_{1b} = \frac{1}{4\pi\varepsilon_0}\frac{q_1}{r_{1b}} = 9\times 10^9 \times \frac{12\times 10^{-9}}{0.04}\,\text{V} = 2.7\times 10^3\,\text{V}$$

$$\varphi_{2b} = \frac{1}{4\pi\varepsilon_0}\frac{q_2}{r_{2b}} = 9\times 10^9 \times \frac{-12\times 10^{-9}}{0.14}\,\text{V} = -0.8\times 10^3\,\text{V}$$

$$\varphi_b = \varphi_{1b} + \varphi_{2b} = 1.9\times 10^3\,\text{V}$$

例题 11.2 有一长为 $2a$ 的均匀带电直线段，所带电荷为 Q，直线段外一点 P 到此线段的垂直距离为 x，垂线相交于带电直线段的中点，如图 11.9 所示。求 P 处的电场强度。

【解题思路】

这是一个均匀带电的连续带电线段产生的电场。求解这样的带电体产生的电场仍然可以采用从部分到整体的方法。但是，因为这是一个均匀带电的连续带电线段，因此，与例题 1

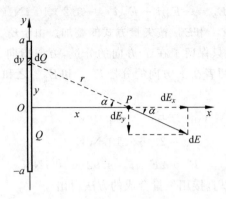

图 11.9 均匀带电的连续带电直线段产生的电场

不同,解题过程必须分为三步。第一步分割,即把连续带电线段分割成许多电荷元 dQ,由于单位长度上所带的电荷量,即电荷的分布线密度 $\lambda = \dfrac{Q}{2a}$,于是任一长度为 dy 的电荷元的电荷就是 d$Q = \lambda \mathrm{d}y$,由此求出该电荷元产生的电场强度(这是部分)。第二步分解,由于线段上每个电荷元 dQ 在 P 点产生的电场强度是矢量,且与 x 轴之间都有一个夹角,而且不同位置处的电荷元产生的电场强度方向与 x 轴之间的夹角都是不同的,难以直接进行矢量的叠加,这就需要把 P 点的电场强度沿 x 轴和 y 轴方向分解。第三步合成,即把该带电体上所有电荷元在 P 点产生的电场强度按照 x 方向和 y 方向的分量进行叠加,然后再合成(这是整体)。由于电荷是连续分布的,这样的叠加和合成(从部分到整体)都是通过积分来完成的。

【解题过程】

该带电线段的电荷线密度 $\lambda = \dfrac{Q}{2a}$,在此线段上距离原点 O 为 y 处取一线 dy,对应的电荷元为 $\mathrm{d}q = \lambda \mathrm{d}y = \dfrac{Q\mathrm{d}y}{2a}$。

该电荷元在 P 处产生的电场强度大小为

$$\mathrm{d}E = \frac{1}{4\pi\varepsilon_0}\frac{\mathrm{d}q}{r^2} = \frac{1}{4\pi\varepsilon_0}\frac{Q}{2a}\frac{\mathrm{d}y}{(x^2+y^2)}$$

它的方向如图 11.9 所示,在 x 方向和 y 方向的两个电场强度分量分别为

$$\mathrm{d}E_x = \mathrm{d}E\,\frac{x}{r} = \frac{1}{4\pi\varepsilon_0}\frac{Q}{2a}\frac{x\mathrm{d}y}{(x^2+y^2)^{\frac{3}{2}}}$$

$$\mathrm{d}E_y = \mathrm{d}E\,\frac{y}{r} = \frac{1}{4\pi\varepsilon_0}\frac{Q}{2a}\frac{y\mathrm{d}y}{(x^2+y^2)^{\frac{3}{2}}}$$

对以上两式积分,注意到 y 的变化范围从 $-a$ 到 $+a$,积分可得

$$E_x = \int \mathrm{d}E_x = \int_{-a}^{a}\frac{1}{4\pi\varepsilon_0}\frac{Q}{2a}\frac{x\mathrm{d}y}{(x^2+y^2)^{\frac{3}{2}}} = \frac{Q}{4\pi\varepsilon_0}\frac{1}{x\sqrt{x^2+a^2}}$$

$$E_y = \int \mathrm{d}E_y = \int_{-a}^{a}\frac{1}{4\pi\varepsilon_0}\frac{Q}{2a}\frac{y\mathrm{d}y}{(x^2+y^2)^{\frac{3}{2}}} = 0$$

上式表明，该带电线段在 P 点产生的电场强度沿 y 方向的分量为零，只有沿 x 方向的分量，这也是沿 y 方向带电线段的电荷分布对 P 点呈现的对称性所致，因此，最后合成为矢量表达式为

$$\boldsymbol{E} = \frac{Q}{4\pi\varepsilon_0} \frac{1}{x\sqrt{x^2+a^2}} \boldsymbol{i}$$

特例：如果带电线段的长度是"无限长"（$x \ll a$），可以得到

$$\boldsymbol{E} = \frac{Q}{4\pi\varepsilon_0} \frac{1}{x} \frac{1}{\sqrt{a^2}} \boldsymbol{i} = \frac{Q}{4\pi\varepsilon_0 xa} \boldsymbol{i}$$

用电荷线密度 $\lambda = \dfrac{Q}{2a}$ 表示，则有

$$\boldsymbol{E} = \frac{\lambda}{2\pi\varepsilon_0 x} \boldsymbol{i}$$

这个结果表明，对于无限长的均匀带电直线，线外一点 P 的电场强度大小与电荷线密度 λ 成正比，与该点到直线的距离 x 成反比。电场强度方向垂直于直线段，指向由电荷的正负决定。

例题 11.3 有一均匀带电细圆环，带电量为 Q，半径为 a，如图 11.10 所示。求圆环轴线上距离圆心距离为 x 的某点 P 处的电场强度和电势。

图 11.10 均匀带电细圆环产生的电场

【解题思路】

这仍然是求解连续带电体的电场强度的问题，因此，与例题 2 类似，可以按照先分割，后分解，再合成的思路，通过从部分到整体的方法求解。但与例题 11.2 不同的是，本题的带电体是一个具有有限半径的带电圆环，由于电荷均匀分布在圆环上，因此，圆环的电荷线密度 $\lambda = \dfrac{Q}{2\pi a}$。电场强度是矢量，求解电场强度时需要先分割，后分解，再合成三步；而电势是标量，求解电势时，只需要先分割，再合成两步即可。

【解题过程】

先求电场强度。由于电荷均匀分布在圆环上，在环上分割出一个长度为 $\mathrm{d}s$ 的电荷元，它所带的电荷量为 $\mathrm{d}q$，

$$\mathrm{d}q = \lambda \mathrm{d}s = \frac{Q}{2\pi a} \mathrm{d}s$$

该电荷元在 P 处产生的电场强度为

$$dE = \frac{1}{4\pi\varepsilon_0} \frac{dq}{r^2} r^0$$

把它沿 x 方向和垂直 x 方向分解为

$$dE_x = dE\cos\alpha, \quad dE_\perp = dE\sin\alpha$$

P 点的电场强度为所有电荷元 dq 在 x 方向和垂直 x 方向产生的电场强度的积分,又由对称性可知

$$\int dE_y = \int dE_\perp = 0$$

因此,E 沿 x 轴方向,其大小为

$$E = E_x = \int dE_x = \frac{1}{4\pi\varepsilon_0} \int \frac{dq}{r^2} \cos\alpha$$

$$= \frac{\cos\alpha}{4\pi\varepsilon_0 r^2} \int dq$$

$$= \frac{Q\cos\alpha}{4\pi\varepsilon_0 r^2}$$

由几何关系可知

$$\cos\alpha = \frac{x}{r} = \frac{x}{(x^2+a^2)^{\frac{1}{2}}}$$

代入得到 E 的大小是

$$E = \frac{Qx}{4\pi\varepsilon_0 (x^2+a^2)^{\frac{3}{2}}}$$

E 的方向由 Q 的正负号确定。当 $Q>0$ 时,$E>0$,沿 x 轴正方向;反之,则沿 x 轴负方向。

再求电势。首先选取无穷远处电势为零电势,于是圆环上长度为 ds 的电荷元在 P 处产生的电势为

$$d\varphi = \frac{1}{4\pi\varepsilon_0} \frac{\lambda ds}{\sqrt{x^2+a^2}}$$

根据电势叠加原理,整个圆环在 P 处产生的电势则为环上所有电荷元产生的电势的积分:

$$\varphi_p = \int d\varphi = \int \frac{1}{4\pi\varepsilon_0} \frac{\lambda ds}{\sqrt{x^2+a^2}} = \frac{1}{4\pi\varepsilon_0} \frac{Q}{\sqrt{x^2+a^2}}$$

特例:

(1) 当 P 点处于圆心 O 处,此时 $x=0$,得到 $E=0$,$\varphi_0 = \frac{1}{4\pi\varepsilon_0} \frac{Q}{a}$;

(2) 当 P 点距离圆心距离 x 越来越大,直至"无限大"时,半径为 $a(x \gg a)$ 的圆环尺度与 P 点距圆心的距离 x 相比可以忽略,以致可以看作一个"点电荷",于是它在 P 处产生的电场强度和电势相当于点电荷电场强度和电势的相应的表达式 $E_p = \frac{1}{4\pi\varepsilon_0} \frac{Q}{x^2}$,$\varphi_p = \frac{1}{4\pi\varepsilon_0} \frac{Q}{x}$。

本题的另一种解法。

先求出轴线上 P 点的电势,然后利用电势与电场强度之间的关系,通过微分求得电场强度。首先仍然选取无穷远电势为零电势,于是圆环上长度为 ds 的电荷元在 P 处产生的电势为

$$d\varphi = \frac{1}{4\pi\varepsilon_0} \frac{\lambda ds}{\sqrt{x^2+a^2}}$$

根据电势叠加原理,整个圆环在 P 处产生的电势为环上所有电荷元产生的电势的积分

$$\varphi_p = \int d\varphi = \int \frac{1}{4\pi\varepsilon_0} \frac{\lambda ds}{\sqrt{x^2+a^2}} = \frac{1}{4\pi\varepsilon_0} \frac{Q}{\sqrt{x^2+a^2}}$$

设圆环轴线为 x 轴,由于细圆环的电荷分布对轴线是对称的,圆环上各个电荷元在轴线上各点产生的场强在垂直于轴线方向上的分量为零,只有沿 x 轴的分量,即 P 处的电场强度 E 只有 E_x。根据式(11.26)得出

$$E = E_x = -\frac{\partial \varphi}{\partial x} = -\frac{\partial}{\partial x}\left(\frac{Q}{4\pi\varepsilon_0\sqrt{R^2+x^2}}\right) = \frac{Qx}{4\pi\varepsilon_0(R^2+x^2)^{\frac{3}{2}}}$$

例题 11.4 有一均匀带正电的圆板,其半径为 R,表面电荷密度为 σ。设 P 点位于平板轴线上,离开圆板圆心的距离为 x,如图 11.11 所示。求 P 点的电场强度和电势。

图 11.11 均匀带电圆板产生的电场

【解题思路】

这依然是计算电量连续分布的带电体产生的电场强度的问题。注意到,在采用先分割,后分解,再合成的方法时,有时可能存在多种分割电荷元的方式。在本题中有两种方式:一种是如同例题 3 那样,在带电体上选择微小电荷元 dq,并选择适当的坐标系,把电荷元产生的电场强度分解后再合成,最后得出整个带电体在 P 点产生的电场;另一种是利用已有结论,选取更适当的组合电荷元进行求解。本题选择了后一种方式。

设想把圆盘分割为无数半径不同的同心均匀带电圆环,把这些带电圆环看成组合电荷元,每个圆环电荷元产生的电场强度就可以套用例题 3 的结论,最后得出整个圆盘产生的电场强度。用同样的方法也可以求得电势。

【解题过程】

先分割。取半径为 r,宽度为 dr 的带电圆环作为组合电荷元,它所带电荷为

$$dq = \sigma 2\pi r dr$$

利用例题 11.3 的结论,可得出该带电圆环在 P 点产生的电场强度为

$$dE = \frac{1}{4\pi\varepsilon_0} \frac{x dq}{(r^2+x^2)^{\frac{3}{2}}}$$

$$= \frac{1}{4\pi\varepsilon_0} \frac{x\sigma 2\pi r dr}{(r^2+x^2)^{\frac{3}{2}}}$$

后分解。由于本题中每一个带电圆环产生的 dE 只有一个方向,即沿 x 轴正方向,因此,不需要作矢量的分解。

再合成。最后整个带电圆盘在 P 点产生的电场强度大小就可以通过积分求得

$$E = \int dE = \int_0^R \frac{1}{2\pi\varepsilon_0} \frac{x\sigma\pi r \, dr}{(r^2+x^2)^{\frac{3}{2}}}$$

$$= \frac{\sigma}{2\varepsilon_0}\left[1 - \frac{x}{(R^2+x^2)^{\frac{1}{2}}}\right]$$

用同样的方法,容易得出整个带电圆盘在 P 点产生的电势为

$$\varphi_p = \frac{\sigma}{2\varepsilon_0}\left[(R^2+x^2)^{\frac{1}{2}} - x\right]$$

特例:当 $R \to \infty$ 时,整个圆盘就可以看作一个"无限大"的带电平板,由上式可以得出无限大带电平板外位于 x 轴正方向的一点 P 的电场强度的大小为

$$E = \frac{\sigma}{2\varepsilon_0}$$

P 的电场强度 E 和该点离平板的距离 x 无关!当 $\sigma > 0$ 时,E 沿 x 轴正方向;当 $\sigma < 0$ 时,E 沿 x 轴负方向。

11.7 静电场的高斯定理

——求电场强度和电势从整体到部分的方法是什么?

11.7.1 静电场的高斯定理

高斯(Gauss,1777—1855)定理是电磁场理论的基本方程之一。它不仅适用于静电场,也适用于变化的电场。

在静电场中,高斯定理给出了穿过任一闭合曲面的电通量和该曲面内包围的电荷量之间在量值上的关系。

静电场高斯定理可以从库仑定律和电场强度叠加原理导出。

先讨论一个最简单的例子。如图 11.12 所示,以一个点电荷 $+q$ 作为球心,以任意半径 r 作一个球面包围此电荷,容易得出,球面上任意一点的电场强度大小都相等,方向都沿半径方向向外并和球面垂直。由电通量的定义和点电荷的电场强度表达式,可以得出通过该球面的电通量为正,数值大小是

$$\Phi_e = \oint_S \boldsymbol{E} \cdot d\boldsymbol{S} = \oint_S E \, dS = E\oint_S dS = \frac{q}{4\pi\varepsilon_0 r^2}4\pi r^2 = \frac{q}{\varepsilon_0} \tag{11.31}$$

由于半径 r 是任意选定的,而最后的等式右边中不出现 r,这个结果表明,穿过该球面的电通量只与被球面包围的电量 q 有关,与球面半径 r 无关,即穿过任意半径大小的球面的电通量即电场线条数都是 $\frac{q}{\varepsilon_0}$。如果以一个点电荷 $-q$ 作为球心,以任意半径作一个球面包围此电荷,同理可以得出通过该球面的电通量为负,数值大小为 $\frac{q}{\varepsilon_0}$。由上述例子可以得出如

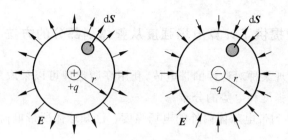

图 11.12　导出静电场高斯定理用图

下推理。

推理一　如果点电荷 $+q$ 不放在球面的圆心处，而放在球面内任意一个位置上或者包围点电荷的不是球面，而是任意形状的闭合曲面，由于电场线的连续性，只要曲面包围了电荷为 q 的点电荷，该电荷发出的电场线将全部穿过该闭合曲面，电场线条数依然是 $\frac{q}{\varepsilon_0}$，电通量保持不变。如果放置的点电荷为 $-q$，则对应着 $\frac{q}{\varepsilon_0}$ 条电场线穿入此闭合曲面。

推理二　如果任一闭合曲面内包围了电量分别为 q_1 和 q_2 的两个点电荷，它们发出的电场线条数将分别为 $\frac{q_1}{\varepsilon_0}$ 和 $\frac{q_2}{\varepsilon_0}$，这些电场线都穿过了闭合曲面，因此穿过闭合曲面的总电场线数量为 $\frac{q_1+q_2}{\varepsilon_0}$，这里的 q_1+q_2 是这两个电荷的代数和（正电荷取正值，负电荷取负值）。

推理三　由以上从两个点电荷推理得出的结论可以推广到多个点电荷的情况，也可以推广到连续带电体的情形。

推理四　如果闭合曲面内不包含电荷，或者闭合曲面内包围的电荷的代数和为零，穿入该闭合曲面的电场线将全部穿出闭合面，即穿过该闭合面的电通量为零。

从以上推理可以归纳出如下表述。

"静电场中通过任意曲面 S 的电通量 Φ_e 等于该曲面所包围的所有电荷的代数和除以 ε_0。"

这个表述就称为**静电场的高斯定理**。

对离散的电荷来说，高斯定理的数学表达式是

$$\Phi_e = \oint_S \boldsymbol{E} \cdot \mathrm{d}\boldsymbol{S} = \frac{\sum q_i}{\varepsilon_0} \tag{11.32}$$

对连续分布的电荷来说，高斯定理的数学表达式是

$$\Phi_e = \oint_S \boldsymbol{E} \cdot \mathrm{d}\boldsymbol{S} = \frac{1}{\varepsilon_0} \int_V \rho \mathrm{d}V \tag{11.33}$$

其中，ρ 为高斯面所包围带电体的电荷体密度，V 为带电体的体积。

高斯定理反映了静电场的一个基本性质，即静电场是有源场，电场的源头就是场源电荷。

11.7.2 高斯定理提供了计算电场强度从整体到部分的方法

对于电荷分布呈现某种对称性的带电体,利用高斯定理可以采取从整体到部分的方法较方便地计算出电场强度和电势的分布。

例题 11.5 求均匀带电球体内外的电场强度。已知球体所带电荷为 Q,球半径为 R。

【解题思路】

首先,分析电场的对称性。由于电荷分布在均匀球体上,从而呈现了一种球对称性,因此,它产生的电场分布也具有球对称性,即在任何与球体同心的球面上,各点的电场强度的大小相等,方向沿半径向外。

其次,注意到在高斯定理的表达式中,通过闭合曲面的电通量,只与闭合面内的电荷量有关,与闭合面内电荷的分布及闭合面外的电荷无关。而高斯定理中的 E 是闭合面曲面上任一点的电场强度,它是空间(包括曲面内、外)所有电荷激发而产生的总电场强度。本题中只有球体上带电,球外没有其他带电体,因此,闭合面上的电场强度的 E 仅仅是由球体上的电荷激发产生的。

最后,为了从高斯定理中得出电场强度,需要把电场强度 E 从积分号里提取出来。而为了提取电场强度 E,需要把积分号下的 $E \cdot dS$ 的矢量的标积转变为数量的乘积 EdS。

在本题中,这种转变是这样实现的:取包围带电球体的闭合曲面为与带电球体同心的球面,于是在此同心球面上,电场强度方向和该球面的外法线方向平行,$E \cdot dS$ 的矢量的标积 $E \cdot dS = EdS$。又由于此球面上 E 处处相等,E 就可以从积分号内提取出来,等式右边的积分结果就是闭合面的表面积。在本问题中,虽然取包围带电球面的任何闭合曲面,高斯定理都成立,但是为了便于求解电场强度,根据场的对称性而选择了特殊的球面,这样选择的闭合曲面(球面)称为高斯面。

【解题过程】

由于该带电体具有球对称性,由此产生的静电场也具有球对称性。设带电球体的球心为 O,讨论空间某位置 P 点的电场强度。作一个与该带电球面同心,半径为 $r = \overline{OP}$ 的球面为高斯面,如图 11.13 所示。

根据高斯定理,通过该高斯面的电通量为

$$\Phi_e = \oint_S \boldsymbol{E} \cdot d\boldsymbol{S} = \oint_S E dS = E \oint_S dS = 4\pi r^2 E$$

图 11.13 均匀带电球体和选定的高斯面

当 $r > R$ 时,P 点位于球体外,高斯面包围了带电球体,高斯面内电荷为 Q,于是得出整个高斯面上各点的电场强度为

$$E_{外} \cdot 4\pi r^2 = \frac{Q}{\varepsilon_0}$$

得出

$$E_{外} = \frac{1}{4\pi\varepsilon_0} \frac{Q}{r^2}$$

高斯面是"整体",而 P 点是高斯面上的"部分",从"整体"到"部分",由此可以得出

$$E_p = \frac{1}{4\pi\varepsilon_0} \frac{Q}{r^2}, \text{方向沿半径向外}。$$

当 $r<R$ 时,P 点所在的高斯面处在带电球体内,高斯面包围的电荷为 $Q_e = \frac{r^3}{R^3}Q$,由此可以得出整个高斯面上各点电场强度为

$$E_内 \cdot 4\pi r^2 = \frac{Q}{\varepsilon_0} \frac{r^3}{R^3}$$

即

$$E_内 = \frac{1}{4\pi\varepsilon_0} \frac{r}{R^3} Q$$

方向沿半径向外。

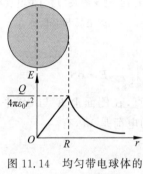

图 11.14 均匀带电球体的 E-r 曲线图

依据上述结果,可以画出 E-r 曲线,如图 11.14 所示。

特例:求均匀带电球面内外的电场强度。球面所带电荷为 Q,球半径为 R。

均匀带电球面是带电球体的一个特例,即电荷分布在球面上,球内没有电荷。作一个与该带电球面同心,半径为 $r = \overline{OP}$ 的球面为高斯面。

当 $r>R$ 时,P 点位于球体外,高斯面包围了整个带球体,于是得出整个高斯面上各点的电场强度。

$$E_外 \cdot 4\pi r^2 = \frac{Q}{\varepsilon_0}$$

即

$$E_外 = \frac{1}{4\pi\varepsilon_0} \frac{Q}{r^2} (\text{方向沿半径向外})$$

当 $r<R$ 时,高斯面处在带电球体内,高斯面包围的电荷为 0,于是得出整个高斯面上各点电场强度。

$$E_内 = 0$$

依据上述结果,可以画出 E-r 曲线,如图 11.15 所示。

例题 11.6 求无限长均匀带电直线的电场强度。设单位长度带电直线所带电荷为 λ(电荷线密度)。

【解题思路】

与例题 5 类似,首先,分析电场的对称性。由于电荷分布在均匀带电直线上,从而呈现了一种轴对称性,因此,它产生的电场分布也具有轴对称性,在任何与直线同轴的圆柱侧面上各点的电场强度大小相等,方向沿半径向外。

图 11.15 均匀带电球面的 E-r 曲线图

其次,为了从高斯定理中得出电场强度,需要把电场强度 E 从积分号里提取出来。在本题中,这种转变是这样实现的:取包围带电直线的闭合圆柱曲面(圆柱面半径为 r,高度为 h)为与带电直线同轴的有一定高度的高斯面,此高斯面包括上下底面和圆柱侧面。在圆柱侧面上,电场强度方向和该侧面的外法线方向平行,$E \cdot dS$ 的矢量的标积为 $E \cdot dS = EdS$,

又由于此侧面上 E 处处相等，E 就可以从积分号内提取出来，等式右边的积分结果就是闭合面的表面积。在上下底面上，电场强度的方向与底面的外法线方向垂直，$E \cdot dS = 0$。最后利用高斯定理，即可求得高斯面上的电场强度 E。高斯面是整体，而 P 点是高斯面上的部分，于是从整体到部分，就可以得出 P 点的电场强度。

【解题过程】

由于该带电直线具有轴对称性，由此产生的静电场也具有轴对称性。设讨论空间某位置 P 点的电场强度。作一个与该带电圆柱体同轴，半径为 $r = \overline{OP}$，高度为 h 的闭合圆柱面为高斯面 S，如图 11.16 所示。

根据高斯定理，通过该高斯面 S 的电通量为

$$\Phi_e = \oint_S E \cdot dS = \frac{Q}{\varepsilon_0}$$

图 11.16 "无限长"均匀带电直线的电场和高斯面

这里 $S = S_{上底} + S_{下底} + S_{侧面}$。

$$\Phi_e = \oint_S E \cdot dS = \int_{S_{上底}} E \cdot dS + \int_{S_{下底}} E \cdot dS + \int_{S_{侧面}} E \cdot dS$$

由于电场具有轴对称性，在上底面和下底面上 E 与 dS 垂直，在侧面上 E 与 dS 平行，且在侧面上各点的 E 大小相等，方向沿径向向外，高斯面包围的电荷是 λh，有

$$\int_{S_{侧面}} E \cdot dS = E \int_{S_{侧面}} dS = \frac{\lambda h}{\varepsilon_0}$$

即

$$E = \frac{\lambda}{2\pi\varepsilon_0 r}$$

思考：在什么条件下，可以把实际问题中有限长带电直线看成"无限长"带电直线？

例题 11.7 求无限大均匀带电平面的电场强度分布。设电荷面密度为 σ。

【解题思路】

先分析对称性。无限大带电平面产生的空间各点的电场强度分布具有面对称性的特点，即平面左右两边和平面距离相等的各点电场强度大小相等，方向都垂直指离平面。再选择高斯面。根据电场特征，选择一个轴线垂直于平面的圆筒式的封闭面（图 11.17）作为高斯面，带电平面平分此圆筒。此圆筒面两侧的底面与带电平面平行，设底面的面积为 S，所讨论的 P 点处于其中一个底面上，该点电场强度为 E，方向指离底面，与底面外法线方向平行，因此，在两侧底面上有 $E \cdot dS = EdS$，而圆筒侧面上的电场强度方向与侧面的外法线方向垂直，因此，$E \cdot dS = 0$。于是，通过整个高斯面的电通量只需要计算通过两个底面的电通量，并且 E 可以提取到积分号外面。最后利用高斯定理即可求得底面处的电场强度，这是整体，而 P 点是部分。

【解题过程】

根据电场分布的对称性特征，选择一个轴线垂直于平面的圆筒式的封闭面（图 11.17）作为高斯面，带电平面平分此圆筒。根据高斯定理

$$\Phi_e = \oint_S E \cdot dS = \frac{Q}{\varepsilon_0}$$

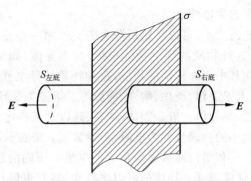

图 11.17　无限大均匀带电平面的电场和高斯面

$$S = S_{左底} + S_{右底} + S_{侧面}$$

通过该高斯面的电通量由两部分组成。一是通过左右两侧底面的电通量。由于在两侧底面上电场强度方向与底面外法线方向平行，因此，在两侧底面上 $\boldsymbol{E} \cdot \mathrm{d}\boldsymbol{S} = E \cdot \mathrm{d}S$。二是通过圆柱侧面的电通量。由于侧面上的电场强度方向与侧面的外法线方向垂直，因此，$\boldsymbol{E} \cdot \mathrm{d}\boldsymbol{S} = 0$，于是通过高斯面的电通量为

$$\Phi_e = \oint_S \boldsymbol{E} \cdot \mathrm{d}\boldsymbol{S} = \int_{S_{左底}} \boldsymbol{E} \cdot \mathrm{d}\boldsymbol{S} + \int_{S_{右底}} \boldsymbol{E} \cdot \mathrm{d}\boldsymbol{S} + \int_{S_{侧面}} \boldsymbol{E} \cdot \mathrm{d}\boldsymbol{S}$$
$$= ES + ES + 0 = 2ES$$

由高斯定理可得

$$2ES = \frac{Q}{\varepsilon_0} = \frac{\sigma S}{\varepsilon_0}$$

即

$$E = \frac{\sigma}{2\varepsilon_0}$$

此结果表明，无限大均匀带电平面的电场分布和场点离开平面的距离无关，在带电平面两侧的电场为均匀电场，方向指离平面。

思考：在什么条件下，实际应用中的有限带电平面可以看成"无限大"的带电平面？

由以上三个例题可以看出，对于具有某种对称性分布的带电体，利用高斯定理可以较简便地求得电场强度的分布。对于不具有特定对称性的电场，不能直接由高斯定理通过适当的积分求得电场强度，但是，在这样的电场中，高斯定理依然是成立的。

11.8　静电场与导体和电介质的相互作用

——什么是静电场与物质的相互作用？

11.8.1　物质导电性能的分类

早在 18 世纪，人们就开始认识到有些物质接触带电体后能够带电，也就是物质内部的电荷发生了移动，而有些物质内部却不会发生电荷的运动。在电学中，把物质具有可以移动

电荷的性质称为物质具有的导电性能。

根据物质的导电性能的大小,可以将物质分为三类。第一类是具有大量能够在外电场作用下自由移动的电荷,这种物质的导电性能很强,称为导体,如金、银、铜、铁、锡、铝等金属。第二类是电荷难以在其中自由移动的物质,这种物质的导电性能很差,称为电介质(也称为绝缘体),如金刚石、人工晶体、琥珀、陶瓷、橡胶等。第三类是导电性介于导体和绝缘体之间的物质,称为半导体。半导体一般是固体,如锗、硅以及某些化合物等。

表征物质导电性能大小的物理量称为电阻率,通常用 ρ 来表示,它在数值上等于在一定温度下该物质处于单位长度和单位横截面面积时的电阻。不同的物质有不同的电阻率,电阻率越小的物质,其导电性能越强。导体的电阻率较小,具有可以自由移动的电荷,导电性能很好。而电介质分子中的正负电荷束缚得很紧,电阻率较大,内部可自由移动的电荷很少,因而导电性能很差。

常用的电阻率有两种定义。

(1) 把某物质的电阻率定义为该物质长度为1cm,截面面积为 $1cm^2$ 的电阻,单位是欧姆厘米($\Omega \cdot cm$)。例如,铜在 20℃ 时的电阻率约为 $1.7 \times 10^{-6} \Omega \cdot cm$。

(2) 把某物质的电阻率定义为该物质长度为1m,截面面积为 $1mm^2$ 的电阻,单位是欧姆毫米平方每米($\Omega \cdot mm^2/m$)。例如,铜在 20℃ 时的电阻率约为 $0.017 \Omega \cdot mm^2/m$。因此,电阻率很小。用第二种定义表示电阻率时,电阻率的数值是用第一种定义表示时的电阻率的一万倍。

电阻率的倒数称为电导率。一般用第一种定义的倒数来表示。

11.8.2 静电场与导体的相互作用

在真空中的静电场中放置的电荷是一种自由电荷,从理论上讲,它们在电场力作用下能够到达的空间范围是不受限制的。在讨论真空中静电场的性质时,放置的点电荷对静电场的影响也是可以忽略不计的。但在实际物质中,电荷总是存在于导体中的。当导体放入到静电场中后,由于体积大小的限制,电荷不再是完全自由的。但是,在导体内部,带有电荷的粒子毕竟还可以在较大范围内自由活动,因而称为自由电荷。

设在均匀电场 E_0 中放入一个不带电的导体,如图 11.18(a)所示。在电场的作用下,导体中的自由电荷受到电场力的作用发生移动,在导体的右侧出现正电荷而在左侧出现负电荷。导体上出现电荷后会在内部产生和 E_0 方向相反的电场 E'。如图 11.18(b)所示。当导体内部的电场 $E = E_0 + E'$ 不为零时,自由电荷在电场力的作用下会继续运动,从而使 E' 增大,直至导体内部电场 $E = 0$ 时,自由电荷将停止运动,导体表面的电荷分布不再发生变化,内部的静电场的空间分布也不再发生变化,此时导体达到静电平衡的状态。其电场的空间分布如图 11.18(c)所示。

由此可见,导体放入静电场以后,导体中的自由电荷会与静电场发生相互作用:一方面,这些自由电荷受到外电场的影响,从而导致它们在导体内部发生移动形成电荷的重新分布,使导体的带电状态发生改变;另一方面,导体上的电荷分布会产生一个内部电场,与外电场叠加以后改变导体内部的电场分布,这样的相互作用直到导体内部电场强度为零,导体上不再有任何电荷的流动,达到静电平衡的状态为止。静电平衡的出现是外电场对导体中自由电荷作用与导体内部的内电场对自由电荷共同作用的结果。

图 11.18 导体的静电平衡
(a) 不带电导体放入电场中；(b) 导体内自由电荷发生移动；(c) 导体内部电场强度为零

处于静电平衡的导体满足以下条件。

(1) 电荷只分布在导体表面，导体内部净电荷为零。

(2) 导体表面附近的场强与该处导体表面垂直，导体表面没有电荷定向移动，导体表面为等势面。

(3) 导体表面的场强大小与电荷面密度成正比，表面曲率越大的地方，电荷密度越大，场强也越大（图 11.19）。

图 11.19 尖形导体处于静电平衡时的电荷分布
(a) 尖形导体的电荷分布；(b) 尖端电荷密度大的演示

由于面电荷密度的分布和曲率有着密切的关系，因此，如果导体的形状有着曲率很大的尖端部位，此处的电荷密度就很大，从而电场强度也很强。当电场强度达到足以使其周围空气中残留的离子加速运动，并与空气中的分子发生碰撞时，空气中就可能会产生大量新的离子。那些与尖端部位上电荷的电性相反的离子不断被吸引到尖端，与尖端中的电荷中和，产生尖端放电。避雷针正是利用了尖端放电的原理制成的。

在离子同空气分子碰撞的过程中还会使分子处于激发状态发生局部放电现象，从而产生光辐射，形成可以被观测到的光晕，称为电晕。这种电晕有时发生在高压输电线周围，它会造成电能的浪费。

处于静电平衡状态的导体空腔，不管内部有没有其他带电的导体壳或实心导体，其内部都没有电场，电场强度为零。这样，静电平衡就使导体表面"保护"了被它包围的区域，使导体的这块区域不再受到外电场和表面电荷产生的电场影响，这种现象称为**静电屏蔽**，如图 11.20 所示。

带有空腔的导体在电场中内部强度为零

图 11.20 静电屏蔽

静电屏蔽在实际中有着重要的应用。例如,为了使精密电子仪器在测量时不受外界任何电场的影响,通常在仪器外面包围金属外壳或金属网罩,对外场进行屏蔽,从而对仪器起保护作用;又如,为了在维修高压设备时,为防止设备周围强电场对维修者的影响,通常让维修者穿上用特殊金属材料制成的防护服,对电场进行屏蔽,对人体起到保护作用。

11.8.3 静电场与电介质的相互作用

在导体内部,带有电荷的粒子还可以在较大范围内自由活动;在电介质内部则没有可以自由运动的载流子。介质内部的电荷在静电场作用下虽然也会发生移动,但它们的移动会受到更多的约束。

所有的电介质的分子可以根据其正负电荷作用重心是否重合而分为有极分子与无极分子两类。

有极分子。有极分子的一端集中了正电荷,而另一端集中了负电荷,正负电荷量虽然相等,但在分子中正负电荷的分布却不对称,正负电荷的重心不重合。这样的电荷分布使分子形成电偶极子,具有**固有电矩**。H_2O 和 N_2O 分子就是这样的有极分子。有极分子在没有受到电场作用时,分子的取向是随机的(图 11.21(a))。

图 11.21 有极分子的排列
(a) 无电场时有极分子的排列;(b) 置于电场中的有极分子的排列

当把有极分子置于电场中时,有极分子的取向在电场力产生的偶极矩作用下发生转变,并按照电场线方向进行排列,但是由于分子热运动的作用,有极分子的固有电矩取向沿着电场线的方向排列并不是严格的(图 11.21(b))。外电场越强,固有电矩的排列越整齐。从总体来看,这种取向的结果使电介质内部宏观微小区域内正负电荷量相等,呈现中性。但是,在电介质表面沿着电场线的方向前后两个侧面分别出现只有正电荷和负电荷的电荷层,这样的电荷称为**面束缚电荷**。电介质的电偶极矩沿着外电场方向排列并在电介质的侧面出现面束缚电荷的现象称为电介质的极化现象。有极分子电介质的极化现象常称为**取向极化**。

无极分子。无极分子的正负电荷重心重合无电场时,分子没有固有电偶极矩,如 CH_4、H_2、N_2 就是这样的无极分子(图 11.22(a))。

当把无极分子置于电场中时,在电场力的作用下正电荷会沿着电场线的方向移动,而负电荷会向相反方向移动,从而使分子中的正负电荷分布发生变化。两种电荷的重心会分开一段很小的距离,使分子具有一定的电偶极矩,这种电矩称为**感生电矩**。在外电场作用下,感生电矩也会产生沿电场线方向排列的趋势,外电场越强,感生电矩也越大。从总体来看,这种取向的结果使电介质内部宏观微小区域内正负电荷量相等,呈现中性。但是,在电介质表面沿着电场的方向,前后两个侧面也会分别出现只有正电荷和负电荷的面束缚电荷。无极分子电介质的极化现象称为**位移极化**。

图 11.22　无极分子的排列
(a) 无电场时无极分子的排列；(b) 有电场作用下无极分子的排列

11.8.4　真空中的电容器及其电容

如果把两个带电体分开,在它们中间保持真空或充满电介质,这样形成的电子器件就称为电容器。最常用的是由两块导电平板(称为极板)组成的平板电容器。

把两块极板分别与电源的正负极相连,于是电子就会从一块极板迁移到另一块极板上,这个过程称为充电。在充电过程中,与电源正负极板相连接的两块极板平板上分别带上等量异号电荷(与电源正极相连的极板带正电,与电源负极相连的极板带负电),两板之间出现电势差。当两板之间电势差等于电源电压时,充电过程就停止了。

设把已充电的电容器与电源断开后,两极板分别带有 Q 和 $-Q$ 的电荷,极板间具有一定的电势差 V。实验表明,电容器两极板之间的电场强度 E 和电荷 Q 成正比,极板间的电势差 V 也和电荷 Q 成正比,但是电荷 Q 和电势差 V 的比值保持不变。这个比值就定义为该电容器的电容,用 C 表示。

$$C = \frac{Q}{V} \tag{11.34}$$

电容器的电容是电容器本身的属性,它的大小是由电容器极板的形状、尺寸和极板间电介质的性质所决定的,在数值上表示了当电容器两极板之间的电势差升高一个单位时,两极板上能够带上增加的电荷。电容器的极板即使不带电,也具有一定的电容。电容大小与电容器的形状大小有关,与极板是否带电和带电量多少无关。

以两块平行放置金属板构成的平板电容器为例(图 11.23)。

图 11.23　平行板电容器
(a) 平板电容器结构；(b) 平板电容器内部电场强度的分布

假设电容器极板之间为真空,极板面积是 S,当极板带上电荷 Q 时,电场集中在两块极板之间。由高斯定理可以得到,两极板间的电场强度为 $E=\sigma/\varepsilon_0$,其中 σ 是极板上的电荷面密度,即 $\sigma=Q/S$,因此电场强度 E 的大小可以表示为

$$E = \frac{\sigma}{\varepsilon_0} = \frac{Q}{\varepsilon_0 S}$$

由于两极板的间距很小,极板之间的电场为均匀电场,设极板间的距离为 d,则两极板间的电势差为

$$V_{ab} = Ed = \frac{1}{\varepsilon_0}\frac{Qd}{S}$$

由此可得真空中平行板电容器的电容为

$$C = \frac{Q}{V_{ab}} = \varepsilon_0 \frac{S}{d} \tag{11.35}$$

由此可见,平行板电容器的电容大小与极板的面积 S 成正比,而和板板间的距离 d 成反比。如果极板的位置是可变的,电容 C 会随着极板间的距离 d 发生变化,这就是电容式麦克风的工作原理。手机上的触屏、MP3 播放器等器件就是利用电容的原理制成的。

电容的单位为法拉,符号为 F,这是为了纪念英国物理学家法拉第(Michael Faraday,1791—1867)而命名的。从式(11.34)可知,电容器的电容在数值上等于电容器两极板之间电势差为 1V 时所带的电荷。当所带电荷为 1C 时,就称该电容器的电容为 1F。

$$1F = 1C/V$$

法拉是很大的电容单位,常用的电容的单位有 μF(微法)和 pF(皮法)等。

$$1\mu F = 10^{-6} F, \quad 1pF = 10^{-12} F$$

例如,相机中的闪光灯的电容是几百微法,收音机中常用的电容为 10~100pF 等。

电容是电容器储存能量能力的量度。由于只有做功才能在两块极板间移动电荷并产生电势差,因此必然有电势能储存在电容器中。电容 C 越大,在一定电势差下极板上的电荷越大,电容器储存的能量越多。

电容器的用途十分广泛,可以用于各种电子电路、脉冲激光、汽车的安全气囊以及广播电视接收器等。

在实际电路中,当单个电容器的电容不能满足使用要求时,可以将若干电容连接起来使用,连接方式通常有串联和并联两种。

电容器的串联。两个电容器串联在 a、b 两端,如图 11.24(a)所示。当 a、b 两端的电压为 V_{ab} 时,电容器开始充电。在充电过程中,两个电容器的极板上所带电荷 Q 始终相等,总的电压 V 是每个电容器的电势差之和,这两个电容的等效总电容 C 是多少呢?

按照电容定义 $C=Q/V$,设串联电容中间一点为 c 点,我们可以写出各点间的电势差。

$$V_{ac} = V_1 = \frac{Q}{C_1}, \quad V_{cb} = V_2 = \frac{Q}{C_2}$$

$$V_{ab} = V = V_1 + V_2 = Q\left(\frac{1}{C_1} + \frac{1}{C_2}\right)$$

则

$$\frac{V}{Q} = \frac{1}{C_1} + \frac{1}{C_2} \tag{11.36}$$

图 11.24 电容器的两种连接
(a) 电容器的串联；(b) 电容器的并联

如果把两个串联的电容作为一个整体，根据电容定义，等效总电容 C 可表示为

$$\frac{1}{C} = \frac{V}{Q} \tag{11.37}$$

由式(11.36)和式(11.37)，可得

$$\frac{1}{C} = \frac{1}{C_1} + \frac{1}{C_2} \tag{11.38}$$

对于多个电容串联的电路，其等效总电容 C 满足

$$\frac{1}{C} = \frac{1}{C_1} + \frac{1}{C_2} + \frac{1}{C_3} + \cdots = \sum \frac{1}{C_i} \tag{11.39}$$

即电容串联以后等效总电容的倒数等于各个电容器电容的倒数之和。

电容器的并联。两个电容并联在 a、b 两端，如图 11.24(b) 所示。当 a、b 两端的电压为 V_{ab} 时，电容器开始充电。此时，两个电容器上的电压 V 相等，也就是说总的电荷 Q 是每个电容器上的电荷之和。这两个电容的等效总电容 C 是多少呢？

$$Q_1 = C_1 V, \quad Q_2 = C_2 V$$
$$Q = Q_1 + Q_2 = (C_1 + C_2)V$$

因此

$$\frac{Q}{V} = C_1 + C_2 \tag{11.40}$$

如果把两个并联的电容作为一个整体，根据电容定义，两个并联电容的等效总电容 C 为

$$C = C_1 + C_2 \tag{11.41}$$

对于多个电容并联的电路，则等效总电容 C 为

$$C = C_1 + C_2 + C_3 + \cdots = \sum C_i \tag{11.42}$$

即电容并联以后等效总电容等于各个电容器电容之和。

11.8.5 充满电介质的电容器及其电容

实际使用的电容器的极板间都充满电介质(如云母、陶瓷等)。如果一个电容器的两极板之间为真空时,其初始电容为 C_0,当这个电容器的极板之间充满电介质以后,这个电容器的电容将会发生改变。

设平行板真空电容器与电源连接以后,极板上带电荷为 Q,极板间的电势差为 V_0,初始电容是 $C_0 = \dfrac{Q}{V_0}$(图 11.25(a)),当极板间充满电介质(如玻璃、聚乙烯等)后,实验测得两极板之间的电势差 $V < V_0$(图 11.25(b)),插入电介质后的电容是 $C = \dfrac{Q}{V}$,与真空电容器相比,插入介质后,电容增大了。电容 C 和 C_0 的比值(即电势差 V_0 和 V 的比值)称为相对电容率,用 ε_r 表示。

$$\varepsilon_r = \frac{C}{C_0} = \frac{V_0}{V} \tag{11.43}$$

图 11.25 电介质对平行板电容器的极板间电场的影响
(a) 极板间为真空;(b) 极板间充满介质

相对电容率 ε_r 是一个大于 1 的数,它的大小和电介质的种类、状态(如温度)相关。空气在常温下的相对电容率约为 1.0006,几乎等于 1。因此,空气电容器通常可以看作在真空中的情况。表 11.1 列举了几种电介质的相对电容率。

表 11.1 几种常用电介质的相对电容率

电 介 质	相对电容率 ε_r	电 介 质	相对电容率 ε_r
真空	1	聚氯乙烯	3.18
空气(101.325kPa)	1.00059	有机玻璃	3.40
空气(10.1325MPa)	1.0548	玻璃	5~10
特氟龙	2.1	氯丁橡胶	6.70
聚乙烯	2.25	锗	16
苯	2.28	甘油	42.5
云母	3~6	水	80.4
聚酯薄膜	3.1	钛酸锶	310

实际中使用的电介质不是完美的绝缘体,因此电容器极板间还会存在漏电流。在电容器两极板之间的电势差不是很大的情况下,可以忽略漏电流的影响,认为电容器的电容不变。但是如果电势差很大,漏电流作用的时间很长,随着时间推移,极板上的电荷就会发生变化,电介质的绝缘性能也会发生变化,于是相应的电容也会发生变化,此时该电容器的电容就不是一个恒量。

当电容器的极板之间充满电介质时,不仅电容发生改变,电容器内部的电场强度也会相应发生改变。

当极板间充满电介质后,且极板上所带电荷 Q 不变时,极板间的电压减小,这个结果表明,极板间的电场减弱。由于 $V=Ed$,$V_0=E_0 d$,所以,

$$E = \frac{E_0}{\varepsilon_r} \tag{11.44}$$

由此可见,电介质插入后电场强度减小为真空时的 $1/\varepsilon_r$。这是由于电介质在电场中发生了变化以及电介质的分子结构发生了改变。

电介质插入极板间以后,在电介质表面会出现与极板所带电荷符号相反的电荷——束缚电荷,从而在电容器内部形成一个与外电场方向相反的电场,叠加在外电场上。图 11.26 分别表示真空电容器极板间的电场和有介质的电容器极板间的电场。

图 11.26 电容器极板间的电场
(a) 真空电容器极板间的电场;(b) 有介质的电容器极板间的电场

设电介质极板上自由电荷的面密度为 σ,束缚电荷的面密度为 σ',于是,当两极板之间是真空时,板间电场强度为 $E=\dfrac{\sigma}{\varepsilon_0}$,充满电介质以后,电介质上的面束缚电荷的密度为 σ',其产生的电场强度为 $E'=\dfrac{\sigma'}{\varepsilon_0}$。对某特定的材料,数对电容率 ε_r 是一个恒定的量。E 和 E' 方向相反,因此,有电介质存在时的电场强度可以表示为

$$E = \frac{\sigma - \sigma'}{\varepsilon_0} \tag{11.45}$$

再利用式(11.44)可得

$$\sigma' = \sigma\left(1 - \frac{1}{\varepsilon_r}\right) \tag{11.46}$$

式(11.46)表明,当 ε_r 很大时,σ' 和 σ 近似相同,也就是说,面束缚电荷可以将极板表面的大部分自由电荷抵消掉,于是,电介质中的电场强度以及电势差与真空条件下相比就小得多。

ε_r 和 ε_0 的乘积称为电介质的电容率,用 ε 表示:

$$\varepsilon = \varepsilon_0 \varepsilon_r \tag{11.47}$$

再利用式(11.44),电场强度可以表示为

$$E = \frac{\sigma - \sigma'}{\varepsilon_0} = \frac{E_0}{\varepsilon_r} \tag{11.48}$$

由此,有电介质存在时的电容可以表示为

$$C = \varepsilon_r C_0 = \varepsilon_0 \varepsilon_r \frac{S}{d} = \varepsilon \frac{S}{d} \tag{11.49}$$

电容器两极板间是真空时,$\varepsilon_r = 1$,$\varepsilon = \varepsilon_0$,和真空中的电容器的电容形式一致。因此,$\varepsilon_0$ 称为真空电容率。相对电容率 ε_r 是一个无量纲的量,ε_0 和 ε 的单位相同,均为 $C^2/(N \cdot m^2)$ 或者 F/m,这里 F 是法拉(电容单位)。

当电场不太大时,电介质仅仅产生极化现象。如果电容器两极板之间的电势差或电场强度很大且达到一定数值时,电介质分子中的正负电荷受到很大电场力的作用,可能分开变成自由电荷,从而使绝缘体变为导体,这种现象称为电介质击穿。电介质被击穿时电容器两极板之间的电场强度为击穿场强。电容器一旦被击穿,电容器就失效了,几种电容器中常用的电介质的相对电容率和击穿场强,如表 11.2 所示。

表 11.2　几种电容器中常用的电介质的相对电容率和击穿场强

电　介　质	相对电容率 ε_r	击穿场强/$(kV \cdot mm^{-1})$
干燥空气(0℃,100kPa)	1.0006	4.7
水(0℃)	1.055	
变压器油	2.4	20
蜡纸	5	30
胶木	5	10
云母	6	80
橡胶	3.3	17
硬纸	5	15
普通玻璃	7	15
石英玻璃	4.2	25

11.8.6　电介质存在时的高斯定理

把真空中的高斯定理推广到有电介质存在时的静电场中,可以得到电介质中的高斯定理。

仍以平行板电容器为例,如图 11.27 所示,在电容器左边极板和电介质中做一个封闭的

高斯面,高斯面的左右两侧面平行于极板,面积为 S,其中左侧面在极板中,该处电场强度为零,而右侧面在电介质中的电场强度用 E 表示。而其他侧面上的电场强度在该面的法线方向上的分量为零。因此,高斯面内总的电荷 $Q=(\sigma-\sigma')S$,高斯定理表示为

$$\oint_S \boldsymbol{E} \cdot \mathrm{d}\boldsymbol{S} = \frac{(\sigma-\sigma')S}{\varepsilon_0} \tag{11.50}$$

利用式(11.46),式(11.50)可以表示为

$$\oint_S \boldsymbol{E} \cdot \mathrm{d}\boldsymbol{S} = \frac{\sigma S}{\varepsilon_0 \varepsilon_r}$$

或写成

$$\oint_S \varepsilon_0 \varepsilon_r \boldsymbol{E} \cdot \mathrm{d}\boldsymbol{S} = \sigma S$$

此时,可以引入一个新的辅助物理量 D,称为电位移矢量,有时简称电位量。

图 11.27 电介质存在时的高斯定理

$$\boldsymbol{D} = \varepsilon_0 \varepsilon_r \boldsymbol{E} \tag{11.51}$$

电位移矢量的单位是 C/m^2,于是,电介质中的高斯定理可以表示为

$$\oint_S \boldsymbol{D} \cdot \mathrm{d}\boldsymbol{S} = \sigma S = \sum q_0 \tag{11.52}$$

这里的 $\sum q_0$ 是高斯面内极板上的自由电荷的代数和。

式(11.52)表明,在有电介质存在的静电场中,通过任意闭合曲面的电位移通量等于该闭合曲面内的自由电荷的代数和。这就是电介质中的高斯定理,也称为电位移矢量的高斯定理。虽然我们是利用平行板电容器推导出该定理,但是可以证明该定理对充满电介质的静电场是普遍适用的。

11.9 电容器的能量和静电场的能量

——什么是静电场的能量?

在对电容器充电的过程中,外力对电容器做功,把电荷从一个极板迁移到另一个极板,使正负电荷分离开来,并在两极板上集聚电荷。做功的结果就是把其他形式的能量转变为电能,这就是电容器所具有的能量。

设在电容器两极板之间的电势差从 0 增大到 u 的过程中,储存了电荷 q。如果在此基础上再储存电荷 $\mathrm{d}q$ 时,外力必须做功 $\mathrm{d}A$,而两极板上电势能增大 $\mathrm{d}W$,则

$$\mathrm{d}A = \mathrm{d}W = u\,\mathrm{d}q \tag{11.53}$$

对式(11.53)积分就可以得出电容器的电荷从 0 至 Q 的过程中所储存的总能量为

$$W = \int_0^Q u\,\mathrm{d}q = \int_0^Q \frac{q}{C}\mathrm{d}q = \frac{1}{2}\frac{Q^2}{C} \tag{11.54}$$

这个能量可以利用描述电场的物理量来表示。以平行板电容器为例,设电容器的极板面积为 S,极板间距是 d,则

$$C = \frac{\varepsilon_0 \varepsilon_r S}{d} \qquad (11.55)$$

把式(11.55)代入式(11.54)得出

$$W = \frac{1}{2}\frac{Q^2}{C} = \frac{1}{2}\frac{Q^2 d}{\varepsilon_0 \varepsilon_r S} = \frac{\varepsilon_0 \varepsilon_r}{2}\left(\frac{Q}{\varepsilon_0 \varepsilon_r S}\right)^2 Sd \qquad (11.56)$$

由于在两极板之间出现了电场,电场强度为

$$E = \frac{Q}{\varepsilon_0 \varepsilon_r S}$$

因此,

$$W = \frac{\varepsilon_0 \varepsilon_r}{2}\left(\frac{Q}{\varepsilon_0 \varepsilon_r S}\right)^2 Sd = \frac{\varepsilon_0 \varepsilon_r}{2}E^2 Sd \qquad (11.57)$$

设平行板电容器中的电场体积 $V=Sd$,于是,在这种情况下,电场的能量体密度 w_e(单位体积内的能量)是

$$w_e = \frac{W}{Sd} = \frac{1}{2}\varepsilon_0 \varepsilon_r E^2 = \frac{1}{2}\varepsilon E^2 = \frac{1}{2}DE \qquad (11.58)$$

这里 $D=\varepsilon E$ 是电位移矢量。式(11.58)虽然是从平行板电容器中推导出来的,但可以证明,它对任何电介质中的电场都是成立的。一般情况下,电介质中的电场能量可以从能量体密度对整个电场空间的积分得到

$$W = \int w_e dV = \int \frac{1}{2}\varepsilon_0 \varepsilon_r E^2 dV \qquad (11.59)$$

虽然式(11.57)和式(11.58)是相继从式(11.56)演化而得到的,但是能量与电场强度联系在一起的这个表达式具有深刻的物理意义,它表明电容器的能量储存在电场这个有限的空间里。虽然这里的电场是静电场,但它的能量是与电荷联系在一起的。以后的几章讨论将会显示出,随时间变化的电场和磁场可以脱离电荷而以电磁波的形式传播到很远的地方去,因此,电能确实储存在电场中,这一点从本质上体现了电场的物质性。

思 考 题

11.1 美国物理学家费曼曾经提出过两个比值惊人的相似之谜:一个是两个电子之间的静电力与万有引力的比值;另一个是宇宙直径与质子直径的比值。你能通过查阅有关数据,得出这两个比值的数量级分别是多少吗?

11.2 在静电场中,下列表述是否正确?如果不正确,请说明理由。

(1) 电场强度处处相等的区域,电势一定处处相等。

(2) 电场强度为零的位置,电势一定为零。

(3) 电场强度越大的位置,电势一定越大。

(4) A 点的电势比 B 点的电势高,放置在 A 点的电荷具有的电势能比同一个电荷放置在 B 点的电势能大。

11.3 在例题 11.4 中,如果均匀带电圆盘轴线上位于 x 轴正方向上的 P 点离开圆盘的中心很远,即 x 远大于圆环半径 R,对于 P 点的电场强度的大小,你能得出什么结论?

11.4 在例题 11.4 中,如果把带电圆盘改为一均匀带电圆环,其内半径是 R_1,外半径是 R_2,对于位于 x 轴正方向上的 P 点的电场强度,你能得出什么结论?

11.5 为了求得带正电导体球附近某点 P 的电场强度,我们可以在 P 点放置一个带正电的试验电荷 q_1,测量出试验电荷受到的力 $\boldsymbol{F}_1$。然而,由于试验电荷尺度不是足够小,以致不能看作点电荷,而且由于试验电荷的存在使导体球上的电荷分布受到很大影响。问:

(1) $\dfrac{\boldsymbol{F}_1}{q_1}$ 的数值能表示出 P 点的电场强度吗?与 P 点的电场强度 E 相比,数值上发生了什么变化?

(2) 如果试验电荷的电荷是 q_2,把它放置在 P 点时受到的力是 $\boldsymbol{F}_2$,这里的 $E = \dfrac{\boldsymbol{F}_2}{q_2}$ 吗?为什么?

(3) $\dfrac{\boldsymbol{F}_1}{q_1}$ 与 $\dfrac{\boldsymbol{F}_2}{q_2}$ 哪一个更接近于 P 的电场强度 E?

11.6 设在均匀电场 E 中放置一个电偶极子,问:有没有净电场力作用在该电偶极子上?如果有,净电场力的方向与电场 E 的方向有什么关系?有没有力矩作用在该电偶极子上?如果有,这个力矩能不能使该电偶极子的电偶极矩转到与 E 平行或反平行的方向?

11.7 如果一个曲面上每一点处的电场强度 E 都为零,那么通过该曲面的电通量是否一定为零?如果通过一个曲面的电通量为零,那么该曲面上每一点的电场强度是否一定为零?

11.8 对于一个带有均匀面电荷的立方体带电体,在计算它所产生的电场强度时,能不能利用高斯定律?如果可用,应该选取什么样的高斯面?

11.9 如果已知空间某一点的电场的大小,能不能由此求得该点的电势?如果可以,该怎样求出电势?如果已知空间某一个区域中用坐标表示的电场表达式,能不能由此求得该区域内两点之间的电势差?如果可以,该怎样求出电势差?

11.10 把一平行板电容器充电以后与电源断开,设电容器两极板间距是 d,然后将一块厚度是 $d/3$ 的金属板插入两极板中间,金属板的插入将电容器的间距恰好分为等距离的三部分。问:以下物理量是否发生变化?如果有变化,怎样变化?

(1) 电容器的电容。
(2) 电容器两极板上的电荷。
(3) 两极板之间的电势差。
(4) 两极板之间的电场强度(不包括金属板所占空间)。
(5) 两极板之间的能量密度(不包括金属板所占空间)。
(6) 整个系统的电能。

习　题

11.1 在一个正方形的四个顶角上分别放置四个点电荷,构成四个带电体,正方形的边长都是 a,如图 11.28(a)、(b)、(c)、(d)所示。求:中心 O 点的电场强度。

11.2 有一段连续均匀带电圆弧,圆心角 θ 为 $60°$,半径为 R,圆弧的一半均匀带正电,

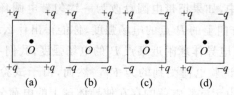

图 11.28　习题 11.1 图

另一半均匀带负电,电荷线密度分别为 $+\lambda$ 和 $-\lambda$,求圆心处 O 的场强(图 11.29)。

11.3　有一长度为 $a=20\text{m}$ 的均匀带电细棒,电荷线密度为 $\lambda=3\times10^{-8}\text{C/m}$(图 11.30),求:

(1) 在棒的延长线上与棒的 B 端相距 $d_1=8\text{m}$ 处的场强。

(2) 在棒的垂直平分线上与棒的中点相距 $d_2=8\text{m}$ 处的场强。

图 11.29　习题 11.2 图

图 11.30　习题 11.3 图

11.4　(1) 一点电荷 Q 位于边长为 a 的正方形平面的中垂线上,Q 与平面中心 O 点的距离是 $\dfrac{a}{2}$,如图 11.31(a) 所示。求:通过正方形平面的电通量。

(2) 把上述点电荷 Q 移到边长为 a 的正立方体的一个顶角上,如图 11.31(b) 所示。求:通过小正立方体每一个面的电通量。

11.5　一个具有一定厚度的均匀带电的球壳层,它的内、外半径分别为 R_1 和 R_2,所带电荷体密度为 ρ,A 点位于球壳层中间的空腔中,B 点位于球壳层的带电层中,如图 11.32 所示。试计算:

(1) A、B 两点的电势;

(2) 利用电势梯度求 A、B 两点的场强。

图 11.31　习题 11.4 图　　　　图 11.32　习题 11.5 图

11.6　一根不导电的细塑杆,被弯成带有一个细小缝隙缺口的圆环,圆环的半径 $R=$

0.5m,细小缝隙的宽度为 0.02m。杆上均匀分布着 $q = 3.12 \times 10^{-9}$C 的电荷,如图 11.33 所示,求:该圆环圆心 O 处的电场强度大小和方向。

11.7 一条"无限长"的带电直导线,电荷的线密度是 λ,求:该导线周围的空间电势分布。

11.8 在一个原先不带电、内外半径分别为 r_B 和 r_C 的金属球壳 B 内同心放置一个带电量为 q,半径为 r_A 的金属球 A,如图 11.34 所示,问:图中位于两金属球之间空间中半径为 r 的 P 点的电场强度是多少?若用导线将 A 和 B 连接起来,则 A 球的电势为多少?(设无穷远电势为零)

图 11.33 习题 11.6 图   图 11.34 习题 11.8 图

11.9 一球形电容器由两个同心的导体球面组成,半径分别是 R_1 和 R_2 ($R_1 < R_2$),分别带有电荷 $+Q$ 和 $-Q$,设两球面之间是真空,如图 11.35 所示。问:

(1) 两球面之间的电场强度是多少?

(2) 两球面之间的电势差是多少?

(3) 这个球形电容器的电容是多少?

图 11.35 习题 11.9 图

11.10 一平板电容器的极板面积为 S,两板相距为 d,两块极板所带电荷分别是 $\pm q$。

(1) 如果在两板之间插入一块厚度为 $\dfrac{d}{2}$ 的金属板(金属板的表面与电容器极板平行),其电容改变为多少?如果把金属板从电容器中全部抽出需要做多少功?

(2) 如果把(1)中的金属板改为相对电容率 ε_r,厚度仍然为 $\dfrac{d}{2}$ 的电介质板,重复上述计算。

第12章

恒定电流和磁场

本章引入和导读

电和磁的关系很早就引起了人们的重视,人们对磁的研究一直是与对电的研究密不可分的。我国东汉时的王充就有把电和磁的吸引现象放在一起的论述。1774年,巴伐利亚电学研究院提出过一个征文题目:"电力和磁力是否存在着实际的和物理的相似性?"1820年初,丹麦物理学家奥斯特关于电流磁效应的发现,使人们对电磁学的研究进入了新的发展时期。

在静电场中,电荷相对于观察者是静止的。静止电荷在其周围空间产生静电场,电荷对放置在静电场中的其他电荷之间存在静电力的相互作用。当电荷相对于观察者运动时,运动的电荷就在其周围空间产生磁场,运动电荷对放置在磁场中的其他运动电荷之间存在磁场力的相互作用。本章主要讨论相对于观察者作匀速运动的电荷或电流保持不变的恒定电流,产生的磁场和磁场力以及磁场与物质的相互作用。

本章首先从对电流大小的描述入手。中学物理已经给出了电流的定义,这个定义仅当电流流过粗细均匀、截面积较小的导线时是合适的,因为在垂直于电流的导线横截面上,电流可以看作均匀分布的。但是,当电流流过大块的且截面形状不规则的导体时,在横截面上电流就不再是均匀分布的,这样的电流定义只能对电流大小给出粗略的、平均的描述。大学物理则进一步给出了电流密度的定义,从而更细致地描述了电流通过截面流动的大小和方向。

在静电场中,描述电场的物理量是电场强度,而在磁场中,描述磁场的物理量是磁感应强度。中学物理讨论了长直载流导线产生的磁场和通电螺线管产生的磁场及其确定磁场方向的右手螺旋定则。大学物理将进一步讨论任意形状导线产生的磁场,例如,一条半圆形导线通以恒定电流,如何确定其产生的磁感应强度?如果是导体平板通过面电流,如何计算其产生的磁感应强度?如果是圆柱形导体通以体电流,那么,它产生的磁感应强度如何分布?这样的讨论显然比中学物理更普遍、更深刻。而中学物理的结论仅是其中一个特例。

与计算电场强度类似,大学物理从讨论电流元产生的磁场开始,采取从部分到整体的方法,先分割、后分解、再叠加,把对长直导线的讨论延伸到任意形状的通电导线或导体产生的磁场;对于具有对称性分布电流产生的磁场来说,利用从长直载流导线得出的安培环路定理,采取从整体到部分的方法得到对称性的磁场,这些计算磁感应强度的方法不仅更具有一般性和普遍性,而且提供了认识物理世界的一种科学方法。

本章的学习可以通过与静电场的类比进行。既要把握电场和磁场的共性,又要着重理解它们各自具有的特性。

在场的起源上,静电场和本章讨论的运动电荷或恒定电流产生的磁场都是由场源激发而产生,并通过场传递的。这是它们的共性。但是,静电场是由静止的电荷产生的,静电力是两个静止电荷之间通过静电场传递的相互作用力,发生在两个电荷的连线上,静电力与静止电荷的位置有关。而磁场是由运动的电荷或恒定电流产生的,磁场力是两个运动电荷之间通过磁场传递的相互作用力,不发生在运动电荷的连线上,磁场力与电荷的运动速度有关。这是它们各自的个性。

在场的性质上,静电场和本章讨论的磁场都是不随时间改变的场。这是它们的共性。但是,静电场是有源场,电场线是有头有尾的,从正电荷出发终止于负电荷。磁场是无源场,磁感应线是无头无尾的闭合曲线。这是它们各自的特点。

静电场和磁场都有相应的高斯定理和安培环路定理,但是正因为"场"的性质不同,它们各自的描述方式和作用是不同的。

放置在静电场中的导体可以产生静电感应效应,电介质可以被极化;而放置在磁场中的磁介质按照磁介质的不同性质(顺磁体、抗磁体和铁磁体)而呈现出不同的磁化程度。

虽然本章提出的磁场概念和第11章提出的电场概念是在两章中进行引入的,但实际上,电和磁是密切相关的,电可以生磁,磁也可以生电,电场和磁场都是电磁场的组成部分。从静电场的描述到电磁场的描述,是人们对物质的认识从"实体物质性"提升为"场的物质性"的认识的深入。

12.1 电流、电流密度和欧姆定律的微观形式

——怎样更细致地描述电流的大小?

12.1.1 电流和电流密度及其相互关系

磁场是由电流产生的,电流是由运动的带电粒子(载流子)形成的。因此,讨论磁场首先需要对电流的大小作出定量的描述。物理上把单位时间内通过某一截面的电荷定义为通过该截面的电流强度,一般简称电流,用 I 表示。

$$I = \frac{\Delta Q}{\Delta t} \tag{12.1}$$

这里,电荷通常用 Q 或 q 表示,它的单位是库仑,通常用 C 表示。电流的单位是库仑每秒(C/s),在国际单位制中,电流的单位是安培,用 A 表示,$1A = 1C/s$。

电流是一个有方向的标量,不是矢量。一个导体通电以后,经常会被标示出电流的方向,但这仅仅指正电荷在导体内的流动方向而已。电流的数值只有大小之分,在电路内,电流的相加是代数和的相加,不是矢量的相加。

对于粗细均匀的截面积较小的导线,式(12.1)给出了在与电流方向垂直的横截面上单位时间内通过的电流的大小,在该截面上电流是均匀分布的,即在与电流方向垂直的每个单

位截面积上通过的电流和方向都是相同的。

然而,对于大块的且截面形状不规则的导体来说,电流通过横截面上不同部分的电流不再均匀。例如,图 12.1 中的导体是由 Ⅰ 和 Ⅱ 两个截面积大小不同的两部分导体组成的,当电流的方向沿图示表示的方向通过时,通过 Ⅰ 和 Ⅱ 的电流强度是相同的,而且在导体 Ⅰ 中通过每一个横截面的电流是均匀分布的。但是在两部分交界面处,界面的面积发生了突变,当电流一旦从导体 Ⅰ 进入导体 Ⅱ 后,在导体 Ⅱ 的横截面上的电流大小和

图 12.1 电流从导体 Ⅰ 进入导体 Ⅱ 的示意图

方向不再均匀分布,每一个单位面积上在单位时间内通过的电流的大小和方向都不相同。为了更细致地描述电流在导体中的流动,显然,只用电流这个物理量是不够的,还需要引入一个能反映电流分布及其方向的物理量——电流密度。

与电流不同,电流密度是一个矢量,它的大小定义为通过与该处电流方向垂直的单位截面积上的电流,它的方向规定为电流流动的方向 n。导体中某处的电流密度用 j 表示。

$$j = \frac{dI}{dS_\perp} n \tag{12.2}$$

这里 $dS_\perp$ 为垂直于电流流动方向的截面积。在国际单位制中,电流密度的单位为安培每平方米(A/m^2)。

由式(12.2)可得出

$$dI = j \cdot dS \tag{12.3}$$

式(12.3)中 dS 是导体截面的外法线矢量,其大小是截面的面积,方向是电流流动的方向 n。由式(12.3)可以看出,通过某横截面的电流 I 等于电流密度矢量与该截面外法线矢量的标积对截面积的积分,电流与电流密度之间存在通量的关系。

$$I = \int_S j \cdot dS \tag{12.4}$$

12.1.2 欧姆定律的微观形式

在宏观上,导体中电流的大小等于一段导体两端的电势差 V 和导体的电阻 R 之比,即导体中的电流 $I = \frac{V}{R}$,其中 $R = \frac{\rho l}{S}$。这就是部分电路欧姆定律。式中,V 是该导体两端的电压,R 是对应的导线的电阻,ρ 是导体的电阻率,S 是导体的横截面积,l 是该段导体的长度。

在微观上,导体中电荷的运动是由外电场驱动的,用电流密度比电流能更确切地描述电荷在导体中的运动情况。外电场与电流密度有什么关系?有没有相应的欧姆定律表达式来描述外电场与电流密度之间的关系?

由于金属中的载流子为自由电子,设电子电荷为 e,在微观机制上电流密度 j 的大小与电子数密度 n 和电子运动的平均漂移速度 v 成正比,它们之间的关系是

$$j = env \tag{12.5}$$

设外电场强度为 E,则可以导出电流密度与外电场之间存在着下列关系。

$$j = \sigma E \tag{12.6}$$

【数学推导】 欧姆定律微分形式的导出

式(12.6)就是欧姆定律的微分形式,其中 σ 是电导率,等于电阻率的倒数。电阻率的单位是 $\Omega \cdot m$,电导率的单位是 S/m(西门子每米),$1S = 1/\Omega$。

欧姆定律的微分形式体现了空间某一点处的电流密度和该点电场强度之间的关系,其比例系数电导率体现了介质(空间)某一点电荷输运能力的强弱。式(12.6)虽然是在恒定电流的情况下导出的,但是,在变化较小的非恒定电流下也能适用,而且实验表明,式(12.6)不仅适用于导体,对电解液也是适用的。

导体内的各处电流密度不随时间变化的电流称为稳恒电流。如果导体中存在稳恒电流,流入一个闭合曲面的电流一定等于流出这个闭合面的电流。

$$\oint_S \boldsymbol{j} \cdot d\boldsymbol{S} = 0 \tag{12.7}$$

式(12.7)称为关于恒定电流的连续性方程。

12.2 磁场的物理描述方式和几何描述方式

——什么是磁感应强度、磁感应线和磁通量?

实验发现,在天然磁体、通电导线和电子束周围都会有磁场存在,进入磁场中的运动电荷或载流导体都会受到磁场力的作用,磁场力是运动电荷与运动电荷之间或电流与电流之间通过磁场传递的相互作用。

在静电场中,描述静电场有物理描述和几何描述两种方式,并相应定义电场强度、电场线和电通量三个量。类似地,描述磁场同样也有这两种描述方式,也需要相应定义三个量,这就是磁感应强度、磁感应线和磁通量。

12.2.1 磁感应强度

在静电场中,描述电场本身特征的物理量是电场强度,相应地,在磁场中,描述磁场本身特征的物理量是磁感应强度,但是,由于电场和磁场的性质不同,电场强度的定义方式与磁感应强度的定义方式也是不同的。

在静电场中,当一个单位正电荷静止地被放在某位置时,它所受到的静电力的大小 F_e 只与该正电荷所在的位置有关,作用在该单位正电荷上的静电力 F_e 只有唯一的一个方向,于是,这个静电力 F_e 的大小就定义为该点电场强度 E 的大小,这个唯一的方向就定义为该点电场强度 E 的方向。但是,在磁场中,处于磁场中某个位置的电荷 q 是运动的,电荷还可以具有不同的速度大小和方向,因而电荷 q 受到的磁场力 F_m 的大小和方向不唯一,因此,磁场力 F_m 不仅与电荷位置有关,还与电荷 q 运动的速度大小和方向有关。

实验表明,虽然运动电荷 q 在磁场中的每一位置上都具有不同的速度大小和方向,其受到的磁场力的大小和方向都不同,但每一个位置都有一个特征方向,一旦放入磁场的运动电荷 q 沿着这个特征方向运动时,运动电荷 q 受到的磁场力为零,而且磁场中每一个位置只有唯一的这样一个方向。于是,这个特征方向就被定义为该点磁感应强度 B 的方向。

实验还表明,当处于某位置处的运动电荷 q 不沿这个特征方向运动而沿其他方向运动时,它受到的磁场力的大小和方向取决于电荷速度 v 的方向与磁感应强度 B 的方向的夹角,当夹角从零到 $\pi/2$ 再到 π 变化时,磁场力呈现出从零到最大再到零的周期性变化。磁场力的方向既与磁感应强度方向垂直,也与电荷运动速度的方向垂直(但是电荷运动方向不一定与磁感应强度方向垂直)。

根据这样的实验事实,利用已经规定的磁感应强度 B 方向的定义,以速度 v 运动的电荷 q 在磁场 B 中所受到的磁场力 F 三者的关系,可以用矢量积的方式表示为

$$F = qv \times B \tag{12.8}$$

这个磁场力 F 称为洛伦兹力,F、v、B 三者的关系构成右手螺旋关系(图 12.2)。磁场 B 的方向和带电粒子运动速度 v 的方向一旦确定,洛伦兹力 F 的方向也就相应确定:F 既与磁场 B 的方向垂直,又与带电粒子运动速度 v 的方向垂直。F 的大小既与电荷运动速度的大小和磁感应强度的大小有关,又取决于电荷的运动速度与磁感应强度方向的夹角。由于洛伦兹力 F 只改变电荷运动的方向,不对电荷做功,因此不会改变电荷运动速度的大小和电荷的动能。

图 12.2 用右手螺旋关系表示洛伦兹力

当电荷 q 的运动速度 v 的方向平行于磁感应强度 B 的方向时,该运动电荷受到的磁场力 F 为零;当电荷 q 的运动速度 v 的方向垂直于磁感应强度 B 的方向时,该运动电荷受到的磁场力 F_m 最大,这个最大的磁场力 F_m 与 qv 的比值由磁场本身的性质决定,与乘积 qv 的大小无关,利用这个性质,就可以将这个比值的大小定义为磁感应强度的大小

$$B = \frac{F_m}{qv} \tag{12.9}$$

在国际单位制中,磁感应强度的单位是特[斯拉](用 T 表示),$1T = 1N/(A \cdot m)$。磁感应强度的另一种非国际单位制的单位名称是高斯(用 G 表示),它和 T 在数值上有以下关系:$1T = 10^4 G$。

电场强度是静电场本身的一个特征,静电场中任意一个点上的电场强度与该点上有没有电荷无关,与此类似,磁感应强度也是磁场本身的一个特征,磁场中任意一个点上的磁感应强度与该点上有没有运动电荷无关。

12.2.2 磁感应线和磁通量

在静电场中为了对电场分布作出一种形象化的几何描述,引入了"电场线"和"电通量"这两个概念。类比于电场,为了对磁场分布作出形象化的几何描述,也相应引入了**磁感应线**和**磁通量**两个概念。

磁感应线是这样一组符合下列要求的曲线:曲线上每一点的切线方向必须与该点的磁感应强度方向一致;在该点处选取垂直于磁感应线的某一截面积元为 $dS_\perp$,则通过该单位截面积上的磁感应线条数(即磁感线密度)必须等于该点的磁感应强度的大小

$$B = \frac{d\Phi_m}{dS_\perp} \tag{12.10}$$

式(12.10)中的 Φ_m 就是通过某一截面的磁感应线的条数,称为磁通量。

$$\Phi_m = \int_S \boldsymbol{B} \cdot d\boldsymbol{S} \tag{12.11}$$

磁通量的单位是韦[伯](用 Wb 表示),$1\text{Wb}=1\text{T}\cdot\text{m}^2$。几种典型电流的磁感应线如图12.3所示。

图 12.3 几种典型电流的磁感应线
(a)长直载流导线的磁感应线;(b)圆形载流导线的磁感应线;(c)载流螺线管的磁感应线

与"有头有尾"的电场线不同,每一条磁感应线都是环绕电流的"无头无尾"的闭合曲线。闭合电路产生的磁感应线与电路是互相套合在一起的,磁感应线的环绕方向与电流方向之间的关系可以用右手螺旋定则表示。每一个位置只有一个磁感应强度的方向,因此,任意两条磁感应线在空间是不相交的。

12.3 从电流元的磁场到恒定电流产生的磁场

——求磁场从部分到整体的方法是什么?

12.3.1 电流元产生的磁场:毕奥-萨伐尔定律

在讨论连续带电体产生的电场时,由于带电体的种类繁多,不可能对每一种带电体一一加以讨论。在静电学中,计算连续带电体产生的电场强度采取了从部分到整体的方法。

在讨论电流的磁场时,由于电流的形状各异,也不可能对每一类电流一一加以讨论。与静电场类似,讨论恒定电流产生的磁场时,也采取这种从部分到整体的方法:先分割,把恒定电流分割为无限多个微小的电流元,求出电流元在空间某点产生的磁感应强度;再分解,在设定的坐标系中把空间某点的磁感应强度进行分解;后叠加,对每一个电流元在该点产生的磁感应强度都作这样的分解以后,把各个坐标分量以积分的方式叠加;最后把各分量合成得出整个电流在该点产生的磁感应强度。

电流元在空间某点产生的磁感应强度是什么?实验和分析表明,若以 $I d\boldsymbol{l}$ 表示恒定电流的一个电流元,以 r 表示从此电流元指向空间某一场点 P 的矢径,$\boldsymbol{e}_r$ 是它的单位矢量,则此电流元在 P 点产生的磁感应强度为

$$d\boldsymbol{B} = \frac{\mu_0}{4\pi} \frac{I d\boldsymbol{l} \times \boldsymbol{e}_r}{r^2} \tag{12.12}$$

在式(12.12)中，$\mu_0 = \frac{1}{\varepsilon_0 c^2} = 4\pi \times 10^{-7} \text{N/A}^2$ 称为真空磁导率。

以上这个结论首先是由毕奥和萨伐尔从载流长直导线对磁针作用的实验结果总结得出的，故称毕奥-萨伐尔定律。后来拉普拉斯假设载流长直导线产生的作用可以看作各个电流元单独作用的总和，并最后以上述微分形式表示，因而它也称为毕奥-萨伐尔-拉普拉斯定律。有了毕奥-萨伐尔定律，再采取从部分到整体的方法，根据场的叠加原理，就能得出整个恒定电流 I 所形成的磁场的磁感应强度

$$\boldsymbol{B} = \int d\boldsymbol{B} = \int \frac{\mu_0}{4\pi} \frac{I d\boldsymbol{l} \times \boldsymbol{e}_r}{r^2} \tag{12.13}$$

12.3.2 毕奥-萨伐尔定律的应用举例

毕奥-萨伐尔定律描述的是电流元产生的磁场，在实验上对电流元产生的磁感应强度是无法测量的，因此，该定律本身不能由实验进行验证。但是从这个定律出发能够计算不同电流分布产生的磁场，这些计算结果与实验测量值符合得很好。

例题 12.1 载流长直导线附近一点的磁感应强度。已知载流有限长直导线的电流为 I，电流沿 y 轴正向，求导线附近一点 P 的磁感应强度。

【解题思路】

本题是毕奥-萨伐尔定律的应用。载流有限长直导线是通电导线中最简单的例子。求导线附近一点 P 的磁感应强度的基本方法：先分割，在导线上取任意一电流元 $I d\boldsymbol{l}$，按照毕奥-萨伐尔定律得出这个电流元在 P 点产生的磁感应强度。再分解，在长直导线上，由于每一个电流元离开 P 点的距离不同，因此产生的磁感应强度大小也不同，但是，每一个电流元产生的磁感应强度的方向都相同。因此，本题不需要对电流元产生的磁感应强度再分解。后叠加，以积分的方法把电流元在 P 点产生的磁感应强度叠加，即可得到载流长直导线在 P 点产生的磁感应强度。

【解题过程】

建立直角坐标系 xOy，如图 12.4 所示。在导线上选取任意电流元 $I d\boldsymbol{l}$。根据毕奥-萨伐尔定律，该电流元在图示 P 点处形成的磁感应强度为

$$d\boldsymbol{B} = \frac{\mu_0}{4\pi} \frac{I d\boldsymbol{l} \times \boldsymbol{e}_r}{r^2} \tag{12.14}$$

它的大小 $dB = \frac{\mu_0}{4\pi} \frac{I dl \sin\alpha}{r^2}$，它的方向由 $I d\boldsymbol{l} \times \boldsymbol{e}_r$（$\boldsymbol{e}_r$ 的方向为由电流元指向场点 P 的方向）确定为垂直纸面向内。由

图 12.4 载流长直导线附近一点的磁感应强度

于任意电流元在图示 P 点产生的磁感应强度方向相同，因此，可以直接把各个电流元在 P 点产生的磁感应强度以积分形式叠加，由此得出

$$B = \int dB = \int \frac{\mu_0}{4\pi} \frac{I dl \sin\alpha}{r^2} \tag{12.15}$$

统一积分变量,由 $l = a\mathrm{ctg}(\pi-\alpha) = -a\mathrm{ctg}\alpha$,则
$$\mathrm{d}l = a\csc^2\alpha\,\mathrm{d}\alpha,\quad r = a/\sin\alpha$$

设图示 P 点与导线始末两端连线与电流流动方向的夹角分别为 α_1 和 α_2,于是对式(12.15)积分可得

$$B = \int_{\alpha_1}^{\alpha_2} \frac{\mu_0}{4\pi a} I \sin\alpha\,\mathrm{d}\alpha = \frac{\mu_0 I}{4\pi a}(\cos\alpha_1 - \cos\alpha_2) \tag{12.16}$$

在 P 点处方向为垂直纸面向内。

特例:对于无限长直载流导线,$\alpha_1 = 0, \alpha_2 = \pi$,所以

$$B = \frac{\mu_0 I}{2\pi a} \tag{12.17}$$

对于半无限长直载流导线,$\alpha_1 = \dfrac{\pi}{2}, \alpha_2 = \pi$,所以

$$B = \frac{\mu_0 I}{4\pi a} \tag{12.18}$$

例题 12.2 圆形载流导线轴线上一点的磁感应强度。已知载流导体圆环的半径为 R,电流强度为 I,空间某点 P 是处在圆环轴线上离开圆环圆心距离为 r 的某一点。求 P 点的磁感应强度。

【解题思路】

本题也是毕奥-萨伐尔定律的应用,与例题 1 不同的是,圆形载流导线上各个电流元在 P 点产生的磁感应强度的大小相同,但方向不相同。因此,先分割以后,对于各个电流元在 P 点产生的磁感应强度还需要按照设立的坐标系再分解,最后对每一个分量叠加后得出总的磁感应强度。

【解题过程】

首先建立直角坐标系,如图 12.5 所示。在圆形载流导线上选取任意电流元 $I\mathrm{d}\boldsymbol{l}$,根据毕奥-萨伐尔定律,该电流元在轴线上 P 点处形成的磁感应强度为

$$\mathrm{d}\boldsymbol{B} = \frac{\mu_0}{4\pi} \frac{I\mathrm{d}\boldsymbol{l} \times \boldsymbol{e}_r}{r^2}$$

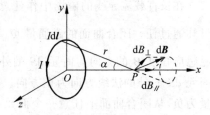

图 12.5 圆形载流导线轴线上一点的磁感应强度

它的大小是 $\mathrm{d}B = \dfrac{\mu_0}{4\pi}\dfrac{I\mathrm{d}l\sin\theta}{r^2}$,由于 $\boldsymbol{I}\mathrm{d}\boldsymbol{l}$ 与 $\boldsymbol{e}_r$ 的夹角始终是 90°,因此,

$$\mathrm{d}B = \frac{\mu_0}{4\pi}\frac{I\mathrm{d}l}{r^2} \tag{12.19}$$

圆形载流导线上每一个电流元在 P 点产生的磁感应强度的大小相等,但方向都不相同,因此,还需要对每一个电流元产生的 $\mathrm{d}\boldsymbol{B}$ 沿平行于轴线和垂直于轴线的两个方向分解为 $\mathrm{d}B_{\parallel}$ 和 $\mathrm{d}B_{\perp}$ 两个分量。最后把各个电流元产生的 $\mathrm{d}B_{\parallel}$ 和 $\mathrm{d}B_{\perp}$ 叠加。由于圆形电流具有一定的对称性,各个电流元产生的 $\mathrm{d}B_{\perp}$ 相互抵消,总磁感应强度就是各个电流元产生的 $\mathrm{d}B_{\parallel}$ 的代数叠加,其大小为

$$B = \int dB_{/\!/} = \int dB \cos\alpha$$

式中 $\cos\alpha = \dfrac{R}{r}$，$R$ 是圆形载流导线的半径。利用式（12.19）得出

$$B = \dfrac{\mu_0 IR}{4\pi r^2} \int_0^{2\pi R} dl = \dfrac{\mu_0 IR^2}{2r^3} = \dfrac{\mu_0 IR^2}{2(R^2 + x^2)^{\frac{3}{2}}} \tag{12.20}$$

方向沿 x 轴正方向，上式中 x 是离开圆心的距离。

特例：圆形导线的圆心 O 处 $x = 0$，因此，O 点的磁感应强度大小为

$$B = \dfrac{\mu_0 I}{2R} \tag{12.21}$$

方向沿 x 轴正方向。

12.4 磁场的两大重要定理

——什么是磁场中的高斯定理和安培环路定理？

12.4.1 磁场中的高斯定理

与静电场的高斯定理类似，磁场中也存在高斯定理。

根据毕奥-萨伐尔定律可知，电流元的磁感应线为闭合曲线，以长直载流导线为例，它的磁感应线就是圆心位置处在轴线上的闭合的同心圆周，如图12.6所示。

在长直载流导线的磁场中作任意闭合曲面，由式（12.11）

图12.6 长直载流导线的磁场

可知通过任一闭合曲面的磁通量 $\Phi_m = \oint_S \boldsymbol{B} \cdot d\boldsymbol{S}$，它的正负由磁感应强度 $\boldsymbol{B}$ 的方向与面元 $d\boldsymbol{S}$ 的外法线正方向的夹角而定。对任意闭合曲面而言，规定面元 $d\boldsymbol{S}$ 向外的法线方向为正方向。因此，从外部穿入闭合曲面上任意一个面元 $d\boldsymbol{S}$ 的磁通量为负，从闭合曲面上任意一个面元 $d\boldsymbol{S}$ 穿出的磁通量为正。由于磁感应线的闭合性，从闭合曲面一侧穿入的磁感应线必然会从闭合面的另一侧穿出，因此，对整个闭合面而言，穿入和穿出曲面的总磁通量的代数和为零。所以有

$$\oint_S \boldsymbol{B} \cdot d\boldsymbol{S} = 0 \tag{12.22}$$

这个结论虽然来自长直导线的磁场，但是，它适用于任意磁场，因此，这个结论具有普遍性，式（12.22）称为磁场中的高斯定理或磁通连续性定理。它与静电场中的高斯定理在形式上很相似，但与静电场有着本质的区别。

静电场是有源场，电场线"有头有尾"，起始于正电荷，终止于负电荷，通过闭合面的电通量可以不为零，这与自然界中存在着单独的正负电荷这个事实相关；而磁场是无源场，磁感应线"无头无尾"，是闭合曲线，通过闭合面的磁通量一定为零，这与迄今为止在自然界中还没有发现单独的磁单极子这个事实相关。由于磁单极子对于物理理论和宇宙演化的重要性，从狄拉克在1931年预言磁单极子的存在至今，科学家一直努力在寻找磁单极子，并曾经

几次宣称发现了磁单极子，但这些结果尚未得到大家的认可和实验上的最后证实。寻找磁单极子仍然是当代物理学的一个重要课题。

12.4.2 磁场中的安培环路定理

与静电场的安培环路定理类似，磁场中也有安培环路定理。仍然以长直载流导线为例。

在通以电流 I 的长直载流导线的磁场中，取一个圆心在导线上，圆平面与长直导线垂直的半径为 a 的圆，根据式（12.17）可知，圆周上各点的磁感应强度 B 的大小是

$$B = \frac{\mu_0 I}{2\pi a}$$

取圆周环路方向与电流方向成右手螺旋关系，圆周上各点的磁感应强度的方向与 $\mathrm{d}l$ 方向一致。取环路上长度为 $\mathrm{d}l$，则磁感应强度沿圆周环路的积分为

$$\oint_L \boldsymbol{B} \cdot \mathrm{d}\boldsymbol{l} = \oint_L B\cos\theta \mathrm{d}l = \frac{\mu_0 I}{2\pi a}\oint_L \mathrm{d}l = \mu_0 I \tag{12.23}$$

可以把上述结论推广到以下几种情况。

推广 1　闭合环路是圆周，但是圆周的圆心不在导线上，或环路不是圆周而是任意闭合曲线，只要有载流导线 I 穿过闭合环路包围的面，上述结论依然成立。

推广 2　穿过闭合环路包围的曲面的载流导线不止一条，即有 $I_1, I_2, I_3, \cdots$ 若干条载流导线，一旦确定圆周环路方向以后，把电流方向与环路方向成右手螺旋关系的电流取正，反之取负，上述结论依然成立，但是式（12.23）右边需改写为 $\mu_0 \sum_{i=1}^{N} I_i$，这里 $\sum_{i=1}^{N} I_i$ 就是这些电流的代数和。

推广 3　被闭合环路包围的不是载流导线，而是具有某种对称性的载流导体（如总电流为 I 的圆柱形长直导体，圆柱半径为 R），上述结论依然成立，但必须分别讨论导体外和导体内的磁场。

归纳以上结论，由长直导线得出的式（12.23）可以推广成如下的一般表达式：

$$\oint_L \boldsymbol{B} \cdot \mathrm{d}\boldsymbol{l} = \mu_0 \sum_{i=1}^{N} I_i \tag{12.24}$$

式（12.24）称为磁场中的安培环路定理。

在式（12.24）中，等式左边积分号下的 $\boldsymbol{B}$ 是空间所有电流产生的磁感应强度的矢量和，既包括被环路"包围"的电流产生的磁感应强度，也包括处于环路以外的电流产生的磁感应强度。而等式右边的 $\sum_{i=1}^{N} I_i$ 指的是只被环路 L 所"包围"的电流的代数和，所谓"包围"指的是闭合电流（无限长直电流可认为在无穷远闭合）与环路 L 铰链。

12.4.3 安培环路定理的应用举例

与在静电场中应用高斯定理计算电场强度类似，应用安培环路定理求磁感应强度也可以采用从整体到部分的方法。整体指的是整个电流产生的磁场，部分指的是需要讨论的某

一位置或某一个区域的磁场。

当电流分布具有高度对称性时,利用安培环路定理计算磁感应强度的物理步骤是按照从整体到部分的以下三个步骤展开的。

首先分析电流的整体对称性。根据电流的对称性分析磁场分布的对称性,这是第一步。再根据对称性找出符合一定条件的闭合环路,这是第二步。在闭合环路上应用安培环路定理完成对闭合环路的积分,特别是完成把磁感应强度提到积分号外面的运算后,再根据环路包围的电流得出磁感应强度的表达式,这是第三步。

通过这样对整体行为的三步分析后,得到的磁感应强度仍然是某一个整体区域(安培环路)的磁感应强度,而需要求得的某一点的磁感应强度在作闭合环路时作为部分就被有意地置于这个区域中了,因此,从以上三步整体行为着手就可以得到所需要的部分的结果。

例题 12.3 求无限长圆柱形载流导体内外的磁感应强度分布(图 12.7)。

【解题思路】

第一步,分析对称性。这是整体上具有轴对称电流分布的载流导体,其产生的整个磁场也具有轴对称性。第二步,选取圆心在圆柱形导体轴线上,半径为 r 的圆周作为闭合回路 L。通过对称性分析可知,无论导体内或导体外,L 上各点的磁感应强度的大小相等,方向都沿圆周的切线。第三步,在导体外和导体内分别利用安培环路定律,从整体到部分完成环路积分,就可以得出导体内外的磁感应强度分布。

图 12.7 无限长载流圆柱导体

【解题过程】

由于圆柱形载流导体是无限长的,电流分布具有轴对称性,其产生的磁场也具有轴对称性。磁感应线是在垂直于轴线平面内的以该平面与轴线交点为圆心的一系列同心圆。取这样的同心圆作为闭合回路,作半径为 r 的回路 L,并使其对回路 L 的积分方向与电流 I 的方向满足右手螺旋定则。回路上每一点的磁感应强度的大小相等,方向都沿回路在该点的切线方向。于是在导体内外分别应用安培环路定理。

导体外:

$$r \geqslant R, \quad \oint_L \boldsymbol{B} \cdot \mathrm{d}\boldsymbol{l} = B \oint_L \mathrm{d}l = B 2\pi r = \mu_0 I$$

于是

$$B = \frac{\mu_0 I}{2\pi r} \quad (r \geqslant R) \tag{12.25}$$

导体内:

$$r \leqslant R, \quad \oint_L \boldsymbol{B} \cdot \mathrm{d}\boldsymbol{l} = B \oint_L \mathrm{d}L = B 2\pi r = \mu_0 I'$$

这里 I' 只是总电流 I 中被闭合曲线包围的一部分电流,$I' = \frac{I}{\pi R^2} \pi r^2 = \frac{I r^2}{R^2}$。于是

$$B = \frac{\mu_0 I'}{2\pi r} = \frac{\mu_0 I r}{2\pi R^2} \quad (r \leqslant R) \tag{12.26}$$

例题 12.4 求"无限长"通电螺线管内部的磁感应强度。设螺线管中电流强度为 I,单位长度的匝数是 n,如图 12.8 所示。

图 12.8 无限长通电螺线管内部的磁场

【解题思路】

由于螺线管是"无限长"的,因此,磁场全部分布在螺线管内部,并具有轴对称性;而螺线管外部磁场为零。对很长的螺线管而言,实际的磁场集中在螺线管内部,外部的磁场很弱,可以忽略不计。

根据对称性分析可知,螺线管内部的磁场沿轴向均匀分布,如图 12.8 所示。为了计算内部某一点的磁感应强度,过该点作一矩形回路,回路的积分方向与包围的电流方向满足右手螺旋定则。于是,在该回路上应用安培环路定理,就可以得出螺线管内部的磁感应强度。

【解题过程】

为了计算内部某一点 P 的磁感应强度,过 P 点作一矩形回路 L,即 $abcd$,如图 12.8 所示,在该回路上应用安培环路定理。该积分回路分为四部分,即

$$\oint_L \boldsymbol{B} \cdot \mathrm{d}\boldsymbol{l} = \int_a^b \boldsymbol{B} \cdot \mathrm{d}\boldsymbol{l} + \int_b^c \boldsymbol{B} \cdot \mathrm{d}\boldsymbol{l} + \int_c^d \boldsymbol{B} \cdot \mathrm{d}\boldsymbol{l} + \int_d^a \boldsymbol{B} \cdot \mathrm{d}\boldsymbol{l}$$

其中,ab 部分在管外,磁场为零,因此,积分为零。在 bc 部分和 da 部分由于 $\boldsymbol{B}$ 的方向与积分路径 $\mathrm{d}\boldsymbol{l}$ 方向垂直,因而积分也为零。在 cd 部分,$\boldsymbol{B}$ 的方向与积分路径方向平行,因此

$$\oint_L \boldsymbol{B} \cdot \mathrm{d}\boldsymbol{l} = \int_c^d \boldsymbol{B} \cdot \mathrm{d}\boldsymbol{l} = \int_c^d B \mathrm{d}l = B\overline{cd}$$

注意到整个回路包围的总电流强度是 $n\overline{cd}I$,于是按照安培环路定理有

$$\oint_L \boldsymbol{B} \cdot \mathrm{d}\boldsymbol{l} = B\overline{cd} = \mu_0 n \overline{cd} I$$

从而得出

$$B = \mu_0 n I \tag{12.27}$$

【拓展阅读】 磁场与电场的几点类比

磁场中的安培环路定理与静电场中的安培环路定理在形式上很相似,但有着本质的区别。静电场中的安培环路定理等式右边始终为零,这是因为静电场力是保守力,电场是有势场,电场强度沿任意曲线从 A 点到 B 点的积分等于这两个位置的电势差,沿任何闭合曲线的积分都是零。而磁场力是非保守力,磁场是无势场,磁感应强度沿任何闭合曲线的积分等于被闭合曲线包围的 $\sum_{i=1}^{n} I_i$ 与 μ_0 的乘积。只有当 $\sum_{i=1}^{n} I_i = 0$ 时,即闭合曲线没有包围电流或包围电流的代数和为零时,磁感应强度沿闭合曲线的积分才等于零。

12.5 磁场对运动电荷和对电流的作用

——什么是磁场对运动电荷和对载流导线的作用?

12.5.1 磁场对运动电荷的作用

洛伦兹在 1895 年建立了经典电子论,并推导出运动电荷在磁场中会受到洛伦兹力的作

用,从而将其作为经典电子论的基本假设提出。后来这个假设由阴极射线管发射出的沿直线前进的电子束在磁场中的运动发生偏转的实验证实。

当带电粒子进入均匀磁场时,会出现以下三种运动情况。

(1) 当带电粒子的速度 v 与磁场的磁感应强度 B 平行或反平行时,则带电粒子所受的洛伦兹力为零,带电粒子将保持原来的直线运动。

(2) 当 v 垂直于 B 时,带电粒子受到的洛伦兹力 f 总是与其速度方向 v 垂直,带电粒子将做圆周运动。

带电粒子作圆周运动的向心力由洛伦兹力提供,即

$$f = qvB = m\frac{v^2}{R}$$

这里 m 是粒子的质量,R 是作粒子圆周运动的半径。圆周运动周期为

$$T = \frac{2\pi R}{v}$$

由此得出粒子圆周运动的半径及周期分别为

$$R = \frac{mv}{qB}, \quad T = \frac{2\pi m}{qB} \tag{12.28}$$

(3) 当带电粒子的运动速度 v 与 B 之间成夹角 θ 时,可以将带电粒子的运动速度分解成与 B 平行的 $v_{/\!/} = v\cos\theta$ 和与 B 垂直的 $v_\perp = v\sin\theta$ 两个分量。平行分量作匀速直线运动,垂直分量作圆周运动,其合运动为螺旋运动,其回旋半径 R、周期 T 和螺距 h 分别为(图 12.9)

$$\begin{cases} R = \dfrac{mv_\perp}{qB} = \dfrac{mv\sin\theta}{qB} \\ T = \dfrac{2\pi R}{v_\perp} = \dfrac{2\pi m}{qB} \\ h = v_{/\!/} T = \dfrac{2\pi mv\cos\theta}{qB} \end{cases} \tag{12.29}$$

图 12.9 带电粒子进入均匀磁场的螺旋运动
(a) 带电粒子进入均匀磁场;(b) 带电粒子的螺旋运动

12.5.2 霍尔效应

一个厚度为 b,宽为 h 的导电薄片,在沿 x 轴通有电流 I 时,在 y 轴方向上加上均匀磁

场 B，于是在导电薄片沿 z 轴方向的两侧（A，A'）就会产生一电位差 U_H，这一现象称为霍尔效应。

霍尔效应可以用带电粒子在磁场中受到的洛伦兹力来解释。如图 12.10 所示，电流中的载流子在磁场中运动受到洛伦兹力 $f=qv\times B$，从而使载流子的运动方向发生偏转，到达导体的上部 A，在导体上部积累，同时在导体的下部 A' 出现等量异号电荷的积累，于是在导体 AA' 两侧就出现附加电场 E_H。如果载流子为正电荷，则附加电场方向是由 A 指向 A'，如果载流子为负电荷，则附加电场方向是由 A' 指向 A。

图 12.10 霍尔效应

由此可见，载流子除受到洛伦兹力外，还要受到附加电场力 $f_e=qE_H$ 的作用，其方向与洛伦兹力正好相反。当 $f=f_e$ 时，电荷不再向导体两侧积累，AA' 两侧电势差稳定。此时，AA' 两侧的电压和电势差分别为

$$E_H=vB, \quad V_H=hvB \tag{12.30}$$

式中，V_H 称为霍尔电压。如果载流子的所带电荷为 q，载流子数密度为 n，导体的厚度为 b。实验表明，在磁场不太大的情况下，有

$$V_H=\frac{1}{nq}\frac{IB}{b} \tag{12.31}$$

这就是霍尔电压公式，其中 $R_H=\dfrac{1}{nq}$，称为霍尔系数，数值由材料本身决定。

【数学推导】 霍尔电压公式的导出
【拓展阅读】 霍尔效应的应用

12.5.3 磁场对载流导线的作用

导线中的电流是由导线内部载流子的定向运动产生的，每一个载流子在磁场中都会受到洛伦兹力的作用。因此，当把载流导线放置于磁场中时，每一个载流子都会受到洛伦兹力，其合力就表现为磁场对整个载流导线产生的磁力。

取载流导线上一个长度元为 dl，截面积为 S 的电流元，并放置于磁感应强度为 B 的磁场中，设导线内部载流子数密度为 n，导线内共有 N 个载流子，于是，这些载流子受到的洛伦兹力的合力为 $d\boldsymbol{F}$

$$d\boldsymbol{F}=N\cdot q\boldsymbol{v}\times\boldsymbol{B}=nSdl\cdot q\boldsymbol{v}\times\boldsymbol{B}$$

因为 $I=\displaystyle\int \boldsymbol{J}\cdot d\boldsymbol{S}=qnvS$，所以电流元在磁场中受到的磁力为

$$d\boldsymbol{F}=Id\boldsymbol{l}\times\boldsymbol{B} \tag{12.32}$$

电流元 Idl 受到的这个磁力称为安培力，式（12.32）就称为安培定律。于是，平面上一段长

度为 l 的载流导线在磁场中受到的安培力就是

$$F_\mathrm{m} = \int \mathrm{d}F_\mathrm{m} = \int_L I\mathrm{d}l \times B \tag{12.33}$$

例题 12.5 一段半径为 R 的半圆形载流导线 ab 放在均匀磁场 B 中，电流 I 从 $a \to b$，设磁场处于纸面的平面内，方向如图 12.11 所示，求该半圆形载流导线受到的安培力。

【解题思路】

中学物理只讨论一段长直载流导线在均匀磁场中受到的磁力。大学物理可以讨论一段任意形状载流导线在磁场中受到的磁力。其方法是"先分解"，在该导线上取一段电流元 $I\mathrm{d}l$，计算该电流元在磁场里受到的作用力。在本题中圆形载流导线上各个电流元在磁场里受到的作用力方向相同，均垂直于纸面向外。然后"再叠加"，把各个电流元受到的磁场力相加即可以得出整个半圆形载流导线 ab 受到的安培力。

图 12.11 例题 12.5 图

【解题过程】

在半圆形载流导线上选取电流元 $I\mathrm{d}l$，按照式(12.32)，该电流元 $I\mathrm{d}l$ 受到的磁力为

$$\mathrm{d}F = I\mathrm{d}l \times B,$$

方向垂直纸面向外。整个半圆形载流导线受到的安培力为

$$F = \int \mathrm{d}F = \int_L I\mathrm{d}l \times B = I\left(\int_a^b \mathrm{d}l\right) \times B$$

式中，$\int_a^b \mathrm{d}l$ 是各个长度元 $\mathrm{d}l$ 的矢量和 l，它的大小等于 ab 直线段的大小，方向从 $a \to b$，因此得出

$$F = I\left(\int_a^b \mathrm{d}l\right) \times B = Il \times B$$

这个结论表明，整个半圆形载流 I 的导线受到的安培力等于从 a 到 b 连接的直导线通过相同电流 I 时受到的安培力。在本题中，由于 l 和磁场 B 的方向均与纸面平行，因此，安培力 F 的方向垂直纸面向外，大小 $F = IlB\sin\alpha$，这里 α 是从 a 到 b 的矢量直线段与磁场 B 的夹角。

讨论：

(1) 以上的结论虽然是从半圆形载流导线中得出的，容易证明，对平面上任意形状载流导线而言，只要确定了的起始点 a 和终点 b，导线受到的安培力都等于从 a 到 b 连接的直导线通过相同电流 I 时受到的安培力，与导线的形状无关。

(2) 如果 a 与 b 重合，即载流导线构成一个闭合回路，则由于 $l = 0$，因此，$F = 0$，因此得出结论：在均匀磁场中，闭合载流导线回路在整体上受到的安培力为零。

12.5.4 磁场对载流线圈的作用

一闭合载流线圈半径为 R，电流为 I，放在一均匀磁场中。线圈平面法线方向（与电流方向符合右手螺旋关系）e_n 与磁场 B 的方向夹角为 θ。

将 B 分解为与 e_n 平行的 $B_{/\!/}$ 和与 e_n 垂直的 $B_\perp$ 两个分量(图 12.12(a))：

图 12.12 磁场对载流线圈的作用

（a）载流线圈放在均匀磁场中；（b）$B_{/\!/}$ 对载流线圈的作用；（c）$B_\perp$ 对载流线圈的作用

$$B_\perp = B\sin\theta, \quad B_{/\!/} = B\cos\theta$$

载流线圈在磁场 $B_{/\!/}$ 中各电流元受到的安培力大小相等,方向都在线圈平面内沿径向向外,由对称性可知,$B_{/\!/}$ 对线圈的合力为零,合力矩也为零,如图 12.12(b)所示。

载流线圈在磁场 $B_\perp$ 中各电流元受到的磁场力大小为 $dF = IdlB_\perp\sin\beta$,β 是 Idl 与 $B_\perp$ 之间的夹角,dF 在线圈左半圈方向垂直纸面向外,右半圈方向垂直纸面向内。由对称性可知,线圈受 $B_\perp$ 分量的合力为零,但合力矩为

$$M = \pi I R^2 B\sin\theta \tag{12.34}$$

力矩方向沿 z 轴正向,如图 12.12(c)所示。

载流线圈平面的面积为 $S = \pi R^2$,定义 $m = SIe_n$ 为磁偶极矩,简称磁矩,式(12.34)可写成矢量表达式

$$\boldsymbol{M} = SI\boldsymbol{e}_n \times \boldsymbol{B} \tag{12.35}$$

定义 $m = SIe_n$ 为磁偶极矩,简称磁矩,于是有:

$$\boldsymbol{M} = \boldsymbol{m} \times \boldsymbol{B} \tag{12.36}$$

式(12.36)即为闭合载流线圈所受到的磁力矩。

【数学推导】 磁力矩公式的导出

12.6 磁场与磁介质的相互作用

——磁介质是怎样被磁化,又是怎样影响外磁场的?

前几节讨论真空中的磁场时,磁感应强度是作为描述磁场本身性质的物理量引入的。与静电场中总有电介质存在且被极化的情况类似,在任何磁场中总会有各种磁介质存在,它们会与磁场产生相互影响。一方面,物质会改变原有的磁性,有的物质磁性使原磁场增强了,有的物质磁性则使原磁场减弱了,这种现象称为物质的磁化。另一方面,物质被磁化以后会影响外磁场的分布。任何能被外磁场磁化并反过来影响磁场分布的物质称为磁介质。

12.6.1 磁介质的磁化及其分类

为了理解各种物质的磁化性质,并对磁介质作出分类,首先需要讨论磁性产生的原因。

原子结构的理论表明,原子由原子核和围绕原子核作圆周运动的电子组成。如图12.13表示的是一个单电子原子模型,电子电荷是$-e$,质量为m_e。电子以速度v围绕原子核做圆周运动,圆周运动的半径为r。由于电子的运动相当于在原子核周围产生一个等效的环形圆电流I。电子作圆周运动的周期是$T=2\pi r/v$,这里v是电子作圆周运动的线速度。于是,与该电子运动对应的等效环形电流I的大小为

$$I = \frac{e}{T} = \frac{ev}{2\pi r} \tag{12.37}$$

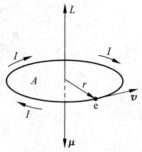

图12.13 单电子原子模型

这个环形电流就在原子内部产生一个磁场。由电流元的磁场公式可以导出匀速运动电荷产生的磁场是

$$\boldsymbol{B}_e = \frac{\mu_0}{4\pi} \frac{q\boldsymbol{v} \times \boldsymbol{e}_r}{r^2} \tag{12.38}$$

式中,r表示从电流元指向空间某一点P的矢径,$\boldsymbol{e}_r$是沿r方向的单位矢量。

设环形面积为$S=\pi r^2$,由分子内部的电子围绕原子核作圆周运动形成的环形电流所产生磁场的磁矩称为电子轨道的运动磁矩,定义为$\boldsymbol{m}=IS\boldsymbol{e}_n$,利用式(12.37),则电流回路产生的电子轨道磁矩大小为

$$m = IS = \frac{ev}{2\pi r}(\pi r^2) = \frac{evr}{2} \tag{12.39}$$

式中,$\boldsymbol{e}_n$是沿环形面积的正法线方向的单位矢量。

由于电子轨道的角动量$L=m_e vr$,于是,可以用轨道角动量$\boldsymbol{L}$来表示电子轨道磁矩

$$m = \frac{e}{2m}L \tag{12.40}$$

电子除了绕原子核作轨道运动外,还具有自旋运动——内禀(固有)自旋,并具有电子内禀自旋角动量和内禀磁矩。内禀自旋角动量s的大小是$\frac{\hbar}{2}\left(\hbar=\frac{h}{2\pi}\right)$,这里$h=6.623\times10^{-34}$J·S,称为普朗克常量。按照量子理论,电子的内禀自旋磁矩(即玻耳磁子m_B)为

$$m_B = \frac{e}{m_e}s = \frac{e}{2m_e}\hbar = 9.27\times10^{-24} \text{J/T}$$

在一个分子中有许多电子和若干原子核,一个分子的磁矩是其中所有电子的轨道磁矩和自旋磁矩以及原子核的自旋磁矩的矢量和。通常,原子核的磁矩小于电子磁矩的千分之一,仅在核磁共振技术中需要计入,一般情况下可以忽略。

在没有受到外磁场作用时,虽然磁介质中每一个分子都具有分子磁矩,但是由于分子的无规则运动,所有分子磁矩的总和为零,磁介质在宏观上不显示任何磁性。

磁介质一旦被放入磁场以后,由于分子磁矩会受到磁场的作用,并发生相应的变化,引起磁介质的磁化状态发生改变,产生附加磁场,并在磁介质表面产生磁化面束缚电流

I'，这种现象称为**磁介质的磁化**。磁化面束缚电流 I' 的出现反过来又会影响原来的磁场分布。

磁介质的磁化状态用磁化强度矢量表示，它定义为单位体积磁介质中所有分子磁矩 m_i 的矢量和，用 M 表示

$$M = \lim_{\Delta V \to 0} \frac{\sum_i m_i}{\Delta V} \tag{12.41}$$

磁化强度的单位是 A/m，与面电流密度单位相同。与传导电流类比可以得到，穿过任意一个闭合面的磁化面电流 I' 的代数和等于磁化强度 M 沿该闭合回路 L 的环路积分

$$\sum_i I' = \oint_L \boldsymbol{M} \cdot \mathrm{d}\boldsymbol{l} \tag{12.42}$$

设真空中外磁场为 $\boldsymbol{B}_0$，放入磁介质以后由于磁化而产生的磁感应强度是 $\boldsymbol{B}'$，则磁介质中的磁场 $\boldsymbol{B}$ 就是这两个磁场的矢量和 $\boldsymbol{B} = \boldsymbol{B}_0 + \boldsymbol{B}'$。令 $\mu_r = \dfrac{B}{B_0}$，称为磁介质的相对磁导率。不同磁介质的相对磁导率是不同的。

如果介质被磁化以后测得内部的磁感应强度强于没有磁介质时的磁感应强度，即 $\mu_r > 1$，磁化强度 M 与外磁场同向，这样的介质称为顺磁质。在顺磁质磁化的过程中，分子磁矩趋于平行于外磁场的方向排列，在磁介质圆柱表面出现与外磁场呈右手螺旋关系的磁化面电流。

如果介质被磁化以后测得内部的磁感应强度弱于没有磁介质时的磁感应强度，即 $\mu_r < 1$，磁化强度 M 与外磁场反向，这样的介质称为抗磁质。在抗磁质磁化的过程中，每个分子在固有磁矩的基础上产生与磁场方向相反的附加磁矩，在磁介质圆柱面表面出现与外磁场呈左手螺旋关系的磁化面电流。

抗磁质中有一类材料具有完全抗磁性，这类材料即为超导体。一些金属、合金在温度降至临界温度以下时会进入超导状态。它们的一个基本特征就是电阻为零，内部的电场总和为零。为了保持超导体内电场为零，由电磁感应定律可知，超导体内磁通量不能发生变化。因此，在外磁场中的超导体内总保持磁场为零的状态。实际上，当把超导体放入外磁场中时，由于磁场的作用，在超导体表面会迅速出现感应电流。这些感应电流在超导体内产生的磁场和外磁场叠加，使总磁场的磁感应线发生弯曲而绕过超导体。超导体通过表面产生感应面电流并排斥磁感应线的现象，称作迈斯纳效应。与普通的抗磁性材料相比，超导体内的磁场 B 不是减小，而是完全消失，因此把超导体称为完全抗磁质。

还有一种材料称为铁磁性材料，如铁、镍、钴以及具有这些元素的合金。在这些材料中，原子磁矩之间有很强的相互作用，即使在没有外磁场的作用下，磁矩也能在一定区域内相互平行排列，从而在铁磁性材料内部形成无数个线度约为 10^{-4} m 的小区域，这些小区域称为磁畴。如图 12.14 所示为磁化的磁畴结构，箭头表示磁畴中的磁化的方向。

图 12.14　磁化材料的磁畴
(a) 无磁场；(b) 弱磁场；(c) 强磁场

当没有外磁场作用时,磁畴中的自发磁化随机取向。当施加一个外磁场时,自发磁化趋向于沿着外磁场的方向排列。当外磁场逐渐增大时,其磁矩方向和外磁场方向一致的磁畴逐渐扩大,和外磁场方向不一致的磁畴逐渐缩小。由于一个磁畴中的总磁矩可能是玻尔磁子的几千倍,因此,在铁磁材料中,由于磁化引起沿着外磁场方向排列的磁矩比顺磁性材料大得多。当外磁场增大到一定限度以后,铁磁性材料中几乎所有磁畴的磁矩方向都指向外磁场方向,这种现象称为磁化饱和。这时,再继续增大外磁场也不会继续产生附加磁场。

12.6.2 磁介质磁化对磁场的影响

有磁介质存在时磁场 B 是传导电流产生的外磁场 B_0 和磁化面电流产生的附加磁场 B' 的矢量叠加。由于 B' 和 B_0 一样遵守毕奥-萨伐尔定律,总的磁感应强度 B 仍然遵守磁场的安培环路定理

$$\oint_L \boldsymbol{B} \cdot \mathrm{d}\boldsymbol{l} = \mu_0 \left(\sum I_0 + \sum I' \right) \tag{12.43}$$

$\sum I_0$ 和 $\sum I'$ 分别是通过以 L 为边界的 S 面的总传导电流和总磁化面电流。利用式(12.42)可以把上式改写成

$$\oint_L \left(\frac{\boldsymbol{B}}{\mu_0} - \boldsymbol{M} \right) \cdot \mathrm{d}\boldsymbol{l} = \sum I_0 \tag{12.44}$$

由此,定义一个新的辅助物理量 H。

$$\boldsymbol{H} = \frac{\boldsymbol{B}}{\mu_0} - \boldsymbol{M} \tag{12.45}$$

H 称为磁场强度,则安培环路定理可以表示为

$$\oint_L \boldsymbol{H} \cdot \mathrm{d}\boldsymbol{l} = \sum I_0 \tag{12.46}$$

这就是关于磁场强度 H 的环路定理,它表明,磁场强度 H 沿磁场中任一闭合回路 L 的线积分,等于通过所包围面积的传导电流的总电流 $\sum I_0$,而与磁化面电流无关。

由于真空中没有磁介质的存在,传导电流产生的磁场为 B_0,$M=0$,磁场强度 $H = \dfrac{B_0}{\mu_0}$,于是式(12.46)就变成真空中磁场的环路定律。

例题 12.6 一根同轴电缆线由半径为 R_1 的长导线和套在它外面的内半径为 R_2、外半径为 R_3 的同轴导体圆筒组成,中间充满磁导率为 μ 的各向同性均匀非铁磁绝缘材料,如图 12.15 所示。传导电流 I 沿着导线向上流入,沿圆筒向下流回,在导线和圆筒的截面上电流都是均匀分布的,求同轴线内外的磁感应强度 B 的大小分布。

【解题思路】
与在真空中求解对称性磁场分布的问题类似,在磁介质中对于电流具有对称性分布以致产生的磁场也具有对称性分布的载流导体,也可以采用从整体到部分的方法。

图 12.15 同轴电缆的电流

本题中,由于同轴长直导线的电流呈轴对称,因此,同轴线内外的磁场分布也具有轴对称性。在垂直于导线和圆筒轴线的平面内选择一半径为 r 的同心圆 L 作为积分回路,在此回路上各点的磁感应强度大小相同。在导体和圆筒之间充满磁介质的情况下,同轴线内外的磁感应强度由传导电流和磁化电流共同产生。对此可以应用安培环路定理,由环路包围的传导电流求出磁场强度,再求出磁感应强度。本题的磁场分布涉及 4 个区域,因此需要分开讨论。这里要注意的是,在导体内部作回路时,回路包围的电流与回路半径有关,在导体外部作回路时,回路包围的电流强度的代数和是零。

【解题过程】
在 4 个区域分别应用安培环路定理

$$\oint_L \boldsymbol{H} \cdot \mathrm{d}\boldsymbol{l} = \sum I$$

在 $0 < r < R_1$ 区域,有 $2\pi r H = \dfrac{I r^2}{\pi R_1^2}$,由此得出

$$H = \frac{Ir}{2\pi R_1^2}$$

再由 $B = \mu_0 H$,得到

$$B = \frac{\mu_0 I r}{2\pi R_1^2}$$

在 $R_1 < r < R_2$ 区域,有 $2\pi r H = I$,由此得出

$$H = \frac{I}{2\pi r}$$

再由 $B = \mu H$,得到

$$B = \frac{\mu_0 I}{2\pi r}$$

在 $R_2 < r < R_3$ 区域,有

$$2\pi r H = I - \frac{I \pi^2 (r^2 - R_2^2)}{\pi(R_3^2 - R_2^2)}$$

由此得出

$$H = \frac{I}{2\pi r}\left(1 - \frac{r^2 - R_2^2}{R_3^2 - R_2^2}\right)$$

再由 $B = \mu H$,得到

$$B = \frac{\mu I}{2\pi r}\left(1 - \frac{r^2 - R_2^2}{R_3^2 - R_2^2}\right)$$

在 $r > R_3$ 区域,有

$$H = 0, \quad B = 0$$

【拓展阅读】 磁性材料的应用:巨磁阻效应

思 考 题

12.1 电场 $\boldsymbol{E}$ 的方向可以用正电荷在静电场中所受力的方向来定义,那么,磁感应强

度 B 的方向可以用带正电的运动电荷在磁场中所受作用力的方向来定义吗？为什么？

12.2 在电子测量仪器中,总会存在很多导线回路,一旦通以电流以后,回路电流产生的磁场常常会对测量结果产生影响。为此,通常把回路中两根导线扭成一股。为什么？

12.3 两根长直导线通以相同的电流 I 后,相互十字交叉地放在一起(图 12.16),交叉点相互绝缘。在它们产生的磁场中,何处的合场强为零？

12.4 假设处在水平连线上相距为 r 的两个带正电的粒子,以相同的速度 v ($v \ll c$) 竖直向上运动。这两个带电粒子之间存在库仑相互作用力(电场力) F_e 吗？存在洛伦兹力(磁场力) F_m 吗？试证明,两个运动电荷之间的磁场力 F_m 远小于它们之间的电场力 F_e。

图 12.16 思考题 12.3 图

12.5 如果一质量为 m 的带电粒子以速度 v 进入一个在水平面上下分层的非均匀磁场,上层磁场大小为 B,下层磁场大小为 $2B$,上下层的磁场方向都是与纸面垂直向里的(图 12.17),且 $v \perp B$。

问：该带电粒子的运动轨迹是什么？周期是多少？该粒子在一个周期内沿水平方向移动的距离多大？平均速率多大？

12.6 在图 12.18 中,电流 I_1、I_2 被闭合环路 L 包围,电流 I_3 处于环路以外,电流方向和环路 L 的正方向如图所示。这个磁场的磁感应强度与哪些电流有关,这个磁场中安培环路定理等式右边的电流与哪些电流有关？

图 12.17 思考题 12.5 图

图 12.18 思考题 12.6 图

12.7 如图 12.19 所示,如果流出纸面的电流为 $2I$,流进纸面的电流为 I,则下述各式中哪一个表达式是正确的？

(A) $\oint_{L_1} \boldsymbol{H} \cdot \mathrm{d}\boldsymbol{l} = 2I$；

(B) $\oint_{L_2} \boldsymbol{H} \cdot \mathrm{d}\boldsymbol{l} = I$；

(C) $\oint_{L_3} \boldsymbol{H} \cdot \mathrm{d}\boldsymbol{l} = -I$；

(D) $\oint_{L_4} \boldsymbol{H} \cdot \mathrm{d}\boldsymbol{l} = -I$

图 12.19 思考题 12.7 图

12.8 在本章例题 12.4 中,无限长直导线也处在通电圆形线圈产生的磁场中,因此,长直导线也会受到磁场力。问：两个电流元之间通过磁场产生的相互作用力能构成一对作用力和反作用力吗？通电圆形线圈受到长直导线产生的磁场作用力与长直导线受到通电圆形线圈产生的磁场作用力构成一对作用力和反作用力吗？

12.9 当电流通过有电阻的导体时会产生焦耳热,放在磁场中的磁介质表面当出现磁化面电流时,能不能产生焦耳热?为什么?

习 题

12.1 用两种方式分别在边长为 l 的单个正方形线圈中通以电流 I(其中 ab、cd 与正方形共面),如图 12.20(a)、(b)所示。求：在(a)、(b)这两种情况下两个线圈中心的磁感应强度。

12.2 把图 12.20(a)的单个通电正方形线圈改为密绕正方形平面线圈,如图 12.21 所示。总的线圈匝数是 N,其最外圈边长是 a,最内圈边长是 b。求该线圈中心 O 点处的磁感应强度 B。

12.3 一通电导线由带缺口的正方形和圆弧组成,如图 12.22 所示,导线中通有电流 I。图中 $ACDO$ 是边长为 b 的正方形。求圆心 O 处的磁感应强度 B。

图 12.20 习题 12.1 图　　　图 12.21 习题 12.2 图　　　图 12.22 习题 12.3 图

12.4 在真空中有两个点电荷 $\pm q$,相距 $3a$,它们围绕于与两点电荷连线垂直的轴线转动,轴线离开 $+q$ 电荷的距离是 a,两个点电荷的转动角速度都是 ω。求电荷连线与转轴交点 O 处的磁感应强度。

12.5 一半径为 R 的均匀带电薄圆盘以角速度 ω 绕通过圆盘圆心 O,并垂直于圆盘的轴线沿逆时针方向转动,圆盘的电荷面密度为 $+\sigma$,如图 12.23 所示。求圆盘圆心 O 点的磁感应强度。

12.6 宽度为 a 的薄长金属片中通有电流 I,电流沿薄片宽度方向均匀分布。流动方向如图 12.24 所示。求薄片所在上部边缘距板的距离为 b 的 P 点处的磁感应强度。

12.7 一空心的圆柱形"无限长"导体杆,其内外半径分别是 R_1 和 R_2,电流 I 均匀地从导体中流过,如图 12.25 所示。求在 $r<R_1$,$R_1<r<R_2$ 和 $r>R_2$ 的三个区域内的磁感应强度。

图 12.23 习题 12.5 图　　　图 12.24 习题 12.6 图　　　图 12.25 习题 12.7 图

12.8 一长直同轴电缆由两个同心导体组成,内层是半径为 R_1 的导体圆柱,外层是内外半径分别是 R_2 和 R_3 的导体圆筒。在两导体之间充满磁导率为 μ 的各向同性的不导电的磁介质,如图 12.26 所示。电流 I 从内导体圆柱流入,从外导体圆筒流出。求各个空间区域内磁感应强度 **B** 和磁场强度 **H** 的分布。

图 12.26 习题 12.8 图

12.9 电流 I 均匀地流过一半径为 R 的圆柱形长导体的横截面,试求:

(1) 离开轴线距离为 $r(r<R)$ 处点 P 的磁感应强度;

(2) 以单位长度导线($l=1$m)为边长作一包含 P 点的内剖面 S,如图 12.27 所示。求通过该剖面 S 的磁通量。

12.10 一条通有电流 $I_1=20$A 的长直导线附近放置一个通有电流 $I_2=10$A 的矩形线圈,线圈的长度为 $d=0.15$m,宽度为 $b=0.08$m,线圈最近边距长直导线的距离是 $a=0.02$m。电流方向和线圈放置位置如图 12.28 所示。求:

(1) 整个线圈受到的磁场力 **F**;

(2) 线圈受到的磁力矩 **M**。

图 12.27 习题 12.9 图

图 12.28 习题 12.10 图

第 13 章

电磁感应和麦克斯韦方程组

本章引入和导读

在前面几章分别讨论了静止电荷产生的静电场和恒定电流或运动电荷产生的磁场(电产生磁)以后,对电磁感应(磁产生电)的现象和规律的描述就顺理成章地成为本章的主要内容。

如同对其他物理学规律的描述一样,对电磁感应的描述也分为定性和定量两部分。中学物理课程中通过讨论永磁体插入或拔出闭合回路线圈和闭合回路线圈接通或断开电源时产生的现象引入了电磁感应,并提出了判定感应电流方向的楞次定律,这些内容基本上停留在定性描述的层次上。大学物理则从定性进一步上升为定量,介绍了法拉第电磁感应定律的一般表达式和产生感应电动势的两条基本途径。第 13 章在计算电流产生的磁场时,从提出元电流产生磁场的毕奥-萨伐尔定律入手,计算任意载流导线产生的磁场,与此类似,本章从提出在磁场中运动的一段导线中产生的感应电动势的计算公式开始,不仅可以计算出中学物理提到的长直导线在均匀磁场中切割磁感应线所产生的感应电动势,而且也能计算任意形状导线在非均匀磁场中运动所产生的感应电动势。因此,大学物理得出的结论更普遍,适用范围更广。

从对力的认识上看,在第 11 章中讨论的是作用在静止电荷上的静电力,静电力与电荷的运动速度无关。在第 12 章中讨论的是作用在以一定速度运动的电荷上的磁场力,与电荷运动速度有关;而在电磁感应现象中,当永磁体从线圈中急速插入或拔出时,产生的感应电动势显示了作用在电荷上的非静电力,非静电力与宏观运动有关。由此人们对电磁力的认识以场的观念超越了对只取决于位置,而与质点运动速度无关的超距的万有引力的认识。电磁学在对电磁力的认识上以新的从头开始的模式取代了牛顿机械力学的模式。

麦克斯韦系统地总结了从库仑到安培和法拉第等人建立的电磁学理论的全部成就,并创造性地提出了感生涡旋电场和位移电流的假说。他指出,根据对称性的考虑,不仅变化的磁场可以产生电场,变化的电场也可以产生磁场,从而揭示了电场和磁场的内在联系。他把电场和磁场统一为电磁场,并建立了电磁场的基本方程组——麦克斯韦方程组。这个方程组融合了电场的高斯定律,磁场的高斯定律、法拉第定律及安培定律,在物理上预言了电磁波的产生和传播,在数学上表达了电场和磁场在相互转换中产生的优美对称性,从而统一了整个电磁场。

麦克斯韦方程组是随着人们对电场感应现象的认识的不断深化而发展形成的,它是经典电磁理论的一项重大成就,被称为"最伟大的公式"。

【物理史料】 从奥斯特、法拉第到麦克斯韦

13.1 磁生电

——感应电动势是怎样产生和判定的？

13.1.1 磁场的变化产生电场

运动的电荷（或电流）会产生磁场，磁场在一定的条件下会不会产生电场呢？法拉第在发现静电场能够在导体中感应出电的实验基础上确信，磁场也应该能够在附近的线圈中感应出电流。法拉第在1822年的实验日记中这样写道："我们要使磁产生电。""从普通的磁中获得电的希望，时时激励着我从实验上去探究电流的感应效应。"

起初，法拉第用一块强磁铁靠近导线，试图发现导线中产生的感应电流。随后几年间他又做了大量类似的关于电和磁的实验，例如，1828年，他把强磁铁放在悬挂着的铜环旁边，设法测量铜环中的感应电流，但是这些实验均以失败告终。然而，法拉第基于对声学振动图像的研究使他意识到电磁感应可能和声学振动感应类似，感应电流可能是一种瞬时电流。1831年，法拉第通过著名的"圆环实验"发现了电磁感应现象。图13.1所示的是研究电磁现象的两个实验装置。

图 13.1　研究电磁感应现象的两个实验装置

【拓展阅读】　法拉第圆环实验

法拉第认识到，感应电流的产生是一个动力学过程，它不取决于电流或磁铁产生的磁场力，而取决于电流的变化或磁铁的宏观运动。对此，法拉第还进一步提出了磁感应线的概念，用"导线切割磁感应线产生感应电流"对电磁感应定律作了物理的概括和解释。1831年11月，在一系列成功实验的基础上，法拉第进行了总结，并向英国皇家学会报告说，产生感应电流的状况可以分为五类：变化的电流、变化的磁场、运动的恒定电流、运动中的磁铁和运动中的导线。这标志着电磁感应定律的发现。

根据法拉第在其发表的文章中对电磁感应现象得出的定性描述，德国物理学家诺伊曼（F. E. Neumann，1798—1895）于1845年从理论上得到了电磁感应定律的表述和数学表达式。

导体回路中所产生的感应电动势的大小等于穿过导体回路的磁通量的变化率。

$$\varepsilon_i = -\frac{d\Phi}{dt} \tag{13.1}$$

这就是法拉第电磁感应定律。式(13.1)中，ε_i 是感应电动势的大小，如果只有一个回路，Φ 是穿过这个导体回路的磁通量。当回路有 N 匝线圈时，穿过各匝线圈的磁通量总和 Ψ 称为穿过该回路的全磁通。如果穿过各线圈的磁通量都相等，则有 $\Psi = N\Phi$，Ψ 称为磁链。此时感应电动势是

$$\varepsilon_i = -\frac{d\Psi}{dt} = -N\frac{d\Phi}{dt} \tag{13.2}$$

式(13.1)和式(13.2)中，Φ 或 Ψ 的单位是韦[伯]，符号为 Wb，$1\text{Wb} = 1\text{T} \cdot \text{m}^2$，时间单位是秒，符号为 s，$\varepsilon_i$ 的单位是伏[特]，符号为 V。

根据法拉第电磁感应定律，导体回路中所产生的关于电动势的方向可以按下列右手螺旋定则的步骤进行判定：先规定导体回路 L 的绕行正方向 $\mathbf{n}$，根据磁感应线的方向可确定磁通量 Φ 的正负以及感应电动势 ε 的正负；如果磁感应线方向与 L 的绕行正方向 $\mathbf{n}$ 呈右手螺旋关系，则 Φ 取为正，反之则取为负。如果由法拉第电磁感应定律得到的感应电动势 $\varepsilon > 0$，则 ε 的方向与 L 的绕行正方向 $\mathbf{n}$ 相同。反之，若 $\varepsilon < 0$，则 ε 的方向与 L 的绕行正方向 $\mathbf{n}$ 相反，如图 13.2 所示。

图 13.2　法拉第电磁感应定律

当磁通量 Φ 取为正，$\Phi > 0$，且 Φ 增大时，磁通量的增量 $d\Phi > 0$，按照法拉第电磁感应定律，在导体回路上产生的感应电动势 $\varepsilon < 0$，即 ε 与 L 的正方向 $\mathbf{n}$ 相反；反之，当磁通量 Φ 取为正，$\Phi > 0$，且 Φ 减少时，磁通量的增量 $d\Phi < 0$，在导体回路产生的感应电动势 $\varepsilon > 0$，即 ε 与 L 的绕行正方向 $\mathbf{n}$ 相同。

当磁通量 Φ 取为负，$\Phi < 0$，且 $|\Phi|$ 增大时，磁通量的增量 $d\Phi < 0$，按照法拉第电磁感应定律，在导体回路上产生的感应电动势 $\varepsilon > 0$，即 ε 与 L 的正方向 $\mathbf{n}$ 相同；反之，当磁通量 Φ 取为负，$\Phi < 0$，且 $|\Phi|$ 减少时，磁通量的增量 $d\Phi > 0$，在导体回路中所产生的感应电动势 $\varepsilon < 0$，即 ε 与 L 的绕行正方向 $\mathbf{n}$ 相反。

在闭合的导体回路中，一旦产生了感应电动势，则导体回路中将有感应电流产生。1833 年，彼得堡科学院院士楞次（H. F. Emil Lenz，1804—1865）进一步研究了法拉第对电磁感应现象的说明，把法拉第的说明与安培的电动力理论结合在一起，提出了判定感应电流方向的

判据——楞次定律：

感应电动势产生的感应电流在导体回路中产生的磁场总是要去阻碍引起感应电动势的磁通量的变化。

图 13.3 楞次定律

根据楞次定律，在如图 13.3 所示的闭合导体线圈中，当条形磁铁插入或拔出线圈时都会在回路中产生感应电动势和感应电流。当条形磁铁通过线圈回路向下插入时，通过线圈向下的磁感应线条数增加，即磁通量向下增加，线圈中就会产生感应电动势和感应电流，其产生的磁场要阻碍磁通量向下的增加，因此，感应电流产生的磁感应线必定在向上的方向上出现并增加。根据右手螺旋定则可以判定，感应电流方向应为逆时针方向。类似地可以讨论条形磁铁通过线圈回路向上拔出时所产生的感应电流的方向。

由 $\Phi = \int_S \boldsymbol{B} \cdot \mathrm{d}\boldsymbol{S}$ 可知，引起磁通量发生变化的形式有两种：一种是 $\boldsymbol{B}$ 不发生变化，但导体回路或回路的某一部分在磁场中运动引起回路内的磁通量发生变化，由此产生的感应电动势称为动生电动势；还有一种是导体回路的几何尺寸和形状保持不变，但通过线圈内的磁感应强度发生变化，并引起回路内磁通量的变化，由此产生的感应电动势称为感生电动势。

13.1.2 动生电动势和感生电动势

动生电动势是由于导体或导体回路在恒定磁场中运动而产生的电动势。产生动生电动势的非静电力就是洛伦兹力。

如图 13.4 所示，当导体 ab 在恒定磁场中运动时，导体中的自由电子在洛伦兹力 $\boldsymbol{f} = -e(\boldsymbol{v} \times \boldsymbol{B})$ 的作用下运动发生偏转，并开始在导体的下端积聚，其上端则相应地出现正电荷，在 ab 间形成电场，使电子受到一个与洛伦兹力方向相反的电场力 $\boldsymbol{f}_e = -e\boldsymbol{E}_k$。当电场力与洛伦兹力达到平衡时，电荷不再继续累积，形成一个稳定的电场 $\boldsymbol{E}_k = \dfrac{\boldsymbol{f}}{-e} = \boldsymbol{v} \times \boldsymbol{B}$。

图 13.4 动生电动势的产生

由电动势定义 $\varepsilon_{ab} = \int_a^b \boldsymbol{E}_k \cdot \mathrm{d}\boldsymbol{l}$，可得运动导体 ab 产生的电动势为

$$\varepsilon_{ab} = \int_a^b (\boldsymbol{v} \times \boldsymbol{B}) \cdot \mathrm{d}\boldsymbol{l} \tag{13.3}$$

在导体中产生的动生电动势的方向是这样确定的：先规定一个导体的正方向（如由 $a \to b$），积分结果若为正，则动生电动势的方向与导体正方向一致，若为负，则动生电动势的方向与导体正方向相反。

感生电动势是由磁场发生变化而激发的电动势。变化的磁场会在其周围空间激发出一种"涡旋电场"。这种涡旋电场与静电场不同，其电场线不是一条条"有头有尾"的有向线段，而是一条条"无头无尾"的闭合圆环。产生感生电动势的非静电力称为"涡旋电场力"（图 13.5）。

与静电力不同的是，在涡旋电场中，涡旋电场力沿闭合曲线一周的线积分不等于零，根

据法拉第电磁感应定律和感生电动势的定义,可以得出涡旋电场沿闭合曲线一周的积分为

$$\oint_L \boldsymbol{E}_i \cdot \mathrm{d}\boldsymbol{l} = -\frac{\mathrm{d}\Phi}{\mathrm{d}t} = -\frac{\mathrm{d}}{\mathrm{d}t}\left(\int_S \boldsymbol{B} \cdot \mathrm{d}\boldsymbol{S}\right) = -\int_S \frac{\partial \boldsymbol{B}}{\partial t} \cdot \mathrm{d}\boldsymbol{S}$$
(13.4)

图 13.5　涡旋电场和感生电动势的产生

例题 13.1　一直导体棒 CD 在一无限长直电流产生的磁场中以速率 v 向上作切割磁感应线的运动(与无限长直电流共面),如图 13.6(a)所示。求:导体棒 CD 上产生的动生电动势的大小和方向。

图 13.6　导体棒在磁场中运动产生的动生电动势
(a) 导体棒 CD 在磁场中运动;(b) 导体棒上线元 $\mathrm{d}l$ 的方向从 $C \to D$;(c) 构筑假想的导体回路

【解题思路】

由于本题中的导体 CD 向上作切割磁感应线的运动,因此,本题是在"磁场不动,导线运动"条件下求动生电动势的一个例题。本题可用两种方法求解。

第一种方法是直接利用式(13.3)求得动生电动势。

无限长直导线电流产生的磁场是非均匀磁场,因此求动生电动势时,需要首先求得在导体棒 CD 上某一线元 $\mathrm{d}l$ 中所产生的动生电动势,再利用式(13.3)得到整个导线上产生的动生电动势。注意在式(13.3)中出现的是矢量运算,因此,这里还需要确定导体 CD 运动速度 v 的方向、磁场的方向,以及在导体棒 CD 上某一线元 $\mathrm{d}l$ 的方向。最后通过积分得到动生电动势的大小和方向,如图 13.6(b)所示。

第二种方法是利用式(13.1)求得动生电动势。注意在式(13.1)中出现的是穿过导体回路的磁通量的变化率,而本题中仅有一根导体棒 CD 在磁场中运动,不构成实际回路,为此可以采用加辅助线的方法构筑一个假想的导体回路,如图 13.6(c)所示,其中 CD 棒向上运动,其他边都静止不动。由于 CD 棒的运动,通过导体回路的磁通量发生变化,于是就在回路中产生感应电动势,这个电动势就是在 CD 导体棒中产生的动生电动势。

【解题过程】

解法 1:利用动生电动势公式求解。

设导体棒 CD 上某一线元 $\mathrm{d}l$ 的方向从 C 指向 D,如图 13.6(b)所示。无限长直载流导线在导体棒 CD 的某一线元 $\mathrm{d}l$ 处产生的磁感应强度 B 的大小为

$$B = \frac{\mu_0 I}{2\pi l}$$

方向垂直纸面向里。式中 l 为无限长直载流导线离开导体棒 CD 上线元 dl 处的直线距离。

按题意,导体棒 CD 的运动速度 $\boldsymbol{v}$ 的方向平行纸面向上,因此,式(13.3)中,$(\boldsymbol{v} \times \boldsymbol{B})$ 的方向与 $d\boldsymbol{l}$ 的方向相反。于是,在导体棒 CD 上线元 dl 处产生的动生电动势是

$$d\varepsilon_i = (\boldsymbol{v} \times \boldsymbol{B}) \cdot d\boldsymbol{l} = v \frac{\mu_0 I}{2\pi l} \sin 90° dl \cos 180° = -\frac{\mu_0 v I}{2\pi l} dl$$

上式中"-"号表示动生电动势的方向与所设的 $d\boldsymbol{l}$ 的方向相反。

整个导体棒 CD 上产生的动生电动势是

$$\varepsilon_i = -\frac{\mu_0 v I}{2\pi} \int_a^{a+b} \frac{dl}{l} = -\frac{\mu_0 v I}{2\pi} \ln \frac{a+b}{a}$$

上式中"-"号表明,整个导体棒 CD 上产生的动生电动势的方向是由 D 到 C。

解法 2:利用法拉第电磁感应定律公式求解。

首先作辅助线如图 13.6(c)所示,构建虚拟的 $CDFE$ 闭合回路,并设回路方向为顺时针方向,则该回路包围的面的法线方向垂直纸面向内,与无限长直导线在该处产生的磁感应强度 $\boldsymbol{B}$ 的方向一致。

再计算通过该回路的磁通量。由于磁场是非均匀的,根据无限长直导线电流产生的磁场的表达式的特点,可以把该回路所在面划分成高度为 x,宽度为 dl 的许多微面积元,每一个微面积元处的磁感应强度可以认为是均匀的。设在任意时刻,选取离开无限长直导线距离为 l 处高度为 $DF=x$、宽度为 dl 的微面积元(图 13.6(c)中阴影部分),在该面积元处的磁感应强度大小为

$$B = \frac{\mu_0 I}{2\pi l}$$

通过该面积元的磁通量是

$$d\Phi = \boldsymbol{B} \cdot d\boldsymbol{S} = \frac{\mu_0 I}{2\pi l} x \, dl$$

于是,通过整个回路的磁通量为

$$\Phi = \int d\Phi = \int_S \boldsymbol{B} \cdot d\boldsymbol{S} = \int_a^{a+b} \frac{\mu_0 I}{2\pi l} x \, dl = \frac{\mu_0 I x}{2\pi} \ln \frac{a+b}{a}$$

由于 CD 以速度 $\boldsymbol{v}$ 向上运动,$DF=x$ 是一个随时间变化的量,通过回路的磁通量也是随时间变化的,于是,回路中的感应电动势大小为

$$\varepsilon_i = -\frac{d\Phi}{dt} = -\left(\frac{\mu_0 I}{2\pi} \ln \frac{a+b}{a}\right) \frac{dx}{dt} = -\frac{\mu_0 I v}{2\pi} \ln \frac{a+b}{a}$$

式中的"-"号表示感应电动势的方向与回路的绕行正方向相反,即为逆时针方向,因此,在导体棒 CD 上的感应电动势的方向是由 D 到 C。

13.1.3 自感现象、互感现象和磁场的能量

由于回路自身电流、回路形状或回路周围的磁介质发生变化,从而引起穿过该回路自身的磁通量发生相应改变,并在回路中产生感生电动势的现象,称为自感现象(图 13.7)。

自感回路中的全磁通与回路中的电流 I 成正比:

$$\Psi = LI \tag{13.5}$$

在式(13.5)中，L 称为自感系数，单位为亨利，符号为 H，它的数值取决于回路的大小、形状、线圈的匝数以及它周围的磁介质分布。其物理意义是当回路中通过单位电流时，自感系数的大小就是通过自身回路所包围面积的全磁通。

图 13.7　自感现象

在自感回路中，当穿过回路自身的磁通量发生变化时，激发的自感电动势是

$$\varepsilon_i = -\frac{\mathrm{d}\Psi}{\mathrm{d}t} = -\frac{\mathrm{d}(LI)}{\mathrm{d}t} = -L\frac{\mathrm{d}I}{\mathrm{d}t} - I\frac{\mathrm{d}L}{\mathrm{d}t}$$

当回路几何形状、尺寸不变，周围介质的磁导率也不变时，回路的自感系数为固定值。于是，回路中由于自身电流变化引起的自感电动势为

$$\varepsilon_L = -L\frac{\mathrm{d}I}{\mathrm{d}t} \tag{13.6}$$

式(13.6)表明，当回路中通过的电流变化率为 1A/s 时，自感系数 L 的大小就是通过回路自身所产生的感应电动势。

图 13.8　两个线圈的互感现象

由于两个载流回路 1 和回路 2 中的电流发生变化而在对方回路中激起感应电动势的现象称为互感现象(图 13.8)。

由毕奥-萨伐尔定律可知，回路 1 中通入电流 I_1 时所产生的磁场与 I_1 的大小成正比，因而穿过回路 2 的全磁通也与 I_1 成正比：

$$\Psi_{21} = M_{21}I_1$$

同理，回路 2 中通入电流 I_2 时所产生的磁场穿过回路 1 的全磁通与 I_2 成正比：

$$\Psi_{12} = M_{12}I_2$$

可以证明，$M_{12} = M_{21} = M$，M 称为互感系数，其单位与 L 相同。当两个回路的几何形状、尺寸、相对位置以及周围介质的磁导率确定以后，互感系数就是一个确定的数值，反映了两个回路的相互影响程度。以上两式表明，当两个回路中通以单位电流时，互感系数的大小就是两个线圈产生的磁场各自通过对方回路所包围面积的全磁通。

根据法拉第电磁感应定律，互感电动势的大小为

$$\varepsilon_{12} = -\frac{\mathrm{d}\Psi_{12}}{\mathrm{d}t} = -M\frac{\mathrm{d}I_2}{\mathrm{d}t}, \quad \varepsilon_{21} = -\frac{\mathrm{d}\Psi_{21}}{\mathrm{d}t} = -M\frac{\mathrm{d}I_1}{\mathrm{d}t} \tag{13.7}$$

式(13.7)表明，当两个回路的电流变化率为 1A/s 时，互感系数 M 就是两个线圈的磁场各自在对方回路中所产生的互感电动势的大小。

图 13.9　螺绕环的自感

例题 13.2　一截面为矩形的螺绕环，环的内外半径分别为 R_1 和 R_2，矩形的高是 h，螺绕环的匝数为 N，在螺绕环的中心轴处放置一"无限"长直导线，如图 13.9 所示。求：

(1) 螺绕环的自感系数；

(2) 当螺绕环中通以 $I = I_0 \cos\omega t$ 的交变电流时，长直导线中的感应电动势。

【解题思路】

(1) 按照自感系数的定义，自感系数 $L=\dfrac{\Psi}{I}$，这里 Ψ 是穿过回路本身所包围面积的全磁通，I 是导体回路中的电流。设螺绕环中通过的电流是 I，由于在离开中心轴线相同距离处的磁感应强度大小相等，因此，这个电流在螺绕环内产生的磁感应强度可以利用安培环路定理求出。利用与上题求磁通量相同的方法可以求出螺绕环内的全磁通，从而得出螺绕环的自感系数。

(2) 当螺绕环中的电流发生变化时会在长直导线上产生感应电动势。感应电动势 $\varepsilon=-\dfrac{\mathrm{d}\Psi}{\mathrm{d}t}=-M\dfrac{\mathrm{d}I}{\mathrm{d}t}$。要求得感应电动势，就需要求出互感系数，如何求出互感系数 M? 设回路 1 为长直导线，回路 2 为螺绕环，按照互感系数的定义，互感系数既可以记作 $M_{21}=\dfrac{\Psi_{21}}{I_1}$，这里 M_{21} 是回路 1 对回路 2 的互感系数，也可以记作 $M_{12}=\dfrac{\Psi_{12}}{I_2}$，这里 M_{12} 是回路 2 对回路 1 的互感系数。注意到，在本题中，需要求得的是由螺绕环（回路 2）中的电流变化 $\dfrac{\mathrm{d}I}{\mathrm{d}t}$，而在长直导线（回路 1）产生的感应电动势 ε_{12}，$\varepsilon_{12}=-\dfrac{\mathrm{d}\Psi_{12}}{\mathrm{d}t}=-M_{12}\dfrac{\mathrm{d}I}{\mathrm{d}t}$，而 $M_{12}=\dfrac{\Psi_{12}}{I_2}$。由于长直导线不构成闭合回路，难以求得 Ψ_{12}，回路 2 中的电流又是随时间改变的，因此，难以得到 M_{12} 和回路 1 中的感生电动势。由于 $M_{12}=M_{21}$，而 $M_{21}=\dfrac{\Psi_{21}}{I_1}$，因此，利用长直导线中的电流 I_1 所产生的磁场对称性，利用安培环路定理容易得到通过螺绕环闭合回路的全磁通 Ψ_{21}，由此得出 M_{21}，即 M_{12}，于是可以得到 ε_{12}。

【解题过程】

(1) 按照自感系数的定义，自感系数 $L=\dfrac{\Psi}{I}$，这里 Ψ 是穿过螺绕环回路本身所包围面积的全磁通，I 是螺绕环回路中的电流。以中心轴线上某点为圆心，作半径为 r 的安培环路并与 N 匝线圈铰链，于是可以求得电流 I 在螺绕环内产生的磁感应强度为

$$B=\dfrac{\mu_0 NI}{2\pi r}$$

注意到磁感应强度 B 是 r 的函数，因此，以积分方法求得螺绕环内通过的全磁通为

$$\Psi=\int N\boldsymbol{B}\cdot\mathrm{d}\boldsymbol{S}=N\int_{R_1}^{R_2}\dfrac{\mu_0 NI}{2\pi r}h\,\mathrm{d}r=\dfrac{\mu_0 N^2 Ih}{2\pi}\ln\dfrac{R_2}{R_1}$$

于是自感系数 $L=\dfrac{\Psi}{I}=\dfrac{\mu_0 N^2 h}{2\pi}\ln\dfrac{R_2}{R_1}$

(2) 由于长直导线的电流 I_1 产生的磁场具有对称性，利用安培环路定理容易得到磁感应强度的大小

$$B=\dfrac{\mu_0 I}{2\pi r}$$

通过螺绕环闭合回路的全磁通 Ψ_{21} 是

$$\Psi_{21} = \int N\boldsymbol{B} \cdot \mathrm{d}\boldsymbol{S} = \frac{\mu_0 NIh}{2\pi}\int_{R_1}^{R_2}\frac{\mathrm{d}r}{r} = \frac{\mu_0 NIh}{2\pi}\ln\frac{R_2}{R_1}$$

于是得到 $M_{21} = \dfrac{\Psi_{21}}{I} = \dfrac{\mu_0 Nh}{2\pi}\ln\dfrac{R_2}{R_1}$，而 $M_{21} = M_{12}$。

当螺绕环中的电流发生变化 $I = I_0\cos\omega t$ 时，会在长直导线中产生感应电动势

$$\varepsilon_1 = -M_{12}\frac{\mathrm{d}I}{\mathrm{d}t} = \frac{\mu_0 NI_0\omega h}{2\pi}\sin\omega t\ln\frac{R_2}{R_1}$$

自感和互感现象的本质都是变化的磁场产生了电场，并在闭合回路中产生感生电动势和感生电流。在第 11 章中已经得出了在平板电容器中存在的电场的能量表达式，这个能量是由对电容器充电的电源提供的。那么，由磁场变化产生的电场的能量是从何而来的？通过如图 13.10 所示的演示自感现象的一个典型实验可以探究这个问题的答案。

图 13.10 自感现象的演示实验

在图 13.10 的实验中，当电键 K 迅速断开时，可以发现，灯泡 A 并没有马上熄灭，而是突然一亮以后再逐渐熄灭。既然已经与电源断开，灯泡发亮的能量从何而来？原来在电键 K 开始接通时，由于线圈 L 中的电流有一个从零开始增加的过程，从而使线圈中的磁场也随之有一个从零开始上升的过程。在这个过程中电源对外做功，其中一部分能量转换为焦耳热，另一部分能量用于克服在线圈中出现的自感电动势而做功，转换为线圈中产生的磁场的能量。当电键 K 断开后，正是这部分磁场能量使灯泡发亮。

在电源接通并在电路中达到稳定的电流 I 的过程中，电源克服自感电动势做了多少功？假设在 $\mathrm{d}t$ 时间内，电路中通过的电流为 i，电荷为 $i\mathrm{d}t$，则电源克服自感电动势做功为

$$\mathrm{d}A = -\varepsilon_L i\mathrm{d}t$$

这里的自感电动势 $\varepsilon_L = -L\dfrac{\mathrm{d}i}{\mathrm{d}t}$，因此，$\mathrm{d}A = -\varepsilon_L i\mathrm{d}t = Li\mathrm{d}i$。于是在这个电流增加并达到稳定电流强度 I 的过程中，电源克服自感电动势做的总功为

$$A = \int_0^I \mathrm{d}A = \int_0^I Li\mathrm{d}i = \frac{1}{2}LI^2 \tag{13.8}$$

这部分功就转换为磁场能储存在线圈中。

当电源断开时，由电源提供的电流由 I 减少为零。在这个过程中，线圈中的自感电动势阻碍电流的减少。在 $\mathrm{d}t$ 时间内做功为

$$\mathrm{d}A' = \varepsilon_L i\mathrm{d}t = -Li\mathrm{d}i$$

在这个过程中，自感电动势做的总功为

$$A' = \int_I^0 \mathrm{d}A' = \int_0^I -Li\mathrm{d}i = \frac{1}{2}LI^2 \tag{13.9}$$

从式(13.8)和式(13.9)可以看出，$A = A'$，这个结果表明，在断开电源以后，储存在线圈中的磁场能量重新对外做功而释放出来。因此，一个自感为 L，通以电流 I 的线圈中储存的磁场能量为 $W_\mathrm{m} = \dfrac{1}{2}LI^2$。

如同电场能量可以用电场强度来表示一样，磁场能量也同样可以用磁感应强度或磁场强度来表示。以长直螺旋管为例。长直螺旋管的自感系数 $L = \mu n^2 V$，管内磁感应强度 $B =$

$\mu n I$,磁场强度 $H = nI$,因此,管内的磁场能量可以表示为

$$W_\mathrm{m} = \frac{1}{2}LI^2 = \frac{1}{2}\mu n^2 V\left(\frac{B}{\mu n}\right)^2 = \frac{1}{2}\frac{B^2}{\mu}V$$

由于管内的磁场是均匀分布的,因此,可以引入能量密度表达式

$$w_\mathrm{m} = \frac{W_\mathrm{m}}{V} = \frac{1}{2}\frac{B^2}{\mu} = \frac{1}{2}\mu H^2 = \frac{1}{2}BH \tag{13.10}$$

以上结果虽然是从长直螺旋管的磁场中导出的,但是可以证明这个结果对于均匀磁场或非均匀磁场来说都是普遍适用的。于是任意磁场的总能量是

$$W_\mathrm{m} = \int_V w_\mathrm{m}\mathrm{d}V = \int_V \frac{1}{2}\frac{B^2}{\mu}\mathrm{d}V = \int_V \frac{1}{2}BH\,\mathrm{d}V \tag{13.11}$$

13.2 电场和磁场的统一性

——什么是电场和磁场的内在联系?

13.2.1 位移电流假说的提出

对于恒定电流而言,磁场中的安培环路定理是

$$\oint_L \boldsymbol{H} \cdot \mathrm{d}\boldsymbol{l} = \sum I$$

这里 $\sum I$ 是穿过以闭合回路 L 为边界的任意曲面 S 的所有传导电流之和。对于非恒定电流来说,这个定理是否适用呢?

在电容器充电过程中,导线中出现的电流是非恒定电流的一个典型例子。在电容器的充电过程中,导线中的电流是随时间改变的。在电容器一极板附近,任取一个包围导线的闭合回路 L。以 L 为边界线,作由两个曲面 S_1 和 S_2 构成的一个闭合曲面。其中 S_1 曲面上有传导电流穿过,S_2 曲面由于延伸在电容器两极板之间,没有传导电流通过,如图 13.11 所示。

图 13.11 位移电流

把安培环路定理用于曲面 S_1 时,有

$$\oint_L \boldsymbol{H} \cdot \mathrm{d}\boldsymbol{l} = \sum I \tag{13.12}$$

而把安培环路定理用于曲面 S_2 时,则有

$$\oint_L \boldsymbol{H} \cdot \mathrm{d}\boldsymbol{l} = 0 \tag{13.13}$$

对于以同一闭合曲线为边界的不同曲面来说,式(13.12)与式(13.13)的结果是完全不同的。麦克斯韦认为,出现这个矛盾的原因是把传导电流看作产生磁场环流的唯一电流。他注意到,随着极板上电荷 q 的变化,传导电流强度 I 也在变化。设极板上自由电荷面密度为 σ,电流为

$$I = \frac{\mathrm{d}q}{\mathrm{d}t}$$

由于在平板电容器中，电位移矢量 $D=\sigma$，因此，穿过极板的电位移通量是

$$\Phi_{\mathrm{D}} = \int_S \boldsymbol{D} \cdot \mathrm{d}\boldsymbol{S} = \sigma S = q \tag{13.14}$$

麦克斯韦认为，在电容器两极板之间虽然没有传导电流，但是两板之间存在着变化的电场，因而存在电位移通量的变化

$$I = \frac{\mathrm{d}q}{\mathrm{d}t} = \frac{\mathrm{d}\Phi_{\mathrm{D}}}{\mathrm{d}t} \tag{13.15}$$

在充电时，电场增加，$\frac{\mathrm{d}\Phi_{\mathrm{D}}}{\mathrm{d}t}$ 与场的方向一致，也与导体中传导电流的方向一致；反之，电场减少，$\frac{\mathrm{d}\Phi_{\mathrm{D}}}{\mathrm{d}t}$ 与场的方向相反，仍与导体中传导电流的方向一致。如果定义 $\frac{\mathrm{d}\Phi_{\mathrm{D}}}{\mathrm{d}t}$ 为某种电流，在极板之间就可以用这个电流来代替传导电流，从而保持电流的连续性，可以解决上述矛盾。于是，麦克斯韦就提出了位移电流的假设：

在两极板之间存在着位移电流 $I_{\mathrm{d}} = \frac{\mathrm{d}\Phi_{\mathrm{D}}}{\mathrm{d}t}$，它与导线中的传导电流 I_0 一起构成全电流 $I_{\text{全}} = I_0 + I_{\mathrm{d}}$。

于是，安培环路定理被修正为

$$\oint_L \boldsymbol{H} \cdot \mathrm{d}\boldsymbol{l} = \sum I_0 + \frac{\mathrm{d}\Phi_{\mathrm{D}}}{\mathrm{d}t} = \sum I_0 + I_{\mathrm{d}} \tag{13.16}$$

在恒定电流情况下，位移电流为零，式(13.16)就回到只有传导电流的安培环路定理。

位移电流 I_{d} 与传导电流 I_0 的共性是，两者都可以在空间激发磁场，但两者在本质上是不同的。

(1) 位移电流 I_{d} 的本质是变化的电场产生变化的磁场，而传导电流 I_0 则是自由电荷的定向运动。

(2) 位移电流 I_{d} 可以存在于真空、导体、电介质中，而传导电流 I_0 只能存在于导体中。

(3) 位移电流 I_{d} 不会产生焦耳热或其他化学效应，而传导电流 I_0 在通过导体时会产生焦耳热或其他化学效应。

13.2.2 电场和磁场的内在联系

在 1820 年奥斯特发现电流的磁效应以前，人们已经发现电和磁两者之间存在一些类似的特征，例如，它们都有吸引和排斥作用，作用力的大小都遵循平方反比定律等，但当时许多科学家并不关注对电和磁相互关系的研究。而奥斯特一直没有放弃寻找电和磁相互关系的努力。他历经 3 个月，做了 60 多个实验的深入研究以后，终于发现了电流产生的磁效应，从而打破了电和磁不相关的传统信条，为物理学的发展开辟了一条崭新的道路。后来安培为了解释奥斯特效应，把磁的本质归结为电流，认为磁场对电流的相互作用就是电流对电流的相互作用。

法拉第认为，既然电能产生磁，那么，磁也一定能产生电，并最终创立了法拉第电磁感应理论。麦克斯韦系统地总结了从库仑、安培和法拉第等人建立的电磁学理论的全部成就，并

创造性地提出了感生涡旋电场和位移电流的假说。在相对论出现之前,他就指出,不仅变化的磁场可以产生电场,变化的电场也可以产生磁场。他把电场和磁场统一为电磁场,揭示了电场和磁场的内在联系,建立了电磁场的基本方程组——麦克斯韦方程组。

1905 年以后,爱因斯坦创立的相对论不仅使人们对牛顿力学的适用性和局限性有了更全面的认识,也使人们对电磁现象和理论有了更深刻的理解。在用洛伦兹变换取代伽利略变换以后,可以证明,从不同的参考系观测,同一个电磁场既可以表现为电场,也可以表现为磁场,或者表现为电场和磁场共存的方式。由此表征电磁场的物理量——电场强度和磁感应强度也将随参考系的不同而改变,这证明电磁场就是一个统一的实体;电场强度和磁感应强度不是两个独立的矢量,而是描述电磁场统一的电磁场张量的两个不同分量。这个张量相对于任何一个惯性参考系来说,在任何运动状态下都是不变的绝对量,而电场分量和磁场分量对于不同的惯性参考系是不同的,即在不同的运动状态下它们都是不同的,具有相对性。

13.2.3 电磁波的产生和传播

电荷做加速运动时,其周围的电场和磁场会发生变化。在自由空间内的电场和磁场满足:

$$\oint \boldsymbol{E} \cdot \mathrm{d}\boldsymbol{l} = -\int \frac{\partial \boldsymbol{B}}{\partial t} \cdot \mathrm{d}\boldsymbol{S}$$

$$\oint \boldsymbol{H} \cdot \mathrm{d}\boldsymbol{l} = \int \frac{\partial \boldsymbol{D}}{\partial t} \cdot \mathrm{d}\boldsymbol{S} \tag{13.17}$$

这样的电场和磁场相互激发,并以波的形式向四周传播,就形成了电磁波。

电磁波是横波,其电矢量 $\boldsymbol{E}$、磁矢量 $\boldsymbol{B}$ 和传播方向 $\boldsymbol{v}$ 三者之间相互垂直,构成正交右旋关系。$\boldsymbol{E} \times \boldsymbol{B}$ 的方向在任意时刻都指向波的传播方向 $\boldsymbol{v}$(图 13.12)。

图 13.12 平面电磁波的电场和磁场

电磁波是偏振波,$\boldsymbol{E}$ 矢量和 $\boldsymbol{B}$ 矢量在各自的平面内振动,振动相位相同。在同一点的 $\boldsymbol{E}$ 矢量和 $\boldsymbol{B}$ 矢量的大小之间的关系是

$$B = E/c$$

电磁波的传播速率 v 与介质的电容率和磁导率有关:

$$v = 1/\sqrt{\varepsilon\mu} \tag{13.18}$$

真空中电磁波的传播速率为 $v = 2.979 \times 10^8 \mathrm{m \cdot s^{-1}}$。

在式(11.58)和式(13.10)已经得到,在真空中电场和磁场的能量密度公式分别是

$$w_e = \frac{1}{2}\varepsilon_0 E^2, \quad w_m = \frac{1}{2}\mu_0 H^2$$

因此,电磁波的总能量密度是

$$w = w_e + w_m = \frac{1}{2}(\varepsilon_0 E^2 + \mu_0 H^2) \tag{13.19}$$

电磁波所携带的能量称为辐射能,单位时间内通过电磁波中与能量传播方向垂直的单位面积的能量称为能流密度,能流密度是矢量,用 S 表示,又称坡印亭矢量,其方向就是电磁波的传播方向,可以推导得出:

$$S = E \times H \tag{13.20}$$

13.2.4 电磁波频率的"家谱"及其分类

按照波长从长到短的顺序,电磁波可以依次分为无线电波、微波、红外线、可见光、紫外线、X射线和γ射线等,如图13.13所示。

图 13.13 电磁波频率的"家谱"

从1888年赫兹用实验证明了电磁波的存在开始,不同频段的电磁波应用被不断发掘出来。如今,电磁波已在通信、遥感、空间探测、军事应用、科学研究等诸多方面得到了广泛的应用(表13.1)。

表 13.1 电磁波的各个波段及其主要应用

波段名称	主 要 用 途
无线电波	导航、广播、电视、通信(对讲机)
微波	导航、雷达、电视、移动通信(手机)、无线电天文、空间通信、加热、武器
红外线	成像、制导、取暖(热辐射)、遥控
可见光	成像(照相机、显微镜等)
紫外线	杀菌、验钞

波段名称	主要用途
X 射线	人体透视、晶体结构测量
γ 射线	人体手术

【拓展阅读】 电磁波的应用与防护
【拓展阅读】 上海光源

13.3 麦克斯韦方程组的重要地位和作用

——什么是科学史上第二次大统一？

麦克斯韦认为静电场的高斯定理和磁场的高斯定理也适用于一般电磁场。所以可以将电磁场的基本规律写成如下形式，这样一组等式就称为麦克斯韦方程组的积分形式：

$$\begin{cases} \oint_S \boldsymbol{E} \cdot \mathrm{d}\boldsymbol{S} = \dfrac{q}{\varepsilon_0} = \dfrac{1}{\varepsilon_0} \int_V \rho \cdot \mathrm{d}V & (1) \\ \oint_S \boldsymbol{B} \cdot \mathrm{d}\boldsymbol{S} = 0 & (2) \\ \oint_L \boldsymbol{E} \cdot \mathrm{d}\boldsymbol{r} = -\dfrac{\mathrm{d}\Phi}{\mathrm{d}t} = -\int_S \dfrac{\partial \boldsymbol{B}}{\partial t} \cdot \mathrm{d}\boldsymbol{S} & (3) \\ \oint_L \boldsymbol{B} \cdot \mathrm{d}\boldsymbol{r} = \mu_0 I + \dfrac{1}{c^2}\dfrac{\mathrm{d}\Phi_e}{\mathrm{d}t} = \mu_0 \int_S \left(\boldsymbol{J} + \varepsilon_0 \dfrac{\partial \boldsymbol{E}}{\partial t}\right) \cdot \mathrm{d}\boldsymbol{S} & (4) \end{cases} \quad (13.21)$$

麦克斯韦方程组中的第(1)式是高斯定律，它说明了电场强度和电荷之间的关系。如果有电介质存在，则写成如下形式：

$$\oint_S \boldsymbol{D} \cdot \mathrm{d}\boldsymbol{S} = q_{\mathrm{int}} = \int_V \rho \cdot \mathrm{d}V$$

式中，$\boldsymbol{D} = \varepsilon \boldsymbol{E} = \varepsilon_0 \varepsilon_r \boldsymbol{E}$。

麦克斯韦方程组中的第(2)式是磁通连续定理，它说明了自然界中没有单一的磁荷（磁单极子）存在，磁感线都是闭合曲线。

麦克斯韦方程组中的第(3)式是法拉第电磁感应定律，说明了变化的磁场和电场之间的联系：变化的磁场产生电场。

麦克斯韦方程组中的第(4)式是推广的安培环路定理。在没有变化的电场，只有恒定电流的情况下，电流所形成的磁场与电流强度之间的关系为 $\oint_L \boldsymbol{B} \cdot \mathrm{d}\boldsymbol{r} = \mu_0 I$，式中 I 为被环路包围（与环路铰链）的电流的代数和。在无电流的情况下，变化的电场也会产生磁场，其关系为 $\oint_L \boldsymbol{B} \cdot \mathrm{d}\boldsymbol{r} = \dfrac{1}{c^2}\dfrac{\mathrm{d}\Phi_e}{\mathrm{d}t}$。两者的合成即为推广的安培环路定理，说明了运动电荷（电流）以及变化的电场与磁场的关系。

在已知电荷和电流分布的情况下，麦克斯韦方程组可以给出电场和磁场的唯一分布。特别是当初始条件给定后，还能唯一地预言电磁场以后变化的情况，从而能完全描述电磁场的动力学过程。

麦克斯韦是电磁学的集大成者。目前,人们已经公认,麦克斯韦电磁理论的总结是经典物理学的最伟大成就。当年的牛顿站在伽利略、第谷、开普勒的肩膀上建立了完整的经典力学理论体系,而麦克斯韦站在库仑、高斯、欧姆、安培、法拉第等前人的肩膀上建立了完整的电磁理论体系。麦克斯韦电磁理论的成果避免了所谓的超距作用,创立了场论,揭示了光、电、磁现象的内在联系和本质的统一性,实现了科学史上第二次大统一,为现代的电力和电子技术工业及无线电工业的发展奠定了理论基础。

【拓展阅读】 电磁场分布的理论计算

思 考 题

13.1 在日常生活中,常常可以观察到这样的现象:在插入或断开电源插头时会有小火花产生。如果电路中有着一个电阻小、自感大的线圈,火花发生得就更激烈。为什么会出现这样的现象?

13.2 你如何理解在法拉第电场感应定律中出现的"负号"和在楞次定律表述中出现的"阻碍"作用?如果改为"正号"和"促进"作用,会出现什么问题?

13.3 动生电动势和感生电动势在哪些方面是相同的?在哪些方面是不同的?

13.4 传导电流与位移电流在哪些方面是相同的?它们之间有哪些不同点?

13.5 三个线圈的中心处在同一条直线上,它们相隔的距离很近。是否存在这样的可能性,即当它们各自相对放置在某一个位置时,它们两两之间的互感系数为零?如果可能,该怎样放置?

13.6 有两个金属环 A 和 B,A 的半径稍小于 B 的半径,它们两者之间是否可能存在这样的相对位置,使得它们的互感为最大?如果可能,该怎样放置?

13.7 在一个回路中既有自感 L 很大的线圈,又有电容 C 很大的电容器,这样组成的电路称为 LC 电路。在电容充电和放电过程中,变化的电场和变化的磁场相互激发,交替产生,产生所谓的电磁振荡现象。你能说明电磁振荡的规律与简谐振动的规律有哪些相似点吗?

13.8 麦克斯韦方程组中各个方程的物理意义是什么?麦克斯韦方程组中表示电通量和磁通量,以及表示电场环路积分和磁场环路积分的方程,存在不对称性的物理意义是什么?

13.9 你如何评价麦克斯韦电磁理论在物理学上的重要地位和重大意义?

习 题

13.1 一根水平放置的铜棒 AB 长为 L,可绕距离 A 端为 $\frac{1}{5}L$ 处和棒垂直的轴 OO' 在水平面内旋转,角速度为 ω。铜棒置于竖直向上的均匀磁场 $\boldsymbol{B}$ 中,如图 13.14 所示。问:哪一端电势更高?铜棒两端 A 和 B 的电势差是多少?

13.2 一长直导线中通以电流为 I 的直流电流,在它的附近放置另一矩形共面线圈

$ABCD$,其中最近边 AB 距长直导线距离为 a,$AB=l$,CD 边距长直导线距离为 b,$BC=b-a$;线圈以速度 v 离开长直导线,如图 13.15 所示。求长直导线与线圈之间的互感系数以及线圈内的动生电动势的大小和方向。

图 13.14 习题 13.1 图   图 13.15 习题 13.2 图

13.3 一根长度为 l 的金属杆在一根长直导线的磁场中以速度 v 作平移运动,运动方向与长直导线中电流 I 的流动方向平行,如图 13.16 所示。靠近导线的杆的一端与导线的距离是 d。

(1) 用动生电动势的公式求该金属杆两端的电势差。

(2) 设杆在 t 时间内扫过的面积 $S=lvt$,用法拉第电场感应定律再求金属杆两端的电势差。

13.4 如图 13.17 所示,半径为 R 的"无限长"直螺线管的一个截面,其磁感应强度 B 为均匀磁场。设在其中放置一直角形导线 abc,且 $\overline{ab}=l$。现磁感应强度沿垂直于纸面向里的轴线方向以速率 $\dfrac{dB}{dt}$ 增长。求:(1)螺旋管中的感生电场;(2)直角形导线 abc 上产生的感生电动势以及 $\overline{ab}$,$\overline{bc}$ 导线段上的感生电动势。

图 13.16 习题 13.3 图   图 13.17 习题 13.4 图

13.5 一直角三角形线圈放置在一长直导线附近,直角三角形线圈的两条直角边长分别为 a 和 b,斜边长为 c,直角三角形线圈平行于长直导线的边,离开导线的距离为 l,如图 13.18 所示。求当长直导线中通以电流 $I=I_0\sin\omega t$ 时,直角三角形线圈中的感应电动势的大小。

13.6 两个线圈的自感分别为 L_1 和 L_2,它们之间的互感为 M。将两个线圈按下列两种方式连结。

(1) 顺串联,即连结 2 和 3,如图 13.19(a)所示,求 1 和 4 之间的自感;

(2) 反串联,即连结 2 和 4,如图 13.19(b)所示,求 1 和 3 之间的自感。

图 13.18　习题 13.5 图

图 13.19　习题 13.6 图
（a）顺串联；（b）反串联

13.7　如图 13.20 所示，两个同轴圆形导体线圈，小线圈在大线圈上面。小线圈半径是 r，大线圈半径是 R，两线圈的距离为 x，设 $x \gg R, R \gg r$。当大线圈中通有电流 I 时，可以近似把小线圈中的磁场可看作是均匀的，而小线圈中通以电流 I_1 且以匀速 v 沿轴线作平移运动。

求：在两线圈中心相距 $x = NR$（N 为远大于 1 的整数）的瞬间，大线圈和小线圈中的感应电动势各为多少？

图 13.20　习题 13.7 图

13.8　一平行板电容器的两极板都是半径为 $R = 5.0 \text{cm}$ 的圆形导体薄片，在充电过程中，两极板之间的电场强度随时间的变化率为 $\dfrac{\mathrm{d}E}{\mathrm{d}t} = 2.5 \times 10^{12} \text{V}/(\text{m} \cdot \text{s})$。求：

（1）两板之间的位移电流；

（2）极板边缘的磁感应强度（忽略边缘效应）。

13.9　一均匀"无限长"直导体中通以电流 I，导体截面半径是 R。问：单位导体长度内储存的磁场能是多少？与单位导体长度内部的磁链有联系的那部分自感系数是多少？

第14章

光　学　基　础

本章引入和导读

旭日东升,阳光普照大地;夜幕降临,城乡万家灯火。

地球上的万物生长离不开太阳光,人类的衣食需求渴望着太阳光,人们从事的生产活动和科学研究更需要太阳光和各种人造光源。

早在两千多年前,我国的《墨经》就记载了许多光学现象和成像规律。古希腊的欧几里得(约公元前330—前260)著的《反射光学》研究了光的反射。阿拉伯学者阿勒·哈增(公元965—1038年)的《光学全书》讨论了许多光学现象。

从建立反射定律和折射定律的时代开始,光学已经逐渐发展为物理学中研究光的传播,以及光和物质相互作用的,并与人类生产和生活密切相关的一门应用性很强的学科。20世纪50年代以来,光学已经渗透到众多的科学技术领域,出现了许多新的分支学科。现代光学研究的对象早已不限于可见光,而是延伸到了从远红外到远紫外等日益宽广的电磁波段。

电磁波谱

通常意义上的光是指可见光,也就是能引起人的视觉的电磁波。人类之所以能看到客观世界中五彩缤纷、瞬息万变的景象,是由于眼睛接收到物体发射、反射或散射的各种频率的光以后产生的不同生理反应而导致的。可见光的波长为 $390\sim760$ nm,对应的频率是 $7.5\times10^{14}\sim4.1\times10^{14}$ Hz。在整个电磁波谱中,可见光只占了很小一部分,如电磁波谱图中虚线之间的波段所示。

光的本性究竟是什么?这个问题一直是光学研究的重要课题。在15世纪中期就曾经存在以牛顿为代表的光的微粒说(认为光是一种弹性粒子流)和以荷兰科学家惠更斯为代表的波动说(认为光是一种波)的长期争论。15世纪,牛顿的微粒说描述和解释了光的直线传播现象,提出了光的反射和折射定律。中学物理基于生活和实验介绍了光的直线传播现象,光的入射反射定律、光的折射定律和物体的成像规律。

在物理学的发展史上，最早提出光的波动思想的是法国数学家和物理学家笛卡儿。他认为，光的本质是一种压力，在完全弹性的媒质（"以太"）中传播。但在解释光的反射和折射时，他仍然把光看作粒子的运动。17世纪中期，意大利的格里马尔迪（F. M. Grimaldi，1618—1663）首先明确提出光的波动说，他观察到光通过小孔以后在屏幕上产生的影子比直线传播预料产生的影子要宽一些。英国物理学家胡克（Robert Hooke，1635—1703）是光的波动说的重要倡导者和捍卫者。他认为，光是发光体的微粒振动在媒质中所引起的一系列的扰动扩散。荷兰物理学家惠更斯（Christian Huygens，1629—1695）明确提出光是一种波，光波与声波一样以球面波的形式传播，由此他提出了关于波的传播的惠更斯原理。英国物理学家托马斯·杨（T Yang，1773—1829）进行的杨氏双缝实验发展了惠更斯原理，成为判定光的波动性的一个关键性实验。实验中不仅观察到了两列光波在传播过程中发生的干涉现象，而且还明确提出了光的相干条件，描述和解释了光的干涉现象。19世纪中期，麦克斯韦创立的电磁理论证实了可见光就是电磁波。到了20世纪初，爱因斯坦提出了光的量子说理论，认为光由光量子组成，光量子不是经典意义上的粒子，也不是经典意义上的波，光量子具有波粒二象性，从而很好地描述和解释了光电效应。

从最初提出的光的粒子说到光的波动说，再到光的量子说，人们对光的本性已经进行了长达几百年的探索。中学物理提出了光的直线传播现象以及光的反射、折射定律，并引导学生观察光的干涉、衍射和偏振现象，初步建立了对光的粒子性和波动性表现的感性认识，大学物理以对光的本性认识为主线从定性和定量两个方面对光的直线传播、光的干涉、衍射和偏振现象进行了系统深入的描述，更好地揭示人们对光的本性认识的不断深化和发展历程。包括物理学在内的科学发展历程告诉我们，科学发展存在着不确定性，即使是量子论也还没有穷尽人们对光的本性认识。

【拓展阅读】 2015国际光年

14.1 光的微粒说和光的直线传播现象

——什么是光的微粒说？

14.1.1 从光的微粒说的萌芽到光的粒子流假设

人类对光的本性的认识可追溯到古希腊时期。毕达哥拉斯学派认为，物体的表面会发射出一些粒子，当它们进入人眼时就产生了视觉。亚里士多德则认为物体使它周围介质的性质发生某种变化，这种变化通过介质传播到人的眼睛时，就能被人看到；而在没有介质的虚空中，什么都是看不见的。这些观点可以看作光的微粒说的萌芽。

1675年，牛顿根据光的直线传播规律和光的色散现象，进一步提出了假设：光是由一颗颗像小弹丸一样的机械微粒组成的粒子流，发光物体接连不断地向周围空间发射高速直线飞行的光粒子流。一旦这些光粒子进入人的眼睛，冲击视网膜，就引起了视觉，这就是光的微粒说。由于牛顿的微粒说通俗易懂，用微粒说可以轻而易举地解释光的直线传播、反射和折射现象，所以很快获得了人们的承认和支持。

14.1.2 光的直线传播和反射、折射现象

根据微粒说,牛顿认为光线是从光源发射出来的大量弹性球形物质微粒,因此,在均匀介质中,这些微粒就以高速做直线运动,这就是微粒说关于光的直线传播理论。

利用这个理论,可以很圆满地解释和说明小孔成像,阳光下的树影和镜面反射的形成原因,分别如图 14.1、图 14.2 和图 14.3 所示。

图 14.1 小孔成像

图 14.2 阳光下的树影

图 14.3 镜面反射现象

【物理史料】 牛顿对光学的贡献

根据微粒说,沿直线作高速运动的光的粒子遇到界面时,如同力学中刚性小球在弹性表面向一个方向弹回一样,光粒子在界面上也只向着一个方向反弹,而不向其他方向反弹,这就是光的反射定律。当阳光斜向照射到教室里非常光滑的黑板表面时,学生常常会在一个角度上只看到黑板上很明的光点,而看不清黑板上的图案和文字,这种现象正是光粒子的反弹造成的。这就是常见的黑板反光现象。

牛顿假设光微粒在两种介质界面上,由于介质的性质和微粒到达界面时的状态不同,受到不同程度的吸引力或排斥力,其作用方向垂直于分界面,因此在垂直方向上的速度或动量将有所改变,然而平行于分界面的速度或动量仍保持不变,这样就较好地解释了折射现象,由此牛顿还推导出折射率等于两介质内光速的比值。

但是,在解释一束光射到两种介质分界面处会同时发生反射和折射的现象时,这个理论遇到了很大困难。根据牛顿推导出的两介质内光速的比值,牛顿得出了在比空气密度大的介质(如水)中光速应该较快的推论。然而,1850 年法国物理学家傅科用高速旋转镜法测出水中的光速仅为空气中光速的 3/4,从而表明微粒理论存在着局限性。

此外,对于一束光遇到某些障碍物时可以绕过障碍物的边缘拐弯传播的现象,还有几束光在空间叠加后又能彼此互不干扰地独立前进等现象,光以各种方式产生的干涉、衍射、偏振、色散、双折射等光学现象,用光的微粒理论也无法作出科学合理的解释。

从 18 世纪末到 19 世纪,随着人们对光的研究的深入,面对着新的实验现象,人们越来越认识到微粒说存在着很大的局限性,于是光的波动说逐渐开始发端,并在描述和解释光的干涉、衍射和偏振现象等方面取得成功,最终取代了光的粒子说。

14.2 光的波动说和光的干涉现象

——什么是光的波动说？

14.2.1 从笛卡儿的波动思想到惠更斯的波动说

最早提出光的波动思想的是法国数学家和物理学家笛卡儿（Rene Descartes，1596—1650）。他认为，光本质上是一种压力，在完全弹性的媒质（以太）中传播，传播速度是无限大的。英国物理学家胡克主张光是一种振动，每个振动产生一个球面波并以高速向外传播，这可以认为是波动说的发端。

格里马尔迪通过观察实验发现，光通过小孔以后在屏幕上产生的影子比光的直线传播预料产生的影子要宽一些。由此，他提出，光是一种能够作波浪运动的精细流体。

对光的波动说作出重要贡献的是惠更斯。1690 年，他把光和声波、水波相类比，认为宇宙间存在一种弹性介质——以太，光是因以太的扰动而形成的一种弹性机械纵波波动。但他的这一类比是错误的。光作为一种波动，与声波一样以球面波传播。他提出了波阵面的概念，并由此形成了关于波传播的著名的**惠更斯原理**。

光波的传输可以看成波阵面（波前）的每一个点作为子波源发出的球面子波的传播，这些子波向各个方向传播，子波与传输波具有相同的频率和波速，子波源的包络又形成新的波阵面，继续传播，如图 14.4 所示。介质中任一波阵面上的各点都可以看作子波的波源，这样的子波波面构成传播着的新的波阵面（波前），光的前进方向则与波阵面垂直。

图 14.4 惠更斯原理示意图

借助于惠更斯原理，可以解释一般的反射和折射定律以及双折射现象。用波动概念也可以解释两个独立光源发出的光波交叉叠加以后，仍然彼此不相干扰地以直线传播的现象。

【物理史料】 惠更斯对光学的贡献

14.2.2 托马斯·杨的波动说和双缝干涉实验

英国物理学家托马斯·杨（Thomas Young，1773—1829）认为，光是在充满整个空间的极稀薄的以太流体中弹性振动的传播。1801 年，托马斯·杨把波动干涉引入到光学领域，提出了光的干涉原理，并描述了牛顿环实验和光的衍射现象，对光的波动说作出了重要贡献。但是，他当时认为光是一种纵波。

1808 年，法国工程师马吕斯（Etienne Louis Malus，1775—1812）研究了光通过冰洲石而发生的两条折射光的现象（双折射现象），提出了"光的偏振"概念。1815 年，阿喇果（Dominique Francois Jean Arago，1786—1853）发现这两条折射光互不干涉。对这样的现象用光是纵波的观点是无法解释的。同一年，安培等提议把光看作横波，但并没有被阿喇果采纳。托马斯·杨立即接受了光是横波的想法，菲涅耳也由此得到启发，并通过实验研究了光的偏振和偏振光干涉现象，进一步确定了光是波动，而且是一种横波。

干涉现象是波动过程的特性。1802 年，托马斯·杨成功实现了光的双缝干涉实验，这是证实光的波动性的一个关键性实验。作为建立光的波动学说的决定性一步，杨氏双缝干涉实验把光的波动说建立在实验基础上，在物理学史上具有重要的意义。

托马斯·杨的双缝干涉实验原理和装置如图 14.5 所示。杨氏双缝干涉实验最初使用的光源来自太阳光。首先使太阳光通过一个针孔 S，于是这个针孔就可以看作一个点光源。光从点光源发出，再照射到屏上的两个靠得很近的并与针孔 S 等距离的两个针孔 S_1 和 S_2 上，因而它们就成为两个初相位相同的次级单色点光源。在两个针孔后面与针孔所在平面相距一定距离处放上与针孔平面平行的观察白屏，两束光在白屏上发生干涉，呈现明暗相间的彩色干涉条纹。为了提高干涉条纹的亮度，常用两条平行的狭缝代替两个针孔 S_1 和 S_2，用一束波长为 λ 的单色光垂直入射到两个狭缝上，由此产生的两束光发生干涉，所以，后来一直称为杨氏双缝干涉实验。实验中观察到的白光和红光所产生的杨氏双缝干涉条纹分布如图 14.6 所示。

图 14.5　杨氏双缝干涉实验装置示意图

图 14.6　实验中观察到的杨氏双缝干涉条纹分布
(a) 太阳光产生的干涉条纹；(b) 单色红光产生的干涉条纹

从实验图像上，可以对接受白屏上观察到的杨氏双缝干涉实验明暗条纹分布的结果作出如下描述。

(1) 白屏上最明亮的条纹,称为中央明纹,它的中心位置在过两个针孔中点的一条与观察白屏垂直的直线与白屏相交点 O 处。其他明暗条纹等间隔地交替分布在中央明纹两侧,呈现出相对于中心位置 O 点的对称分布。

(2) 光波长越小,条纹间距越小。狭缝与观察白屏之间的距离 D 越大,条纹间距越大。狭缝间距 d 越小,条纹间距越大。

(3) 若实验中使用多色光的点光源,这时光源的光可以看成分布在某一频率范围内的互不相干的许多单色光的组合。其中每种单色光产生一个上述的干涉图样,各点的总强度是这些单色图样的强度之和。所有单色图样的中央明纹的中心都通过 O 点互相重合,但由于各个单色光的波长不同,因此,各自的条纹间距不同,组合的结果显示出条纹强度相互错开分布的条纹图样。

由于明暗条纹是由同一束光产生的两束光波的干涉而产生的,这两束光波的频率相同、振动方向相同、相位差恒定,这样两个光的波源称为相干光源。不满足以上三个条件的两束光不是相干波,它们相遇也不会发生干涉现象。例如,用两个独立的产生普通光的灯源是无法产生干涉现象的。

与机械波动的干涉条件类似,杨氏双缝干涉实验的明暗条纹分布,与 S_1 和 S_2 两个子光源的光波到达屏上同一点 P 的相位差和光经过的路程差有关。设整个实验装置都放在空气中,从缝 1 上的子光源和从缝 2 上的子光源分别发出的两个光波与屏上某一点 P 之间的距离分别为 r_1 和 r_2,路程差为 $\delta = r_2 - r_1$,每一个条纹中心离开白屏中心 O 点的距离为 x,容易得出

$$当 x \ll D 时, \quad \delta = r_2 - r_1 = \frac{d}{D}x \tag{14.1}$$

设光的波长是 λ,则

$$当 \delta = \pm k\lambda, \quad k = 0,1,2,\cdots \tag{14.2}$$

即路程差是波长的整数倍时,出现干涉相长(明纹中心)。

$$当 \delta = \pm (2k-1)\frac{\lambda}{2}, \quad k = 1,2,\cdots \tag{14.3}$$

即路程差是半波长的奇数倍时,出现干涉相消(暗纹中心)。

由式(14.1)可知,明纹中心在白屏上的位置是

$$x = \pm k \frac{D}{d}\lambda, \quad k = 0,1,2,\cdots \tag{14.4}$$

暗纹中心在白屏上的位置是

$$x = \pm (2k-1)\frac{D}{d}\frac{\lambda}{2}, \quad k = 1,2,\cdots \tag{14.5}$$

相邻两个明纹(或两个暗纹)中心之间的间距是

$$\Delta x = x_{k+1} - x_k = \frac{D}{d}\lambda \tag{14.6}$$

实验中为了获得直观的清晰条纹,双缝和屏幕之间的距离远大于双缝之间的距离,这时双缝干涉条纹是等间距的。

14.2.3 光程 光程差

一束光在真空中传播的路程 L 称为这束光的光程。真空中波长为 λ 的单色光一旦进入折射率为 n 的介质中以后，单色光的波长变为 $\lambda_n = \dfrac{\lambda}{n}$，光速变为 $c_n = \dfrac{c}{n}$，因此，在相同的时间内，如果波长为 λ_n 的单色光在折射率为 n 的介质中的传播路程为 r，这束单色光的光程就是 $L = nr$。引入光程以后就可以把不同介质中的传播路程问题都折合为真空中的光程统一处理。

与机械波动的情况类似，如果两束光分别在两种不同的介质中传播，折射率分别是 n_1 和 n_2，则当这两束光在空间某点相遇时，它们的光程差是

$$\delta = L_2 - L_1 = n_2 r_2 - n_1 r_1 \tag{14.7}$$

例题 14.1 在杨氏双缝干涉实验中，用波长为 $\lambda = 5.0 \times 10^{-7}$ m 的单色光垂直入射到间距为 $d = 0.5$ mm 的双缝上，屏到双缝中心的距离 $D = 1.0$ m。求：

(1) 屏上第 10 级明纹中心的位置；

(2) 屏上条纹的宽度；

(3) 用一云母片（$n = 1.58$）遮盖其中一缝，中央明纹移到原来第 8 级明纹中心处，云母片的厚度是多少？

【解题思路】

杨氏双缝干涉实验实现了两束相干光的干涉。通过分析两束光的路程差（在同一种介质中）就可以得出明暗条纹在接受屏上的相应位置和宽度。本题第(1)小题是计算第 10 级明纹中心的位置，注意到干涉条纹是对称地分布在零级中央明纹两侧的，因此，第 10 级明纹出现在两个位置。本题第(2)小题是计算条纹的宽度，注意到双缝干涉产生的条纹是等间距的，宽度等于任意两个相邻的条纹所在位置之差。本题第(3)小题中的云母片对一缝的遮盖之所以使得零级中央明纹发生了移动，其物理原因是双缝发出的两束光的路程差发生了变化。注意到云母是另一种介质，因此，在求解光程差时，必须把云母的厚度折合成光程，再根据第 8 级明纹出现的条件计算双缝的光程差。

【解题过程】

(1) 根据式(14.4)，可知明纹在屏幕上的位置是

$$x = \pm k \dfrac{D}{d} \lambda, \quad k = 0, 1, 2, \cdots$$

于是

$$x_{10} = \pm k \dfrac{D\lambda}{d} = \dfrac{\pm 10 \times 1 \times 5 \times 10^{-7}}{(0.5 \times 10^{-3})} \text{m} = \pm 10^{-2} \text{m}$$

即以 O 点为原点，在中央明纹上下位置 $x = \pm 10^{-2}$ m 处出现第 10 级明纹。

(2) 屏上条纹的宽度为

$$\Delta x = x_{k+1} - x_k = \dfrac{D}{d} \lambda = \dfrac{5.0 \times 10^{-7}}{0.5 \times 10^{-3}} \text{m} = 10^{-3} \text{m}$$

(3) 设缝 1 未被云母遮盖时，第 8 级明纹处对应的两光程为 r_1 和 r_2，如图 14.6 所

示,则
$$\delta = r_2 - r_1 = \pm k\lambda \quad (k=8)$$
当缝1被云母片(设云母的厚度为 e)遮盖后,设光程差为 δ',注意到光束1在云母放置前后经过的光程发生的变化,而原第8级明纹处变为中央明纹, $\delta'=0$。于是
$$\delta' = r_2 - (r_1 - e + ne) = r_2 - r_1 - (n-1)e = \pm k\lambda \quad (k=0)$$
由此得出, $(n-1)e = 8\lambda$, $e = \dfrac{8\lambda}{n-1} \approx 6.90 \times 10^{-6}\,\mathrm{m}$

【拓展思考】

在杨氏双缝干涉实验中,如果单色光 λ 不是垂直入射到两条狭缝上,而是以与水平方向成 φ 的角度入射到狭缝上,屏幕上出现的条纹位置和条纹间距会发生什么变化?

14.2.4 光的薄膜干涉现象——等倾干涉和等厚干涉

在太阳光的照射下,油的薄膜表面或者肥皂泡表面会出现色彩斑斓条纹,在某些昆虫的翅膀上也会出现彩色花纹,这都是由于在薄膜的上下两个表面反射的相干光叠加干涉而形成的。

薄膜可以是某种透明的介质(如油滴形成的薄膜),也可以是空气薄层(如在两块玻璃之间夹着的空气薄层)。当单色光入射到薄膜表面,薄膜表面就会出现明暗相间的条纹。当太阳光入射到薄膜表面时,由于阳光中具有多种波长的光线,由此产生的干涉图案就呈现出彩色。现代激光器件中使用的光学涂膜之所以具有十分突出的独特光学性质也完全是基于光的薄膜干涉效应。

在光进入薄膜并发生反射以形成干涉的过程中,光总是从一种介质进入另一种介质(如从空气进入油滴)。由于不同介质有不同的折射率,因此,在不同介质中光的传播速度也是不同的,而不同的波速就影响着光的传播路径,从而直接影响到光波的干涉结果。

按照薄膜厚度的均匀或不均匀性分类,薄膜干涉可以分成两大类:一类是等倾干涉,它发生在厚度处处均匀的薄膜中;另一类是等厚干涉,它发生在厚度不均匀的薄膜中。

1. 厚度均匀的薄膜干涉——等倾干涉

设一束光以一定角度入射到厚度为 e 的均匀透明薄膜上,薄膜的上下表面会依次产生两束相干的反射光,由这两束相干光产生的干涉称为薄膜等倾干涉。

如图14.7所示,在折射率为 n_1 的均匀介质中放入折射率为 n_2 的均匀透明薄膜, M_1 和 M_2 为薄膜的上下表面,且两表面平行。用一准单色的点光源 S 产生的光束1以一定的入射角度 i 照射薄膜。不管点光源 S 在什么位置,总有两条光束在 S 光源的同侧相遇:一条是从薄膜的上表面 M_1 反射回来的光束2;另一条是以折射角 γ 进入薄膜以后从下表面 M_2 反射回来的光束3。光束2和光束3为相干光,它们是入射光的两部分,经过了不同的路径,具有恒定的相位差,因而这两束光线发生干涉。由于光束2和光束3是平行光,所以,干涉图像定域于无穷远处,观察者只能通过透镜的焦平面观察到等倾干涉的图像。

由于各种介质的折射率不同,当光从光疏介质(n 较小)射向光密介质(n 较大)时,在分界面反射时光会发生相位为 π 的突变,这样的突变相当于反射光会多经过(或少经过)半个波长的光程,这种附加光程差的现象称为光的"半波损失"。

图 14.7 厚度均匀的薄膜等倾干涉的光路图和干涉条纹

在薄膜干涉中,如果 $n_2 > n_1$,则从膜的上表面 M_1 反射的光束 2 出现"半波损失";反之,如果 $n_2 < n_1$,则进入薄膜以后从下表面 M_2 反射回来的光束 3 出现"半波损失"。

设光束 1 入射到薄膜表面 A 处(入射角为 i),由此产生的反射光束 2(反射角为 i)和进入薄膜折射光束(折射角为 γ)后从下表面 M_2 反射回来的光束 3 的光程差为

$$\delta = n_2(\overline{AB} + \overline{BC}) - n_1\overline{AD} + \frac{\lambda}{2} \tag{14.8}$$

这里 $\frac{\lambda}{2}$ 就是由于半波损失而附加的光程差。在上述光程差表达式中,对于半波损失的附加光程差是以加 $\frac{\lambda}{2}$ 表示还是以减 $\frac{\lambda}{2}$ 表示,没有本质区别,不会影响条纹的形状和条纹之间的间隔,只是在具体计算条纹级次的 k 值上有所不同而已。以下凡是提到半波损失,统一用加 $\frac{\lambda}{2}$ 表示。

由图 14.7 中可知

$$\overline{AB} = \overline{BC} = \frac{e}{\cos\gamma}, \quad \overline{AD} = \overline{AC}\sin i = 2e\tan\gamma\sin i \tag{14.9}$$

根据光的折射定律

$$n_1\sin i = n_2\sin\gamma \tag{14.10}$$

于是光程差为

$$\delta = 2n_2 e\cos\gamma + \frac{\lambda}{2} = 2e\sqrt{n_2^2 - n_1^2\sin^2 i} + \frac{\lambda}{2} \tag{14.11}$$

当光程差为波长 λ 的整数倍时,两束光发生相长干涉,该位置处为明条纹;当光程差为半波长 $\frac{\lambda}{2}$ 的奇数倍时,两束光发生相消干涉,该位置处为暗条纹。明条纹和暗条纹在薄膜表面形成周期性排列,就形成了明暗相间的干涉条纹。

当干涉薄膜厚度和光源波长都保持恒定,光程差完全取决于光束的入射角 i 的大小。以相同入射角 i(倾角)入射的光束光程差相同,由此产生同一条干涉条纹,因此该干涉被称为等倾干涉。一般用扩展光源进行等倾干涉的实验。

当一束单色光垂直照射到厚度均匀的薄膜上时,$i = 0, \gamma = 0$。光程差为

$$\delta = 2n_2 e + \frac{\lambda}{2} \tag{14.12}$$

反射光相长干涉的条件是

$$\delta = 2n_2 e + \frac{\lambda}{2} = k\lambda \quad (k=1,2,3,\cdots) \tag{14.13}$$

反射光干涉相消的条件是

$$\delta = 2n_2 e + \frac{\lambda}{2} = (2k+1)\frac{\lambda}{2} \quad (k=0,1,2,3,\cdots) \tag{14.14}$$

当白光照射到均匀薄膜上时,其中各种波长的光按照以上的干涉相长或干涉相消条件产生明暗相间的干涉条纹,这些不同波长的光的条纹叠加以后就呈现出五颜六色的条纹。在太阳光照射下,肥皂泡表面出现的彩色花纹正是白光在薄膜表面形成的干涉条纹。

如果在折射率为 n_2 的介质上表面再涂上一层折射率介乎 n_1 和 n_2 之间的介质薄膜,则在选择适当薄膜厚度的条件下,介质薄膜的上下表面就会对特定的入射光波发生相长干涉或相消干涉。相长干涉的结果使反射光大为增强,这样的薄膜称为增反膜。在激光器谐振腔中反射镜就是利用这个原理制成的,它的反射率可以达到 99% 以上。利用薄膜干涉的原理,在光学器件上还可以制成增透膜。相消干涉的结果使由于薄膜反射光而造成的损失大为减小,从而大大增强了透射光的强度,这样的薄膜称为增透膜。如果在飞机表面涂上这样的增透膜,在反射光中就能消除对雷达接收系统最敏感的光波,对飞机起到"隐身"的作用。

【拓展阅读】 等倾干涉

例题 14.2 一油轮在航行途中发生漏油现象,在海面上形成了很大一片均匀的、有一定厚度的油膜薄层(油的折射率 $n_1=1.2$,水的折射率 $n_2=1.33$)。

(1) 如果从飞机上装置的空中探测器中测量到从油膜表面反射的、处于可见光范围内干涉相长的光的波长 $\lambda_1=658\mathrm{nm}$,测量到从油膜表面反射的、处于紫外光范围内干涉相消的光的波长 $\lambda_2=376\mathrm{nm}$,由此可以推算出油膜的厚度 e 是多少?

(2) 除了反射光以外,有一部分光透射通过油膜。当反射光产生相消干涉,透射光最强。如果从与薄膜竖直部位相应的水下测量处于可见光范围内的最强透射光,此透射光的波长是多少(可见光波长范围 $390\mathrm{nm}<\lambda<760\mathrm{nm}$)?

【解题思路】

作为薄膜等倾干涉的一种实际应用,通过测量反射光的波长可以测量薄膜的厚度。本题就是其中一例。

飞机上测得的是从均匀厚度油膜上下表面反射的两束光的相长干涉产生的可见光。设入射光垂直射到油膜上,一部分光线从油膜上表面反射到空气中,空气折射率小于油膜折射率,因此有半波损失;另一部分光线进入油膜后从下表面反射,油膜折射率小于水的折射率,也存在半波损失,因此,这两条光线相遇后发生干涉,在光程差 δ 中就不再需要计入附加的半波长。列出相长干涉和相消干涉的条件,就可以得出处于可见光范围内相长干涉和相消干涉的级次,从而得出油膜厚度。透射光最强时,相应的反射光就是相消干涉,因此,从相消干涉条件还能得到处于可见光范围的透射波的波长。

【解题步骤】

(1) 两束光的光程差是

$$\delta = 2n_1 e$$

两束反射光干涉相长的条件是

$$2n_1 e = k\lambda_1$$

两束反射光干涉相消的条件是

$$2n_1 e = (2k'+1)\frac{\lambda_2}{2}$$

相长干涉和相消干涉发生在同一个油膜上,因此

$$k\lambda_1 = (2k'+1)\frac{\lambda_2}{2}$$

当 $k=1$ 时,对应得到的 $k'=1.25$(这不是整数,舍去);
当 $k=2$ 时,对应得到的 $k'=3$。
由此得到油膜厚度 $e=548\times10^{-9}$ m

(2) 在反射光中,相消干涉的条件是

$$2n_1 e = (2k'+1)\frac{\lambda_2}{2}$$

由此得到,波长

$$\lambda = \frac{2\times 2n_1 e}{k+1} = \frac{4\times 1.2 \times 548 \times 10^{-9}}{k+1}$$

$k=1$, $\lambda=876$nm(不在可见光范围内,舍去)
$k=2$, $\lambda=526$nm(在可见光范围内,保留)

2. 厚度不均匀的薄膜干涉——等厚干涉

设一束光以一定角度入射到厚度不均匀的透明薄膜上,薄膜的上下表面会依次产生两束相干的反射光,由这两束相干光产生的干涉就称为薄膜等厚干涉。它是测量和检验精密机械零件或光学元件的重要方法。其中劈尖干涉是等厚干涉现象中最典型的一种干涉。

如图 14.8 所示,两块玻璃 G_1 和 G_2 的一端靠在一起,另外一端间距为 e,从而在两块玻璃之间形成空气薄膜,这个装置称为空气劈尖。由于玻璃片的厚度比光波波长大得多,因此,从玻璃片的上下表面反射的同一个波列的两束光波是不相干的,不可能发生干涉现象。而空气层很薄,设它与一块玻璃片交界的上表面为 G_1,与另一块玻璃片交界的下表面为 G_2,空气薄膜的折射率为 $n=1$,当光束 1 垂直入射到空气劈尖上时,在上表面 G_1 上反射的光束 2 和从下表面 G_2 反射的光束 3 就会产生干涉,用读数显微镜就能观察到明暗相间的干涉条纹的分布。

图 14.8 厚度不均匀的等厚(劈尖)干涉的光路图和干涉图像

设 α 是两块玻璃之间的楔角。由于实际应用中劈的厚度和楔角的取值很小,因此,实际观察中,使光束 1 垂直入射到劈尖上表面,从而从劈尖上下表面反射的光也都垂直于劈尖的表面,并且在劈尖的上表面产生干涉。光束 2 和光束 3 的光程差是

$$\delta = 2ne + \frac{\lambda}{2} \tag{14.15}$$

这里,由于空气的折射率小于玻璃的折射率,因此,在空气薄膜中被下表面反射的光产生额

外的光程差 $\dfrac{\lambda}{2}$。

在薄膜表面特定位置处,当光程差为波长 λ 的整数倍时,两束光发生相长干涉,该位置处为明条纹;当光程差为半波长 $\dfrac{\lambda}{2}$ 的奇数倍时,两束光发生相消干涉,该位置处为暗条纹,即

$$2ne + \dfrac{\lambda}{2} = k\lambda, \quad k=1,2,3,\cdots, \text{出现明条纹}$$

$$2ne + \dfrac{\lambda}{2} = (2k+1)\dfrac{\lambda}{2}, \quad k=0,1,2,\cdots, \text{出现暗条纹} \tag{14.16}$$

由此可以看出,随着劈尖厚度的逐渐增大,相应条纹的级次也逐渐升高。第 k 级明条纹和第 k 级暗条纹对应的薄膜厚度分别是

$$e_{k\text{明}} = \dfrac{1}{2n}\left(k\lambda - \dfrac{\lambda}{2}\right) \quad \text{和} \quad e_{k\text{暗}} = \dfrac{1}{2n}(k\lambda) \tag{14.17}$$

于是,相邻两级明纹(或两级暗纹)所对应的薄膜厚度差是

$$\Delta e = e_{k+1} - e_k = \dfrac{\lambda}{2n} \tag{14.18}$$

相邻两级明纹(或两级暗纹)的间距是

$$\Delta l = \dfrac{\Delta e}{\sin\alpha} \approx \dfrac{\Delta e}{\alpha} = \dfrac{\lambda}{2n\alpha} \tag{14.19}$$

由此得出,薄膜干涉条纹的特点是条纹等间距分布,楔角 α 越大,相邻明(暗)纹之间的间距越小,条纹越密。当入射光是平行光时,干涉条纹与薄膜的等厚线平行,因此,这些条纹通常称为等厚干涉条纹。

薄膜干涉条纹除了与薄膜的厚度有关外,还与光源的波长有关。若入射的光为非单色的光,则各种波长的光独自形成自己的薄膜干涉条纹,而当白光入射时,各种单色光形成的干涉条纹的叠加就会呈现出彩色的干涉条纹。

如果以特定的光波长 λ 垂直入射劈尖,并已知劈尖长度和劈尖薄膜的折射率,测量出条纹的间隔,就可以计算出劈尖厚度或者劈尖角度,利用这样的原理可以进行小尺寸或者小角度的测量。

【拓展阅读】 等厚干涉

【拓展阅读】 牛顿环

例题 14.3 为了测量金属细丝的直径,将金属细丝夹在两块平玻璃板之间,形成劈形空气膜,如图 14.9 所示。金属丝和劈棱间距离为 $D = 28.880\text{mm}$,用波长 $\lambda = 589.3\text{nm}$ 的钠黄光垂直照射,测得从第 1 级明纹到第 30 级明纹间的距离为 4.295mm,求金属丝的直径 e。

图 14.9 空气劈尖测量细丝直径

【解题思路】

作为一种实际应用,薄膜等厚干涉可以用于测量细金属丝的直径。本例就是其中一例。

由于细金属丝的放入,两块薄玻璃板就组成了一个劈尖,细金属丝的直径就决定了这个劈尖的楔角 α。只要求得楔角 α,再加上金属丝和劈棱之间的距离,就能求得细金属丝的直

径。由干涉条纹的位置可知,劈尖的楔角 α 是直接与条纹的间距相关的,因此,本题首先从得出条纹的间距入手。注意到,这里从空气劈两个表面反射的两束光存在半波损失。

【解题过程】

从第 1 级明纹到第 30 级明纹之间相隔 29 个明纹,因此,相邻明纹的间距是 $\Delta l = \dfrac{4.295}{29} = 0.148 \text{mm}$,由式(14.19)可得到相邻明纹的高度差是

$$\Delta e = \Delta l \sin\alpha \approx \Delta l \dfrac{e}{D}$$

由式(14.18),相邻两级明纹(或两级暗纹)所对应的薄膜厚度差是

$$\Delta e = e_{k+1} - e_k = \dfrac{\lambda}{2n}$$

$$\Delta l \dfrac{e}{D} = \dfrac{\lambda}{2n} \quad (\text{取空气的 } n = 1)$$

由此得出细金属丝的直径

$$e = \dfrac{D\lambda}{2\Delta l} = 5.746 \times 10^{-5} \text{ m}$$

【拓展阅读】 一种能产生双光束干涉的实验装置——迈克耳孙干涉仪

14.3 光的波动说和光的衍射现象

——什么是惠更斯-菲涅耳原理?

14.3.1 光的衍射现象

如果将一个障碍物或狭缝放在点光源和白屏之间,当光在传播过程中,遇到尺寸与光的波长相比不是很大的障碍物和狭缝时,光不再沿直线传播,而是绕过几何阴影区域产生明暗相间的强度分布,这就是光的衍射现象(图 14.10)。

图 14.10 光的衍射图像

早在 1665 年,格里马尔迪就在他的著作中提到了光的衍射现象。后来托马斯·杨在 1803 年发表的论文中描述了光的衍射实验,对实验结果进行了分析。托马斯·杨虽然提出了光的干涉原理,也解释了光的干涉现象,但由于他错误地认为光是纵波,因而没有形成正

确的光的衍射理论。1815年，法国工程师菲涅耳(A. J. Fresnel, 1788—1827)发表了关于光的衍射的第一篇著名论文《论光的衍射》，在这篇论文中菲涅耳应用惠更斯作图方法，结合干涉原理，建立了一般的衍射理论。

14.3.2 惠更斯-菲涅耳原理

惠更斯原理(14.2.1节)能够很好地解释光波偏离直线传播的现象，定性地解释光的衍射现象，但无法解释衍射图像中光的强度分布问题。

1815年，菲涅耳根据波的叠加和干涉原理发展了惠更斯原理，提出了波面相干概念，认为同一波面上的任一点发出的子波都是相干的，当它们在空间某一点相遇时产生相干叠加，这样就得出了惠更斯-菲涅耳原理。这个原理更加完整地加入了数学公式和干涉概念，可以用于处理各种障碍物或者孔径的光的衍射情况。

对干涉和衍射可以作出如下比较：本质上，干涉和衍射都是光的相干叠加的结果，只是产生的条件有所不同。干涉是多束光的相干叠加，衍射是波阵面上无限多子波连续的相干叠加。只有在障碍物线度和光的波长可以比拟时，光的衍射现象才明显地表现出来。若障碍物线度远小于光的波长，在一定的实验条件下，便会产生明显的干涉条纹。若障碍物线度远大于光的波长，光的衍射现象可忽略不计，光可看作是直线传播。这说明光的直线传播不过是光的衍射现象的极限表现而已。

14.3.3 夫琅禾费单缝衍射

根据光源、障碍物(或衍射孔径)与观察屏三者之间的距离关系，可以将衍射分为两种类型：一种是菲涅耳衍射；另一种是夫琅禾费衍射(图14.11)。

如果光源S、观察屏P与衍射孔径之间的距离都是有限的，这样的衍射称为菲涅耳衍射(近场衍射)。如果光源、观察屏P与衍射孔径之间的距离都是无限的，这样的衍射称为夫琅禾费衍射(远场衍射)。此时，入射光和衍射光都是平行光。实验上，通常将光源放在透镜焦点，观察屏放在另一个透镜焦点。这样就能获得到达衍射孔径(障碍物)的入射平行光和到达屏幕的平行光。显然，当光源S、观察屏P与衍射孔径之间的距离越来越大，从有限变成无限时，菲涅耳衍射就成了夫琅禾费衍射，因此夫琅禾费衍射实际上就是菲涅耳衍射的极限情形。

图 14.11 两种衍射示意图

本节仅讨论夫琅禾费衍射，该衍射不但在理论处理上比较方便，而且有着较多的实际应用。根据狭缝和小孔的类型，夫琅禾费衍射又可以分为三类：夫琅禾费单缝衍射，夫琅禾费圆孔衍射和夫琅禾费光栅衍射。

如图14.12所示，点光源发出的光经过透镜L_1形成一束平行光垂直入射到宽度为a

的单缝 S 上,单缝的宽度与波长是可比拟的,缝上各点发出衍射角为 θ 的衍射光,再经过透镜 L_2 会聚到位于焦平面处的接受屏上形成衍射图像,这种衍射就称为夫琅禾费单缝衍射。

在图 14.13 中,AB 是单缝,宽度为 a,波长为 λ 的平行单色光垂直于狭缝 AB 所在平面入射。根据惠更斯-菲涅耳原理,单缝 AB 所在面上各点子波源向各个方向发射光线,这些光线都是相干光。每一个方向的衍射光线与单缝平面法线间的夹角称为衍射角,用 φ 表示。

图 14.12　夫琅禾费单缝衍射装置简图

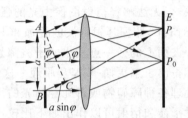

图 14.13　夫琅禾费单缝衍射光路图

当通过狭缝 AB 发出的某一束光线的衍射角 $\varphi = 0$ 时,它们被透镜聚焦到接收屏上的 P_0 点,AB 波面上每一点光的相位相同,到达 P_0 点的每一条光线的光程也相同,因此这些光线互相增强,在 P_0 点形成明条纹,并正对着衍射狭缝的中心,这就是中央明纹。

当通过狭缝 AB 发出的某一束光线的衍射角为 φ 时,它们由透镜聚焦到屏幕上的 P 点,AB 波面上的每个子波的相位相同,但是到达 P 点的每个子波的光程不同。由图 14.14 可知,AC 上的每一点到 P 点的光程相等,而各子波之间的光程差由这些光线在 AB 上的位置到达 AC 面的距离之差来决定。其中,从 AB 两点发出的相应子波之间的光程差最大,$BC = a\sin\varphi$。当到达屏幕上的

图 14.14　菲涅耳半波带

子波的光程差为波长的整数倍时,屏幕上就出现明条纹;当子波的光程差为半波长的奇数倍时,屏幕上就出现暗条纹。

由于 AB 狭缝处发出的子波有无数条光线,而且是连续变化的,计算这些光线到达屏幕的光程差很复杂。为此,1818 年,菲涅耳提出了"半波带"作图方法,以一种比较简单的方法对衍射强度的分布进行了说明。

首先以半个波长 $\dfrac{\lambda}{2}$ 为单位对 BC 进行分割,并从分割点作 BC 的垂面,从而把入射光 AB 的波面沿缝宽方向划分成一些等宽度的狭长条形波带,这些条形带就称为菲涅耳半波带,如图 14.14 所示。

如果在某个给定的衍射角 φ 下,BC 等于入射光半波长的偶数倍,这就相当于将 AB 波面分成 k 个等宽的偶数个半波带。根据惠更斯—菲涅耳原理,每个波带辐射出的光场强度相同,而相邻波带上任一对应的点到达 P 点的光程差都是 $\dfrac{\lambda}{2}$,因此,两两相邻的半波带发出的子波在 P 点正好干涉相消。于是 P 点出现干涉相消,在屏幕上的对应区域就是暗纹。

如果在某个给定的衍射角 φ 下,BC 等于入射光半波长的奇数倍,这就相当于将 AB 波面分成 k 个等宽的奇数个半波带。例如 AB 面被分成三个半波带,于是相邻的两个半波带

上每一点对应的波面彼此干涉相消,还余下一个半波带上的子波未被抵消,于是就在 P 点形成明纹。以此类推,当 k 为奇数时,$k-1$ 个相邻波带成对干涉相消,仅剩下一个半波带未被抵消,在屏幕上就形成明纹中心。

当 $\varphi=0$ 时　　　　　　　　　　　　出现中央明纹

当 $a\sin\varphi=\pm(2k+1)\dfrac{\lambda}{2}, k=1,2,3,\cdots$ 时　出现 k 级明纹

当 $a\sin\varphi=\pm(2k)\dfrac{\lambda}{2}, k=1,2,3,\cdots$ 时　出现 k 级暗纹

上面表达式中的正负号表示衍射条纹对称分布在中央明纹两边,分别称为 1 级明(暗)纹、2 级明(暗)纹等。衍射明亮程度随着衍射级次 k 的增加而降低,明暗之间的差异也渐渐降低,如图 14.15 所示。必须指出,上面的讨论中不包括 $k=0$ 的情况,$k=0$ 对应的是中央明纹。这与杨氏双缝干涉的条纹结果是不同的。

图 14.15　夫琅禾费单缝衍射强度分布曲线

如果在某个给定的衍射角 φ 下,BC 既不等于入射光半波长的偶数倍,也不等于奇数倍,那么,在屏幕上出现的条纹就介于明纹和暗纹之间。对于相同的狭缝宽度来说,当衍射角 φ 由小逐渐变大时,狭缝被分割的半波带也由少变多,半波带宽度由大变小,在屏幕上不断经历明、暗、明、暗条纹的变化。但随着衍射角的增大,半波带的振幅减小,明纹的明度也随之减少。

屏幕上的正负第 1 级暗条纹对透镜中心所张的角度称为中央明纹的角宽度。对中央明纹而言,衍射角 φ 满足下列条件:
$$-\lambda < a\sin\varphi < \lambda \tag{14.20}$$
由于衍射角 φ 一般很小,因而近似有
$$-\frac{\lambda}{a} < \varphi < \frac{\lambda}{a}$$
于是中央明纹的角宽度为
$$\Delta\varphi = \frac{\lambda}{a} - \left(-\frac{\lambda}{a}\right) = \frac{2\lambda}{a} \tag{14.21}$$
式(14.21)表明,中央明纹的角宽度与波长成正比,与缝宽成反比,这个结论称为衍射反比律。

当狭缝的宽度 a 固定时,入射光的波长越大,同一级次的衍射角越大。如果入射光源为白色光源,衍射中央明纹为白色,两边彩色条纹依次从紫色到红色分布,如图 14.16 所示。

当狭缝的宽度 a 很小时,衍射条纹宽度很大,衍射效应很明显。当单缝的宽度 a 变大时,衍射条纹变窄,变密集。当缝宽 $a\gg\lambda$ 时,各级衍射条纹角宽度很小,在屏幕上显示为衍

图 14.16 光通过单缝衍射产生的图像
(a) 白光通过单缝衍射产生的图像；(b) 单色的红光通过单缝衍射产生的图像

射条纹向中央密集靠拢,而中央明纹几乎显示为一条明纹,实际上,这就是光源通过狭缝形成的几何图像。

单缝衍射在实验和生活中有很多应用。例如,利用单缝衍射测量两个物体之间的小间距和光源波长等。

例题 14.4 在单缝夫琅禾费衍射实验中,单缝宽度 $a=0.5\text{nm}$,透镜的焦距 $f=700\text{nm}$。当以波长为 $\lambda=589.3\text{nm}$ 的钠光作为入射光源时,求在透镜焦平面上出现的中央衍射明条纹的宽度。

【解题思路】

中央衍射明条纹是零级明纹,它的宽度实际上就是对称分布在中心明纹两边的正负第 1 级暗条纹之间的间距。

屏幕上的正负第 1 级暗条纹对透镜中心所张的角度称为中央明纹的角宽度。对中央明纹而言,衍射角 φ 满足下列条件。

$$-\lambda < a\sin\varphi < \lambda$$

由于衍射角 φ 一般很小,因而近似有

$$-\frac{\lambda}{a} < \varphi < \frac{\lambda}{a}$$

于是中央明纹的角宽度为

$$\Delta\varphi = \frac{\lambda}{a} - \left(-\frac{\lambda}{a}\right) = \frac{2\lambda}{a}$$

有了角宽度,在已知透镜焦距的条件下,利用图示几何关系就可以求得正负第 1 级暗条纹之间的间距。

【解题过程】

利用半波带法,可以得出中央明纹的角宽度为

$$\Delta\varphi = \frac{\lambda}{a} - \left(-\frac{\lambda}{a}\right) = \frac{2\lambda}{a} = \frac{2 \times 589.3 \times 10^{-9}}{0.5 \times 10^{-3}} = 2.36 \times 10^{-3}$$

于是从图 14.17(a) 所示的几何关系可以得出中央衍射明纹的宽度是

$$\Delta x_0 = f\Delta\varphi = 0.7 \times 2.36 \times 10^{-3}\text{m} = 1.65 \times 10^{-3}\text{m}$$

与单缝衍射类似,当单色平行光垂直入射到小圆孔上时,放置在透镜 L 焦平面的观察屏上出现衍射条纹,如图 14.17(a) 所示。条纹中心为明圆斑,边缘为明暗相间的圆环分布,

如图 14.17(b)所示。在光学仪器中常常会装有透镜和光阑，它们起着衍射圆孔的作用，从而不可避免地产生衍射图像，影响着成像的清晰度。

图 14.17　光的圆孔衍射

(a) 夫琅禾费圆孔衍射装置简图；(b) 圆孔衍射图像

在圆孔衍射图像中，第一个暗环包围的中央圆形光斑最明亮，通常把这个零级衍射图像称为艾里斑，如图 14.18 所示。艾里斑的边缘是圆孔衍射的一级暗纹，周围分布着明暗相间的圆环。假设艾里斑的直径为 d，透镜焦距为 f，圆孔直径为 D，单色光波长为 λ。理论计算发现，当波长为 λ 的入射光产生夫琅禾费衍射图像时，艾里斑的角半径，即半径对圆孔中心的张角满足如下关系：

$$\theta_0 = \frac{1.22\lambda}{D}$$

图 14.18　艾里斑

从几何光学的角度来看，当物体被光学系统成像时，物体上的每一个点都有一个对应的像点。然而，由于光的衍射，像点并不是一个几何点，而是一个具有一定尺寸的艾里斑。因此，对于两个相距很近的物点，对应的两个艾里斑可能会重叠在一起，从而不能清晰地分辨两个物点的像，如图 14.18 所示。这就是由于光的衍射给光学仪器的分辨率带来的严格限制。

【拓展阅读】　光学仪器的分辨率

在单缝衍射中，如果单缝变宽，中央明纹光的相对强度相应增大，于是相邻明纹之间的距离变窄，界限模糊，不足以分辨各级条纹。如果单缝变窄，虽然条纹间距变宽，但是光的明亮度又被减弱很多，同样导致界限不清。在这两种情况下，用单缝衍射测量衍射条纹宽度变得十分困难，由此测量的光波长的精确度也不高。

14.3.4　光栅衍射

由大量等宽而又等间隔的平行狭缝构成的光学元件称为光栅。利用光栅的装置不仅能使条纹既明又窄，还能使相邻明纹之间的界限保持清晰。

通常可以在玻璃平面上用金刚钻刻出许多等距离、等宽度的平行线，就构成光栅。由于刻痕处表面粗糙不平,入射光线只能发生散射,无法透过,而相邻刻蚀区域对入射光却是透明的,相当于许多单缝。由此就组成了平面透射光栅,这是一种常见的光学衍射元件,故也称衍射光栅。

图 14.19 所示为一张实验所用的透射型平面衍射光栅的简图。假设不透光的刻痕间距为 a,刻痕宽度为 b,如果看成狭缝,a 就是狭缝的宽度,b 就是狭缝的间距。$d=a+b$ 就称为光栅常量。随着光栅刻制技术的飞速发展,现在实际用的光栅可在 1mm 内刻蚀数千条甚至更多的透射型平行狭缝。

当一束单色光入射到光栅上,透过光栅每个狭缝的光在观察屏上产生单缝衍射,透过每个狭缝的光是相干的,这是无限多子波的相干;通过各个狭缝的透射光彼此产生多光束干涉,这是有限个光束之间的相干。正是光的衍射和干涉的综合效应形成了光栅衍射图像。

图 14.20 分别显示了双缝、五缝和光栅衍射的图像。比较这些图像中的主极大明条纹可以发现,随着缝数的增加,两相邻主极大之间的极小增多,主极大之间变得越来越暗,在光栅衍射的图像中主极大条纹已经变得越来越窄,边界变得越来越清晰。

图 14.19　透射型平面衍射光栅的简图

图 14.20　多缝衍射条纹与光栅衍射条纹的比较

假设光栅上只打开一条缝,其他单缝都关闭,当平行光入射时,屏幕上显示的是这个单缝的衍射图像。由于平行光无论从哪一个单缝入射,只要衍射角相同,经过透镜以后光线都会聚到屏幕上同一点,因此,不管打开哪一个单缝,产生的衍射图像不仅明暗条纹相同,在屏幕上的位置也相同。把光栅上的单缝全部打开以后,由于各条单缝发出的波前满足相干条件,于是这些光在屏幕上产生相干叠加,产生光栅衍射图像。

假设相邻狭缝中两条光线以同一个衍射角 θ 出射,被透镜聚焦到屏幕上的某点,如果它们的光程差 δ 和相位差 $\Delta\varphi$ 满足如下条件,这两束光正好发生相长干涉。

$$\delta = d\sin\theta = \pm k\lambda, \quad k = 0,1,2,\cdots$$

$$\Delta\varphi = \frac{2\pi}{\lambda}\delta = \frac{2\pi}{\lambda}d\sin\theta \tag{14.22}$$

由此推理,其他的两个相邻狭缝在这个衍射角度下,入射光的光程差相遇之后也是相长干涉。通常称式(14.22)为光栅方程。式(14.22)中 $k=0$ 时,称为中央明纹。$k=1,2,\cdots$ 时,分别称为第 1 级、第 2 级……主极大明纹等。正负号表示各级明纹在中央明纹两侧呈现对称分布。

式(14.22)表明,光栅主极大明纹的位置只与光栅常量 d 和波长 λ 有关,与光栅上单缝的数目无关。光栅衍射的强度分布如图 14.21 所示。

图 14.21 光栅中任意两条狭缝产生的相长干涉

式(14.22)还表明,当单色光垂直入射到光栅上时,光栅常量越小,屏幕上的各级明纹的衍射角越大,各级明纹之间的距离越远。如果光栅常量保持一定,则入射光的波长 λ 越大,各级明条纹的衍射角就越大,于是光栅就具有色散分光的作用。

对于光栅上的每一个单缝而言,以不同衍射角入射的光在相遇时,如果满足如下单缝衍射的条件:

$$a\sin\theta = \pm k'\lambda, \quad k' = 1, 2, 3, \cdots \tag{14.23}$$

这个单缝衍射就正好在屏幕上呈现暗纹。在两条狭缝同时满足式(14.22)和式(14.23)这两个条件时,相应于这个衍射角的主极大条纹就不会出现。由此推理,从其他的所有两两相邻狭缝在这个衍射角度下的主极大都不会出现,这种现象称为衍射光谱线的缺级。缺级的级数 k 与 k' 之间的关系是

$$k = \pm k' \frac{d}{a} \tag{14.24}$$

对一个给定的光栅而言,光栅常量 d 和单缝宽度 a 都是确定的,如果它们的比值等于整数,单缝衍射的最小值就落在光谱线的某个位置上,两束相干光在这些位置上的谱线就相应消失。例如 $\frac{d}{a} = 3$,对应于单缝衍射 $k' = 1, 2, 3, \cdots$ 出现的最小值,就使 $k = 3, 6, 9, \cdots$ 的主极大明纹消失。如果它们的比值不是整数,只有单缝衍射的某些最小值,才会出现一些谱线消失的缺级现象。例如,如果 $\frac{d}{a} = \frac{3}{2}$,则 $k = \frac{3}{2}k'$,于是对应于单缝衍射 $k' = 2, 4, 6, \cdots$ 出现的极小值,使 $k = 3, 6, 9, \cdots$ 的主极大明纹消失。

例题 14.5 用 $\lambda = 600\text{nm}$ 的单色光垂直照射在宽为 3cm、共有 5000 条缝的光栅上。求:

(1) 该光栅的光栅常量;

(2) 第 2 级主极大的衍射角 θ;

(3) 光屏上可以看到的条纹的最大级数。

【解题思路】

这里狭缝宽度为 a,狭缝的间距为 b,那么 $d = a + b$ 就是光栅常量。当相邻狭缝中两条光线以同一个衍射角 θ 出射时,如果它们的光程差 δ 满足如下条件,这两束光正好发生相长干涉。

$$\delta = d\sin\theta = \pm k\lambda, \quad k = 0, 1, 2, \cdots$$

因此,与第2级主极大明纹($k=2$)对应的衍射角 θ 就可以从以上光栅方程中得出。此外,在光栅方程中,衍射角 θ 的绝对值不可能大于 $\dfrac{\pi}{2}$, $\sin\theta$ 的绝对值不可能大于1。

【解题过程】

(1) 光栅常量 $d = \dfrac{3.0 \times 10^{-2}}{5000}\text{m} = 6 \times 10^{-6}\text{m}$

(2) 由光栅方程 $d\sin\theta = \pm k\lambda$ ($k = 0, 1, 2, \cdots$) 得

$$\sin\theta_2 = 2\dfrac{\lambda}{d} = 2 \times \dfrac{600 \times 10^{-9}}{6 \times 10^{-6}} = 0.2 \Rightarrow \theta_2 = \arcsin 0.2 = 11.5°$$

$$\sin\theta_k = \pm k\dfrac{\lambda}{d} = \pm k \times \dfrac{600 \times 10^{-9}}{6 \times 10^{-6}} = \pm k \times 0.1$$

(3) 由于 $-1 < \sin\theta_k < +1$,则

$$-10 < k = \dfrac{\sin\theta_k}{0.1} < 10, \text{取 } k = \pm 9$$

屏上可以看见的条纹最大级数是9。

14.4 光的波动说和光的偏振现象

——什么是马吕斯定律和布儒斯特定律?

14.4.1 光的偏振性

光的干涉和衍射现象都充分证实了光具有波动性。波动可以分为纵波和横波,无论是横波还是纵波,都可以产生干涉和衍射。对于纵波来说,如声波,在垂直于波的传播方向的平面内,各分向振动矢量的振幅相同,没有一个平面比其他平面更具有特殊性,物理上称为波的振动对传播方向具有对称性。对于横波来说,如光波,在垂直于传播方向上的平面内,包含光矢量的平面相对于其他不包含光矢量的平面显然存在着特殊性,物理上称为波的振动对传播方向不具有对称性。这种不对称性就是光的偏振性。偏振是横波区别于纵波的一个主要特征。

从17世纪末到19世纪早期,长达100多年的时间内,包括惠更斯在内的很多人都认为光波跟声波类似。托马斯•杨于1817年提出光波是横波的想法。同一时期,菲涅耳也单独提出这个想法,并用横波理论解释了偏振光的干涉。光的干涉和衍射现象证明了光的波动性,光的偏振现象则进一步有效地证实了光是横波。在光的传播过程中,光矢量与光的传播方向垂直。

14.4.2 自然光、偏振光和偏振光的分类

在波的传播途径上遇到狭缝时,横波和纵波表现是完全不同的。如图14.22所示,在波的传播路径上放置狭缝 AB,当狭缝 AB 平行于横波的振动方向时,横波能够通过狭缝继续往

前传播,如图 14.22(a)所示。然而,当狭缝 AB 与横波的传播方向相互垂直时,因为振动被阻挡了,所以横波不能通过狭缝继续往前传播,如图 14.22(b)所示。但是纵波在这两种情况下都能通过狭缝继续往前传播,如图 14.22(c)所示。

图 14.22 横波和纵波分别通过狭缝的区别
(a)狭缝与横波振动方向平行;(b)狭缝与横波振动方向垂直;(c)纵波通过狭缝继续传播

光的横波性仅仅表示光矢量与光的传播方向垂直,在与传播方向垂直的平面内,光矢量可以在各个方向发生振动。普通光源发出的光就包含了各个方向的光矢量,没有哪个方向占优势,每个方向的光矢量的振幅 E 都相等,这样的光称为自然光。如果光矢量的振动只发生在一个方向上,在其他方向上不存在光矢量的振动,这样的光称为偏振光(图 14.23)。

图 14.23 在与传播方向垂直的平面内自然光与偏振光
(a)自然光;(b)偏振光(虚线部分)

按照光矢量振动方向的不同,可以对光的偏振作出以下分类。

线偏振光。光波是横波,如果在垂直于光的传播方向上的一个平面内光矢量振动发生在一个方向上,即只在一个固定的垂直平面内振动,这样的偏振光称为线偏振光。对于线偏振光,迎着光线看,光矢量的振动轨迹是直线。光矢量的方向和光的传播方向所构成的平面称为振动面。线偏振光的振动面固定不动,不会发生旋转。

部分偏振光。由于外界作用,造成光矢量在各个振动方向上振动,但振动的强度不同。如果在垂直于光传播方向上的一个平面内,某一个振动方向上的振动比其他方向上的振动占优势,这样的偏振光称为部分偏振光。

为了简单表示光的传播,用带有箭头的短直线表示振动方向在纸面内且与传播方向垂直的光矢量;用点表示振动方向与纸面垂直且与传播方向垂直的光矢量。平面偏振光或者都是短直线,表示只有平行于纸面的光矢量;或者都是点,表示只有垂直于纸面的光矢量。自然光中点的数目与短直线的数目相等,没有任何一个方向占优势。部分线偏振光中点的数目与线的数目不相等,某一个方向光矢量的振动方向比其他方向占优势,如图 14.24 所示。

图 14.24 偏振光和自然光的表示方法

椭圆偏振光。 如果光矢量的大小不断改变,在光的传播方向上,光矢量的末端在垂直于传播方向的平面上描绘出的轨迹为椭圆,这样的偏振光就称为椭圆偏振光。

圆偏振光。 在光的传播方向上,光矢量末端在垂直于传播方向的平面上描绘出的轨迹为圆,这样的偏振光称为圆偏振光。

14.4.3 起偏、检偏和马吕斯定律

除了特殊的光源如激光,其他的普通光源,如太阳光、白炽灯等辐射的都是自然光。由自然光或部分偏振光获得线偏振光的过程称为光的起偏,所使用的光学装置称为起偏器。偏振片作为起偏器可以将自然光转变为偏振光(图 14.25(a))。在实际应用和实验室中,起偏是通过某些晶体对不同方向的光振动具有的选择性吸收或对光的反射和折射来实现的。

如果在起偏器后面再加上一个偏振片,则还可以用来检测光是否为偏振光,第二个偏振片称为检偏器(图 14.25(b))。

图 14.25 光的起偏和检偏
(a) 光的起偏;(b) 光的检偏

当一束偏振光通过起偏器 I 时,光的强度会发生什么变化? 设光强度为 I_0 的一束偏振光(振幅为 A_0)入射到偏振片上,如果偏振片的偏振方向(透光轴)与入射偏振光方向平行,显然,入射光全部通过偏振片,光强度为 I_0。如果透光轴的方向与入射偏振方向的夹角为 α,则通过偏振片的光振幅 $A = A_0 \cos\alpha$,即 $\dfrac{A}{A_0} = \cos\alpha$,如图 14.26 所示。

图 14.26　一束偏振光通过偏振片时强度的变化（马吕斯定律）

由于光的强度与光的振幅的平方成正比，由此得出

$$\frac{I}{I_0} = \frac{A^2}{A_0^2} = \cos^2\alpha$$

这个结论是马吕斯（E. L. Malus，1775—1812）在 1808 年通过总结得出的，称为马吕斯定律。

自然光中任何一个光振动都可以分解为两个相互垂直方向的分振动，它们在每一个方向上的时间平均值相等，但是它们是相互独立的，不能合成为一个线偏振光。根据自然光的性质，一束自然光也可以分解为两个相互独立的等振幅又相互垂直的线偏振光，这两个线偏振光的强度是自然光的 $\frac{1}{2}$，因此，如果一束光强度为 I_0 的自然光入射到偏振片上，则有强度为 $\frac{1}{2}I$ 的光通过偏振片。

当一束偏振光通过检偏器Ⅱ时，光的强度又可能发生什么变化呢？自然光通过Ⅰ（起偏器）成为线偏振光，该偏振光再入射到Ⅱ（检偏器），如果Ⅰ和Ⅱ的偏振化方向平行，则在屏幕上接收到的光最明亮。如果以光的传播方向为轴，将Ⅱ开始旋转，则屏幕上的光的强度逐渐减小，当Ⅰ和Ⅱ的偏振化方向相互垂直时，屏幕上的光强度为零，称为消光。在Ⅱ旋转 360°的过程中，透过Ⅱ的光在最明和最暗之间呈周期性的变化，出现两次最强，两次消光。

14.4.4　反射光、折射光的偏振和布儒斯特定律

一束自然光不仅可以通过起偏器成为偏振光，还可以通过在两种介质的界面上的反射和折射产生偏振光。

当一束自然光入射到折射率分别为 n_2 和 n_1 的两种介质的分界面上时，会产生反射和折射（图 14.27）。当用偏振片检验反射光和折射光时，会发现两种光都是部分偏振光。所不同的是，用偏振片检偏入射光时，当偏振化方向与入射面垂直时，透过偏振片的光强度最大，因此在反射光中垂直于入射面的振动大于平行于入射面的振动；用偏振片检偏折射光时，当偏振化方向与入射面平行时，透过偏振片的光强度最大，因此，在折射光中平行于入射面的振动大于垂直于入射面的振动。

图 14.27　入射光经反射和折射以后偏振程度的变化（布儒斯特定律）

1815 年布儒斯特在研究反射光和折射光的偏振化程度时发现这两种部分偏振光的偏振程度与入射角有关。当入射角 i_0 与折射角 γ_0 之和等于 90°，即反射光与折射光互相垂直时，反射光从垂直于入射面的成分较大的部分偏振光转变为偏振方向完全是垂直于入射面的线偏振

光,而折射光仍然为部分偏振光。这个结论称为布儒斯特定律,相应的入射角称为布儒斯特角。

在满足布儒斯特定律时,设入射角为 i_0,折射角为 γ_0,利用折射定律可得

$$n_1 \sin i_0 = n_2 \sin \gamma_0$$

$$\sin i_0 = \frac{n_2}{n_1}\sin\gamma_0 = \frac{n_2}{n_1}\sin(90°-i_0) = \frac{n_2}{n_1}\cos i_0$$

即

$$\tan i_0 = \frac{n_2}{n_1}$$

i_0 称为布儒斯特角,或起偏角,上式就是布儒斯特定律的数学表达式。对于一般的光学玻璃（起偏角 $i_0 = 56.30°$）来说,反射光为线偏振光,它的强度约占入射光强度的 7.5%,大部分光将透过玻璃成为折射光。

在两种介质分界面上利用起偏角通过反射是获得偏振光的一种简单方法,但是反射光作为线偏振光的强度往往很弱,一般难以应用,而折射光仍然是部分偏振光。为了获得更大光强度的偏振光,可以把光学玻璃叠在一起组成玻璃片堆,让自然光以布儒斯特角入射,于是就可以使反射光的能量几乎等于入射光的能量,从而大大增强反射偏振光的光强度。

【拓展阅读】 3D 电影

14.5　光的量子说和光电效应现象

——什么是光的量子说?

14.5.1　黑体辐射和能量的量子说假设

关于能量量子说的历史过程和具体内容将在本书的第 16 章加以叙述。本节作为对光的本性物理描述的一部分内容首先需要指出的是,光的波动说不是人们对光的本性认识的终结。在 20 世纪初,在光的波动说基础上发展起来的是光的量子说。

光的量子说是从普朗克的能量的量子说发展而来的,而能量的量子说是从解释黑体辐射的实验现象开始的。德国物理学家普朗克（Max Planck,1858—1947）于 1900 年 12 月提出了能量子假说,对黑体辐射实验现象作出了创造性的解释。

普朗克的假定是,对于一定频率为 ν 的电磁波,物体只能以 $h\nu$ 为单位吸收或发射它,其中 h 是一个普适常量,称为普朗克常量。

$$h = 6.6260755 \times 10^{-34} \text{J} \cdot \text{s}$$

物体吸收或发射的电磁辐射只能以量子的方式进行,每一个量子的能量是

$$\varepsilon = h\nu$$

基于这个假设,物体吸收或发射的电磁波不再是连续的,而是分立的,显然,这种不连续的概念在经典物理学中是完全不允许的,因此,在相当长一段时期内,普朗克的这一重要的研究成果没有完全引起人们的重视。

14.5.2　光电效应现象和光量子假设

德国物理学家赫兹（Heinrich Rudolph Hertz,1857—1894）于 1887 年发现,在光的照射

下,某些物质内部的电子会被光子激发出来而形成电流,即光生电,这就是光电效应。

光电效应也是物理学中一个重要而神奇的现象。在解释光电效应的实验结果上,光的波动理论也遇到了灾难。面对这样的灾难,爱因斯坦受到能量子假设的启发,超越了光的波动说,探索寻找关于光电效应的新机制。他把普朗克提出的能量子的假设推广为光量子假设,从而成功地提供了对光电效应实验规律的理论描述。

爱因斯坦提出:光是由光子组成的光子流,光的能量一份一份地集中于光子上;光子的能量和其频率成正比;光子具有整体性,一个光子只能整个地被电子吸收或放出。

爱因斯坦认为,对于时间平均值,光表现为波动性,能量是连续的;而对于瞬时值,光则表现为粒子性,能量是分立的,一个单元的能量就是一个光量子:$\varepsilon=h\nu$(这里 h 是普朗克常量,ν 是光的频率)。光量子在历史上第一次揭示了微观粒子的波动性和粒子性的统一,即波粒二象性。

【拓展阅读】 光电效应的一些应用

爱因斯坦提出的光量子理论不仅对光电效应作出了正确的描述和解释,还突破了光的波动说,提出了光的量子说,使人们对光的本性认识达到了新的高度。

人们对光的本性提出一系列假说,从微粒说到波动说,从波动说到光子说,继而统一为光的波粒二象性,前后经历了几百年漫长而曲折的认识过程。

以牛顿为代表的微粒说,虽然有古希腊人的光粒子学说痕迹,但不同于光粒子学说。麦克斯韦的电磁波理论使惠更斯的波动说摆脱了机械波的束缚,是人类对光的本性描述的一次飞跃。同样,爱因斯坦提出的光的量子论又与牛顿提出的微粒论有着质的区别。光子不是经典的机械微粒,光子说的提出是人类对光的本性描述的又一次飞跃。应该指出,光子说也不是人们对光的本性描述的终结。随着科学的发展,人们一定会在探索光的本性的道路上实现更新的飞跃。

【拓展阅读】 光纤通信及其应用

【拓展阅读】 光污染

思 考 题

14.1 什么是光的相干条件?为什么在光通过双缝前还必须经过一个针孔 S?如果用两个手电筒发出的普通光同时照射到屏幕上,能够产生光的干涉图像吗?为什么?如果用一个普通的发光灯源放在双缝前,从双缝射出的两束光会不会产生干涉现象?为什么?

14.2 在薄膜等倾干涉中,薄膜的厚度对于产生相长或相消干涉的条纹有着重要的作用。问:薄膜的厚度可以任意选定吗?例如,如果薄膜的厚度太大,即超过一定长度,或太薄,即小于一定长度,这样的薄膜还能产生干涉条纹吗?为什么?

14.3 在等厚劈尖干涉中,为什么从玻璃片的上下表面反射的同一个波列的两束光波是不相干的,不可能发生干涉现象?

14.4 在光的单缝衍射实验中,缝的宽度对于形成明暗条纹有着重要作用。如果缝很宽并大大超过光波的波长,或者缝很细并小于光波的波长,在屏幕上还能观察到衍射条纹吗?为什么?

14.5 如果单缝的宽度加倍,则通过缝的功率也加倍,但是图像中心的强度却增大为 4

倍,这个结果违背能量守恒定律吗?为什么?

14.6 光的衍射现象与波长的关系很密切。"隔墙有耳"这句成语的物理解释是什么?为什么声波产生的衍射现象比光波更显著?为什么无线电波能够绕过障碍物向其他方向传播而光波却不能绕过障碍物传播?

14.7 衍射光栅的用途是什么?为什么光栅要有大量的缝?为什么这些缝必须靠得很近?

14.8 一束自然光入射到两个偏振片上,这两个偏振片围绕共同轴线的转动到达一定位置时,光恰好不能通过两个偏振片。在两个偏振片之间再放置第三个偏振片,如果恰好有光通过这个偏振片,这个偏振片该怎样放置?如果恰好没有光通过这个偏振片,这个偏振片该怎样放置?

14.9 从一池平静的水面上测得反射的太阳光是偏振光,你能由此推断出这时的太阳处于地平线上多大的仰角处?

14.10 什么是光污染?在网络上搜索"光污染"的词条,并仔细对照观察我们身边存在的光污染现象,尝试提出预防和消除光污染的初步方案。

习 题

14.1 在双缝干涉实验中,波长 $\lambda=500\text{nm}$ 的单色平行光垂直入射到缝间距 $d=1\times10^{-4}\text{m}$ 的双缝上,屏到双缝的距离 $D=1\text{m}$。求:

(1) 每一条明纹的宽度;

(2) 中央明纹两侧的两条第 10 级明纹中心的间距;

(3) 用一厚度为 $e=8\times10^{-4}\text{cm}$、折射率为 $n=1.5$ 的玻璃片覆盖其中一条缝后,零级明纹将移到原来的第几级明纹处?

14.2 在如图 14.28 所示的双缝干涉实验中,若用薄玻璃片(折射率 $n_1=1.45$)覆盖缝 S_1,用同样厚度的玻璃片(但折射率 $n_2=1.55$)覆盖缝 S_2,将使原来没有放玻璃时,屏上的中央明条纹处 O 变为第 5 级明纹。设单色光波长 $\lambda=480\text{nm}$,求:

(1) 干涉条纹向什么方向移动?

(2) 玻璃片的厚度 d(可认为光线垂直穿过玻璃片)。

图 14.28 习题 14.2 图

14.3 在用波长为 500nm 的单色光垂直照射到由两块光学平玻璃构成的空气劈尖上形成的干涉条纹中,从棱边算起的第 4 条暗条纹中心距劈尖薄膜棱边距离为 $l=1.56\text{cm}$,标为 A 处。

(1) 求此空气劈尖的楔角 α。

(2) 如果改用 600nm 的单色光垂直照射到此劈尖上,由此形成新的干涉条纹。问:在新的干涉条纹中 A 处是明条纹还是暗条纹?

(3) 在(2)中从棱边到 A 处的距离内出现的明纹数和暗纹数分别是多少?

14.4 波长为 546nm 的单色光垂直入射到宽度为 $a=0.2\text{mm}$ 的单缝上,缝后放置焦距为 $f=1.0\text{m}$ 的透镜,屏幕处在透镜的焦平面处。观察屏幕上出现的夫琅禾费衍射图样。求:

(1) 中央明条纹的角宽度及其在屏幕上的线宽度;
(2) 其他各级明条纹的角宽度及其在屏幕上的线宽度。

14.5 从一光源发出的两束平行光垂直照射到某狭缝上,它们的波长分别为 λ_1 和 λ_2。在距离狭缝很远处观察衍射条纹,假如发现 λ_1 的第 1 级衍射暗纹与 λ_2 的第 2 级衍射暗纹相重合,试问:

(1) 这两种波长之间有何关系?
(2) 在这两种波长的光所形成的衍射图样中是否还有其他极小相重合?

14.6 一束波长为 600nm 的单色光垂直入射到一光栅上,在衍射图像中第 2 级、第 3 级主极大明纹分别出现在衍射角 φ 满足 $\sin\varphi=0.2$ 及 $\sin\varphi=0.3$ 处,第 4 级缺级,求:

(1) 光栅常量;
(2) 光栅上狭缝的宽度;
(3) 屏上一共能观察到的明纹条数。

14.7 用 $\lambda=600\text{nm}$ 的单色光垂直照射在宽为 3cm,共有 5000 条缝的光栅上。求:

(1) 该光栅的光栅常量;
(2) 第 2 级主极大的衍射角 θ;
(3) 光屏上可以看到的条纹的最大级数。

14.8 将两个偏振化方向之间的夹角为 60° 的偏振片 A、B 叠放在一起,一束光强为 I_0 的线偏振光垂直入射到偏振片上,该光束的电矢量振动方向与两个偏振片的偏振化方向皆成 30°角。

(1) 求分别透过偏振片 A、B 后的光束强度 I_1 和 I_2;
(2) 若将原入射光束换为强度相同的自然光,求透过每个偏振片后的光束强度。

【拓展思考】

如果把两块偏振片拓展为 N 块偏振片叠放在一起($N\gg 1$),每相邻两块偏振片的偏振化方向都沿顺时针方向相对转过一个很小的角度 α,于是最后一块偏振片的偏振化方向与第一块偏振片的偏振化方向之间的夹角为 $N\alpha$。设一束强度为 I_0 的自然光入射到第一块偏振片上,不计任何反射或吸收能量的损失,从最后一块偏振片出射的光的强度将是多少?

14.9 在双缝干涉实验装置的两狭缝后面各放置一个偏振片。在下列情况下,通过双缝的两束光会不会发生干涉?如果发生干涉,其干涉纹与不放置偏振片产生的干涉条纹有什么不同?

(1) 如果这两个偏振片的偏振化方向互相垂直;
(2) 如果这两个偏振片的偏振化方向互相平行。

14.10 水的折射率为 1.33,玻璃的折射率为 1.50,当光由水射向玻璃时,起偏角为多少?若光由玻璃射向水时,起偏角又是多少?这两个角度数值上的关系如何?

第15章

相对论基础

本章引入和导读

【物理史料】 爱因斯坦简介

时间和空间是物理学的重要概念。我们在日常生活中无时无刻不在与"时空"打交道。如果把我们平时所称的世界作一番辨析,世就是指时间,界就是指空间。

在牛顿看来,时间和空间是绝对的,对时间和长度的测量与参考系无关,经典力学的理论核心就是经典的绝对时空观。由于经典力学的主要描述对象是不大不小、不快不慢、不生不死的宏观物体运动,这些物体的运动与我们的生活密切相关,因此,这样的经典力学的描述容易被人们所接受,并一度成为一种根深蒂固的时空观念统治着人们对自然界的认识。

爱因斯坦说:"为了科学,就必须反反复复批判基本概念。"相对论是在批判经典物理学的一些似乎是不言自明的最基本的物理概念和思想中发展起来的。对牛顿绝对时空观的批判就是其中最重要的一个内容。时空究竟是绝对的还是相对的?相对时空观与经典力学体现的绝对时空观究竟有什么区别?时空与物体的运动是割裂的,还是有联系的?与物体作匀速运动和作加速运动分别对应的时空是平直的,还是弯曲的?

除了时间和空间这个基本概念外,包括引力在内的力的概念也是牛顿理论体系中一个重要的基本概念。爱因斯坦重新评价了牛顿提出的任意的又无法观察的重力以后,放弃了重力,认为重力不是力,而是时空的曲率,重力与加速度之间具有明显的等效性,提出用几何学取代重力。

除了时空观和力以外,在狭义相对论中,质量观和能量观也发生了深刻的变化,由此引出了质量、动量和能量等一系列物理量在概念上的深刻变革。

与牛顿的经典力学相比,相对论的名词和内容初听起来会显得有些陌生和神奇,但相对论并不神秘。爱因斯坦认为,相对论用的方法同热力学相似。整个热力学实际上仅仅系统地回答了这样一个问题:如果永动机是不可能的,自然规律应该是什么样子的?整个相对论实际上也是这样提出问题的:如果绝对运动和超光速是不可能的,那么自然规律应该是什么样子的?相对论曾经作出了一些听起来与经典的时空观点相矛盾的预言,但这些预言后来均被实验所证实。

经典力学有一个基本变换原理——伽利略变换。爱因斯坦在狭义相对论中以洛伦兹变换取代了伽利略变换。在经典力学的物体动能和动量表达式中,物体的质量是不变的,而狭义相对论揭示了物体的质量与物体的运动速度之间的关系,由此得到了相对论意义下的动能以及动量的表达式。在低速近似下,相对论能量和动量的表达式又回到了牛顿经典力学的结果。在狭义相对论中,相对性原理和光速不变原理一起形成了狭义相对论的两个基本原理或假设。

继提出狭义相对论以后,在讨论涉及引力和巨大质量物体(如天体)的运动时,爱因斯坦又提出了在已确定的加速度运动的参考系中,重力和加速度的等效原理、引力的时空几何特性和空间的弯曲理论,从而建立了广义相对论。在小质量近似下,广义相对论的引力和时空的理论又回到了牛顿经典力学。

中学物理课程中虽然也提到了时间和空间,但是停留在可以直接感受到的空间和时间坐标系中来描述物体的运动,例如,画匀速运动和匀加速运动的路程-时间图线(s-t 图)和速度-时间图线(v-t 图)等,而且把画这样的图线仅仅看作为了给解题提供简洁的方法而已。大学物理与中学物理的一个很大的区别是,大学物理是在不能被直接感受到的空间和时间中描述运动,并从以经典物理的绝对时空观为理论核心的牛顿力学,逐步上升到以近代物理的相对时空观为核心的相对论。

作为 20 世纪物理学里程碑的相对论(包括狭义相对论和广义相对论)和量子力学是 20 世纪物理学的革命性成就,在近代物理学中有着重要的地位和作用,对当代科学技术的发展起着强大的推动作用。一个理工科的大学生如果对物理学的学习,只对三百多年前牛顿创建的经典力学的理论、公式和定理"了如指掌",对物理学的理解只停留在公式和定律的浅层次上,而对一百多年前相对论知识"一无所知",不理解相对时空观思想是怎样从绝对时空观思想发展而来的,更没有感悟爱因斯坦如何推进科学方法论的发展,确立概念作为发现工具的科学方法论,这样的学习从知识结构上讲至少是不完整的。相对论的内容早就进入大学物理课程,现在已经开始被写入中学物理教材。中学生尚且需要学习相对论,一个理工科的大学生就更应该懂得 20 世纪物理学重大变革之一的相对论的基本知识。

在本章的学习中,既要注重时空观变革的基本内容,又要注重大学物理与中学物理的衔接,以及大学物理对中学物理从具体内容到物理学思想方法上的提升。在学习过程中,既要超越根深蒂固的经典时空观念理解相对论的基本内容,又要努力感悟和体会爱因斯坦通过理想实验思考和解决物理问题的批判性的科学思维方法。

15.1 从伽利略的相对性原理到爱因斯坦的相对性原理

——两种时空观对两个问题分别给出两种怎样不同的回答?

在经典力学的运动学中,为了描述物体运动状态的物理量(位置、速度、加速度),就必须选取适当的参考系。一旦确定了参考系,物体在某时刻 t 的位置就可以用 (x,y,z,t) 或 (r,t) 来表示,这里空间和时间这两个坐标都是不可缺少的。确定了物体的位置以后,就可以按照从静到动的认识次序对物体状态的变化做出描述,于是就有了相关的物理量(速度、加速度、动量、动能等)和体现它们之间相互关系的力学运动定律。对这些定律的实验验证离不开对物体运动所经历的时间和物体长度的测量。

由此在物理学发展进程中就出现了以下两个问题。

第一个问题是,在不同的参考系中,对物体运动经历的时间的测量结果以及对物体长度的测量结果完全一样吗?

第二个问题是,在不同的参考系中,力学运动定律的表示形式完全一样吗?

对这两个问题,牛顿和爱因斯坦(Albert Einstein,1879—1955)分别给出了两种不同的回答。正是这两种回答标志着物理学的发展从17—18世纪的经典物理学进入了20世纪的近代物理学。

牛顿对这两个问题的回答分别如下。

(1) 相对于两个不同的惯性参考系 S 和 S',长度和时间的测量结果是一样的。这个结论基于对时间和空间测量的三个"绝对性":同时的绝对性、时间间隔测量的绝对性和长度测量的绝对性。

假设在惯性参考系 S 中的观察者 A 观察到发生了两个事件:事件 1 发生在 t_1 时刻,事件 2 发生在 t_2 时刻。如果 $t_1 = t_2$,观察者 A 就认为,事件 1 和事件 2 是同时发生的。假设在相对于 S 系作匀速直线运动的另一个惯性参考系 S' 中的观察者 B 也观察到这两个事件的发生,也认为这两个事件是同时发生的,即 $t'_1 = t'_2$。这就是同时的绝对性。

假设在参考系 S 中的观察者观察到发生了两个事件:其中事件 1 发生在 t_1 时刻,事件 2 发生在稍后的 t_2 时刻,时间间隔 $\Delta t = t_2 - t_1$,观察者 A 就认为,事件 1 和事件 2 不是同时发生的。假设在相对于 S 系作匀速直线运动的另一个惯性参考系 S' 中的观察者 B 也观察到这两个事件的发生,也认为它们不是同时发生的,时间 $\Delta t' = t'_2 - t'_1$,而且这两个时间间隔相等,即 $\Delta t = \Delta t'$。这就是时间间隔测量的绝对性。

假设在参考系 S 中观察者 A 测量一根木棍的长度为 $L = x_2 - x_1$,而在相对于 S 系作匀速直线运动的另一个惯性参考系 S' 中的观察者 B 测量这根木棍的长度是 $L' = x'_2 - x'_1$,并认为这两个长度是相等的,即 $L' = L$。这就是长度测量的绝对性。

按照牛顿的绝对时空观,在两个不同的惯性参考系中,位置、速度和加速度之间的变换关系遵循的就是基于以上长度和时间测量绝对性的伽利略变换。

设有两个惯性参考系——S 系与 S' 系及其相应的两个坐标系。设 S' 坐标系相对于 S 系以速率 u 沿 x 轴作匀速直线运动,如图 15.1 所示。为了在各自参考系中测量时间,首先以两个坐标系的原点 O 与 O' 重合的时刻作为计时零点,并把这两个参考系中的钟都严格校准且同步。如果在 S 系中观察到一个质点以速度为 $\boldsymbol{v}$ 和加速度 $\boldsymbol{a}$ 在运动,在 t 时刻到达位于 (x,y,z) 处的 P 点。于是,在 S' 系中观察的结果是:

基于时间量度的绝对性,有 $t' = t$;

基于空间量度的绝对性,有 $x' = x - ut' = x - ut, y' = y, z' = z$;

对空间坐标微分,得到速度关系为

$$v'_x = v_x - u, \quad v'_y = v_y, \quad v'_z = v_z$$

对速度微分,得到加速度关系为:

$$a' = a$$

这一套变换关系就称为伽利略变换关系。

图 15.1　两个相对作匀速直线运动的惯性参考系 S 系和 S' 系

【数学推导】 伽利略变换

(2) 在任何惯性系中观察,同一力学现象的时间变换方式都是一样的。对于不同的惯性参考系来说,力学的基本定律——牛顿运动定律都是成立的。这就是最早由伽利略提出的相对性原理。

伽利略在《关于两大世界体系的对话》一书中曾形象地对相对性原理作了如下比喻:把你和一些朋友关在一条大船甲板下的主舱里,再放几只苍蝇、蝴蝶,以及其他小飞虫和一个瓶子。你会发现,船无论是静止的还是在匀速开动,船舱里的运动都不会发生改变。你不会觉得朝着船头方向跳跃会比向船尾方向跳跃更轻松。

在牛顿力学中,质点的质量不随运动速度而改变,力也不受参考系的影响。如果牛顿第二定律在 S 系中是成立的,$F=ma$,对于相对于 S 系作匀速直线运动的 S' 系来说,由于 $F=F'$,$m=m'$,$a=a'$,因此,牛顿第二定律在 S' 系中也是成立的,$F'=m'a'$。

而爱因斯坦对这两个问题的回答分别如下。

(1) 相对于不同的参考系,长度和时间的测量结果是不一样的,时间与空间的测量结果与参考系的选取有关。这个结论基于对时间和空间测量的三个"相对性":同时的相对性、时间间隔测量的相对性和长度测量的相对性。

如果在惯性参考系 S 中的观察者 A 观察到在不同地点同时发生的两个事件,在相对于 S 系作匀速直线运动的另一个惯性参考系 S' 中,观察者 B 观察到这两个事件并不是同时发生的。这就是同时的相对性。

如果在惯性参考系 S 中的观察者 A 观察到两个事件发生的时间间隔为 $\Delta t = t_2 - t_1$。在相对于 S 系作匀速直线运动的另一个惯性参考系 S' 中的观察者 B 观察到这两个事件发生的时间间隔为 $\Delta t' = t'_2 - t'_1$,但 $\Delta t' \neq \Delta t$,这就是时间间隔测量的相对性。

如果在惯性参考系 S 中的观察者 A 测量到一根木棍的长度为 $L = x_2 - x_1$。在相对于 S 系作匀速直线运动的另一个惯性参考系 S' 中的观察者 B 测量到这根木棍的长度为 $L' = x'_2 - x'_1$,但 $L' \neq L$,这就是长度测量的相对性。

(2) 在任何一个惯性系内,所有物理规律,无论是力学定律,还是电磁学定律等,它们对所有的惯性系都是一样的。任何物理实验都不能用来确定自身参考系的运动速度,这就是爱因斯坦提出的相对性原理。

第 2 章中曾经指出,牛顿第一定律和牛顿第二定律必须相对于某个特定的参考系——惯性参考系才能成立。按照爱因斯坦相对性原理,根本不存在这样一个特殊的惯性参考系,因而根本就不存在所谓的绝对运动,也没有绝对静止的概念。

15.2 一个理想的追光实验和两条基本原理的提出

——经典的时空观是怎样失效的？

15.2.1 一个理想的追光实验

1895 年，爱因斯坦才 16 岁，是瑞士一所中学的学生。这一年距离赫兹证实电磁波存在实验约七年。就在这一年，爱因斯坦提出了一个"理想的追光实验"：如果一个人乘坐的火箭能追赶上一束光的话，在这个人看来，这束光会是什么样子呢？他看见的仍然是一束前进的光还是看见一条静止不动的波浪图像？

这虽然是一个理想化的实验，但它涉及的就是以上提到的两个物体相对运动时的速度变换关系。

在经典力学中，设一列火车相对于地面作匀速直线运动，速度为 100m/s，一辆汽车相对于地面作匀速直线运动，速度为 60m/s，并与火车相向而行。基于伽利略变换关系，从汽车上的观察者看，火车的行驶速度应为 40m/s。如果汽车相对于地面的速度也是 100m/s 的话，汽车上的观察者看到的火车应该是静止不动的。

如果把上述行驶的火车换成一束光，光在真空中的速度约为 3×10^8 m/s，而行驶的汽车换成以光速飞行的火箭，火箭上的观察者看到的光是什么情景呢？在那个年代，牛顿的力学理论和麦克斯韦的经典电磁学这两大理论都已经占领了物理学的阵地，并且一度被人们认为，有了这两大理论，物理学已经没有什么问题可以研究了。究竟哪一个理论可以回答爱因斯坦这个理想实验所提出的问题呢？如果经典力学的伽利略变换是正确的，经典力学的回答是，火箭观察者应该看到的是一束静止的光，即一幅被冻结了的光波浪图像。而在麦克斯韦提出的电磁学理论中却并不存在这样静止不动的波浪式的解，也就是说，在以光速运动的惯性参考系中，麦克斯韦的经典电磁学理论失效了。

麦克斯韦的电磁学理论真的失效了吗？爱因斯坦凭直觉认为，"看来很清楚，从这样一个观察者（作匀速运动）的位置判断，一切都应像一个相对于地球静止的观察者所看到的那样，按照同样一些定律进行"。他认为，即使观测者能以 3×10^8 m/s 的速度与光并行，他能测量到的仍然是以光速 3×10^8 m/s 前进的一列光波，永远不可能看到静止的波浪图像。因此，可以得出的结论是：麦克斯韦方程组是正确的，牛顿运动定律和伽利略变换失效了。

爱因斯坦指出，光速在所有惯性系中都是不变的，光在真空中沿任意方向的传播速率都等于 3×10^8 m/s，与光源或观察者的运动是无关的。任何观察者都不可能以光速 3×10^8 m/s 运动，光速是一切物体速度能够达到的上限。有了这一条，就保证了求解麦克斯韦方程组得出的光速的解是不变的。这个结论后来就被列为狭义相对论的一条基本原理——**光速不变原理**。

爱因斯坦还指出，伽利略的相对性原理应该延伸为最一般的相对性原理，它不仅对力学规律成立，而且应该对任何自然规律都成立。有了这一条，就保证了麦克斯韦方程组也符合相对性原理。这个结论后来就被列为狭义相对论的另一条基本原理——**相对性原理**。

正是这个理想实验动摇了经典力学借以立足的基础，而以上两条原理的提出宣告了经典时空观的破产。

15.2.2 两条基本原理的提出

爱因斯坦是怎样从批判经典时空观的这个理想实验中提出光速不变原理和相对性原理的呢？

19世纪末，牛顿运动定律在各个领域里都取得了很大的成功，不仅在机械运动方面，而且在热运动方面。而当时麦克斯韦也已经建立了关于电磁现象的麦克斯韦方程组。根据麦克斯韦的电磁场理论，光在真空中的速率为

$$c = \frac{1}{\sqrt{\varepsilon_0 \mu_0}} \tag{15.1}$$

式中，$\varepsilon_0 = 8.85 \times 10^{-12} C^2/(N \cdot m^2)$为真空电容率，$\mu_0 = 1.26 \times 10^{-6} N \cdot S^2/C^2$为真空磁导率。由式(15.1)可知，光速$c$的大小与参考系的选取无关，这个结论显然与伽利略变换不符。

光速c的大小究竟是否与参考系有关？光的传播是否也服从伽利略变换关系？当时人们并不接受由麦克斯韦方程组得出的结论，提出电磁波是依靠以太来传播的，如同机械波的传播需要介质一样。整个宇宙是一个充满以太的绝对空间，是宇宙间的绝对静止参考系，所有的物质都是在这绝对静止的参考系中作绝对运动。光作为电磁波，其传播介质是以太，地球绕太阳的公转必然对光的传播产生影响，因此，根据伽利略变换，地球上测出的光速将不是c而是另一个值。

1887年，阿尔贝特·迈克耳孙和爱德华·莫雷利用迈克耳孙干涉仪对地球在以太中的速度进行了精确测量。

按照伽利略变换，在与地球公转方向平行或反平行的方向上应该测得不同的光速(图15.2)。然而，迈克耳孙-莫雷实验得到的却是所谓的零结果：没有测得不同的光速，即不存在地球相对于以太的速度。该实验以后又被重复了许多次，得到的都是这样相同的结果。由此推断的结论是，根本就不存在地球相对于以太的速度，光的传播不服从伽利略速度变换。

图15.2 迈克耳孙-莫雷实验的示意图

【拓展阅读】 迈克耳孙-莫雷实验

有人还提出光速是相对于光源的速度，就像子弹的速度是相对于枪口的速度一样，用地球上的光源来做实验，光速本身就是相对于地球的速度，当然不会发生变化。但这一假设又被天文学上的双星实验所否定。

【拓展阅读】 双星实验

又有人提出可能是地球拖着以太一起运动，地球与以太之间没有相对运动，光速也就不会发生改变了。但这一想法又被天文学上的光行差实验所否定。虽然后来对此零结果还有不少解释，但总是被否定或存在相互矛盾而无法自圆其说的漏洞。

面对迈克耳孙-莫雷实验的结果，当时很多物理学家都感到强烈的意外和极度的迷茫，物理学家洛伦兹甚至悲叹地说，如果他早几年死去就好了，不至于会遇到那么多的麻烦。爱因斯坦开始也没有怀疑以太的存在，只是在许多人寻找以太的实验失败以后，爱因斯坦经过仔细分析才得出结论："如果我们承认迈克耳孙的零结果是事实，那么地球相对于以太的运动就是错的。"这就是引导爱因斯坦走向狭义相对论的最早想法。

1922年爱因斯坦回忆他自己思想发生根本变化的原因时，提到他在1905年前很长一段时间里，一直在思考一个很困难的问题：他相信麦克斯韦电磁学理论是正确的，光速是不变的，但是为什么与伽利略变换会产生冲突呢？这似乎是一个不可能解决的难题。1905年，爱因斯坦终于另辟蹊径，通过对时间和空间本性的考察，发现时间这个概念是不可能有绝对的定义的，时间与速度有着不可分割的联系。正是从这个概念着手，年仅26岁的爱因斯坦后来发表了《论动体的电动力学》一文，提出了作为狭义相对论基础的两个基本原理，从而创立了狭义相对论。科学家终于认识到"以太"是不存在的。

15.3 时间测量的相对性

——动钟是怎样变慢的？

15.3.1 同时是相对的

由于伽利略变换是建立在牛顿的绝对时空观上的，时间和长度的测量都与参考系的选取无关。按照爱因斯坦提出的两条基本原理，电磁现象的基本规律也要符合相对性原理，为此就必须建立新的变换关系来取代伽利略变换关系。

以著名的爱因斯坦列车为例（图15.3）。假设有两列相向匀速直线行驶的火车 S 和 S'，S' 相对于 S 的速度为 u，它们相对于地面的静止长度 AB 和 $A'B'$ 均为 L。当两列火车刚好并列在一起的时候，在列车 S 的中部也就是在 S' 的中部发生了一个闪光，光向各个方向传播。在 S' 车厢里的观察者看来，由于闪光是在车厢中部发生的，传播到车厢尾部 A' 和头部 B' 的距离均为 $\frac{L}{2}$，因此光到达 A' 点和 B' 点是同时发生的。但在 S 车厢里的观察者看来，由于 S' 是向前运动的，光传播到 A' 点时实际走过的距离比 $\frac{L}{2}$ 要短，而传播到 B' 时实际走过的距离要比 $\frac{L}{2}$ 长，因此，光先到达 A'，再到达 B'。也就是说，在 S 系的观察者看来，光到达 A' 点和 B' 点不是同时发生的，在惯性系运动后方的那一个事件先发生。类似地，在 S 系的观察者看来，光到达 A 点和到达 B 点是同时发生的，但在 S' 的观察者看来，由于 S 是向后运动的，因此，光到达 A 点和 B 点不是同时发生的。同时是相对的！

图 15.3 爱因斯坦列车

15.3.2 动钟变慢

仍然以上面假设的两个惯性系 S 和 S' 为例。在惯性系 S' 中有两个事件在同一个地点先后以一定的时间间隔发生，在惯性系 S 中，这两个事件仍然发生在同一个地点吗？在 S 系中，这两个时间相继发生的时间与在 S' 系中的相同吗？

设在 S' 系中，静止于 A' 点的观察者就地触发闪光灯，发出光信号，此时，在 A' 处放置的一只钟开始计时，这是事件 1；产生的光信号垂直向上传播至离 A' 点距离为 D 的反射镜，光信号反射后观察者在 A' 点接收到光信号，从这只钟上得出了经过的时间，这是事件 2，如图 15.4 所示。

从 S' 系来看，这两个事件是在同一地点 A' 发生的，其时间间隔 $\Delta t' = t'_2 - t'_1$ 是用同一只钟测出来的。

$$\Delta t' = \frac{2D}{c}$$

从 S 系来看，由于 S' 系相对于 S 系在运动，因此这两个事件不是在同一地点发生的，这两个事件发生的时刻是由在两个地点的两只钟测出的。由图 15.5 中的距离相互关系可以得出时间间隔 Δt 满足下列关系：

$$\left(c \cdot \frac{\Delta t}{2}\right)^2 = \left(u \cdot \frac{\Delta t}{2}\right)^2 + D^2$$

$$\Delta t = \frac{2D}{c} \cdot \frac{1}{\sqrt{1 - \frac{u^2}{c^2}}} \tag{15.2}$$

图 15.4 在 S' 系中观察

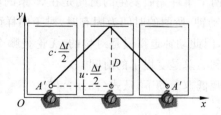

图 15.5 在 S 系中观察

于是在两个惯性系测量出来的这两个事件相继发生的时间的关系为

$$\Delta t = \frac{\Delta t'}{\sqrt{1-\frac{u^2}{c^2}}} \tag{15.3}$$

令 $\gamma = \dfrac{1}{\sqrt{1-\dfrac{u^2}{c^2}}}$,

则:

$$\Delta t = \gamma \Delta t' \tag{15.4}$$

式(15.3)中,$\Delta t'$ 是在 S' 系的同一个地点用同一只钟测量出来的时间间隔,称为固有时,而 Δt 是在 S 系中的两个不同地点用两只钟测量出来的,称为运动时。由于 $\gamma \geqslant 1$,所以总有 $\Delta t \geqslant \Delta t'$,即固有时是最短的。

由此可见,在一个参考系 S' 的同一个地点两个事件经过的时间与在另一个相对于它运动的参考系 S 中测得同样两个事件经过的时间是不同的,尤其是,在 S 系中测得的时间变长了。

假设在 S' 系中测得的时间 $\Delta t'=0.20\text{s}$,在 S 系中测得的时间为 $\Delta t'=0.21\text{s}$,这就意味着在 S' 系里的钟比 S 系里的钟走得慢了 0.01s。由于在 S 系看来,S' 系是运动的参考系,S' 系中测量时间的那只钟(动钟)一直在随着参考系运动,因此动钟变慢了,这种效应叫作运动的钟时间延缓。

【拓展阅读】 "动钟变慢"的对话

但是,运动是相对的,在 S 系看来,S' 系相对于 S 系是运动的参考系,同样,在 S' 系看来,S 系相对于 S' 也是运动的参考系,S 系中的钟也可以看作动钟,这个动钟也变慢了。到底是哪一只动钟变慢了(图 15.6)?

图 15.6 动钟变慢

如果两个事件先后发生的时间是在 S' 系的同一个地点用一只钟测出来的,这只钟相对于 S 就是动钟,所测的时间为固有时,对于同样两个事件,动钟测得的时间最短。由于运动是相对的,因此动钟走得慢是对称的,无论把哪个参考系中的时间看作固有时,在其他参考系中观测到的总是变慢了的时间。

在宏观低速运动下,从式(15.4)可知,

当 $u \ll \theta$ 时,$\sqrt{1-\dfrac{u^2}{c^2}} \approx 1$,此时 $\Delta t \approx \Delta t'$ \hfill (15.5)

于是,同样的两个事件之间的时间在各参考系中测得的结果都是一样的,这就又回到了牛顿的绝对时间的概念:时间的测量与参考系无关。

【拓展阅读】 孪生子佯谬

15.4 长度测量的相对性

——长度是怎样收缩的?

【拓展阅读】 《物理世界奇遇记》一书中描写的情景

长度的测量与同时性概念密切相关。同时性是相对的,长度的测量也必然是相对的。

以测量一根棒的长度为例。在某一个参考系中测量一根棒的长度,实际上是在同一个时刻记录棒的两端分别与测量工具的两个标尺重合的刻度,由此得出棒的长度。如果这根棒相对于这个参考系是静止的,同一个时刻对这样的测量就不重要了,即使在两个不同时刻测得两端的标尺刻度(如在上午九点和傍晚九点两个时刻),这两个标尺刻度之差,即棒的长度总是不变的。在相对于参考系静止而测得的棒的长度称为棒的固有长度。

但是,如果棒相对于参考系是运动的,在这个参考系里的观察者测量运动棒的长度时,得出的结果就不同了。由于棒相对于参考系是运动的,因此测量并记录棒的两端标尺刻度的时刻是不可能相同的。由于同时性是相对的,两端标尺刻度之差即棒的长度显然也是相对的。棒的长度与它相对于参考系的运动速度有什么关系呢?

假设有两个惯性参考系 S 系和 S' 系。其中 S' 系沿着 S 系的 x 轴正向以速度 u 向右运动(图15.7),有一根棒相对于 S' 系处于静止状态。

由于这根棒在 S' 系中相对静止,在 S' 系中测得这根棒的长度就是固有长度 L'。在相对于棒沿 x 方向运动的 S 系中测得的棒的长度是多少呢?

图15.7 在 S 和 S' 系中测量棒的长度

为了测得棒的长度,在 S 系中就需要观察相继发生的两个事件的相应时刻。

事件1:S' 系中位于 x'_1 的棒头 A' 经过 S 系中位于 x_1 处的钟的时刻 t_1。

事件2:S' 系中位于 x'_2 的棒尾 B' 经过 S 系中位于 x_1 处的钟的时刻 $t_1+\Delta t$。此时,在 S 系中棒头 A 一端处于 $x_2=x_1+u\Delta t$ 处。

于是,在 S 系测得的长度就是

$$L_0 = x_2 - x_1 = u\Delta t \tag{15.6}$$

Δt 是在 S 系中测得这两个事件发生的时间间隔,这个时间间隔是在 S 系中用位于同一个地点的同一只钟测出来的。

在 S' 系看来,棒相对于 S' 系是静止的,而 S 系是以匀速度 u 向左运动的,在 S' 系看来,也发生了两个事件。

事件1:S' 系中处于 x'_1 的棒头 A' 端经过 x_1 的时刻 t'_1。

事件2:S' 系中处于 x'_2 的棒尾 B' 端经过 x_1 的时刻 $t'_1+\Delta t'$。

$$\Delta t' = \frac{L'}{u} \tag{15.7}$$

$\Delta t'$ 是在 S' 系中测得的这两个事件发生的时间间隔。这个时间间隔是用 S' 系中位于棒头 A' 和棒尾 B' 的两个不同地点的两只钟测量出来的。

根据时间变慢关系，$\Delta t = \Delta t'\sqrt{1-\dfrac{u^2}{c^2}} = \dfrac{L'}{u}\sqrt{1-\dfrac{u^2}{c^2}}$

代入式(15.6)得到

$$L_0 = L'\sqrt{1-\frac{u^2}{c^2}} = \frac{L'}{\gamma} \tag{15.8}$$

由于 $\gamma \geqslant 1$，所以总有 $L' > L_0$。

当棒相对于参考系静止时，在该参考系中测得的棒的长度 L' 为固有长度。在其他一切相对于该棒运动的参考系中测得的物体长度 L_0 均不是固有长度，而且总是小于固有长度，这就是所谓的长度收缩。这种效应叫作运动的棒(纵向)的长度收缩。长度收缩只存在于棒沿着相对运动方向放置的情况，在无相对运动的方向上不存在长度收缩，所以在不同参考系中观察到的物体的形状会发生变化。由于运动是相对的，如同时间变慢一样，长度收缩也是对称的，也就是不论把哪个参考系中的长度看作固有长度，在其他参考系中观测到的总是缩短了的长度。

当 $u \ll \theta$ 时，$L' \approx L_0$，这时又回到了牛顿的绝对空间的概念：空间的测量与参考系无关。

15.5　洛伦兹变换

——洛伦兹变换怎样取代了伽利略变换？

15.5.1　洛伦兹变换

仍以两个相对运动的惯性参考系和相应的坐标系 S 系和 S' 系为例，其中 S' 系相对于 S 系以速率 u 沿 x 轴正向运动。当 $t = t' = 0$ 时，两个坐标系的原点重合。

设在两个坐标系中观察到同一事件发生的时间和地点分别为 (x, y, z, t) 和 (x', y', z', t')。按照牛顿的绝对时空观，同一运动状态在不同的惯性参考系之间的相互转换是通过伽利略变换来完成的。

$$x = x' + ut, \quad y = y', \quad z = z', \quad t = t' \tag{15.9}$$

其逆变换为

$$x' = x - ut, \quad y' = y, \quad z' = z, \quad t' = t \tag{15.10}$$

若考虑时间与空间测量的相对性，在两个基本假设下，可以推得，x' 在 S' 系中测量值为 x'，而在 S 系中测量值应为 $x'\sqrt{1-\dfrac{u^2}{c^2}}$，即从 S 系测量 x' 的值时，存在长度收缩。于是，

伽利略变换中的式(15.9)需改变为
$$x = x' \cdot \sqrt{1 - u^2/c^2} + ut \tag{15.11}$$
反过来,在 S' 系中测得的 x 的值也应该存在长度收缩。
$$x' = x \cdot \sqrt{1 - u^2/c^2} - ut' \tag{15.12}$$
由式(15.11)和式(15.12)可以分别求得
$$x' = \frac{(x - ut)}{\sqrt{1 - u^2/c^2}} \tag{15.13}$$
$$x = \frac{(x' + ut')}{\sqrt{1 - u^2/c^2}} \tag{15.14}$$
将式(15.13)代入式(15.14),消去式(15.14)中的 x',即可得到
$$t' = \left(t - \frac{u}{c^2}x\right) / \sqrt{1 - u^2/c^2} \tag{15.15}$$
反过来,若将式(15.14)代入式(15.13),消去式(15.13)中的 x,则可得到
$$t = \left(t' + \frac{u}{c^2}x'\right) / \sqrt{1 - u^2/c^2} \tag{15.16}$$
在 y 方向和 z 方向由于两个惯性系之间没有相对运动,因此
$$y = y', \quad y' = y \tag{15.17}$$
$$z = z', \quad z' = z \tag{15.18}$$

在考虑到时间和空间测量的相对性后,伽利略变换完全失效了,需要一套新的变换式来进行同一运动在不同惯性系之间运动状态的转换,这一套新的变换式就称为洛伦兹坐标变换式。

$$\text{正变换}\begin{cases} x' = \dfrac{(x - ut)}{\sqrt{1 - \dfrac{u^2}{c^2}}} \\ y' = y \\ z' = z \\ t' = \dfrac{\left(t - \dfrac{u}{c^2}x\right)}{\sqrt{1 - \dfrac{u^2}{c^2}}} \end{cases}, \quad \text{逆变换}\begin{cases} x = \dfrac{(x' + ut')}{\sqrt{1 - \dfrac{u^2}{c^2}}} \\ y = y' \\ z = z' \\ t = \dfrac{\left(t' + \dfrac{u}{c^2}x'\right)}{\sqrt{1 - \dfrac{u^2}{c^2}}} \end{cases} \tag{15.19}$$

从式(15.19)中可以看到,时间变换式中包含了空间位置坐标,时间的变换不再与坐标变换无关,时间与空间不再是孤立的,而是相互之间不可分割地紧密联系在一起。

【拓展阅读】 关于两个事件相继发生的时间顺序问题

15.5.2 洛伦兹速度变换

根据洛伦兹坐标变换公式,可以得到洛伦兹速度变换式如下:

$$\begin{cases} v_x = \dfrac{v'_x + u}{1 + \dfrac{u}{c^2} v'_x} \\ v_y = \dfrac{v'_y}{1 + \dfrac{u}{c^2} v'_x} \sqrt{1 - \dfrac{u^2}{c^2}} \\ v_z = \dfrac{v'_z}{1 + \dfrac{u}{c^2} v'_x} \sqrt{1 - \dfrac{u^2}{c^2}} \end{cases}, \quad \begin{cases} v'_x = \dfrac{v_x - u}{1 - \dfrac{u}{c^2} v_x} \\ v'_y = \dfrac{v_y}{1 - \dfrac{u}{c^2} v_x} \sqrt{1 - \dfrac{u^2}{c^2}} \\ v'_z = \dfrac{v_z}{1 - \dfrac{u}{c^2} v_x} \sqrt{1 - \dfrac{u^2}{c^2}} \end{cases} \quad (15.20)$$

【数学推导】 洛伦兹速度变换式的导出

15.6 质量和能量本是"一家人"

——质量会改变吗?

15.6.1 问题的提出

根据经典力学的动能定理,只要外力对物体做功,质点的动能就会增加。设有一恒力 F 持续作用于一个质量为 m 的物体上,使物体从静止开始运动。根据牛顿定律,物体的加速度为 $a = \dfrac{F}{m}$,任一时刻的瞬时速度为 $v = at$;显然,随着时间的推迟,粒子的速度将与时俱增。以此推理,只要所加的恒力作用在粒子上的时间足够长,粒子就能获得足够大的速度,甚至可以超过光速。此结论是否成立呢? 对此,电子加速实验给出了否定的回答。

把一个电子放入电场,电子就会因受到电场力而开始运动。设外加的电势差是 U,按照牛顿运动定律,则电子获得的动能将是 $eU = \dfrac{1}{2}mv^2$。只要电压 U 足够大,电子可以获得的速度和动能也将足够大。美国斯坦福直线加速器全长约 3.2km,若加以 7×10^6 V/m 的单位长度电压,则电子的速度理论上可以达到的大小为 $v = 8.6 \times 10^{10}$ m/s $\gg c$。而当时的实测值为

$$v = 0.9999999997c < c$$

电子的速度 v 并没有达到理论值。在高速情况下,按照牛顿运动定律推出的上述结论不成立。

图 15.8 质量随速度变化的曲线

这个实验还表明,在高速运动情况下,物体的动量随速率的增大而增大,而且动量随速率增大而获得的增量比在质量不变情况下,动量随速率增大而正比例地增大还要快得多。实验给出的质量随速度变化的曲线如图 15.8 所示。

对这个实验结果的解释是,动量随速率的增大是非正比例的增大,其原因归结为除了速率增大的因素外,物体的质量 m 也随速率在增大。在高速运动时,物体的质

量不再被看作一个绝对不变的量了。电子在外加电场中被加速时,外电场提供的一部分能量用来加速,而其他多余的能量将转换为质量被储存起来。

15.6.2 质量与速度的关系

如果在一个参考系 S 中,两个物体的速度大小相等、动量大小相等,因此质量也相等。在另一个相对于 S 系运动的 S' 系中测得的结果是,这两个物体的运动速度并不相等。此时,两个物体的质量还会相等吗?如果不相等,其关系又是怎样的?

如图 15.9 所示,设有两个参考系 S 和 S'。S' 以 u 的速率相对于 S 系沿 x' 正方向运动。在某一个时刻 S 系中一个静止在 x_0 处的粒子,由于内力作用而分裂为质量相等的两部分 M_A 和 M_B,由于分裂前后动量守恒,分裂后 M_A 和 M_B 分别沿 x 的正方向和反方向运动,速度大小 u 相等,但运动方向相反。

图 15.9 两个作相对运动的参考系 S 和 S'

在 S' 系中观察者得出的结论是什么呢?设 S' 系相对于 S 系以速率 u 沿 x' 轴正向运动。根据洛伦兹速度变换公式,在 S' 系中,M_A 将是静止不动的,$v'_A=0$;而 M_B 的运动速率 $v'_B = \dfrac{-2u}{1+\dfrac{u^2}{c^2}}$,方向沿 x' 轴反方向。在 S' 系中,在 x' 方向运用动量守恒定律,并假定质量在分裂前后依然守恒:

$$M_A \cdot v'_A + M_B \cdot v'_B = (M_A + M_B) \cdot v'_c$$

其中 $v'_A = 0, v'_B = \dfrac{-2u}{1+\dfrac{u^2}{c^2}}, v'_c = -u$,可解得

$$M_B = \dfrac{M_A}{\sqrt{1-\left(\dfrac{v'_B}{c}\right)^2}} \tag{15.21}$$

所以,在 S' 系中观察,这两个粒子的运动速度不同,其质量也不相同。其中,M_A 在 S' 系中处于静止状态,因此将其质量定义为静质量,用 m_0 表示。M_B 以速率 v'_B 运动,可视为运动质量,称为相对论质量,用 m 表示。以 v 代替 v'_B,就可以把运动物体的动质量与它的静质量之间的关系写为

$$m = \dfrac{m_0}{\sqrt{1-\dfrac{v^2}{c^2}}} \tag{15.22}$$

该式即为相对论质速关系式。

【数学推导】 质速关系式的导出

当 $v \ll c$ 时,$m \approx m_0$,这时可以认为质量与运动速率无关,等于其静质量,这又回到牛顿

力学的情况。

【拓展阅读】 光子的质量

15.6.3 能量与质量的关系

根据动能定理：力对物体所做的功等于物体运动能的增量。

$$E_k = \int_0^v \boldsymbol{F} \cdot \mathrm{d}\boldsymbol{r} = \frac{\mathrm{d}(m\boldsymbol{v})}{\mathrm{d}t} \cdot \mathrm{d}\boldsymbol{r} = \int_0^v \boldsymbol{v} \cdot \mathrm{d}(m\boldsymbol{v}) \tag{15.23}$$

由上述讨论可知，物体的质量 m 不再是一个常量，而是一个随物体运动速率变化的量，因此(15.23)式可写作

$$E_k = \int_0^v (\boldsymbol{v}^2 \mathrm{d}m + m\boldsymbol{v}\mathrm{d}v) \tag{15.24}$$

积分结果为

$$E_k = mc^2 - m_0 c^2 \tag{15.25}$$

式中，m_0 是物体的静质量，m 是物体的动质量。式(15.25)即相对论的动能表达式。由此可以看到，在考虑相对论效应的情况下，物体的动能不再等于 $\frac{1}{2}m_0 v^2$。

由式(15.25)可以得到相对论能量关系式

$$mc^2 = E_k + m_0 c^2 = E_k + E_0 \tag{15.26}$$

式中，$E_0 = m_0 c^2$ 代表了物体静止时内部一切能量的总和，称为静能，其中包括物体的总内能，即分子的动能、势能、原子的电磁能、质子中子的结合能等。静能是相当可观的，1kg 物体的静能相当于 2×10^9 kg 汽油燃烧的能量。

E_k 是物体的动能；mc^2 则代表了物体的总能量，等于静能与物体的动能之和，用 E 表示。所以式(15.26)又可以写为

$$E = E_k + E_0 \tag{15.27}$$

物体的总能量等于物体静能与物体动能之和。

【数学推导】 质能关系式的导出

在粒子反应过程中，反应前粒子系统的总质量一定大于反应后的总质量，质量的减少量 Δm_0 称为质量亏损。亏损的质量以能量 ΔE（动能）的形式释放出来，且满足如下关系式

$$\Delta E = \Delta m_0 c^2$$

核能利用的就是原子核反应前后质量亏损所释放的能量。

总能量 $E = mc^2 = \dfrac{m_0 c^2}{\sqrt{1 - \dfrac{v^2}{c^2}}}$，称为相对论质能关系式或爱因斯坦质能方程。该关系式将质量守恒和能量守恒定律统一起来。物质具有质量，必然同时具有相应的能量；质量发生变化，则能量也随之发生相应的变化；能量发生变化的同时也伴随质量的变化。

【拓展阅读】 核反应与核能

【拓展阅读】 爱因斯坦倡导的科学概念方法和科学思想

15.7 广义相对论简介

——什么是广义相对论的基本原理？

狭义相对论揭示了物质和运动是不可分的,时间和空间也是不可分的。但是,物质和运动与时间和空间这两者在狭义相对论中是彼此无关的。爱因斯坦指出:"空间和时间未必能看作是可以脱离物质世界的真实客体而独立存在的东西。并不是物体存在于空间中,而是这些物体具有空间广延性。这样看来,关于'一无所有'的概念就失去了意义。"因此,这两个方面是紧密联系在一起的。物质和运动决定了时空的性质,反过来,时空的性质又决定了物质和运动。

爱因斯坦在其他物理学家还在理解和消化狭义相对论时,就发现了新的疑难。经过10年的努力探索,爱因斯坦把狭义相对论推进到广义相对论,达到了他一生中辉煌的顶点。

15.7.1 等效原理

爱因斯坦认为,狭义相对论只限于论述惯性参考系或彼此做匀速运动的相对作用的参考系。然而物理学的定律应该在任何参考系中都成立,不管它们处于匀速运动状态,还是处于加速运动状态。此外,狭义相对论没有考虑重力,而重力在宇宙中以不同强度的万有引力场的形式普遍存在。我们是在地球重力场的作用下留在地球上的,而地球与行星是在太阳的万有引力场的作用下保持其轨道运行的。银河系星群也是在万有引力的相互作用下聚在一起的。因此,可以认为,整个宇宙的行为都是由重力支配的。加速度与重力并不是毫不相干的,应该一并解决。

爱因斯坦设想了两个思想实验。一个实验是,假设一个人站在相对于地面静止的电梯里,这个人把手上拿的某件物品松开,他看到的景象是,这个物品因受到重力的作用向电梯底面下落。电梯外面的观察者看到的景象与电梯里的人看到的景象完全相同。另一个实验是,设想把电梯移到远离任何行星的外层空间中,先匀速直线向上运动,然后电梯里这个人把手上拿的某件物品松开,与此同时电梯开始向上作加速运动。他看到的景象依然是物体在下落,最后落到电梯底面。但是,电梯外面的观察者看到的景象却是,电梯的底面向上追赶物体,最后赶上物体。

不管采用两种思想实验中的哪一个实验,在电梯中的观察者看到的情景是相同的。但是,在第一个实验中,物体受到了重力的作用而作加速运动;而在第二个实验中,物体并没有受到任何引力的作用,在松手时,物体以原有的速度做惯性运动。爱因斯坦认为,只要电梯以恒定的加速度上升,在电梯里的观察者做的任何实验观测都不能把这两种实验情景区分开来。这就表明,重力和加速度之间存在明显的等效性,爱因斯坦将其称为重力和加速度等效原理,这是广义相对论的一条基本原理。正是从这条原理出发,物理学的一些最基础的概念发生了深刻的变革。

重力和加速度之间的等效关系可以扩充为对整个时空性质和运动的崭新概念。爱因斯坦设想,假设一架电梯以匀速直线上升或下降,在路程-时间(s-t)的时空关系图上与匀速直线运动对应的是一根直线。如果这架电梯以匀加速直线上升或下降，在路程-时间（$s\text{-}t$）的时空关系图上与匀加速运动对应的是一根曲线。爱因斯坦又设想，如果一个观察者先站在地面上观察到一个物体处于静止或作匀速直线运动，然后他坐在作加速运动的旋转木马上，观察同一个物体。显然，在这个观察者看来，原来处于静止或作匀速直线运动的物体现在却在作加速运动，在时空关系图上原来对应的一条直线也变成了一条曲线。由此可见，地面上观察到的电梯的加速运动和在旋转木马上观察到的物体的运动的时空性质是一样的，无法把万有引力场中相对于某惯性参考系（如地面）的运动，与相对于作加速运动的某参考系（如旋转木马）的运动区分开来。既然在某惯性参考系中一个物体由于受重力的影响而在时空图上表现为曲线运动，而在某个作加速运动的参照系中也能观察到这个物体在时空图上的曲线运动，既然重力与加速度是等效的而且难以区分，为什么还需要重力呢？为什么还要使问题复杂化呢？既然时空的性质是等效的，也许惯性系和其他参考系之间根本就没有任何区别。但是在一个参考系中观察到的是直线运动，在另一个观察系中看上去却是曲线运动，这是无法容忍的，因为在所有的参考系中物理学的定律必须是一样的。如果一个参考系中见到的惯性运动似乎成了曲线运动，这样的曲率不可能是运动本身固有的，而是本来就在这个参考系中的。既然在不同的参考系中时空是不同的，因此，不同参考系的空间特征和几何形状必然有差别。观察者 A 见到的运动是直线运动，这是因为 A 所在的参考系的空间是平直的，观察者 B 观察到的惯性运动是曲线运动，那是因为 B 所在的参考系空间是弯曲的。这样，爱因斯坦在狭义相对论的相对论时空观上，又加进了几何学的内容，用几何学代替了重力。于是，物理学的定律比牛顿想象的情况要简单得多。所有运动都是惯性运动，所有的物体完全沿时空的自然等值线运动。在惯性系中等值线恰好是直线，而在其他参考系中等值线又恰好是曲线。由此，爱因斯坦创立的理论使牛顿以来的对时空、物质和运动的认识体系发生了重大变化。

如果说狭义相对论以相对时空观取代了绝对时空观，则广义相对论又进一步以弯曲时空取代了平直时空；如果说，牛顿在完成他的学说时最大限度地依赖了欧几里得几何学，则爱因斯坦创立的广义相对论，就勇敢地采用了非欧几里得几何学。他的新时空观和运动观归根到底可以从四维时空关系中得到解释：四维时空可以是弯曲的，它的几何特征是由物质在宇宙中的分布情况所决定的；而物体运动的所有可能轨迹则由弯曲的几何空间的等高线所决定；只有这条法则将所有的运动描述为自然运动或惯性运动。爱因斯坦的理论也许很复杂、很深奥，然而，他的物理学却很简单，只有一条运动法则，即根本没有力。

15.7.2 等价原理

由于万有引力是普遍存在的，因此，自然界中不存在真正的惯性参考系，于是，在理论上，狭义相对论就面临这样一个难题：在表述物理规律时，惯性参考系是具有特殊地位的，但是，自然界却没有真正的惯性系。

爱因斯坦在等效原理的基础上进一步提出，由于"引力场与参考系的加速度在物理上完全等价"。因此，可以把只适用于惯性参考系的相对性原理推广到任意参考系。爱因斯坦提出："迄今为止，我们只把相对性原理，即认为自然规律与参考系的状态无关这一假设应用于非加速参考系。是否可以设想,相对性运动原理对于相互作加速运动的参考系也依然成立?"[1]他认为,惯性系与非惯性系没有本质上的区别,惯性系没有特殊的优越地位,因此,物理定律应该对所有的参考系都是等价的,这就是所有参考系的等价原理,这是广义相对论的又一条基本原理。

正是在这两个基本原理的基础上,爱因斯坦创立了广义相对论。

爱因斯坦为进行这样的探索,耗费了大约10年的时间。这是一场时间长、难度大的发现之旅。他遇到过绝境、挫折和失望,但是他的洞察力与他的直觉给了他力量,他丝毫没有对自己的思路产生过动摇。1915年,他的奋斗终于得到了回报。玻恩曾把广义相对论称为"认识自然的人类思维最伟大的成就,哲学的深奥、物理学的洞察力和数学的技巧最惊人的结合"。德布罗意认为,广义相对论对引力现象的解释,其"雅致和美丽是无可争辩的。它该作为20世纪数学物理学的一个最优美的纪念碑而永垂不朽"。

在广义相对论创立之初,爱因斯坦就提出了三项实验验证。一是水星近日点的进动。1915年爱因斯坦对水星的进动作出了理论预言,后来实验测得的数值与理论值十分接近,从而成功地验证了广义相对论。二是光线在引力场中的弯曲。爱因斯坦曾作出理论预言,光线擦过太阳边缘到达地球时,由于太阳的引力作用,会产生$1.75''$的偏转。1919年爱丁顿第一次定量地证实了广义相对论关于光线弯曲的预言,同年测得的偏转角度为$1.98''\pm 0.16''$,1973年,光学测量得到的偏转角是$1.60''\pm 0.13''$。近年来,用射电天文望远镜测得的偏转角是$1.761''\pm 0.016''$,这些数值与爱因斯坦的理论值基本相近,从而进一步证实了广义相对论的预言。三是光谱线的引力红移。当光从引力场较大的区域传递到引力场较小的区域时,其频率会变低,波长会变长,这类效应就被称为引力红移。20世纪60年代初,对太阳引力红移最好的观察结果是理论预言值的(1.05 ± 0.05)倍。1964年庞德等人利用穆斯堡尔效应在地面上测量地球引力场的引力红移,其得到的结果是理论值的(0.9990 ± 0.0076)倍,从而在更高的精度上验证了"引力红移"。

迄今为止,广义相对论虽然已经令人惊叹地通过了多个实验的验证,但是,在广义相对论中爱因斯坦提出的引力波的预见自提出以后很长一个时期内始终没有得到实验的证实。由于引力波非常微弱,一开始甚至连爱因斯坦本人也不相信它能够被实验观测到。尽管如此,当代物理学家仍然不懈努力地制造新的实验设备,希望能够直接或间接地探测到引力波。2016年,美国科学家终于捕获了引力波,从而验证了百年前爱因斯坦作出的预言。

【拓展阅读】 捕获引力波:爱因斯坦百年预言获证

思 考 题

15.1 按照伽利略的相对性原理和爱因斯坦的相对性原理,以下哪些东西是相对的(即对不同的观察者得到的结果是不同的):时间、空间、速度、静止质量、惯性质量、光速。

15.2 根据相对论,有什么东西不是相对的吗?如果有,是什么?

15.3 设地面参考系为S系,高速火箭为S'系。如果观察者甲在地面S系中的脉搏是每分钟70次,那么这个观察者在火箭S'系中能够觉察到他的脉搏发生了变化吗?如果地

---

[1] 爱因斯坦全集.第二卷[M].长沙:湖南科技出版社,2002:407.

面 S 系中的另一个观察者 B 的脉搏率也是每分钟 70 次,如果观察者 A 能够测量到 B 的脉搏,那么,观察者 A 能够觉察到 B 的脉搏发生变化了吗?

15.4 如果 S 系中的观察者 A 相对于 S' 系的观察者 B 以一半的光速运动,在 S 系和 S' 系中各自有一盆花,它们相隔一定的时间间隔后都会凋谢。分别在 S 系和 S' 系的两个观察者看来,究竟哪一盆花先凋谢呢?

15.5 如果 S 系中的观察者 A 相对于 S' 系的观察者 B 以一半的光速运动,如果在 S 系中发生了时间间隔为 Δt 的两个事件,在 S' 系的观察者 B 看来,这两个事件发生的时间间隔发生了什么变化? 如果在 S' 系中发生了时间间隔 Δt 的两个事件,在 S 系的观察者 A 看来,时间间隔又怎样? 如果观察者 A 和 B 一起以一半光速相对于地面运动,对于上述第一问中的观察者 B 和第二问中的观察者 A 所观察到的时间间隔又怎样?

15.6 假设一只长方形的桌子放在地面上,大小是 $100 \text{cm} \times 80 \text{cm}$,如果有一架宇宙飞船正好飞越长方桌的上空,而飞船上的观察者测得该桌子是正方形的,这个飞船是以什么样的速度,沿什么方向飞行的?

习　题

15.1 假设地球可看成惯性参考系,不计地球的公转,在地球赤道上和地球的南极上从地球诞生的那一天就分别放置两个性质完全相同的钟。虽然地球有自转,假设赤道上的钟相对于南极在很长一段时间内以一定的线速度作匀速直线运动。如果地球从形成到现在是 50 亿年,问: 那两只钟指示的时间差是多少?(地球的半径约为 $R = 6.4 \times 10^6 \text{m}$,地球自转一圈的时间约是 $T = 8.64 \times 10^4 \text{s}$。)

如果从赤道上看,时间差是多少?

15.2 在惯性系 S 中同一地点发生了两个事件 A 和事件 B,事件 A 先于事件 B 早发生 4s;而在另一惯性系 S' 中观察,事件 A 先于事件 B 早发生 5s,求: S' 系中观测到的 A 和 B 两事件的空间距离是多少?

15.3 (1) 在运动着的火车(S' 系)里,观测者 A 打开一个啤酒瓶盖,10 min 以后,他又打开另一个瓶盖。设火车的前进速度 $v = 30 \text{m/s}$。问: 从地面上(S 系)的观测者 B 看来,这两个打开瓶盖的事件的距离间隔是多少?

(2) 在运动着的火车(S' 系)里,坐在车厢中间的观测者 A 看到在车厢前端一个人和后端另一个人同时各自打开一个啤酒瓶盖,设车厢长度是 30 m。问: 从地面上(S 系)的观测者 B 看来,这两个打开瓶盖的事件的时间间隔是多少?

15.4 在地球-月球系统中测得地球与月球的距离约为 $3.844 \times 10^8 \text{m}$。有一支火箭以 $0.8c$ (c 为光速)的速率从地球飞向月球,先经过地球(作为事件 1)又经过月球(作为事件 2)。问:在地球-月球系和火箭系中观测火箭从地球飞向月球各需要多少时间?

15.5 在宇宙飞船上的人从飞船后面向前面的靶子发射一颗高速子弹,此人测得飞船长 60 m,子弹的速度为 $0.8c$ (c 为光速),如图 15.10 所示。求: 当飞船对地球以 $0.6c$ 的速度运动时,地球上的观察者测得子弹

图 15.10　习题 15.5 图

飞行的时间是多少?

15.6 一个电子在均匀电场中被加速,电势差为 $U=10^4$ V,问:电子加速以后的动能、速度和它的质量分别是多少?

15.7 一个静止质量为 m_{10},运动速度 $v=0.6c$(c 为光速)的粒子在另一条直线上运动,与另一个静止质量为 m_{20} 的粒子发生完全非弹性碰撞,合并为一个粒子。求:合并后粒子的静止质量和运动速度。

15.8 一静止质量为 m_0 的粒子,当它具有多少速度时,其动量等于非相对论动量的 2 倍?又当它达到多少速度时,其动能等于非相对论动能的 2 倍?

第16章

量子物理基础

本章引入和导读

20世纪是物理学革命性发展的世纪。在高速领域中,当涉及宏观物体运动时,牛顿经典力学不再适用,于是,后牛顿革命之一的相对论超越了牛顿理论;在微观领域中,当涉及微观粒子的运动时,牛顿经典力学也基本不再适用,于是,后牛顿革命之二的量子力学超越了牛顿理论。

相对论和量子力学的创立,不仅是20世纪初物理学的两大革命性变革的标志,而且对现代物理学甚至对整个科学的发展产生了重大影响。如果说,理解时空与运动的相对性思想是从宏观低速运动的经典物理转到高速运动的狭义相对论的一个重要起点,那么,理解量子化概念是从宏观物体的经典物理转到微观客体的量子理论的又一个重要起点。

量子论最基本的概念——量子化概念,首先由德国物理学家普朗克作为能量子假设提出,进而又被爱因斯坦发展为光量子的假设,后来又被丹麦物理学家玻尔发展为原子结构轨道量子化模型的假设,这些假设都相继解释了有关的实验结果,得到了实验的验证。他们是量子力学的先驱。量子论的进一步发展促进了量子力学的建立。

量子力学的创立是20世纪物理学最重要的成果之一。它从根本上改变了经典物理学关于物质结构和物质运动的概念。爱因斯坦揭示了光的粒子性(量子),但不是经典意义上的粒子;而德布罗意提出的物质波揭示了微观粒子还具有波动性(物质波),但不是经典意义上的波动。正是由于这样的波粒二象性,对微观粒子的状态描述就完全不同于经典力学。描述微观粒子状态的波函数所满足的动力学方程是一个波动方程,而不是关于粒子位置和动量的经典动力学方程。

大学物理的量子物理基础讲的就是量子力学基础,在开始引入物质波的概念前,已经先后提到了两类波。第一类是在振动与波的章节中讨论过的水波、声波那样的机械波。这类波的形成需要两个条件:一是需要初始的振动源作为波源;二是需要传播振动的介质。水波和声波都是由相应的振动源分别在水和空气介质中的传播所形成的,它们都可以被人们直接感觉到。第二类是在电磁学的章节中讨论过的电磁波。电磁波的产生也需要有波源,但电磁波可以在真空中传播,不需要任何介质,然而人们可以测量到它的物理实在。

在量子力学中提到的物质波是由法国物理学家德布罗意(L. V. de Broglie,1892—1987)于1924年首先作为假设提出的,也称德布罗意波。

与机械波和电磁波完全不同的概念,物质波是对物质(如粒子)所具有的波动性的描述。

例如,电子的物质波不代表电子本身,它仅仅是提供了关于电子的信息源。因为通过物质波,可以得出电子在空间出现的分布概率。物质波既无法被人们感觉到,又不是通常物理介质中的波,更无法对它进行任何形式的测量,它是一种纯数学的抽象概念,一个信息数学库。因此,更确切地说,这种波应该被称为非物质波。

微观粒子具有波粒二象性的思想表明,经典物理学显示的"不是这个,就是那个"(要么是粒子,要么是波)的两端简单性思维越来越不适合于人们对客观世界的认识。在微观领域中显示的"不是这个,也不是那个"(既不是经典粒子,也不是经典波)的多元复杂性思维取代了简单性思维。而当代复杂性科学倡导的复杂性思维方法不是简单地抛弃简单性思维的理性逻辑,而是主张把两个互相排斥的原则概念联结起来,它们是不可分割的,也是同一的。微观粒子具有的波粒二象性的本质属性正是体现了这样的同一性。

量子力学理论带给人们的不仅是对物质世界结构的新的认识,还引发了对经典物理学思想的深刻变革。经典力学中质点运动状态的变化体现了确定性的因果关系,而在量子力学理论中,微观粒子运动状态的演化体现的是概率性的因果关系;经典物理学中对物体运动状态的测量与被测客体无关,而在量子力学理论中,对微观粒子的测量却必须计入测量仪器和被测量客体的相互作用;经典物理学描述宏观物体状态的物理量呈现的是连续性改变的数值,而在量子力学理论中,微观粒子的物理量却呈现不连续性(量子化)的离散值。在经典物理学中可以同时精确测得宏观物体的位置和动量,而在量子力学理论中不能同时精确测得微观粒子的位置和动量等。由于这些思想既超越了人们的日常生活经验,具有很大的抽象性,又涉及人们对物质和运动的一系列认识论的根本问题,具有丰富的哲理性,因此,学习本章不仅需要掌握有关定理的来龙去脉,理解数学表达式的物理含义,更要注重理解从经典物理到量子理论的过渡和转变过程中体现的物理概念和物理思想。

物理学家玻尔曾经说过:"谁没有因量子理论而感到震惊,谁就不会理解量子理论。"这里的所谓震惊就是量子理论与经典物理之间产生的一种思想和观念上的碰撞。由于经典物理的物理概念和认识与生活经验如此吻合,以致根深蒂固地存在于人们的头脑中,从而成为一开始学习量子理论的严重障碍。而量子理论给人们带来的思想上的震惊,正是我们学习和理解量子理论的起点。只有有了震惊,才可能引发思考,才有可能逐步摆脱经典概念的限制,进入量子世界。

量子力学中最有名的角色很可能不是地球人,而是著名的薛定谔猫。

本章将从过程和方法上展开对量子化思想从提出到发展过程的论述,从引入描述量子状态的波函数及薛定谔方程开始,介绍概率性的因果观思想、波粒二象的互补性思想和不确定性的思想,并探寻薛定谔猫的神奇之处。

16.1 黑体辐射的普朗克公式和能量子假设

——能量子的假设是怎样提出来的?

16.1.1 一定温度下物体辐射的电磁波能量与波长的关系

19世纪末,继牛顿的经典力学理论得到广泛公认以后,由于赫兹用精巧的实验证实了电磁波的存在,麦克斯韦的经典电磁学理论获得了实验上的重要支持,从而确立了它在物理学上的重要地位。由此物理学家们相信，牛顿和麦克斯韦分别揭示了世间万物的运行规律，至今为止物理领域已经没有什么不能用牛顿运动定律与麦克斯韦理论来解释了，物理学进入了大一统的时代。普朗克的老师曾经劝普朗克不要研究物理，理由是"在这一领域里，差不多所有东西都被发现了，剩下的就是填补一些不重要的地方"[①]。但是，普朗克对老师表示，自己学习物理，并不是一定要发现新的东西，而是希望能够更好地了解世界运行的本质。正是有了这份执着和坚持，普朗克在物理研究上作出了辉煌的成就。

1900年，在英国皇家科学院为纪念世纪之交而举行的大型学术活动上，开尔文勋爵发表了一篇著名的演讲。他指出，在物理学的"动力学理论晴空下出现了两朵乌云"。这里的所谓"两朵乌云"指的就是当时还无法用牛顿理论和麦克斯韦理论解释的两个现象。"第一朵乌云"就是1887年迈克尔逊-莫雷实验否定了以太相对于地球的运动，从而否定了牛顿提出的绝对空间和绝对运动的理论。"第二朵乌云"是与物体辐射的电磁波有关的。用经典物理学理论虽然可以导出黑体辐射能量分布的理论公式，但是这个公式在高频部分出现了发散，与实验结果完全不相符，从而使经典理论面临着严重的困难，在物理学发展史上，"第二朵乌云"被称为著名的紫外灾难。对"第一朵乌云"的研究引出了相对论，而对"第二朵乌云"的研究，即对物体辐射电磁波的研究则导致了量子论的诞生。

实验证实，任何处在高于绝对零度的有限温度下的物体，都在不断地向外辐射各种频率的电磁波。这里的电磁波涵盖了从极低频的红外线到超高频的伽马射线之间的一切频率。图16.1就是太阳辐射的各种电磁波及其分布。

(a)

(b)

图16.1　太阳辐射的电磁波
(a) 太阳辐射各种波段的电磁波；(b) 太阳辐射中各种波长的光所占的比例

实验还证实，虽然处于一定温度下的物体都会辐射出包含各种波长的电磁波，但在同一个温度下不同波长的电磁波所辐射的能量占物体全部辐射能量的比例是不同的，呈现出按波长分布的一条连续曲线。在每一条这样的分布曲线图上都存在着一个特定的电磁波波长，与其对应的辐射能量在分布曲线上具有一个极大的峰值。这个峰值表明，与这个特定波长对应的能量在该温度下物体辐射的全部能量中占有的份额最多。

实验还证实，这个电磁波能量分布的极大值与物体温度有关。当温度升高时，与这个极大值能量相应的电磁波的波长会朝短波段方向移动，即该电磁波的频率会朝增大的方向移

---

① "Nineteenth-Century Clouds over the Dynamical Theory of Heat and Light", The London, Edinburgh and Dublin Philosophical Magazine and Journal of Science, Series 6, volume 2, page 1(1901).

动。图 16.2 所示的不同曲线就是不同温度下物体辐射的电磁波能量与波长的关系示意图。图中横轴是波长,纵轴 $M(\lambda,T)$ 是温度为 T 的物体的单位表面积发出的波长在 λ 附近的电磁波的能量。

图 16.2　不同温度下物体辐射的电磁波能量与波长的关系

处于一定温度下的物体在辐射电磁波(放出能量)的同时,也吸收照射到物体表面的电磁波(获得能量)。如果在同一时间段内,物体辐射出的电磁波能量和它吸收的电磁波能量相等,此时物体就处于热平衡状态,物体具有稳定的温度,这样的热辐射相应称为平衡热辐射。

16.1.2　黑体辐射公式和能量子假设

实验表明,辐射本领越大的物体,吸收本领也越大。不同材料的物体,吸收的电磁波频率范围是不一样的。有的物体对红光吸收的比较多,对蓝光吸收的比较少,这些物体看起来就表现出蓝色;有的物体对蓝光吸收的比较多,红光吸收的比较少,这些物体看起来就表现出红色。如果有一种理想化的物体,能百分之百地完全吸收所有频率的电磁波,这种能完全吸收各种频率的电磁波的物体看起来就是纯黑的,称为**绝对黑体**,简称黑体。当然现实中并不存在能够百分百吸收所有电磁波的绝对黑体。即使是日常生活中使用的煤炭,对于可见光的吸收率也仅为 96% 左右。

【拓展阅读】　最黑的材料

为了研究绝对黑体辐射的规律,物理上常用空腔模型来模拟绝对黑体。所谓空腔模型就是在一个不透明的空腔上开一个很小的孔,一旦有电磁波从小孔射入空腔,这束电磁波就可以在空腔中来回反射。由于反射的电磁波恰好能重新通过这个小孔而逸出空腔的可能性很微小(图 16.3),于是就可以认为带有小孔的空腔对于电磁波的吸收率接近百分之百,空腔可以近似看作"绝对黑体"。在实验中把空腔加热到不同的温度,通过分光技术检测空腔上的小洞所辐射出的电磁波的频率分布,从而可以得到不同温度下的黑体辐射曲线(图 16.4)。

1896 年,维恩根据麦克斯韦分布律,用热力学的方法推导出了黑体辐射的维恩公式

$$M_\nu = \alpha \nu^5 \mathrm{e}^{-\beta\nu/T} \tag{16.1}$$

式中,ν 为电磁波的频率,T 为热力学温度,α 和 β 为常数。

图 16.3　黑体的空腔模型　　　　图 16.4　黑体辐射曲线

当电磁波频率很高时,维恩公式与实验曲线吻合较好。但是,在低频范围内,维恩公式和实验曲线的偏差很大。

瑞利和金斯根据经典电磁学理论和能量均分定理,推导出黑体辐射的另一个公式——瑞利-金斯公式。即

$$M_\nu = \frac{2\pi\nu^2}{c^2}kT \tag{16.2}$$

在低频范围内,瑞利-金斯公式与实验曲线符合得很好。但是在高频范围内,根据瑞利-金斯公式可以推论出,处于某一个温度下的黑体,频率越高的电磁波,即处于紫外波段的电磁波辐射的能量越大。当频率趋向无穷大时,能量也趋向无穷大。这个结论不但不符合实验曲线,甚至不满足能量守恒定律。

19 世纪末,包括普朗克在内的很多杰出的科学家都为这两个公式在低频段和高频段实验结果的不一致而感到困惑,并进行了各种理论尝试以解决实验与理论之间的偏离。普朗克根据以上两个实验定律分别只能在高频段和低频段与实验相符的事实,首先检查了热辐射理论的所有推理环节,确认在推理上没有任何错误,于是他大胆地通过另一个新的途径把这两个公式结合起来,得到了一个带有普遍性的辐射公式。

普朗克注意到,热力学理论把黑体中的原子和分子看成可以吸收或辐射电磁波的谐振子,电磁波与谐振子交换的能量可以取任意连续的数值(从零到无穷大)。于是,普朗克一开始试图用热力学理论来推导他的公式,然而利用经典的各种能量分布模型都失败了。经过反复研究和思考,普朗克发现,只有把这些带电谐振子的能量看作不连续的,即这些谐振子只能取某些离散的能量值,才能推导出与实验相吻合的公式。他提出,如果用 E 表示一个频率为 ν 的谐振子的能量,则谐振子能量应该表述为

$$E = nh\nu \quad (n = 0, 1, 2, \cdots) \tag{16.3}$$

式中,$h = 6.626075 \times 10^{-34}$ J·s,称为普朗克常量,$h\nu$ 称为能量子。

在 19 世纪的最后一个月,普朗克用数学内插法得到了一个可以与实验曲线在各个频率完美吻合的新黑体辐射公式。

$$M_\nu = \frac{2\pi h}{c^2} \frac{\nu^3}{e^{h\nu/kT} - 1} \tag{16.4}$$

这个公式就称为黑体辐射的普朗克公式。可以证明,在高频范围内,普朗克公式会转换为维恩公式,而在低频范围内,普朗克公式就转换为瑞利-金斯公式。

能量子概念的提出标志着量子论的革命性开端。但是普朗克本人却在提出了能量子之后的10年里,一直尝试用经典物理来解释这一概念。直到1911年,在经过了无数次失败以后,普朗克才真正认识到能量子假设对于物理学理论的全新意义。普朗克回忆说:"我的同事们认为这近乎是一个悲剧,但是我对此有不同的感觉,因为我由此而获得的透彻启示是更有价值的。我现在知道了能量子在物理学中的地位远比我最初想象的重要得多。并且我清楚地看到在处理原子问题时,引入一套全新的分析方法和推理方法的必要性。"

能量子最初虽然是作为一个假设提出来的,当时还得到了实验验证,但是还不足以构成理论的基础。后来,当这个假设既得到实验验证又成为薛定谔方程自然演绎得出的结论以后,它才具有了理论上的立足点,从而成为20世纪物理学的重要思想。正是基于这个革命性的思想,经过海森伯、薛定谔、狄拉克和玻恩等物理学家的不懈探索,描述微观世界运动的理论——量子力学应运而生。

16.2 光电效应和光量子假设

——爱因斯坦对光电效应作出什么样的理论解释?

16.2.1 光电效应

光电效应现象最早是由赫兹(H. R. Hertz,1857—1894)在1887年发现的。实验装置的简图如图16.5所示,实验的主要效应是,在阴极K和阳极A之间加上电压U,当一定能量的光照射到阴极K时,就有电子从阴极表面逸出,在电场加速下向阳极A运动,这些电子被称为光电子。光电子的运动形成光电流I。

用经典理论可以解释光电效应的一些现象。

(1) 实验现象:当入射光的频率和光强固定时,增大极板之间的电压U,光电流I也随之增大,最后光电流达到一个最大值后趋于饱和。

对此经典理论的解释:当入射光的总能量确定时,从阴极发出的电子数是确定的,但这些逸出电子的初始速度不同,因此不是所有的电子都能被阳极接收到。当两板之间的电压越来越大时,光电子受到的电场力也越来越大,于是有越来越多的光电子可以到达阳极。当所有的光电子都到达阳极以后,电流达到饱和,再增大两板间电压,电流不再增大。

图16.5 光电效应实验装置简图

(2) 实验现象:当极板间的电压减小到零时,光电流并不等于零。

对此经典理论的解释:光电子动能与电势能的关系是$\frac{1}{2}mv_m^2 = eV_c$,其中m和e分别是电子的质量和电荷，v_m 是光电子逸出金属表面的最大速度。只有在极板间加一个反向的电压 V_c，才能使得从阴极逸出的最快的光电子也不能到达阳极，从而光电流趋于零。这个反向的电压 V_c，称为截止电压。

然而，在光电效应实验中，用经典理论却无法解释另外一些现象。

(1) 实验现象：只有当入射光频率超过一个最低频率时才能发生光电效应，才有电子从金属表面逸出，这个最低频率称为红限频率或截止频率。假设某种金属的红限频率对应的是绿光，如果用低于该频率的黄光照射该金属，无论这束黄光多强（光矢量的振幅很大），都不会有电子从金属表面逸出；反之，如果用高于该频率的蓝光照射该金属，即使是很微弱的蓝光（光矢量的振幅很小），也会有电子从金属表面逸出。然而按照经典的光的波动理论，光的强度与振幅有关。振幅越大，光的能量越大，电子越容易从金属表面逸出。

(2) 实验现象：当光照射到金属表面时，即使入射光的强度很微弱，几乎瞬间就有光电子逸出，延迟时间在 10^{-9} s 以下。但按照经典的光的波动理论，光波的能量是连续分布的，电子需要一段时间才能从光波中吸收到足够的能量，这个时间大概需要数分钟之久。

面对经典理论解释光电效应遇到的困难，爱因斯坦跳出了经典理论的束缚，创新地寻找关于光电效应的新机制。爱因斯坦于 1905 年 3 月在德国《物理学年鉴》第 17 卷上发表了题为"关于光的产生和转换的一个启发性观点"的论文。该论文提出的一个启发性观点就是把普朗克提出的能量子假设推广为光量子假设，并通过提出光量子假设断言电磁辐射场具有量子性质，并把这种性质推广到光和物质的相互作用上，即物质和辐射只能通过交换光量子而发生相互作用。对于光电效应而言，他认为："最简单的方法是设想一个光子将它的全部能量给予一个电子。"

爱因斯坦提出的光量子假设的要点。

(1) 光是由光量子（以下简称为光子）组成的光子流，光的能量一份一份地集中在光子上。

(2) 光子的能量与频率成正比，频率为 ν 的一个光子的能量

$$E = h\nu$$

式中，h 为普朗克常量，$h = 6.62618 \times 10^{-34}$ J·s。 (16.5)

(3) 电子一次只能吸收一个光子的能量。

既然光子的能量是一份一份的，那么，为什么我们看到的光都是连续的，而不是跳跃式的呢？这是由于光子的能量极小。如果有一只 25W 的灯泡发出的只是黄色的光，根据能量的关系可以计算出它每秒发射出的光子数是 6×10^{19} 个，把一个光子看作一份能量，灯泡每秒就发出了 6×10^{19} 份能量。这些光子以极快的速度接踵而来，而人眼接受外界刺激时由于存在着视觉残留效应，于是，在 1s 内人眼根本感觉不到一份一份能量之间的间隙，留在视觉中的就是一个连续的光流。

利用爱因斯坦的光子假设可以很好地解释光电效应的各种现象。因为电子吸收的是整个光子的能量，所以只要有光子到达金属表面，光电效应瞬间就发生了，不需要累积时间。由于电子只能吸收整个光子的能量，当受到黄光照射时，即使一束黄光的总能量很高，但是里面每一份黄光光子的能量都较低，电子不能从一个黄光光子中吸取足够的能量使之逸出；而当受到蓝光照射时，即使一束蓝光的总能量较低，但电子已经可以从一个蓝光光子中获得足够的能量逸出。

如果用频率为 ν 的光照射某种金属表面,电子逸出金属表面后的动能为

$$\frac{1}{2}mv^2 = h\nu - A \tag{16.6}$$

其中 A 称为逸出功,是一个电子从金属表面逸出时要克服金属内正电荷的吸引所做的功。当一个光子的能量恰好等于电子的逸出功时,与这个能量对应的光的频率就是使电子逸出的光的最低照射频率——红限频率 ν_0。不同金属的逸出功不同,所对应的红限频率 ν_0 也不同。表 16.1 中列出了几种金属的逸出功和红限频率。

表 16.1　几种金属的逸出功和红限频率 ν_0

项　目	钨	钙	钠	钾
逸出功 A/eV	4.54	3.20	2.29	2.25
红限频率 $\nu_0/10^{14}\,\mathrm{Hz}$	10.95	7.73	5.53	5.44

然而,爱因斯坦的解释一开始就受到了当时学术界的普遍质疑。直到美国物理学家密立根(R. A. Millikan,1868—1953)在 1910—1917 年完成了著名的"油滴实验",从而确定了电荷的不连续性,并在 1916 年验证了光电效应公式以后,爱因斯坦理论才得以公认,1921 年爱因斯坦因光电效应获诺贝尔物理学奖。自 1887 年发现光电效应到 1921 年爱因斯坦因光电效应获得诺贝尔物理学奖,前后经历了 30 多年的曲折历程。

16.2.2　康普顿散射

20 世纪初有许多实验支持了爱因斯坦的光量子理论,其中以康普顿的实验最为重要。1922—1923 年美国物理学家康普顿(1892—1962)和吴有训(1897—1977)一起从事 X 射线的散射光谱研究。他们观测并研究了来自钼靶的一束波长为 λ_0 的 X 射线投射到石墨上被散射的现象,如图 16.6 所示。

图 16.6　康普顿散射的实验装置简图

他们发现,在不同的散射角 θ 上测量到的散射的 X 射线的强度有两个峰值,与两个不同频率(或波长)相对应。一个散射波的频率与原来入射的 X 射线的频率相同,即它的散射波长与入射波的波长 λ 相同;而另一个散射波的频率比原来入射的 X 射线的频率小,即它的散射波长 λ' 大于原来入射波的波长 λ,如图 16.7 所示。图中左边直线对应于原来的入射波长 λ,右边直线对应于另一个散射的波长 λ'。$\Delta\lambda = \lambda' - \lambda$ 称为康普顿偏移。

如果把 X 射线看作经典的电磁波,根据光的波动理论,X 射线作用在比它波长更小尺度上的其他带电粒子上时,粒子将按照入射波的频率发生振动,并在各个方向上辐射出同样频率的电磁波,即散射不会改变入射光的频率。因此很容易解释出现一个频率(或波长)和原来入射的 X 射线的频率(或波长)相同的散射波的实验结果。而实验中出现的另一个频率变小(波长变大)的散射波的成分却无法用经典的概念来说明。

图 16.7 康普顿偏移的实验结果
图中纵轴为散射强度,横轴为波长,θ 为散射角度

面对这种实验所观测到的事实,康普顿提出了自己的解释。他假设,入射的 X 射线不是频率为 ν(波长为 λ)的经典电磁波,而是具有能量为 $\varepsilon = h\nu$ 的光子组成的一个集团,光子与散射体中电子发生的碰撞相当于两个粒子的完全弹性碰撞。

由于入射光子在碰撞中把一部分能量传递给电子,从而形成散射的反冲光子的能量 $\varepsilon' < \varepsilon$,于是散射光子的频率 $\nu' < \nu$,从而波长 $\lambda' > \lambda$,这就定性地解释了出现康普顿偏移的原因。

这样解释的重要意义在于,继爱因斯坦用光量子说完美地解释了光电效应以后,康普顿进一步用散射实验证实了爱因斯坦的光量子概念。康普顿效应与光电效应相同的是,X 射线都被认为是光量子而不是波,而且康普顿效应比光电效应更前进了一步,因为解释康普顿效应时,不仅要考虑能量守恒,还要考虑动量守恒,从而为光的波粒二象性提供了更完全的证据。所不同的是在碰撞过程中,康普顿效应中的入射光子是被散射的,而光电效应中的入射光子是被吸收的。

为了定量地导出康普顿偏移,康普顿对一个光子和一个电子碰撞作出了如下的分析。

由于在各种金属材料中,许多电子与原子核联系较弱,而且电子的热运动动能与入射光子能量相比,几乎可以忽略不计。因此,可以假设在碰撞前电子处于静止状态,并且是自由电子。光子在与电子发生碰撞以后沿着 X 轴成 θ 的角度发生散射,而一个电子受到光子碰撞以后,沿着与 X 轴成 φ 的角度发生偏转,成为反冲电子。由于反冲电子的速度 v 接近光速,因此,光子和电子的能量和动量都采用相对论表示式,如图 16.8 所示。

设入射光子频率为 ν、波长 λ、能量 $h\nu$,散射光子频率为 ν'、波长 λ'、能量 $h\nu'$,m 和 m_0 分别是电子的相对论质量和静止质量。

图 16.8 康普顿对一个光子和一个电子碰撞作出的解释

按照能量守恒定律，光子和电子在碰撞前后的相对论能量守恒

$$h\nu + m_0 c^2 = h\nu' + mc^2 \tag{16.7}$$

即

$$(m - m_0)c^2 = h(\nu - \nu') \tag{16.8}$$

式(16.8)中，$(m - m_0)c^2$ 是反冲电子获得的动能。

按照动量守恒定律，光子和电子在碰撞前后的相对论动量守恒

$$\frac{h\nu}{c}\boldsymbol{e} = \frac{h\nu'}{c}\boldsymbol{e}' + m\boldsymbol{v} \tag{16.9}$$

式(16.9)中，$\boldsymbol{e}$ 是入射光子动量方向的单位矢量，$\boldsymbol{e}'$ 是散射光子动量方向的单位矢量。$m\boldsymbol{v}$ 是电子受到碰撞以后的动量，如图16.8中的矢量三角形所示。

且有

$$\left(\frac{h\nu}{c}\right)^2 + \left(\frac{h\nu'}{c}\right)^2 - 2\left(\frac{h\nu}{c}\right)\left(\frac{h\nu'}{c}\right)\cos\theta = (mv)^2 \tag{16.9}$$

两边同乘 c^2

$$(h\nu)^2 + (h\nu')^2 - 2h^2\nu\nu'\cos\theta = (mvc)^2 \tag{16.10}$$

把式(16.8)两边平方，并代入式(16.10)，可以得到

$$m^2 c^4 \left(1 - \frac{v^2}{c^2}\right) = m^2 c^4 - 2h^2 \nu\nu'(1 - \cos\theta) + 2m_0 c^2 h(\nu - \nu') \tag{16.11}$$

其中

$$\nu = \frac{c}{\lambda}, \quad \nu' = \frac{c}{\lambda'}$$

碰撞以后电子的相对论质量

$$m = \frac{m_0}{\sqrt{1 - \frac{v^2}{c^2}}}$$

把上式代入式(16.11)，可以得出

$$\frac{c}{\nu'} - \frac{c}{\nu} = \frac{h}{m_0 c}(1 - \cos\theta)$$

即

$$\Delta\lambda = \lambda' - \lambda = \frac{h}{m_0 c}(1 - \cos\theta) \tag{16.12}$$

式(16.12)称为康普顿散射公式。式中 $\frac{h}{m_0 c}$ 称为电子的康普顿波长，它的数值是

$$\frac{h}{m_0 c} = \frac{6.63 \times 10^{-34}}{9.11 \times 10^{-31} \times 3 \times 10^8} \text{m} = 2.43 \times 10^{-12} \text{m}$$

由康普顿散射公式可知，康普顿波长的偏移只与散射角有关，而与入射波长 λ 和散射物质无关。当散射角从 $\theta = 0$（入射光子碰撞电子并擦过电子后，方向几乎不发生偏转，此时 $\Delta\lambda = 0$）增大到 $\theta = \pi$（入射光子碰撞电子并沿反方向弹回，此时 $\Delta\lambda = \frac{2h}{m_0 c} = 4.86 \times 10^{-12} \text{m}$）时，由式(16.12)计算得到的理论值与实验符合得很好。必须指出的是，康普顿散射只有在

入射波的波长 λ 与电子的康普顿波长可以相比拟时,才是显著的。例如,对入射 $\lambda_0 = 0.1\text{m}$ 的电磁波,$\frac{\Delta\lambda}{\lambda} = 2.43 \times 10^{-11}$,在这种情况下,康普顿偏移就难以在实验中被观察到。而对 $\lambda = 10^{-10}\text{m}$ 的 X 射线,$\frac{\Delta\lambda}{\lambda} = 2 \times 10^{-2}$,康普顿偏移可以在实验中得以明显证实。因此,康普顿效应在 X 射线范围内被发现,这并非偶然的。

康普顿散射可以在任何物质中发生。当光子从光子源发出,入射到散射物质(一般指金属)时,主要是与电子发生作用。如果光子的能量相当低(与电子束缚能同数量级),则主要产生光电效应,原子吸收光子而产生电离。如果光子的能量相当大(远超过电子的束缚能)时,则光子对自由电子发生散射,产生康普顿效应。如果光子能量极大(大于 $1.022 \times 10^6 \text{eV}$)则高能光子在与原子核碰撞中失去全部能量而生成一对电子和正电子,这个现象被称为电子对产生。

康普顿效应通常指物质中电子与光子的相互作用,光子失去能量波长变长。与康普顿效应相应的还存在逆康普顿效应——光子获得能量引起波长变短。除了电子与光子作用外,还存在物质原子核与光子的相互作用——核康普顿效应。

16.2.3 光子的能量、动量和波粒二象性

一个光子的能量与频率成正比,$E = h\nu$,等式左边光子的能量是描述光的粒子性的物理量,而等式右边光子的频率是描述光的波动性的物理量。根据相对论的质能关系,$E = mc^2$,一个光子的相对论质量是

$$m = \frac{h\nu}{c^2} = \frac{h}{c\lambda} \tag{16.13}$$

在狭义相对论中,粒子的相对论质量 m 和静止质量 m_0 的关系是

$$m = \frac{m_0}{\sqrt{1-(v/c)^2}} \tag{16.14}$$

由于光子运动的速度 v 等于光速 c,式(16.14)的分母为零,因此,光子的静止质量 m_0 也必须为零才能让其质量 m 不发散,因此,光子是一种总是在以光速运动的静止质量为零的粒子,而不是那种如同经典力学中所描述的可以拿在手上进行计数的粒子。

根据爱因斯坦相对论的能量-动量关系

$$E^2 = p^2 c^2 + m_0^2 c^4 \tag{16.15}$$

光子的静质量 $m_0 = 0$,因此光子的动量是

$$p = \frac{E}{c} = \frac{h\nu}{c} \tag{16.16}$$

由于 $\lambda = \frac{c}{\nu}$,因此,光子的动量也可以表示为

$$p = \frac{h}{\lambda} \tag{16.17}$$

这里动量 p 体现了光的粒子性,而波长 λ 体现了光的波动性,式(16.17)通过普朗克常量把粒子性和波动性联系在一起,从而体现了光子的波粒二象性。

以一个波长为400nm的光子为例,它的能量、动量和质量分别是

$$E = h\nu = \frac{hc}{\lambda} = \frac{6.626 \times 10^{-34} \times 3 \times 10^8}{4 \times 10^{-7}} \text{J} = 5.0 \times 10^{-19} \text{J};$$

$$p = \frac{h}{\lambda} = \frac{6.626 \times 10^{-34}}{4 \times 10^{-7}} \text{kg} \cdot \text{m/s} = 1.66 \times 10^{-27} (\text{kg} \cdot \text{m})/\text{s};$$

$$m = \frac{h}{c\lambda} = \frac{6.626 \times 10^{-34}}{3 \times 10^8 \times 4 \times 10^{-7}} \text{kg} = 5.5 \times 10^{-36} \text{kg}.$$

16.3 德布罗意假设和物质波

——物质波、机械波和电磁波有什么不同?

16.3.1 物质波假设的提出

爱因斯坦光量子假设后来由康普顿效应实验得以验证,由此可以得出的结论是,通常被认为具有波动性的光在一定条件下也会表现出粒子性。

【物理史料】 吴有训与康普顿散射

由对称性类比自然可以提出这样的问题:既然通常被看成具有波动性的光可以表现出粒子性,通常被看作粒子性的电子以及其他的实物粒子是否可能具有波动性? 同时,玻尔的电子轨道量子化理论指出电子只能在固定的几条轨道上运动。这一电子运动的量子化行为表明电子具有波动性的一个重要特征——干涉现象(如驻波)。正是基于对称性和轨道量子化的思想,法国物理学家德布罗意(L. V. Broglie,1892—1987)提出了实物粒子也具有波粒二象性的大胆假设。

【物理史料】 德布罗意的论文

德布罗意认为:"不能简单地把电子看作微粒,还应当赋予它们以周期的概念。"因此,德布罗意把光子的动量-波长关系推广到实物粒子。如果一个粒子的动量为 p,则它的波长是

$$\lambda = h/p \tag{16.18}$$

这一公式称为德布罗意关系式,而 λ 则称为德布罗意波长。

德布罗意波长所对应的波称为物质波。物质波不同于人们熟悉的机械波,它可以在真空中传播;物质波也不同于电磁波,它产生于任何物体(包括带电的和不带电的物体)。由于物质波的波长通常都很短,以至于我们在日常生活中很难直接感受到物质波的存在。

以地球为例。地球质量约为 6×10^{24} kg,环绕太阳运行的轨道速度约为 3×10^4 m/s,代入德布罗意关系式,可得地球物质波的波长是

$$\lambda = \frac{6.62 \times 10^{-34}}{5.98 \times 10^{24} \times 3 \times 10^4} \text{m} = 3.69 \times 10^{-63} \text{m}$$

以一个人为例。假设一个人的质量是50kg,步行的速度是1m/s,代入德布罗意关系式,可得人的物质波的波长是

$$\lambda = \frac{6.62 \times 10^{-34}}{50} \text{m} = 1.32 \times 10^{-35} \text{m}$$

一个质子的半径大约是 10^{-15} m，即使这样微小的粒子，其半径也分别是一个人的物质波波长的 10^{20} 倍和地球的物质波波长的 10^{48} 之多，由此可见，在类似人的这样宏观长度上的物体的物质波是根本不可能被测量到的，更不用说地球的物质波的波长了。

再以一颗子弹为例。手枪子弹的质量约为 0.02kg，沿水平方向运动的速度约是 700m/s，代入德布罗意关系式，可得子弹物质波的波长是

$$\lambda = \frac{6.62 \times 10^{-34}}{0.02 \times 7 \times 10^2} \text{m} = 4.73 \times 10^{-35} \text{m}$$

由于子弹的运动速度远远大于一个人的行走速度，而子弹的质量远远小于一个人的质量，因此，按照德布罗意公式计算得到的德布罗意波长的数量级基本相当。

再以一个电子为例。电子质量为 9.1×10^{-31} kg，设电子在 1V 电势差的电场中运动，获得的平均速度为 6×10^5 m/s，代入德布罗意关系式，可得电子物质波的波长为

$$\lambda = \frac{6.63 \times 10^{-34}}{9.1 \times 10^{-31} \times 6 \times 10^5} \text{m} = 1.21 \times 10^{-9} \text{m}$$

电子的德布罗意波长的数量级与 X 射线的波长相当，而这样的波长目前已经可以通过精密仪器加以测量，因此从理论上讲，电子的德布罗意波长是可以测量的。

16.3.2 物质波的实验验证

1927 年，美国物理学家戴维孙（C. J. Davisson）和他的学生革末（L. H. Germer）完成了电子衍射实验（也称为戴维孙-革末实验）。他们让能量为 100eV 左右的电子束照射到镍单晶的表面并产生散射，观察到电子发生散射后的分布图像与 X 射线衍射的分布图像一致。与此同时，汤姆孙（G. P. Thomson）也在能量为 20000eV 的电子束穿过多晶薄膜的实验中观察到了类似的衍射图样。这些实验结果证实了电子这一实物粒子的波动性，而且测得的衍射波长与德布罗意波长的理论值吻合得很好，从而有力地支持了实物粒子也具有波粒二象性这一理论。由此，戴维孙和汤姆孙分享了 1937 年的诺贝尔物理学奖。

电子的波动性是不是大量电子呈现的一种统计行为呢？在戴维孙和汤姆孙完成电子衍射实验以后，有人将托马斯·杨实现的光的双缝实验作了一番改造，用电子流代替光束进行了单电子双缝实验，每次只向双缝发射一个电子。实验结果表明，在双缝后面的接收屏幕上也出现了类似光的双缝干涉实验中出现的那样明暗相间的干涉条纹。这就进一步证实了，电子所呈现的波动性不是大量粒子的统计行为，即使是单个电子，也具有波动性。

【拓展阅读】 单电子双缝实验

16.4 微观粒子的波动性是非经典的波动

——什么是描述微观粒子波动性的基本方程？

在 1924 年德布罗意提出了物质波的概念之后，在 1925 年和 1926 年，奥地利物理学家薛定谔（Erwin Schrödinger，1887—1961）在"物质波既然是波，就应该有个波动方程"的思想

指导下连续发表了四篇论文,在这几篇论文中,薛定谔完整提出了描述物质波的基本方程——薛定谔方程,从而建立了量子力学的波动理论。

物质波与机械波和电磁波的物理本质是不同的。机械波是用经典波动方程描述的,电磁波可以通过麦克斯韦方程来描述,而物质波是用薛定谔方程来描述的。作为一个基本方程,薛定谔方程本身并不能够从其他更基本的方程中推出。当然,这并不是说薛定谔方程是凭空臆测出的。与牛顿和麦克斯韦一样,薛定谔也是在当时已有研究工作的基础上提出了这样一个新的基本假定,并且用这个新的理论成功解释了已有的实验结论以及预测了新的实验现象。特别是,薛定谔成功地用非相对论形式的薛定谔方程解释了氢原子中电子的能级结构。

薛定谔方程在量子力学中的地位,相当于牛顿定律在经典力学中的地位。从薛定谔方程出发,可以构建起整个量子力学体系。

【物理史料】 薛定谔方程是怎么"凑"出来的?

含时间的薛定谔方程的一维形式如下:

$$i\hbar \frac{\partial \Psi}{\partial t} = -\frac{\hbar^2}{2m}\frac{\partial^2 \Psi}{\partial x^2} + V\Psi \tag{16.19}$$

其中,$\Psi = \Psi(x,t)$ 是描述物质波运动状态的波函数,它是时间和空间的函数。式(16.19)的左边是波函数对时间 t 求偏导后乘以一个常数 $i\hbar$,i 是虚数单位 $\sqrt{-1}$,

$$\hbar = \frac{h}{2\pi} = 1.05 \times 10^{-34} \text{Js}$$

称为约化普朗克常量(就是普朗克常量除以 2π)。

式(16.19)右边的第一项,是波函数对位置 x 求二阶偏导后乘以一个常数 $-\frac{\hbar^2}{2m}$,这一项可以看作是描述了系统的动能,而右边第二项的 $V = V(x)$ 表示的是势能在空间的分布(与时间无关),对于不同的系统,势能 $V(x)$ 是不同的。

在给定 $V(x)$ 的条件下只有某些特定的 $\Psi = \Psi(x,t)$ 才是微分方程的解。由于 $V(x)$ 与时间 t 无关,方程的左边只与时间变量 t 有关,而右边只与空间变量 x 有关。对于这样的微分方程,可以采用分离变量法求解,设 $\Psi = \Psi(x,t)$ 为分别只含时间变量和只含空间变量的两个函数乘积

$$\Psi(x,t) = \psi(x)\varphi(t)$$

代入式(16.19),可以得出 $\varphi(t)$ 的表达式

$$\varphi(t) = e^{\frac{-iEt}{\hbar}} \tag{16.20}$$

而只含空间变量的 $\psi(x)$ 则可以从下列方程得出

$$-\frac{\hbar^2}{2m}\frac{d^2\psi}{dx^2} + V(x)\psi = E\psi \tag{16.21}$$

这个表示式称为不含时间的定态薛定谔方程。

只要给出一个具体的势能分布 $V(x)$,就可以由式(16.21)得到 $\psi(x)$ 的具体表达式。$\psi(x)$ 称为粒子的定态波函数,E 是粒子处于定态的能量,所对应的粒子状态叫作定态(或能量本征态)。把 $\psi(x)$ 和 $\varphi(t) = e^{-iEt/\hbar}$ 结合在一起,就得到了在势能分布 $V(x)$ 中运动的粒子的波函数

$$\Psi(x,t) = \psi(x)e^{\frac{-iEt}{\hbar}} \tag{16.22}$$

虽然利用薛定谔方程可以解出波函数的形式,而且所得的结果可以很好地解释氢原子中的电子能级,但是,波函数的物理意义究竟是什么,在当时还是引起了很多争论。薛定谔曾试图从电荷密度的角度来解释波函数,但是没有成功[1]。获得较多支持的观点是波恩提出的概率密度解释,既认为粒子在时刻 t 出现在 x 处的概率密度为 $|\Psi(x,t)|^2$,或者说,粒子在时刻 t 出现在 $x \sim x+\mathrm{d}x$ 的概率为 $|\Psi(x,t)|^2\mathrm{d}x$。这个观点经过玻尔、海森伯、狄拉克等一批物理学家的不断补充和完善,形成了哥本哈根学派的量子力学诠释。

【拓展阅读】 多种量子力学理论

16.5 一维无限深方势阱中的粒子波函数及能量

——一维无限深方势阱里的粒子能量为什么是离散的?

一个最基本的薛定谔方程是一维无限深方势阱中的薛定谔方程。一维无限深方势阱的数学表达式为

$$V(x) = \begin{cases} 0 & (0 \leqslant x \leqslant a) \\ +\infty & (其他区域) \end{cases} \tag{16.23}$$

一维无限深方势阱如同一个一维的势坑,宽度是 a(设该宽度在 x 坐标轴上坐标从 0 到 a),在这个势坑里,势能处处为零,而坑外空间中其他区域的势能都是无穷大,从而对粒子的运动造成了无法逾越的"墙",粒子只可能被限制在势坑里运动。对于这样一种情形,不含时间的薛定谔方程可以写成

$$\begin{cases} -\dfrac{\hbar^2}{2m}\dfrac{\mathrm{d}^2\psi}{\mathrm{d}x^2} + 0\cdot\psi = E\psi & (0 \leqslant x \leqslant a) \\ -\dfrac{\hbar^2}{2m}\dfrac{\mathrm{d}^2\psi}{\mathrm{d}x^2} + \infty\cdot\psi = E\psi & (其他区域) \end{cases} \tag{16.24}$$

在 $0 \leqslant x \leqslant a$ 以外的区域,势能为无穷大,粒子不会出现在这个区间内,因此,波函数等于零。而在 0 到 a 之间的区域,微分方程可改写为

$$\dfrac{\mathrm{d}^2\psi}{\mathrm{d}x^2} = -\dfrac{2mE}{\hbar^2}\psi = -k^2\psi \quad \left(\text{令 } k = \dfrac{\sqrt{2mE}}{\hbar}\right) \tag{16.25}$$

求解微分方程可得

$$\psi(x) = A\sin(kx) + B\cos(kx) \tag{16.26}$$

这就是一维无限深方势阱中粒子波函数的一般形式。式(16.26)中有两个未知的常数 A 和 B,需要根据以下条件来确定。

首先,在同一个位置,粒子的概率密度只能有唯一的值。因此,在势阱的边界处,波函数应该连续。因为在这个一维方势阱大坑以外,波函数是零,所以,在方势阱边界 $x=0$ 处,波函数也必须是零。由此导出

$$\psi(0) = A\sin(0) + B\cos(0) = 0, \quad B = 0$$

---

[1] MOORE W J S. (1992). Schrödinger: Life and Thought[M]. Cambridge: Cambridge University Press, ISBN0-521-43767-9.

因此，在一维无限深方势阱 0 到 a 区间内的波函数可以写成 $\psi(x)=A\sin(kx)$。

根据波函数的物理意义，粒子出现在 $x\sim x+\mathrm{d}x$ 的概率为 $|\psi(x)|^2\mathrm{d}x$，而粒子出现在 $-\infty\sim+\infty$ 的全空间范围内的总概率必然是 1，因此，对于一维无限深方势阱中的粒子波函数，其归一化条件为

$$\int_{-\infty}^{+\infty}|A\sin(kx)|^2\mathrm{d}x=\int_0^a|A\sin(kx)|^2\mathrm{d}x=|A|^2\frac{a}{2}=1$$

由此解得

$$A=\sqrt{\frac{2}{a}}$$

于是得到一维无限深方势阱的粒子波函数

$$\psi(x)=A\sin(kx)=\sqrt{\frac{2}{a}}\sin\left(\frac{\sqrt{2mE}}{\hbar}x\right) \tag{16.27}$$

式中，a 是势阱的宽度，m 是粒子的质量，都是已知量。

再利用方势阱的边界条件确定 E，因为在边界 $x=a$ 处，波函数也必须是零，因此有

$$\psi(a)=\sqrt{\frac{2}{a}}\sin\left(\frac{\sqrt{2mE}}{\hbar}a\right)=0 \tag{16.28}$$

$$\frac{\sqrt{2mE}}{\hbar}a=n\pi \quad (n=1,2,3,\cdots)$$

于是，一维无限深方势阱中的波函数可以写为

$$\psi(x)=\sqrt{\frac{2}{a}}\sin\left(\frac{n\pi x}{a}\right) \tag{16.29}$$

式中，一维无限深方势阱中的粒子能量 E 必须满足

$$E_n=\frac{n^2\pi^2\hbar^2}{2ma^2} \tag{16.30}$$

由此得出，在一维无限深方势阱中，粒子的能量不是连续分布的，而是只能取一系列特定的离散值。这些特定的能量值的大小取决于 n 的取值，n 称为量子数，对应的能量称为能量本征值。每个能量本征值都各自对应了一个波函数，这个波函数称为能量本征波函数，而这个能量本征波函数所对应的粒子状态，叫作能量本征态。当 $n=1$ 时，粒子的状态称为基态，高于基态的状态依次分别称为第一激发态、第二激发态等，它们对应的能量分别称为基态能量、第一激发态能量、第二激发态能量等。

【拓展阅读】 量子力学的本征值问题

16.6 氢原子的波函数及其能级分布

——确定氢原子的定态为什么需要三个量子数？

一维无限深方势阱是一个简化的理想模型，而求解氢原子中的电子波函数及其能级分布则是一个典型的真实问题。

与一维无限深方势阱不同，氢原子处于三维空间，氢原子的势能是库仑势

$$V(r)=-\frac{e^2}{4\pi\varepsilon_0 r} \tag{16.31}$$

由于库仑势不含时间,因此,不含时间的薛定谔方程是

$$\left(\frac{\partial^2}{\partial x^2}+\frac{\partial^2}{\partial y^2}+\frac{\partial^2}{\partial z^2}\right)\psi(x,y,z)+\frac{2m}{\hbar^2}\left(E+\frac{e^2}{4\pi\varepsilon_0 r}\right)\psi(x,y,z)=0 \quad (16.32)$$

作为一个实际问题的氢原子的波函数,形式上看起来比一维无限深势阱更为复杂,但尽管如此,氢原子中的电子波函数仍然是极少数的几个可以得到解析解的波函数表达式之一。

由式(16.32)可以求解得到的能量本征值是

$$E_n=-\left[\frac{m}{2\hbar^2}\left(\frac{e^2}{4\pi\varepsilon_0}\right)^2\right]\frac{1}{n^2}=\frac{E_1}{n^2} \quad (16.33)$$

其中,正整数 $n=1,2,3,\cdots$,称为主量子数。与一维无限深势阱相似,它是确定能量本征值的量子数。当 $n=1$ 时,能量 $E_1=-\frac{m}{2\hbar^2}\left(\frac{e^2}{4\pi\varepsilon_0}\right)^2=-13.6\mathrm{eV}$ 是氢原子中电子能量的最低值,称为基态能量。

求解波函数得到的结果表明,与一维无限深势阱不同的是,在氢原子中的电子波函数表达式中出现了三个量子数:除了主量子数 n 外,还有角量子数 l,以及磁量子数 m,它们是确定波函数的三个参数。其中,主量子数 n 与氢原子的能量有关,主量子数 n 越大,能量 $E_n=\frac{E_1}{n^2}$ 越大($E_1=-13.6\mathrm{eV}$ 是负值)。当 n 趋向于无穷大时,氢原子中的电子的能量趋向于零,相当于电子脱离了原子核的束缚。电子脱离原子核束缚所需的能量称为电离能,而氢原子中电子的最低能量是 $-13.6\mathrm{eV}$,因此氢原子的电离能等于 $13.6\mathrm{eV}$。氢原子的主量子数 $n=1$ 的状态称为氢原子的基态,$n>1$ 的状态称为氢原子的激发态。当电子从能量较高的激发态跃迁到能量较低的激发态或者基态的时候会释放出光子,光子的能量就是两个能级之间的能量差。由于氢原子的能级是离散的,因此不同能级间跃迁所释放的光子能量也是离散的,不同能量的光子对应不同的频率。经过分光镜后,每种频率的光就会对应一条谱线,所以氢原子发光形成的是离散的谱线系。如图 16.9 所示,从高能级跃迁到基态所对应的谱线系叫作莱曼系,从高能级跃迁到第一激发态($n=2$)所对应的谱线系称为巴耳末系。巴耳末系是在可见光范围内的光谱。

图 16.9 氢原子的发射光谱

角量子数 l 受到主量子数 n 的控制,l 的最大值等于主量子数 n,即 $l=0,1,2,\cdots,n$。角量子数 l 决定了电子"绕核旋转"时的角动量大小。这里的"绕核旋转"加引号,是因为电子

具有波粒二象性,电子并不是如同经典粒子那样在旋转。

按照波函数的概率解释,波函数体现了粒子出现在原子核周围某处的概率。如果用点的密度来描述电子出现在原子核周围某处的概率密度,就可以形象化地得到电子分布出现的电子云的图像(图 16.10)。

当一个电子的主量子数 n 确定以后,角量子数 l 可以取不同的数值,于是可以得到不同的电子云图像。例如,对于 $n=1$ 的电子,如果角量子数 $l=0$,电子云为球形;如果角量子数 $l=1$,电子云为纺锤形(图 16.11)。描述电子"轨道"的排布常常用 1s, 2s, 2p, 3d 等量子数,这里的 1, 2, 3 代表了电子的主量子数,而 s, p, d 等代表了电子的角量子数,分别对应于 $l=0, 1, 2$ 等。

图 16.10 氢原子的电子云

图 16.11 角量子数 $l=1$ 的电子云

角量子数 l 决定了电子的轨道角动量。由于角动量是一个矢量,同样大小的角动量还可以有不同的指向,因而在 z 轴上有不同的投影,这个投影的大小就由磁量子数 m 决定。

当 $l=0$ 时,电子云呈球形分布,没有指向上的区别,m 也只有唯一的取值 $m=0$。当 $l=1$ 时,电子云呈纺锤形分布,而纺锤可以是沿着 z 轴方向,也可以沿着 x 轴或 y 轴方向,分别对应于 $m=0$ 和 $m=\pm 1$。当 $l=2$ 时,m 有五种可能的取值,$m=0, m=\pm 1, m=\pm 2$,对应的电子云形状如图 16.12 所示。

图 16.12 角量子数 $l=2$ 时,不同磁量子数 m 对应的电子云

16.7 海森伯不确定关系

——同时精确测量微观粒子的位置和动量为什么是不可能的?

16.7.1 经典力学的确定性和不确定性

在经典力学的理论中,质点(宏观物体或粒子)在任何时刻都有完全确定的位置、动量、

能量等;一旦写出物体的经典运动方程,由初始条件可以得出以后任意时刻的确定的运动状态,这是经典确定性思想的一种表现。

实际上,这样的表述仅仅只是理论上或概念上的确定性而已,在经典力学中存在着不确定性。经典力学存在的不确定性指的是由测量的有限精度带来的不确定性。

在需要通过实验对初始位置或初始速度进行具体的测量时,由于任何测量仪器都具有一定的精确度,因此,在诸多测量问题中,一个实际的问题就是,每次测量能达到多大的精确度?以速度的测量为例,任何实验测得的只可能是物体在一段时间(无论时间多么短)内的平均速度,而不是瞬时速度;即使测量的是物体的瞬时速度,对物体实际运动速度进行测量得到的数据对于实际的速度一定也存在着某种不确定性。如同无论以多么精密的细节测量得到的地图都与实际地形存在一定的不确定性一样,力学测量得到的数据只能是对质点实际运动状态的一种近似描述,不同的仪器测量同一个物理量得到的结果只是近似程度不同而已。因此,经典力学存在的不确定性是一种由于仪器造成人们对物体运动状态认识上的限制性。可以预料,随着测量仪器精密程度的不断提高,对于物体运动状态进行测量而出现的限制性也会逐渐缩小,但是,这种不确定性是不可能完全消除的。那么,自然由此产生的一个问题:在微观世界中,是否也有类似的测量位置或速度的不确定性问题呢?

16.7.2 海森伯不确定关系

1927年,作为量子力学的一个基本原理,海森伯(W K Heisenberg,1901—1976)提出了不确定原理(曾称为测不准原理)。

海森伯指出,每个粒子都有着位置和动量的内在不确定性,对同一个粒子,对它的一个物理量测量的不确定性程度的减少(精确度的增加)必定使另一个与它共轭的物理量测量的不确定性程度增加(精确度减少)。尽管测量其中任意一个量可以取任意精确度的数值,但是同时对它们二者测量时存在的不确定性的乘积的数量级只能大于或近似等于普朗克常量。不仅对位置和动量,而且对能量和时间这两个量也是如此。

不确定原理表明,不能以任意高的精确度同时(注意:是同时)测得微观粒子的某些成对的物理量(称为共轭物理量)。这些共轭物理量在测量中的不确定性范围的乘积称为这个粒子的可能性疆域。用数学式子可以把不确定原理表述如下:

(1) 位置与动量的不确定性关系

$$\Delta x \cdot \Delta p_x \geqslant \frac{\hbar}{2} \quad \left(\hbar = \frac{h}{2\pi}\right)$$

$$\Delta y \cdot \Delta p_y \geqslant \frac{\hbar}{2} \tag{16.34}$$

$$\Delta z \cdot \Delta p_z \geqslant \frac{\hbar}{2}$$

(2) 能量与时间的不确定性关系

$$\Delta E \cdot \Delta t \geqslant \frac{\hbar}{2} \tag{16.35}$$

式中,$\frac{\hbar}{2}$ 就是来自粒子可能性的疆域。

不同质量的粒子有着不同的可能性疆域。质量越大的粒子,其对应的疆域范围就越小,相应的不确定性也就越小。例如,一个质子的可能性疆域只有电子的1/2000,因此,预言质子未来的运动状态就比预言电子的运动状态的不确定性要小得多。

与上面提到的由经典力学测量的有限精确度带来的不确定性相比,量子力学中的这个不确定性关系是否也与测量仪器的精确度有关?量子的不确定性具有哪些不同的特点?

由于微观粒子具有波粒二象性,这种波动性的存在,使实验上无法测量微观粒子的位置和速度,即使从实验上能够测量到所谓微观粒子的位置或速度,也往往并不是真实粒子的运动状态。典型的例子就是测量宇宙射线粒子的威耳逊(1869—1959)云室实验。海森伯注意到当云室接受到来自测量宇宙空间的射线粒子时,云室中就会显示出粒子的运动径迹,这个径迹似乎可以用来表征粒子的位置,但这显然不是粒子运动的真正轨迹,而是水滴串形成的雾迹。水滴远比粒子的线度大得多,因此,观察到的只是粒子所在的一个不确定性位置的范围而已,同样,运动径迹并不是一条数学意义上严格的曲线,它划出的前进方向也就不是粒子的真正速度方向,仅仅只是粒子具有的一个速度的不确定性范围而已。

微观粒子的不确定性是可以通过实验来证实的。在玻尔和爱因斯坦的著名争论中,对这些实验曾经作了相当详细的分析,由此得出的产生这种不确定性的一个原因:任何测量都不可避免地存在着观察者(或观察仪器)对被测量对象之间的相互作用。这一点对于微观粒子特别明显。例如,当人们需要精确地确定电子的位置时,就必须使用像 γ 射线这种短波长的显微镜来进行观察。因为从理论上说,入射光的波长越短,显微镜的分辨率就越高,测定得到的电子坐标的不确定性程度就越小,但是由于测量的过程是光子与电子的碰撞过程,在碰撞过程中高频光量子对电子产生了很大的冲击,使电子的动量产生了很大的不确定性,波长越短的光量子具有的动量越大,碰撞造成的电子的动量不确定性也就越大,于是,人们就不可能精确测量出电子的动量。反之,当人们需要精确地测量电子的动量时,就必须使用长波长的光,波长越长的光量子具有的动量越小,这样电子与光子碰撞时受到的"冲击"也较小,但是,长波长的光子碰撞电子时会发生衍射,波长越长的光在碰撞以后产生的衍射现象越明显,从而造成的电子的位置不确定性也就越大,于是,人们就无法精确测量出电子的位置了。测量仪器与被测对象之间的这种相互作用对被测的宏观物体也存在,但是光子的动量对宏观物体的影响是微乎其微的,是完全可以忽略不计的。

由不确定原理可以得出一个结论:微观世界中的粒子不可能保持静止。以电子为例,原子内一个电子的位置不确定性的量总是被限制在原子的尺度上,这是一个很小的量,由不确定性关系可以得出与此对应的电子的动量不确定量必然是一个大量,相应的速度也是一个很大的量。例如,如果在动量不确定量下粒子的速度不确定量是 1000 km/s,粒子本身具有的速度平均值至少是 500 km/s,这就表明,大量微观粒子仍然在作着高速运动,而不会静止不动。

海森伯认为,从观察者与被观察对象之间的相互作用看,微观粒子的不确定性不是由测量仪器的精确度带来的不确定性,也不是自然界本身存在的不确定性,而是观察者通过测量能够得到的关于微观粒子的状态和能量等知识上的局限性。海森伯认识到,不确定原理保护着量子力学,如果一旦人们有可能以更高的精确度同时准确地获得微观粒子的位置和动量,量子力学的大厦就会倒塌。

不确定原理使人们测量微观粒子得到的认识受到了某种限制,这个限制实际上是对使用经典物理理论的限制。微观粒子既不是经典意义上的粒子(如力学中的质点),也不是经典意义上的波(如水波、声波)。当人们还在使用经典物理量的测量语言去描述微观粒子的特性时,就一定会暴露出经典理论的局限性。不确定原理揭示了人们目前只能运用量子理论来认识微观世界,但是就人们现有的认识而言,微观世界内部的运动情况依然是一个"黑匣子"。从这个意义上看,这种限制是否意味着自然界对我们还隐瞒了什么? 这是不确定原理引起的物理学上更深刻、更令人迷惑的一个问题。

从不确定原理中还可以得出这样的思想启示:经典理论有其适用的范围,也就是它只能在宏观物体低速运动的领域中揭示出物体的运动规律,超过了这个范围就会显示出理论的限制性。量子力学理论不是抛弃和推翻经典理论,而是在微观领域中修改和超越了经典理论。类似地,可以肯定的是,量子力学理论也有它的适用范围,在一定的范围内也会暴露出其限制性,今后肯定还有更新的理论修改和超越量子理论。

16.8 波函数和量子态

——什么是薛定谔猫?

薛定谔猫是由薛定谔在 1935 年提出的一个著名思想实验。什么是薛定谔猫? 它与波函数和量子态有什么关系?

薛定谔波动方程表明,微观粒子的状态可以用波函数来描述,在对能量进行观测之前,粒子的波函数既可能是某个能量本征态,也可能是一系列不同本征态的叠加。如果对粒子的某个物理量进行观测,粒子的波函数会塌缩到这个物理量所对应的一个本征波函数。例如,如果测量一维无限深方势阱中微观粒子的能量,则粒子的波函数会塌缩为

$$\Psi(x,t) = \sqrt{\frac{2}{a}} \sin\left(\frac{n\pi x}{\hbar}\right) e^{\frac{-iE_n t}{\hbar}} \tag{16.36}$$

假设测量前粒子的波函数是最低的两个能量本征态 ψ_1 和 ψ_2 的叠加,

$$\Psi(x,t) = A_1 \psi_1(x) e^{\frac{-iE_1 t}{\hbar}} + A_2 \psi_2(x) e^{\frac{-iE_2 t}{\hbar}} \tag{16.37}$$

其中,A_1 和 A_2 是归一化系数。对这个粒子能量进行测量,可能会测得能量为 E_1 或 E_2,相应粒子的量子态塌缩为 ψ_1 或 ψ_2。在没有进行能量测量的时候,这个粒子的能量是多少呢? 是 E_1 吗? 是 E_2 吗? 还是 E_1 与 E_2 之间的某个值吗? 都不是。在没有进行能量测量的时候,粒子的能量并没有一个确定值,粒子的状态就是两种能量本征态的混合态。

薛定谔认为上述理论说明中必定存在某种缺陷,为了更形象地表达并使他人理解自己的想法,薛定谔在 1935 年提出了一个听起来很荒谬的故事——薛定谔猫。

在装有一只猫的密封盒子里放置一小片放射性物质和一个盖革计数器。在任意时刻,放射性物质会以一定概率发出一个粒子,从而引发盖革计数器中的一道电流。在计数器上还装有一把锤子,一旦感觉到放射性物质的粒子,这把锤子就立刻打破毒气瓶,将猫杀死,如图 16.13 所示。

【拓展阅读】 薛定谔猫

薛定谔方程表明,微观粒子的波函数处于不同本征函数的叠加。如果观测某个物理量,则粒子的波函数会塌缩到这个物理量所对应的一个本征波函数。如果不进行观测,就没有

图 16.13 薛定谔猫

任何确定的状态可言。对此,玻尔曾经说过,如果不进行任何观测,就没有确定的真实可言,因为观测设备的选择决定了观测者能看到系统的哪一个侧面——波动还是粒子?薛定谔认为,如此推理,对于整个系统的粒子描述也应该包括构成猫的所有原子。如果把打开盒子作为一次观测,在盒子没有打开的时候,放射性物质的量子态处于发出粒子与不发出粒子状态的叠加,而猫的状态也就处于是死与活的叠加。只有在打开盒子观测的时候,猫的状态才会塌缩到一个确定的状态(死或者活)。

薛定谔提出盒子里的猫这一思想实验,本意是反对哥本哈根学派关于"微观粒子处于叠加态,观测行为影响粒子状态"的量子力学诠释。哥本哈根学派是早期量子力学的主流思想,而实际上对于哥本哈根学派量子力学诠释的质疑早在薛定谔猫提出之前就开始了。

1927年在比利时布鲁塞尔举行了第五届索尔维会议,参加会议的都是著名的物理学家,图 16.14 这张照片就是会议合影。在这次会议上,玻尔、波恩、海森伯、泡利等是哥本哈根学派的代表,而爱因斯坦、薛定谔、德布罗意则是反对哥本哈根学派的主将。会议上,反对派不断地对量子力学的假设提出质疑,而玻尔等则有理有据地进行反击。薛定谔在 1935 年提出的薛定谔猫的思想实验,正是通过这只又死又活的猫对哥本哈根学派发动嘲讽技能,观测行为怎么可能改变猫的死活这一个基本性质呢?从而使得哥本哈根学派不得不承认"猫处在死与活混合的幽灵状态"。

图 16.14 第五届索尔维会议合影

在现实中,对于猫这么大的宏观物体,不可能完全将它与环境隔离,各种微小的扰动都可以使猫的状态波函数塌缩到一个确定状态,而不会像微观粒子那样随时间演化到某种量子叠加态。但对于微观粒子,确实可以制备出叠加的量子态,形成微观的薛定谔猫。2012

年,我国科学家带领团队,实现了 8 光子薛定谔猫态[①],即对于 8 个光子的体系,消除外界干扰,从而获得叠加的量子态。

薛定谔猫态不仅具有理论研究意义,还有实际应用潜力。例如,多粒子的薛定谔猫态系统可以作为未来高容错量子计算机的核心部件,也可以用来制造极其灵敏的传感器及原子钟、干涉仪等精密测量装备。

思 考 题

16.1 为什么说在高频范围内,普朗克公式会转换为维恩公式,而在低频范围内,普朗克公式会转换为瑞利-金斯公式。

16.2 当窗户不大时,即使我们站在光亮充足的室外,也无法看到室内的情形,为什么?

16.3 在一维含时间的薛定谔方程中,波函数 $\Psi=\Psi(x,t)$ 的量纲是什么?

16.4 一维含时间薛定谔方程的形式是 $i\hbar\frac{\partial\Psi}{\partial t}=-\frac{\hbar^2}{2m}\frac{\partial^2\Psi}{\partial x^2}+V\Psi$,是否可以认为 $i\hbar\frac{\partial}{\partial t}=-\frac{\hbar^2}{2m}\frac{\partial^2}{\partial x^2}+V$? 试说明理由。

16.5 可以把宽度为 a 的一维无限深方势阱中的粒子波函数看作是在长度为 a 的两端固定的弦上的驻波,弦的长度一定是半波长的整数倍。试根据驻波的模型,根据质量为 m 的粒子的德布罗意波长推导该粒子在一维无限深方势阱中的能量。

16.6 原子的尺度大约是 10^{-10} m,试估算原子中的电子速度的不确定度。

16.7 波粒二象性体现了量子世界的不确定性。这种不确定性与通常人们扔硬币所得结果的不确定性有什么区别? 你认为量子世界不确定性的存在是不是由测量过程或测量仪器不精确而造成的? 为什么? 如果不是由仪器问题造成的,你认为不确定性关系的存在有着什么更深刻的物理意义?

习 题

16.1 如果电子经过 100V 的电压加速,其波长是多少(忽略相对论效应)?

16.2 当波长为 300nm 的光入射到某金属表面时,出射光电子的最大动能为 2.5eV。则该光电效应实验的截止电压是多少? 该金属的逸出功是多少?

16.3 下列波长的光照射到某金属上时,康普顿散射的散射角均为 90°。试计算各个波长的光子所损失的能量与入射光子能量的比值。从以上计算结果你对入射光波长和散射的关系可以得出什么结论?

(1) $\lambda=0.03$ m(微波);   (2) $\lambda=5000$ Å(可见光);
(3) $\lambda=1$ Å(X 射线);   (4) $\lambda=0.01$ Å(γ 射线)。

16.4 由于光子具有动量 $p=mc$,当光照射到物体表面时,会对表面产生作用力,即"光压"。有人设想在宇宙探测器中用光为动力推动探测器加速。一太阳帆探测器,质量

[①] http://news.uste.edu.cn/xwbl/201202/t20120214_129031.html.

$M=120\text{kg}$,阳光垂直射向太阳帆并被完全吸收,太阳帆的面积 $S=400\text{m}^2$,已知太阳常数(单位时间内垂直辐射在单位面的太阳光能量)为 $b=1.4\times10^3\text{J}/(\text{m}\cdot\text{s}^2)$,不考虑其他任何力的影响和太阳常数的变化,求探测器加速度的大小?

16.5 富勒烯是由 60 个碳原子组成的球状分子(C_{60}),因为形似足球而被称为足球烯。1999 年,维也纳大学的研究团队用富勒烯实现了干涉图样,证明大分子也具有波动性。在他们的实验中,富勒烯分子的德布罗意波长为 0.25nm,则其运动速度是多少(忽略相对论效应)?

16.6 处于第二激发态的电子,共有多少种可能的角量子数与磁量子数的组合?

16.7 当氢原子中的电子从第二激发态($n=3$)跃迁到基态($n=1$)时,释放出的光子能量是多少? 光的频率是多少?

16.8 假设 $t=0$ 时宽度为 a 的一维无限深方势阱中的粒子波函数为

$$\Psi(x,0)=\begin{cases}Ax & (0\leqslant x\leqslant a/2)\\ A(a-x) & (a/2\leqslant x\leqslant a)\end{cases}$$

求归一化系数 A。

16.9 当子弹从枪口射出时,子弹的位置不确定度与枪口的直径有关。假设子弹质量为 10g,枪口直径为 1cm,试估算子弹射出枪口时横向速度的不确定度,并说明不确定关系对宏观物体是否有影响。